全国绿色低碳宜居小城镇典范
——韶山热环境模拟及可再生能源应用评价

龚光彩　著

机 械 工 业 出 版 社

本书以全国绿色低碳美丽宜居小城镇典范——韶山为例，介绍热环境影响机理及可再生能源可利用的程度或合理性，以期为我国城市化的发展提供案例和理论支持。

本书在热环境方面结合气候学分析方法、CFD 分析方法，介绍了影响热环境的主要影响因子，树冠对太阳辐射的消解作用，探讨了植被对PM2.5 等环境指标的影响等；在可再生能源应用方面，介绍了可再生能源设计容量的确定方法（以光伏发电为例），建立了相应的热力学分析方法；结合韶山及湖南的地理气候特点，介绍了水源热泵应用的评价方法。对城镇生态与环境规划及可再生能源规划应用等有很好的指导意义。

本书可作为建筑环境与能源应用工程专业本科高年级学生、研究生的教学参考书，也可作为生态与环境规划、能源规划、城乡规划等专业师生及相关专业技术人员或管理人员的参考书。

图书在版编目（CIP）数据

全国绿色低碳宜居小城镇典范：韶山热环境模拟及可再生能源应用评价/龚光彩著 . —北京：机械工业出版社，2020.1

ISBN 978-7-111-64285-5

Ⅰ. ①全…　Ⅱ. ①龚…　Ⅲ. ①生态城市—城市建设—研究—韶山　Ⅳ. ①X321.264.4

中国版本图书馆 CIP 数据核字（2020）第 020560 号

机械工业出版社（北京市百万庄大街 22 号　邮政编码 100037）

策划编辑：刘　涛　责任编辑：刘　涛

责任校对：张晓蓉　封面设计：张　静

责任印制：孙　炜

保定市中画美凯印刷有限公司印刷

2020 年 4 月第 1 版第 1 次印刷

184mm×260mm·25 印张·618 千字

标准书号：ISBN 978-7-111-64285-5

定价：108.00 元

电话服务　　　　　　　　网络服务

客服电话：010-88361066　机　工　官　网：www.cmpbook.com

　　　　　010-88379833　机　工　官　博：weibo.com/cmp1952

　　　　　010-68326294　金　书　网：www.golden-book.com

封底无防伪标均为盗版　机工教育服务网：www.cmpedu.com

序

  我校对室内及城市热环境模拟与应用的探索和研究始自 20 世纪 70 年代末 80 年代初，龚光彩教授从 20 世纪 90 年代初即开始相关研究，是国内较早对此开展研究的学者之一。这些研究经历了从室内到室外、从室内到街区或小区、从室内到小城市或小城镇等多个阶段。

  实际上热环境的研究与建筑能耗关系十分密切，本书的作者试图以韶山市作为典型案例，将热环境的研究与建筑及城市能耗的研究形成某种关联，这一工作国内外是不多见的，作者做了很好的尝试，相信这种尝试会对以后的研究有很大的推动作用。本书在小城镇热环境模拟的理论与方法方面、在可再生能源应用的热力学分析方法方面等切合实际，理论与实践融合很好，结论合理可信。例如，在热环境分析方面，作者结合了气候学分析方法、CFD分析方法，指出了影响热环境的主要影响因子，研究了树冠对太阳辐射的消解作用，探讨了植被对 PM2.5 等环境指标的影响等；在可再生能源应用分析方面，如可再生能源设计容量的确定方法（以光伏发电为例），作者建立了相应的热力学分析方法，结论也很有见解，对于城市可再生能源应用有很好的指导意义。在对韶山开展研究的同时，作者还对国内外相关研究和技术应用的现状进行了大量的调查研究，可见作者对我国城市化及小城镇的热环境与建筑节能研究倾注了大量的心血，所取得的相关成果大有裨益。正如作者已经指出的，随着人们对环境健康认识水平的提高，热舒适及热环境越来越引起人们的关注，而且建筑与城市能耗、绿色建筑与城市可再生能源利用与人体热舒适及热环境关系十分密切。本书以韶山市热环境影响机理及可再生能源可利用的程度或合理性为重点讨论的内容，这一工作将为我国城市化的发展及建筑节能提供很好的案例和理论支持。笔者无意过多评述本书作者的工作，但期待作者在今后的研究中有更多的发现和成绩，此为序。

湖南大学 教授

汤广发

前　言

　　韶山是毛主席的家乡，在历史上是一个典型的相对封闭的自然乡村，从一个长期的农村自然经济状态成为全国绿色低碳美丽宜居（小）城镇的典型示范，有许多值得借鉴之处。本书的目的，在于寻找其在城镇化过程中有指导价值的要素，为更多的城镇发展提供参考。

　　实际上，国际上有许多学者对城市及小城镇的发展开展了大量的研究。囿于作者的工作背景，本书不准备也无法对韶山市发展的全部方面，包括社会、经济、文化与教育、城市建设、环境保护等开展综合的研究。鉴于人们对环境健康认识水平的提高，热舒适及热环境越来越引起人们的关注，而且建筑与城市能耗、绿色建筑与城市可再生能源利用与人体热舒适、热环境及空气品质（如PM2.5，PM10等）关系十分密切，故本书的重点在于探讨韶山市热环境影响机理及可再生能源可利用的程度或合理性，以期为我国城市化的发展提供案例和理论支持。

　　本书共8章。第1章绪论主要介绍国内外城市化相关研究进展，并扼要介绍作者在国外考察时所观察到的欧美有关小城镇的现状，以便让读者有一个相对全面的了解，第2章主要介绍韶山市局地热气候特征及其变化，第3、4章主要介绍韶山市热环境模拟方法及相关结果的分析，第5章介绍韶山市可再生能源需求与应用现状，第6、7章介绍城镇可再生能源应用评价方法，第8章即最后的展望部分，结合作者不太成熟的研究及国内外的比较分析，试图为城市化的进一步发展提供某种合理性的分析方法与途径。

　　全书由龚光彩统筹撰写，研究生苏欢、王晨光、黎航欣、张翔翼、周敏锐、曹珍蓉、徐春雯、杨厚伟、陆凌、刘日明、江晨阳、曾令文、石星等为本书做了大量的基础性编写工作，本科生崔成、薛育冲等也参与了部分工作。非常感谢韶山市政府、科技局、住建局、规划局、气象局、林业局及清溪镇政府等的大力支持，并感谢韶山旅游发展集团贺红波同志、彭音同志、李琼和欧阳超等同志的大力支持，感谢中建五局李水生同志、长沙燕通生物科技有限公司言树清同志及长沙北极熊节能环保技术发展有限公司易治平同志（提供了韶山德胜宾馆节能改造的案例）的大力支持，特别感谢湖南省科技厅、国家科技部（国家支撑计划2015BAJ03B00）及国家自然基金委（国家自然科学基金51378186）的大力支持。长期以来，笔者的研究工作得到了导师陈在康教授、汤广发教授、孙一坚教授、利光裕教授、梅炽教授的大力支持和帮助，汤广发教授还特意为本书作序，作者十分感谢几位老师多年的教诲和帮助。

龚光彩

目　录

第 1 章

绪 论

近几十年来，世界上许多国家城市化、工业化快速发展，大量人口涌入城市，城市建筑数量急剧增长。一个世纪前，全世界城市人口仅占总人口的 14%，到 20 世纪 50 年代也没有超过 30%，然而现在平均有 50% 的人居住在城市或城市周边地区，在美国更是达到了 90%，按照此发展趋势，预计到 22 世纪全世界的城市人口将达到 80%。自 20 世纪 90 年代开始我国也进入了城市化高速发展的阶段。据我国统计年鉴的统计数据显示，1990—2013 年我国地级城市数量由 188 个增加到了 286 个，市区非农业人口超过百万的地级及以上城市由 31 个增加到 133 个。2013 年全国非农业人口占总人口的比重达 53.7%，比 1990 年提高了 16.0%。1990—2013 年城市人口密度由 279 人/km² 增加到了 2362 人/km²；公共交通车辆运营数由 6.2 万辆增加到 46.1 万辆，出租汽车由 11.1 万辆增加到 105.4 万辆。全国的能源总消耗量也急剧上升，2013 年的能源消费总量为 375000 万 t 标准煤，相比于 1990 年的总能耗增加了 2.8 倍。若到 2050 年我国初步实现现代化，达到中等发达国家水平，那么到 2050 年我国的城市化率必须达到 70%~80%。这意味着，在今后的 30 多年的时间内，中国至少有 2.1 亿~3.4 亿人口从农村转移到城市。这一大规模的人口转移不仅会给城市居住、就业等带来新的挑战，而且会引发一系列与能源、环境有关的问题。因此，如何在满足城市化发展的同时将对环境（包括生态环境、城市热环境等）的影响降至最小，是今后需要重点研究和解决的问题之一，而解决这一问题的关键是了解城市化对于城市热环境的影响。韶山作为一个典型的自然农村变为今天一个颇具规模的小型城市，其城市发展过程及其热环境现状、可再生能源应用现状和水平对我国众多小城镇的发展具有借鉴意义。本书以韶山为对象开展相关研究，主要涉及热环境、可再生能源利用相关领域。

1.1 热环境领域的研究现状与进展

1.1.1 城市热环境与城市热岛效应

目前对于城市热环境尚无明确的定义。借鉴城市气候的概念，城市热环境是指在自然气候条件、城市下垫面状况和人为排热等因素的共同影响下，形成的由空气温度、空气湿度、风速、太阳辐射等要素构成的物理环境。在自然气候背景下，沥青道路的增加、建筑容积率的增加、绿地面积的减少、人为热和温室气体的排放等城市化所带来的改变均会影响城市的大气状况以及大气与下垫面之间的热量传输过程，最终导致城市区域热环境的变化，比如气温升高，相对湿度降低，风速降低等。19 世纪初，英国化学家和业余气象学家 Luke Howard

通过对伦敦城郊气温的对比研究，发现伦敦城区的大气温度通常比伦敦郊区的大气温度高这一现象。这一现象引起了人们的广泛关注，许多气候学家相继对除伦敦外的其他城市的气温开展了研究，发现了同样现象。若截取城市一个通过城中心的竖直截面绘制出该截面近地面的气温分布图，可以发现，相对于气温较低且变化很小的郊区，气温呈现一种较高状态的城区仿若平静海面上凸出的一个岛屿，因此，人们将这种由于城市下垫面变化和城市集中排热等城市化因素导致的城区气温高于外围郊区气温的现象称为城市热岛效应。

由城市化导致的城市热岛效应会直接或间接地影响当地的大气状况和空气品质，对城市居民的生活、工作等造成不同程度的危害，这些危害主要表现在以下四个方面：

1. 危害人体健康

在热岛效应的作用下，城市中会呈现一个一个闭合的高温中心。高温环境不仅会导致城市居民的工作、生活空间环境的热舒适性下降，影响人们正常的工作和生活，而且会损害人们的身体健康。有研究表明，当城市气温高于 34℃ 时，会伴有频繁的热浪冲击，城市居民的心脏、脑血管和呼吸系统等疾病的发病率会上升，死亡率也会明显增加[1-3]。此外，由于这些高温区域内的空气密度小、气压低，极易形成气旋式上升气流，使得周围废气和有害气体向高温区域聚集。在这些有害气体的作用下，城市居民极易患上呼吸道等疾病。

2. 加剧大气污染

城市地面散发的热气会在近地面形成暖气团，阻碍城市烟尘的流通，使其难以扩散，形成"烟尘穹隆"。而这些烟尘等在阳光和城市高温等的作用下，又极易发生化学反应，产生对人体健康有危害的光化学污染，加剧大气污染。

3. 增加城市能耗

在城市中，人们普遍采用空调等空气调节设备来改善生活和工作热环境状况。在夏季，城市热岛效应所形成的高温使得空调等空气调节设备的工作状况恶化，能效比降低，同时，城市热岛效应会增加城市高温出现的频率，使得空调等空气调节设备的使用时间增加，城市夏季能耗大大增加。而能耗的增加又会增加废热、温室气体等的排放，进一步加剧城市热岛效应。

4. 气候与物候失常

城市化的发展使得全球气候呈现一种变暖趋势。联合国政府间气候变化专门委员会（IPCC）发表的第四次评估报告显示，1906—2005 年 100 年间全球气温平均增温 0.74℃，这一增温幅度大于 IPCC 发表的第三次评估报告中给出的 0.6℃。报告中还指出这种全球变暖趋势很大程度上与人类日益频繁的活动及化石燃料的使用相关，而人类经济活动的日益频繁和化石燃料使用的增加大部分是由于城市化发展所导致。城市热岛效应引起的气候异常又会影响物候（即动植物形成的与当地气候适应的生长发育等周期性规律）。据有关报道，广州近年出现木棉早开、芒果秋实，日本部分城市出现樱花早开、气候亚热带化、红叶迟红，韶山也有近年来杜鹃早开的现象。

由上可见，研究城市化对城市热环境的影响，了解城市化因素对城市热环境的影响程度及城市热环境在城市化因素影响下的变化特征非常有必要。相关研究成果不仅可以为我国城市热环境调控提供对策建议，为我国环境友好型城镇的建设和规划提供一定的理论依据和指导建议，而且可以为城市热环境 CFD 模拟奠定一定的基础。

1.1.2　国内外研究动态

1. 国外研究进展概述

人类对于城市热环境的研究始于 19 世纪初。1820 年，英国气候学家 Luke Howard 出版了《伦敦气候》一书，书中详细分析了 1801—1841 年伦敦气候的变化特征，并指出伦敦城区各月平均气温通常比伦敦周围郊区的高这一现象[4]。这种城郊气温差异引起了人们的关注，继 Howard 之后各国的科学家陆续对城市热环境开展了研究。从 19 世纪初到现在，城市热环境的研究大致经历了三个阶段。

第一阶段为静态观测阶段。这一阶段研究学者通常是在城市内选取几个具有代表性的观测点对城市气温等热环境要素进行观测和记录，然后利用所获得的数据对城市热环境的特征和现象进行总结归纳，一般是给出城市气温或雾日数的逐年、逐季、逐日的平均值或累计值，或者对比城区和城市郊区或周围乡村的热环境要素。在这一阶段刚开始的很长一段时间内，研究仅局限于英、法、德等欧洲及北美国家的城市，基本没有对于其他国家的城市热环境研究。而且人们主要关注城市气温的变化，很少对城市热环境的其他要素如雾、降水等开展研究。E. Renou 于 1855 年发表了关于法国巴黎气候研究的论著，文中指出巴黎城中的风速经常比郊区小，而平均气温则一般比郊区高 $1\sim2℃$[5]。1860 年德国气象学家 Wittwer 研究了慕尼黑的城市气候，同样发现了城郊气温差异，并认为这种差异是由于城市石砌建筑群的影响[6]。直到 20 世纪科学家才逐渐将目光投向城市热环境的其他要素，研究地区也不再局限于欧洲及北美国家的城市。G. Hellmann 以柏林为例首次研究了城市对降水的影响[7]。A. Angot[8]、F. A. Russel[9] 等分别对法国巴黎和英国伦敦的雾进行了深入的研究。澳大利亚人 Wilhelm Schmidt 于 1917 年研究了城市内部不同景观地区的小气候[10]。由于观测范围上受限制，在这一阶段尚无法绘制出整个城市的温度分布图。

1927 年 Wilhelm Schmidt 首创利用汽车装备气象观测仪器对城市气温进行动态观测[11]，开启了城市热环境研究的第二个阶段——动态观测阶段。为提高观测结果的精确性消除动态观测方法可能带来的误差，Wilhelm Schmidt 还选取了一个或几个观测点进行气温静态观测，并利用静态观测值与相对应的动态观测值的差值对动态观测值进行订正。这种动态观测的方法能够在短时间内收集多点的气象资料，使得绘制城市温度场的分布图成为可能，为城市热环境研究做出了很大的贡献。后来，日本、加拿大等许多国家的气候学家均沿用了这一方法对城市热环境现状做了详细观测。1937 年世界上第一部通论性的城市气候专著《城市气候》问世，书中 P. K. Kratzer 对 20 世纪 30 年代以前的城市气候研究工作进行了全面总结[12]。第二次世界大战之后，城市规模的扩大和工业的高速发展导致城市空气污染日益严重，城市热环境的问题得到了更加广泛的关注，使得城市热环境研究在广度和深度上均有了显著的发展。同时，随着科技的进步，人们在热环境的观测技术和研究方法上也有了很大的突破，对于城市热环境的观测范围也渐渐扩大到了三维。为实现城市热环境的三维观测，人们通常是通过安装在铁塔不同高度的目测或遥测仪器获取近地面层不同高度的长期观测资料，或利用探空气球、低空探测器等进行低空气象观测，或利用人造卫星、直升机等观测城市气温和下垫面的热特征。1954 年 F. A. Duckworth 等人首次对城市气温做了三维研究[13]。1961 年 S. A. Changnon 对美国芝加哥的降水分布进行了研究。1968 年，R. D. Benstein 运用直升机对美国纽约上空 500m 以下的热环境进行了飞行观测[14]。T. R. Oke 在 1969—1972 年运用汽车装备气象观测仪器对加拿大魁北克省的某一区域进行了动态观测，分析了城市规模对城市热环境的影响[15]。1968 年第一次国际性的城市气候会议"城市气候和建筑气候学讨论会"在布鲁塞尔成功召开，会议上各国学者交流了城市热环境研究的成果和经验，总结了目前研究存在的问题和不足之处，并呼吁各国气候学家更广泛地开展城市热环境研究。

第三阶段为模拟阶段。这一阶段研究者不再局限于实地观测，开始采用模拟实验法、计算机和数值模拟方法对城市热环境及其影响因素进行研究分析。模拟实验法通常是按照一定的比例制作城市模型，然后通过风洞试验研究建筑物对城市风场的影响。J. E. Cermak 便采用了此方法对美国科罗拉多州丹佛城的热环境进行了研究[16]。但是这种方法往往投入的时间、经济成本比较大，且由于无法模拟城市内部的热力结构，通常只能用于实际分析和评价。伴随着计算机技术的发展，人们渐渐意识到采用计算机模型进行热环境模拟分析，可以大大降低投入的时间、经济成本，而利用数学分析模型对城市热环境进行定量化分析，可以更准确地描述城市热环境要素与其影响因素之间的关系。1951 年，A. Soundborg 首次用统计模型对城市温度场进行了分析，总结出了一系列的经验公式[17]。1969 年 M. H. Halstead 用计算机进行了城市热环境模拟分析[18]。1969 年，L. O. Myrup 提出了城市热岛的数值模型[19]。F. M. Vukovick 定量地分析了风速和大气稳定性对城市热岛环流的影响[20]。K. Yoshio 提出了城市大气环流的动力学统计模型并利用这一模型进行了数值模拟[21]。D. L. Leahey 建立了城市混合边界层高度的预测模型，并利用所建模型对纽约城市热岛进行了分析[22]。1977 年，M. A. Atwater 利用欧拉静力学模型研究了城市化对热环境的影响[23]。D. T. Mihailovic 等人用数值模拟等方法定量地分析了建筑布局、下垫面类型、人为热释放等对城市热环境的影响[24-28]。

人类的人口数量不断攀升，人类行为对环境造成的影响日益加剧，人为热排放对环境的影响也日渐突出。人为热是指由于人类生产、生活所产生的直接排放到低层大气的热量，区域聚集是最为突出的特征，这主要是由能源消耗所服务的对象即人类活动的特点所决定[29]；人为热排放是人类活动所产生的废热，主要包括能源消耗所产生的热量以及人类新陈代谢所产生的热量[30]。人为热排放对气候和人类的影响是多方面的，不仅会增加地球表面温度，还会因此影响局部气压进而影响降水；人为热还会影响边界层高度和大气环流、居民健康，导致城市污染和水源污染[31]。而且人类的生产、生活所造成的废热对大气的影响是不可忽视的，人为热会以热流形式排入低层大气，直接导致大气环境温度场的变化，因此大量人为废热会导致城市热岛效应的产生[32]，同时由于人类生产活动排热对热环境的影响也是多方面的，而工业活动的能源消耗、交通燃油的能耗、商业区和居民建筑的废热以及人体自身的新陈代谢是主要人为废热释放源[33,34]。因此，为了缓解城市区域人为热所造成的影响，提出全面有效改善城市气候的措施，研究人为热排放对城市热环境造成的影响意义重大。

2. 国内研究进展概述

与国外相比，我国城市热环境的研究起步较晚，但发展较快，涉及的地区面较广，研究的热环境要素也多，不仅对我国各气候分区的城市气温进行了观测分析，而且对湿度、降水、能见度、太阳辐射、风场等都进行了一定的研究。1980 年中国地理学会在杭州举办了一场气候学术会议，会议共收录 144 篇论文，其中仅有 6 篇与城市热环境研究有关。在认识到我国在城市热环境研究方面严重缺失后，中国地理学会积极倡导和呼吁我国各地专家学者积极开展城市热环境的研究。两年之后即 1982 年，我国第一次城市气候学术会议在福建厦门召开，会议收到 47 篇城市热环境方面的论文，数量为 1980 年杭州会议的 8 倍，论文涉及北京、上海、南京、广州、杭州、武汉等 23 个城市的热环境研究，研究内容涵盖了城市气温、太阳辐射、降水、湿度、雾、风速等众多城市热环境要素。在大会上来自全国各地的研究学者交流了最新的国内外城市热环境的研究动态及研究成果，并对如何将城市气候研究与实际结合以及今后如何开展我国城市气候的研究工作等问题进行了探讨，极大地推动了我国城市热环境方面的研究工作。1985 年，我国第一部关于城市气候的论著《城市气候导论》出版，作者周淑贞、张超运用两部汽车对上海气温进行了流动观测，并参照 Wilhelm Schmidt 的方法对动态观测值进行了修正，最后绘制出了整个上海市的气温分布图。此外，周淑贞等还详细地分析了城市对城市盛行风、城市气温、降水、降雪等的影响，通过城郊热环境对比发现由于城市化的影响，城市表现出"四岛效应"，即城市热岛、湿岛、雨岛和混浊岛效应[35]。随后关于我国各城市热环境研究的论著陆续出版，如《北京城市气候》《广州城市气候》《兰州城市气候》等，为我国城市热环境和气候的研究提供了很多有价值的文献。

纵观我国城市热环境的研究历程，其研究内容大概包括两个方面，分别是城市热环境变化趋势和城市热岛效应。其中，城市热环境变化研究主要是基于气象观测资料总结归纳城市热环境的基本变化特征，进行不同时间尺度和空间尺度上的热环境变化趋势分析。陈正洪对湖北省 1961—1995 年的年、季、月平均气温变化特征进行了系统的研究[36]。苑跃等人利用四川省 156 个台站 1961—2010 年的气象资料分析了四川省 50 年间平均气温的年际变化和年代际变化特征[37]。纪忠萍等通过小波变换的方法对广州 1908—1997 年的逐月气温和降水进行了分析，得出广州近百年间不同时间尺度上的气候变化特征[38]。江志红等对上海 1880—1992 年间的逐月平均气温、最低气温和最高气温三个气温序列进行了线性趋势分析，同时运用滑动 t 检验法、累积距平曲线法、Mann-Kendall 方法、双位相二次曲线回归法对上海的这三个气温序列进行了气候突变检测[39]。谢庄等同样对北京 1870—1994 年的年、季平均气温以及 1841—1994 年的年、季降水量进行了小波变换计算，分析了气温冷暖期和降水干湿期的小波波幅特征[40]。这些早期的研究为我国城市热环境研究提供了很好的范例，其中所使用的研究方法如线性趋势分析法、累积距平法、滑动平均法、Mann-Kendall 法、小波分析法等成为我国研究城市热环境变化趋势一直沿用的方法。

城市热岛效应研究主要包括城市化对于城市热环境的影响程度研究及城市热岛效应的成因机制分析。城市热环境是自然气候条件和城市化因素共同作用的结果。在城市化后由于下垫面的改变，人口密度的增加，高强度的经济活动导致大量废热和有害气体等的排放，使得城市中形成了不同于周遭郊区或乡村的局地热环境。随着我国城市化的迅速发展，城市化对热环境影响日益显著，其中最突出的特征是城区与其周边郊区的气温差，即城市热岛效应。我国大规模地开展城市热岛效应的研究始于 20 世纪 80 年代。人们通常用城市化因素导致的城市气温增值来衡量城市化对城市热环境的影响程度，该气温增值被定义为城市热岛强度。在计算城市热岛强度时，需解决的关键问题是区分城市气温变化中自然气候和城市化因素所引起的气温变化。在以往的城市热岛效应研究中，考虑到城市郊区或周围乡村与城区处于同样的自然气候背景且不受或很少受城市化的影响，人们通常通过把城市郊区或周围乡村的气温观测序列作为自然变化气温序列，将受城市化影响的气温变化从实际的气温变化中分离出来，即将城市中心与周围郊区的气温差值作为城市热岛强度或将城区与其郊区的气温线性变化趋势的差值作为受城市化影响的气温增率。为增加结果的可靠性，有的气候学家会选取多个城市郊区或周边乡村气象站作为参考站，取多个参考站气温观测值的算术平均值或加权平均值作为自然变化气温计算城市热岛强度。任春艳等在研究西北地区城市化对城市热环境影响时，选取省会城市周边 3~4 个气象站观测数据的加权平均值作为不受或很少受城市化影响的气候背景值。进行加权平均时的权重根据距离衰减原理确定，即取周边气象参考站与城市站之间的距离的倒数占所有距离倒数之和的比例作为该参考站的权重[41]。陈正洪等在研究湖北省城市化对区域气温序列的影响时，选取武汉、荆州、鄂州、襄樊四个城市气象站作为全省城市代表站，将经过经验正交函数分解后得到负的第二特征向量的观测站作为湖北省乡村代表站，湖北省的热岛增温速率则定义为全省城市代表站与乡村代表站的平均气温线性变化趋势之差[42]。然而，现在我国很多郊区和乡村的热环境已经受到人类活动的影响，有的地区甚至比城中心所受到的影响更大，故郊区站或乡村站所观测到的气温序列已不能准确代表自然变化气温序列，且大多数的城市站不再是在城市的正中心，所计算的热岛强度很难反映城市中心的热岛效应。许多学者开始尝试寻求其他方法分离出自然变化气温序列。马凤莲等提出用 40cm 深度的地温代替郊区乡村站气温序列作为城市自然变化气温序列[43]，并对旅游型城市承德市气温受城市化影响的情况进行了研究，研究得出承德市 1964—2007 年 44 年来受城市化影响的增温幅度（增温率）为 0.099℃/10a。而若将 1964—2007 年分为 1964—1979 年和 1980—2007 年两个时段分别进行分析，可发现前后两个时段受城市化影响大不同，前一时段受城市化影响的增温率为 0.209℃/10a，后一时段受城市化影响的增温率为 0.421℃/10a。黄嘉佑等对我国华南地区不同人口类型城市的气温变化做主成分分析，提取第一主成分，消除了由于观测站经纬度、太阳高度角和高度等局地因素导致的气温变化，得到由自然气候变化和人为因素共同作用形成的气温变化序列。再通过回归分析法建立热岛效应不明显时期的气温和与局地气温相关（正相关系数大于 0.35）的高空环流因子之间的回归模型，从而得到基于高空环流因子的城市自然变化气温的预测序列[44]。

　　分析各城市化因素对城市热环境的影响的方法，笔者认为可以大致分为两种，一种是模拟法，一种是实际观测分析法。模拟方法主要有利用气候模式模拟、利用数值分析模型模拟和利用计算机模拟。利用气候模式对多年平均气候特征进行模拟并对模拟结果进行诊断分析可以得出特定区域内气候形成的机理，以及区域气候对陆面特征等的敏感性。高学杰等利用 RegCM2 区域气候模式分析了二氧化碳浓度加倍对我国西北地区气候的影响，得出在二氧化碳浓度加倍的情况下，西北地区的年平均气温会平均升高 2.7℃，降水量也会平均增加 25%[45]。然而这种模拟方法存在诸多不确定因素，特定气候模式的模拟结果与实际观测值之间，以及不同气候模式的模拟结果之间，不仅在定量方面存在很大差异，而且在定性方面有时候会出现相悖的结果[46]，故所得模拟结果并不足以确定城市化对热环境的影响。蒋志祥等建立了水体与大气热湿交换的简易动态模型，并将该模型与现有的城市热气候评价模型进行耦合分析了水体对城市热湿环境的影响[47]。牛强等将城市局地热环境划分为 Outer、Local 和 Human 三个区域，根据热力学第一定律建立了结构化热力学模型，并利用所建立的模型分析了 Human 区域人为热排放对城市局地气温的影响[48]。目前运用计算机进行城市热环境模拟多采用 CFD 模拟的方法。汤莉（Li Tang）等建立了历史村落上甘棠村的 CFD 模型，探讨了村落布局等对于上甘棠村风场和热环境的影响[49]。实际观测分析法的数据多来源于气象观测站和各地区的统计数据，也有学者采取设置多点进行连续实测的方法获取相关热环境数据。李晶等以西安为例，在当地一大学校园内选取了能代表西安常见的四种植被景观——无植被覆盖的空旷广场、有行道树的人行街道、有水池的公园以及无水池的街心花园的测点进行了温度、湿度日变化观测，通过对不同植被覆盖率条件下温度、湿度的比较得出了植被对城市局地温度和湿度的影响[50]。田喆等在研究城市化影响因素对城市气温的作用时，则是通过在天津市南开区选取了不透水比率、水面比率、绿化率、建筑容积率以及人为排热强度各不同的9个地点进行为期8天的气温测量来获取城市气温资料，气温采样频率为每15min采样一次，各测点的不透水比率、水面比率、绿化率和建筑密度则是根据航空图片和天津市城市规划图来统计，测点的人为排热量是根据调查所得的空调使用数量和街道车流量估算而来[51]。探讨各影响因素与城市气温或城市热岛强度之间的关系时则一般是对各影响因素或构建的综合影响因素指标和气温或热岛强度进行相关性分析或回归分析。田喆等利用观测到的气温数据与反映下垫面和人为排热的指标进行相关性分析，得出建筑容积率对全天、白天和夜晚的气温均有着显著的影响。同时以城市气温为因变量，以水面比率、绿化率、建筑容积率和人为排热量作为自变量，进行多元线性回归，得到天津市全天平均气温、白天平均气温和夜晚平均气温的预测模型。为了更方便研究成果为政府人员在进行城市规划和热环境调控时提供对策建议和参考，一些研究者尝试选取一些具有代表性且易量化的指标构建能反映城市综合发展水平的指标，并分析所构建的综合指标与城市气温或城市热岛强度之间的关系。任春艳等选取市区人口、全年用电量、国内生产总值、非农产业增加值和工业总产值作为城市化强度指标，通过对这些指标进行主成分分析提取第一主成分作为综合城市发展指标[41]。丁淑娟等选取年末总人口、建成区面积、工业生产总值等9个指标作为哈尔滨市发展强度指标，通过灰色关联分析法确定各指标的权重，再通过加权综合评价法构建了一个能反映城市综合发展水平的指数——综合城市发展指数[52]。任学慧等选取建成区人口密度、非农业人口/总人口、人均居住面积、第三产业生产总值、第三产业生产总值/国民生产总值、城市居民消费水平、人均公共绿地面积、人均道路面积、每万人拥有公交车辆、污水处理率10个影响因素作为描述城市化程度的指标，将这10个指标对数的乘积作为代表城市化程度的综合性能指标——城市化进程参数[53]。

1.1.3 人为热影响与城区热环境研究现状

目前，针对城市热环境及影响因素已经有大量研究，人为热是影响城市气候的一个重要因素，而通过分析在人为热排放及其对城市热环境的影响的研究问题主要包括人为热排量的统计和热排放对城市热环境的影响程度这两方面。国外已有大量关于人为排热量的统计，Sailor等采用通过计算建筑热释放、车辆排热释放、新陈代谢的热释放，并将人口密度作为变量的城市区域人为排热量算法，以美国城市为例进行计算，结果得出夏季和冬季人为热流密度的最大值分别达到$60W/m^2$和$75W/m^2$[54]；Sailor估算了建筑废热、工业能耗废热、交通车辆废热和人体新陈代谢排热四种人为排放热，得出总的城市区域的人为产热释放量[55]；Klysik从季节和空间的角度调查并统计了波兰罗兹市的不同地区的人为废热释放量，得出已建成城市区域的年均热流密度为$28.5W/m^2$，其中7月和1月的热流密度分别为$12W/m^2$和$54W/m^2$[56]。Lee等通过调查分析所得到的城市居住人口、汽车保有量和日常用电量等数据估算了城区的人为热释放量，结果得出年均人为热流密度为$120W/m^2$，冬季的人为热流密度达到$45\sim55W/m^2$，并且工业和交通热排量之和已经超过总排热量的70%[57]。Pigeon等将2种不同计算人为排热量的方法应用于它卢兹，并比较了它们的不同结果，其中运用实际测量计算法（基于表面能量平衡SEB）得出测量点500m范围内的冬季与夏季的人为热流密度（热通量）分别是$70W/m^2$、$15W/m^2$，而能耗统计法计算出的冬季与夏季的人为热流密度

（热通量）分别为 $60\sim90W/m^2$、$30W/m^{2[58]}$。Taha 整理统计了世界上许多国家不同的城市区域人为热排放的年均热强度，其中美国城区冬、夏季的人为热流密度分别达到 $20\sim49W/m^2$、$70\sim210W/m^{2[59]}$；Flanner 统计了欧洲西部和美国大陆的年均人为热流密度，得出其值分别达到 $0.68W/m^2$ 和 $0.39W/m^2$，初步预测 2100 年全球的人为放热热流密度可能超过 $0.19W/m^2$，相当于目前阶段的 NO_2 辐射强迫值[60]。Dhakal 等人利用能耗模拟软件 DOE-2 对东京的一些典型的居住建筑、商业建筑和办公建筑人为排热量进行计算，得出了东京夏季典型日内人为排热量的空间分布图，并且人为排热量在综合了行政和商业等的城市中心地带于 18：00 达到最大值 $677W/m^2$，而居住建筑、商业建筑和办公建筑在白天和夜晚不同的时间段人为排热量也不同[61]。

国外关于人为排热量对城市热环境的影响也有大量的研究，实际人为热对气候影响的主要表现就是热岛效应，Gutman 等通过二维边界层模型进行模拟计算，考虑了人为排热是导致城市与郊区温差的重要因素，研究表明在冬季的夜间，当城市区域的人为热流密度为 $125W/m^2$ 时，相应的热岛强度为 2.9K[62]；Taha 以美国城市为例，将人为排放热计入气象预测模型进行计算，结果发现人为热排放会导致室外全天 2~3℃ 的热岛强度[59]。Khan 等对澳大利亚的城市人为排热量进行了调查与统计计算，可知夏季排热量在上午 7：00~9：00 和下午 16：00~18：00 达到最大值，分别为 $65.8W/m^2$ 和 $56.7W/m^2$，并且交通排热量是最大的，占到总排热量的 70%，另外，Khan 等还引入经过调整的三维气象模型 CSU 应用到对人为排热量的研究中，结果发现排热量会同时对城市的温度场和风场造成影响[63]。Atwater 将边界层模型应用于模拟研究，结果表明当城市的夏季人为热流密度为 $17W/m^2$ 时，相应的热岛强度为 0.1~0.2K，冬季人为热流密度为 $92W/m^2$ 时，相应的热岛强度为 2.6~9.7K[64]。Bueno 等采用了热容与热阻恒定模型 RCconstant（Resistances and Capacitances）计算了图卢兹的人为排热量和大气温度，并与采用的 TEB（Town Energy Balance）的耦合模型 CS（Coupled Scheme）和耦合 Energy Plus 模型的计算结果进行比较，结果发现商业区和居民住宅区的夏季人为热流密度分别为 $220W/m^2$ 和 $55W/m^2$，商业区人为排热量导致 1℃ 的温升，而居民住宅区的人为排热量对气温的影响并不大；同时，当人为热流密度为 $100W/m^2$ 且建筑群密度小于 0.6 时，风速较高时气温会上升 0.5℃，风速较低时气温上升 1℃，因此人为热对气候的影响效应与风场有一定关系[65]。Bueno 等对图卢兹城市的中心区进行模拟分析时，采用了城市冠层能量平衡模型 TEB（Town Energy Balance）和耦合建筑能耗模型 EnergyPlus 两种模型，结果表明商业区和居民住宅区的夏季人为热流密度分别为 $190W/m^2$ 和 $60W/m^2$ 时，会导致室外气温 0.8℃ 和 2.8℃ 的温升[66]。Salamanca 等将巴塞尔城区作为研究对象，通过将对比验证大量模型包括建筑能耗模型 BEM（Building Energy Model）的模拟能力，将 BEM 与城市冠层模型相结合，对建筑材料与室外气温以及夏季空调的排热状况与目标室内温度之间的关系进行了研究；结果发现空调平均热流密度为 $50\sim160W/m^2$，最大值可达 $250W/m^{2[67,68]}$。Kondo 等采用了建筑能耗分析模型 BEM 的多尺度模型系统、一维城市冠层模型 CM（One-dimensional Urban Canopy Model）和三维中尺度气象模型 MM（Mesoscale Model）对东京的一个商务区进行模拟研究，得出在通风能力较弱的情况下，城市冠层的底部人为排热放会对室外热环境有较大的影响[69]。Ohashi 等以东京某办公区夏季人为排热量及气温值为研究对象，运用了建筑能耗模型 BEM 与耦合城市冠层模型 CM 对其进行模拟计算研究，并且将结果与实测的结果进行对比，发现二者数值吻合较好，空调的排热量造成工作日研究区域附近距离地面 1m 处 1～2℃ 的温升[70]。Kimura 等详细地调查了东京人为排热的分布情况，并且模拟研究了典型夏季日的天气状况和人为排热及土地使用对该东京中心城市地表气温变化的影响。通过观测可知，模拟值与实际结果较为一致，并且人为热排放导致夜间的增温效应强于白天，城市中心地段由于绿地的缺少造成相对较高的温升[71]。Kikegawa 等运用了上述 MM-CM-BEM 多尺度模型分析系统研究了人为热与夏季空调能耗、室外气温之间的关系，结果发现当人为热流密度达到 450W/m^2 时，由于排热位置从屋顶移到距地面 3m 处会造成近地表日平均大气温度 0.62℃ 的升高，并且与将废气排至泥土或下水道等方法相比，将废气从屋顶排出时则地表大气温度会升高 1.28℃，空调的能耗也会相应提高 5.81%[72]。Kikegawa 等在判断城市冠层内在吸收大气热量值时提出以天空角系数 SVF（Sky View Factor）作为其依据，通过对东京的 SVF 进行赋值并进行 500m 的网格划分，最终可由所吸收的大气热量值来判断各个 SVF 分区内较为合适的缓解热岛效应的措施；而且还以采用 MM-CM-BEM 多尺度分析模型研究了各种缓解热岛效应的措施在不同的城市形态环境下对距地面 3m 高处气温降低幅度的影响，得出如下结论：直接排入大气的人为排热量的减少是缓解办公区以高层建筑为主的区域的有效降温措施，而加大墙体立体绿化率是居民住宅区的有效降温措施；在小于 0.8 时的 SVF 越小，上述降温措施效果越好[73]。Swaid 采用 CTTC 模型对将人为排热计入摄入辐射量和不考虑人为排热量两种情况下的气温进行了模拟，并将结果与郊区的气温值进行了对比，结果发现不考虑人为排热量时，宽高比 0.5 且主要建筑为 1～2 层的单户别墅的城市区域于 9：00～14：00 会出现高达 1.4℃ 的"冷岛"现象，而且当人为排热热流密度为 11W/m^2 时，城市地表大气温度升高 0.7℃；Swaid 等认为 CTTC 模型中的总传热系数对城市的增温能力有着极大的影响，而传热系数与风速关系紧密，风速又会受到城市形态的影响，所以城市形态间接地影响了人为排热量的增温能力[74]。Swaid 等对下垫面形态和人为排热量对城市地表覆盖层气温的影响进行了研究，总结出不同地区的人为排热热流密度，并且热流密度随时间变化的平均值为 55W/m^2；结果发现由于人为排热使得宽高比为 0.5 的城市区域的大气温度升高了 1～2.5℃，最大值在 20：00 出现，另外，由于树荫遮挡与建筑形成的白天的"冷岛"现象也因人为热而趋近消失[75]。

国内关于人为排热热流密度也进行了大量的统计研究，佟华等通过对冬季工业生产排放废热、汽车排放废热和居民生活热排放废热的估算，得出北京冬季白天和夜间人为释放热热流密度分别为 130～170W/m^2、20～40W/m^2；佟华等考虑到人为热排放对北京地面热环境有影响，建立北京大学城市边界层模型对该影响的敏感性进行模拟计算，并且考虑有无人为热排放的情况进行计算，结果表明：在市中心，人为热造成白天 0.5℃ 的温升，夜间 1.0～3.0℃ 的温升；由于人为排热量较大的地方温度本来就偏高，所以无人为热时的温度较高区正是有人为热时的温度增幅较大的区域[76]。王志铭等考虑将人为排放热分为交通排放热、工业排放热和生活排放热，利用调查统计的汽车保有量、主要道路交通量、工业和居民生活所消耗的能源等数据，对广州人为排放热进行了估算，得出最高热流密度值为 72.3W/m^2[77]。田喆等主要对天津人为排热量中的空调排热进行了统计，空调排热量的计算是根据实际调查的空调面积大小计算得出的，最终计算出办公建筑和居住建筑的空调排热热流密度分别为 125W/m^2、112.5W/m^2[78]。Hsieh 等以台北市大安区为研究对象，通过对商业区域和居民住宅区域的建筑类型进行划分和采用能耗模拟软件 EnergyPlus 对典型建筑的空调释放热进行计算，再采用地理信息系统（Geographic Information System，GIS）来生成该建筑区空调热释放的空间分布图，分析讨论了减少空调热释放的策略和有效措施[79]。陈曦等以中国各省和以南京这个城市为研究对象，分别对它们的人为排热量和人为热强度的具体时空分布进行初步分析和统计，这为以后对人为热研究的参数需要提供了一定数据基础[80]。朱岳梅等对南方某个城市的中央商务区进行了模拟计算，采用的是城市区域热气候预测模型这个工具，该模型是在一维城市冠层模型 AUSSSM（Architectural-Urban-Soil-Simultaneous Simulation Model）的基础上进行改进而来的。结果发现城市区域之所以会出现高温的原因是夏季冷源系统排热和下垫面的传热，并且各自占总显热得热量的33%和60%；并对夏季南方地区商务区1个月高温期时间段内的冷源显热排热量进行估算，可达18.3kW·h/m^2[81]。张弛等绘制出了人为排热量的流程图，并且对城市可能的人为热源整理分类，还对上海市人为排热总量进行了估算，同时还定性研究对该城市由于夏季空调的使用废热排放对上海的气温影响，结果发现建筑空调排热量密度较大的区域地表气温也会相应高一些，而地表气温的高低和建筑分布的疏密性较为一致，空调的废热排量是影响地表温度一个很重要的因素[82]。蒋维楣等按照文献[76]的方法对人为热进行估算，得出杭州地区人为排热量的最大、最小和平均热流密度分别为60W/m^2、30W/m^2、50W/m^2，并且将城市的冠层模型与三维非静力边界层模型 RBLM（Regional Boundary Layer Numerical Model）相耦合，可知人为排热量对夜间气温的影响相对较大[83]。牛强等将城市的环境划分为 Outer、Local 和 Human 三个区域并建立相应的结构热力学模型，再结合热力学基本定律对分析了各个不同区域的温度变化规律和热量；结果发现，人为热排放对局部地域温度增长有着近似线性的促进作用，局部地域温度对人为热排放有着的不同程度的响应，并且当人为排热量越大时，这种线性作用就越明显，而且这一结论是运用国家统计数据进行了验证[84]。Hsieh 等以台北市某居民高层住宅小区为研究对象，采用了能耗模拟软件 EnergyPlus 与 CFD 模拟软件 Windperfect 相结合起来的方法，研究了夏季由于使用空调排出的废热所造成的室外能耗和热环境情况的变化，并且提出了在将来可以运用小尺度模型来对空调废热与热环境之间的关系进行模拟研究的计划[85]。陈宏等采用了 CFD（Computational Fluid Dynamics）与热平衡相耦合的模型对东京的典型的中层商务区典型和高层商务区进行研究，并分析分别改变屋顶及地面物性、交通排热和空调排热措施对1.5m 高度处的热环境造成的影响，认为交通排热量和地面物性对街道峡谷地表面处的人高度处热环境会有较大的影响，交通排热量甚至使气温升高1℃以上，影响区域也相对较大；空调热负荷是通过单位负荷强度和建筑面积相乘得到，其排热位置会影响空调热影响的程度[86]。

但是，以上都是对某个地区城市的人为热对该地区的热环境所造成的影响进行的调查统计，从中小范围尺度或更大的全球区域来对人为热对环境的影响进行模拟研究还是很少的，缪爱国等采用了 AUSSSM TOOL 软件模拟了小区的热境，结果发现在缓解小区热岛效应的问题上，增加绿化率或减少不必要的人为废热是有效的措施[87]；戎春波等运用了南京大学的区域边界层模式（NJU-RBLM）对城市热环境进行了数值模拟，分析了城市化因素、太湖水域和人为热的变化对城区热岛效应的影响[88]。本书即通过 GAMBIT 建模软件和 CFD 模拟软件并结合多孔理论来了解人为热源对韶山市城区热环境的影响状况。

1.1.4 多孔介质理论与热环境研究现状

多孔介质分析的理论与方法在城市热环境模拟与分析中可以发挥重要作用。通常所说的多孔介质其实是"带有孔洞的固体"，由固体即固相基质形成的骨架以及由这些骨架对整体进行分隔所形成的微小孔隙构成的物质。所以孔隙就是存在于物质中的，非常小的称为分子间隙，但是比较大一点的称为孔洞，而多孔介质中的孔隙尺寸介于上述两者之间[89]。1983年 J. Bear 提出的多孔介质的概念具有以下较为普遍的特点[90]：

1）多孔介质的部分空间被多相物质充满，并且其中至少有一个是非固态的相，如气态或液态，固体部分被称为骨架或固相基质，而除了骨架部分的空间被称为空隙空间。

2）固体骨架应该遍布于多孔介质的整个部分，而空隙空间应该相对比较狭小。

3）多孔介质内至少要有一些空隙是互相连通的，这些孔隙被称为有效孔隙，而那些封闭的孔隙被称为滞留孔隙，可视为骨架。

由于在上面的叙述中用到了"至少""比较""一些"这些没有严格确定性的术语，所以很明显以上所总结的多孔介质的特点并不能直接作为它们的准确定义。而实质上要给出多孔介质各种特点一种普遍试用的定义比较困难，针对某些特点可以定量定义，但是对于固体颗粒表面几何形状的定义却是比较困难的，因此也逐渐将连续介质的方法引入以研究多孔介质的特点现象。

对于多孔介质理论研究的发展和进化共有三个阶段，1856 年确立的 Darcy 定律是多孔介质研究的起点，此后 100 多年时间内的研究为第一阶段（初始发展阶段），1957 年的 Philip 和 De Vries 建立的理论则为多孔介质研究的第二阶段（相对完善阶段）的开始。在这些经典理论研究的基础上，后来又通过一些实验和理论研究形成派生出如液体扩散理论、蒸发冷凝理论等其他理论，并由等温转向非等温过程，由单场转向多场驱动及由单学科转向交叉相关学科的研究发展[91]。对于多孔介质的研究，从学科的发展角度来看，多孔介质的应用已经渗透到新型技术领域和许多学科，如化学、生物、农业工程、材料、能源和环境科学，对于形成边缘和交叉学科有着重大影响的潜在点，所以多孔介质的研究对学术发展的价值有极为重要的影响[91]。Junhua Qing 等针对金属多孔介质的力学特性、生物学特性、渗透性、强度及其抗腐蚀性的特性，对将其在环境保护领域、化学化工领域和生物医学领域的应用进行了研究；在环保领域，我们关注的是汽车的废气净化技术、洁净技术及表面燃烧技术，化学化工领域主要将金属多孔介质作为催化剂或催化剂载体来用的，生物医学领域主要是注重多孔钛、镁及多孔钽在人体骨骼发展研究上的应用[92]。最初将多孔介质模型应用到核反应堆和换热器的流体流动以及传热的数值模拟研究中，由于换热器会有大量的阻碍片和管道，要模拟其中流体的流动必然要划分大量的网格，但是这可能会超过目前的计算机能力[93]。后来 Patankar 和 Spalding[94] 提出的采用分布阻力的方法（多孔介质模型方法）来解决这个问题。陈威和刘伟将多孔介质层作为蓄热和集热体应用到太阳能集热的组合墙中，并对分隔型和接触型这两种不同的多孔介质太阳能供暖组合墙系统进行研究，结果发现，当周围环境和太阳辐射发生变化时，组合墙内的传热及流动情况发生变化，两种不同系统供暖墙对房间供暖影响也会不同，并且集热层的材料热导率、粒径、孔隙率及多孔介质集热层在供暖组合墙中的不同位置对系统供暖效果的影响较大[95]。Y Zhao 和 G H Tang 提出了一种用来判断由许多无序的孔所组成的碳化硅多孔介质的消光系数的蒙特卡洛法，多孔介质的光学性质是通过基于碳化硅的折射率的菲涅耳定律和贝尔定律得出的，研究结果发现碳化硅多孔介质的消光系数主要受到孔隙率和孔隙大小的影响，并且模拟的消光系数和文献中的实验值较吻合，这说明基于蒙特卡洛法进行大量的实验研究所提出的关于消光系数的关系式可以很方便地计算碳化硅多孔介质的辐射热导率和热流密度[96]。Baicun Wang 和 Yifeng Hong 等为了提高在充满着渐变多孔介质的管子中的流体流动的热传递及压降而提出一种新的充满渐变多孔介质的管子结构，对于完全充满和部分充满多孔介质时的孔隙大小和孔隙率的变化梯度进行研究并与没有多孔介质和部分多孔介质时的情况进行对比，结果发现在多孔介质充满度为 0.6 和 1.0 时，该结构会有较好的热传递效果和较低的摩擦系数[97]。Majid Siavashi、Hamid Reza Talesh Bahrami 等对为加强圆管中的热传递而同时加注其中纳米流体和多孔介质的情况进行了数值研究，并且将达西-布林克曼-福希海默的模型和两相流混合模型同时应用到该模拟研究中，不同的结构包含不同的多孔边界层厚度、位置及根据从第一、二热力学定律角度的纳米颗粒集中和雷诺数的渗透率，同时提出一个新的与加强热传递成比例的可以更好地判断第一热力学性能的特性数，结果表明不同的渗透率对应不同的新特性数[98]。M F El-Amin、J Ghorbani 等对多孔介质（包含特定界面面积）中的两相流以及变形多孔介质土壤中的多相流进行数值模拟研究，并为解决同时存在静态和动态负荷的部分饱和土壤和完全饱和土壤的情况给出解决算法[99]。黄媛和杜小泽等建立了由集成板所构成的氧化物燃料电池的物理模型，并对阳极侧多孔材料支撑层内的富氢气的内重整反应传递过程的特性进行了分析，通过讨论进口处的水和甲烷的比值、操作温度计多孔介质孔隙率对氢气生成量和甲烷蒸汽重整转化率的影响，得出在一定工况范围内利于电池反应的条件[100]。许祥在、翟秋兰等提出了多孔材料的孔径分布与渗透性的测定方法，论述了气体渗透性测定方法、仪器以及数据处理，研究了对多孔材料排水密度测试方法进行的合理修正，提出了气体流量的简便计算方法，还有学者李亨等研究了在考虑气体的压缩性情况下的惯性系数和渗透率测定方法[102-104]。J F Pan 和 D Wua 等针对微型热光伏系统的微燃烧室的稳定性及热电转换效率进行了研究，发现多孔介质燃烧器可以提高燃烧稳定性并获得较高的热电转换效率；他们还用数值模拟的方法研究了微型燃烧器的几个重要参数、多孔介质的材料、氢气和氧气的比值、多孔介质的孔隙率和混合物的流速，结果发现，即使在三种不同的空气比值下，SiC 都是最合适的多孔介质材料。另外，较高的流速和较大的孔隙率都会导致大的温度梯度和压降，而这两个参数对外壁面温度影响很大，最终得出在空气比例为 0.8、流速为 6m/s、孔隙率为 0.5 并且多孔材料为 SiC 时，多孔结构的微燃烧器可提高燃烧效率，这促进了热电设备的优化和改进[105]。Manuel Haserta 等采用格子玻尔兹曼的方法对低雷诺数多孔介质内的空气流动及对实际多孔介质岩石中二维和三维的流动情况进行了模拟研究，分别验证了非 Darcy 多孔流动时的格子玻尔兹曼方法的有效性和计算了微观模型与岩石的流场及渗透率[106,107]。

综上可见，虽然我国气候工作者对各地城市热环境均做了很多研究，在方法研究、技术研究、理论研究和应用研究方面均有很大的突破和进展，但仍然存在很多问题：

1）目前，我国城市热环境的研究工作大多数是针对大型城市的室外热环境，关于中小型城市特别是小型城市的室外热环境研究工作仍然很少。例如，比较典型的街区植树对热环境的作用评估是不够充分的。

2）运用 CFD 进行城市热环境模拟时，由于城市覆盖面积大，下垫面结构复杂，难以准确描述城市下垫面的表面粗糙度和热力性质，且城市内热源种类多，分布杂乱无章，故无法准确确定边界条件。此外，用 CFD 建立的模型只能反映城市下垫面的粗糙度和热力性质，而无法将影响城市热环境的其他因素如温室气体等考虑到模型中，所以运用计算机进行城市热环境模拟的结果往往与现实存在差距，特别是在有限计算资源条件下，有许多值得研究的课题。

3）相关研究结果与服务对象结合不够，不能得到很好的利用。此外，不同气候地区有不同的特点，其城市（包括小城市）气候演化规律有不同的特点，其建筑与城市能耗也有不同的特点，应当开展专门的研究。

1.2　可再生能源建筑与城市应用进展

1.2.1　中国能源现状与发展对策

我国各类能源蕴藏量丰富[108]，种类颇多，既是能源产量大国也是能源消费大国，对传统能源具有极大的依赖。自 20 世纪 90 年代以来，我国能源年总产量一直位居世界前列。2007 年，中国政府发布了《中国的能源状况与政策》，明确了我国能源生产和能源消费量世界第二的位置。根据历年《中国统计年鉴》的相关数据不难看出，中国 2001—2014 年 14 年间的能源消费水平及能源生产能力的变化趋势（见图 1-1~图 1-3）。我国能源消费总量从 2001 年的 155547.00 万 t 标准煤增长到了 2014 年的 426000.00 万 t 标准煤，增长了近 1.74 倍；能源生产总量从 2001 年的 147424.99 万 t 标准煤增长到了 2014 年的 360000.00 万 t 标准煤，增长了近 1.44 倍。可见能源的生产总量始终赶不上能源消费总量，而且这个差额在逐年加大。

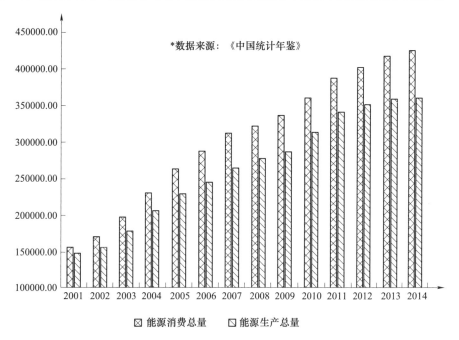

图 1-1　中国 2001—2014 年能源消费（生产）总量图（单位：万 t 标准煤）

与此同时，中国的能源消费结构正在发生改变。图 1-2 和图 1-3 分别是 2013 年和 2014 年中国能源消费的主要构成，中国的能源结构组成在稳步改进，但能源消费依然主要依赖于煤炭和石油。近几年，天然气及其他能源（包括风能、水电和核能）虽然也得到了大力推广和广泛应用，但是在总的能源构成中，所占有的比例仍然很小。2014 年中国消费一次能源相当于 29.72 亿 t 原油，占世界一次能源消费总量的 23%；当年中国总发电量为 5.65 万亿 kWh，占世界发电量的 24%；当年中国排放了 97.61 亿 tCO_2，相当于世界 CO_2 总排放总量的 27.5%。从 2015 年《BP 世界能源统计年鉴》的相关数据来看，中国的能源消耗已经连续 14 年保持快速增长水平，并连续多年是世界排名第一位的能源消耗大国。

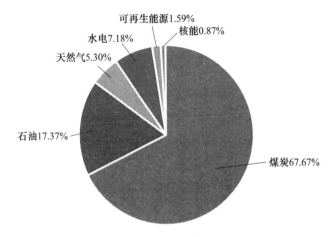

图 1-2　中国 2013 年能源消费结构

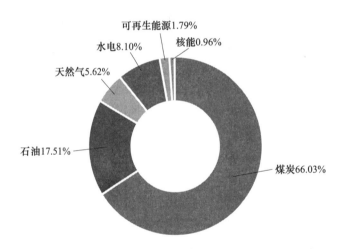

图 1-3　中国 2014 年能源消费结构

如果按照 2014 年中国对能源的消耗程度和能源的储备开采量来推算，各类能源将面临严重的使用危机（见表 1-1）。根据测算，中国煤炭资源将只能再使用 30 年，石油资源只够 11.9 年，天然气资源只够 25.7 年。中国的能源改革已然迫在眉睫。

表 1-1　中国非可再生能源储备、开采量对比

	探明储量	年产量	储采比
煤炭	114500 百万 t	3874 百万 t	30 年
石油	25 亿 t	211.4 百万 t	11.9 年
天然气	3.5 万亿 m^3	1345 亿 m^3	25.7 年

面对严峻的能源危机，中国政府采取了一系列的对策，概括地说主要有两大点，即能源安全和节能环保。

1. 能源安全

中国目前采取了国际上惯用的方法来确保能源安全。一方面，通过加强技术改进和科学管理，提高国内各类能源的勘探开采量，提高能源后期的加工和利用效率；另一方面，多方位加大各类能源进口量，减少对国内自有能源的依赖度。中国作为世界上第三大煤炭储存国，一直以来由于受到中国的经济战略影响，在 2001 年之前都是以出口为主。自 2003 年起，中国政府开始逐渐减少煤炭出口量同时增加进口量，直到 2009 年煤炭净进口量首次超过出口量。而中国石油资源则一直依赖进口，并且从 2001 年的 6026 万 t，增加到了 2013 年的 28174 万 t，增加了近 4 倍。天然气资源进口量也在逐年上升，从 2006 年的 10 亿 m³ 增加到了 2012 年的 421 亿 m³，增加了 40 多倍（见图 1-4）。这些数字的变化，表明中国国内对能源需求的暴增，也表明中国已经采取了积极有效的措施来确保自身的能源安全。

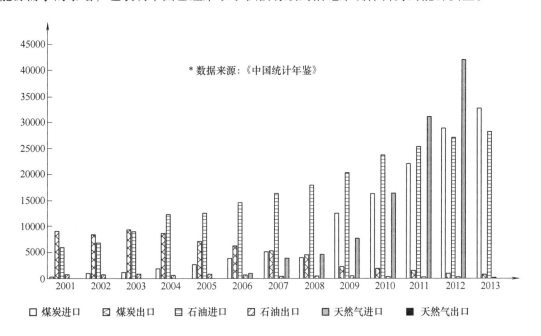

图 1-4　中国 2001—2013 年各类能源进出口总量（天然气单位：百万 m³；其他单位：万 t）

2. 节能环保

历届政府都很注重节能环保，出台了相关的法律法规，如《节约能源法》。同时，也颁布了一系列鼓励性政策，鼓励企事业单位和政府机构开展节能减排的相关工作，并对一些取得明显成效的单位给予一定的经济奖励。从"九五计划"开始，节能环保便被列入政府的工作任务考核指标。在"十二五"期间，政府采取了一些行之有效的措施，主要有：

（1）加强宏观调控　国务院印发了一系列的工作规划和方案，包括《"十二五"节能减排综合性工作方案》《"十二五"控制温室气体排放工作方案》《大气污染防治行动计划》，同时组织召开相关领导的工作会议和电话电视会议，对各项节能优化工作做了进一步部署和安排，并要求各部门采取强有力措施完成节能减排的硬任务。

（2）强化目标责任　政府根据各地区的特点，综合考虑当地的经济水平、产业结构以及环境条件等，对各地区节能减排工作采取差异化的考核和评价方法，并对考核结果进行定期公示。

（3）优化产业结构　政府根据现阶段实际的社会产业结构，明确了产业结构调整的任务和目标，并出台了匹配的政策措施。严格控制高污染、高能耗产业的发展，大力整顿和淘汰一批不符合环评标准的企业。通过优化能源结构，使非化石能源在一次能源消费中的比例达到了 9.8%。

（4）加快节能减排相关技术产品的开发和推广　国务院先后分 6 批次发布了国家重点节能技术的推广目录，并要求政府组织机构按照此目录推行节能采购。

（5）推动重点领域的节能减排　要求新建建筑 100% 达到节能标准，与此同时，新建 1.4 亿 m^2 绿色建筑，并对 6.2 亿 m^2 的既有建筑实施节能改造。

（6）加强法制建设　"十二五"期间，共有 105 项国家级节能标准和 270 项环保标准得以发布或实施。

1.2.2　中国建筑能耗现状

据有关学者研究，在人类从自然界中所获得的所有物质和原料中，一半以上用来作为建筑物的建造材料，而在建造和使用建筑的过程中又有接近全球一半比例的能源被消耗掉[109]。中国人民生活水平越来越高，住宅建筑和公共建筑的发展突飞猛进，参考发达国家的建筑能耗增长历程，我国正处于建筑能耗高速增长时期，建筑行业已成为我国的能耗大户。建筑能耗逐年攀升，其占总能耗的比例已接近发达国家 33% 的水平。但是中国目前的单位建筑能耗比同等气候条件下的发达国家要高出 2~3 倍，到 21 世纪之初，我国建筑实际能耗指标达到 120~150W/m^2（许多场合远高于此指标）。目前，由于各种建筑节能技术的应用，许多建筑实际能耗指标开始有较大下降，但总体仍然处于较高水平。由此可见，建筑节能已然成为缓解我国能源紧缺矛盾、改善人民生活环境质量、实现可持续发展战略目标的关键一环[110]。

现阶段，我国建筑业每年建成的房屋面积大约 20 亿 m^2，接近全球每年建筑总量的一半，超过了所有发达国家每年建筑面积的总和[111]。我国建筑能耗占全国总能耗的 25% 左右，其中暖通空调及卫生热水设备能耗占 75% 左右[112]。随着经济的发展和生活水平的进一步提高，我国建筑节能研究与应用领域所面临的形势，主要有以下几点：一是房屋建筑面积持续增加，无论在既有建筑还是在新建建筑中节能建筑所占比例都较低；二是住宅建筑和公共建筑中的用电设施快速增长，直接或间接地使得建筑能耗不断攀升；三是人们对建筑热舒适性的要求越来越高，供暖和空调制冷的地域范围不断扩大，时间也不断延长。这些现状表明国内的建筑能耗在不断增长，同时也说明在国内建筑领域内具有相当大的节能潜力。

面对这种严峻形势，中国政府从 20 世纪 90 年代起就高度重视建筑节能事业的发展。在这种思路的指导下，"建筑节能""绿色建筑""人居环境"被列为中国中长期科技发展规划优先发展的主题；中国国家"十一五"科技支撑计划也首次设置了一批与建筑节能密切相关的课题，例如"建筑节能关键技术研究与示范"；中国国家"十二五"计划更进一步明确了建筑节能的总体目标——建筑能耗在 2020 年以前必须下降 65%（以 1980—1981 年当地的住宅通用设计能耗为基础)。为达成此目标,可再生能源在建筑与城市能源系统的推广应用尤为迫切。在建筑与城市能源系统中,太阳能和地热(通过地源热泵)是最主要的利用方式。鉴于地热与太阳能利用方式的多样性(土壤源与水源热泵技术,直接的太阳能热水、太阳能与各种热泵的结合以及太阳能光伏发电等),结合湖南省(有相对丰富的水资源)及韶山市的实际情况,故本书主要介绍我国地表水地源(简称水源)热泵技术应用状况以及太阳能的应用,特别是光伏建筑应用、发展状况。

1.2.3 地表水地源热泵技术发展与应用现状

作为可再生能源资源,常用的建筑冷热源种类有空气、太阳能、地源等。其中地源可分为土壤源、地表水以及地下水源等。鉴于韶山地处湖南,而湖南省又是水资源相对丰富的省份,作为重要的可再生能源或绿色能源利用的方式之一,水源热泵技术可望在包括韶山在内的湖南地区获得较多应用,因而有必要对水源热泵技术的适用性进行分析和研究。

由于水体温度变化远小于空气温度的变化,具有较高的稳定性。水作为热源和空调冷源,因为在水中高稳定性的特点,使系统更加可靠、稳定运行,系统更加高效、经济,不会导致传统热泵的除霜、制热不稳定等难以解决的问题的出现。地表水源热泵以地表水作为冷热源,随着气候的变化,水温相比空气变化幅度较小,其常年具有较高的稳定性。同传统冷热源相比,由于水的比热容大,具有较好的传热性能,因此地源热泵系统性能是最好的。因此,近年来地源热泵在全国范围内得以快速发展。但由于该项技术在我国应用与研究还不成熟,盲目的工程应用,使得许多工程出现问题,导致与常规空调系统相比不节能。如系统的应用导致地热的不平衡、水污染、能耗增多等在使用中存在的问题。选择合适的空调系统是十分必要的,近年来,地源热泵的迅速发展,带来的好处以及盲目使用带来的坏处是值得反思的。

无论是国内还是国外,地源热泵中地表水源热泵的应用起步较晚,近年才慢慢得到推广,工程应用以及技术的研究尚不成熟。

从国内外应用情况来看,地表水源热泵系统的应用大多集中在公众建筑中,例如大型办公楼、酒店以及学校等,一般都位于地表水资源比较充足的地区。

1.2.4 中国太阳能应用及发展前景

在当前中国严峻的能源形势下,合理发展和有效利用可再生能源显得尤为重要。太阳能作为可再生能源的一种,其丰富性、清洁性、安全性的优势使其成为传统能源最为可靠的替代性能源之一,具有极大的发展潜力[113]。

中国太阳能资源相对丰富,陆地上每年可以接收到的太阳辐射总量达到了 $5×10^{16}$ MJ,折合标准煤 24000 亿 t,全国有三分之二的地区年太阳辐射量达到 5000 MJ/m^2,年日照时间超过 2000h,西北的一些地区甚至达到了 3000h 以上[114]。

根据年日照小时数可以将中国太阳能资源可利用程度划分为四个级别,即非常丰富、丰富、可以利用和贫乏(见表 1-2)。根据这个分级方法,除了四川、贵州和重庆等地太阳能资源比较贫乏之外,其他地区的太阳能资源均有可以利用的价值。因此,我国各级政府都在大力推进太阳能的应用。

表 1-2　中国太阳能资源的分布情况

分区	太阳能可利用情况	年日照小时数/h	代表区域
Ⅰ	非常丰富	3200~3300	西藏大部，新疆南部，内蒙古西部，甘肃西部，青海西部
Ⅱ	丰富	3000~3200	新疆大部，甘肃东部，青海东部，宁夏、陕西、山西、河北、北京、天津，山东东北部，内蒙古东部
Ⅲ	可以利用	1400~3000	黑龙江，吉林，辽宁，安徽，江西，山西南部，山东，浙江，江苏，湖北，湖南，福建，广东，广西，上海，海南，贵州南部，台湾，香港，澳门
Ⅳ	贫乏	< 1400	四川，贵州，重庆

目前我国对太阳能资源的利用仍然以光热利用为主，常见形式有太阳能热水器、太阳能暖房、太阳能热发电等。其中，太阳能热水器是最主要的光热利用方式。而欧洲一些国家则主要是以大规模太阳能热利用为主，采用大面积的太阳能集热器进行集中供热。在 2001 年前，欧洲（包括瑞典、德国、荷兰、奥地利、丹麦）就已经建成了 55 个大规模的太阳能集中供热项目。我国则是世界上太阳能热水器使用量和生产量最大的国家。2006 年，我国太阳能热水器保有量为 9000 万 m^2，2009 年跃升到 1.45 亿 m^2，2010 年则达到了 1.68 亿 m^2[115]，根据《2013~2017 年中国热水器行业产销需求与投资预测分析报告》的分析，预计 2015 年年底可以达到 1.2 亿 m^2 的总年产量和近 4 亿 m^2 的保有量。

在太阳能光伏利用方面，我国也取得了跨越式的发展。依据国家能源局的相关数据表明到 2015 年 9 月底，我国光伏发电系统总装机量为 3170 万 kW，当年新增装机量达到了 832 万 kW。而在 2011 年，我国光伏发电系统总装机量仅有 602 万 kW，新增装机量 220 万 kW。作为对比，2011 年欧盟太阳能发电新增装机量 2100 万 kW，德国新增 750 万 kW，美国新增 160 万 kW，日本新增 110 万 kW。与欧洲国家相比，我国光伏利用的发展仍然有较大的提升空间。

与此同时，我国太阳能光伏电池制造业也是发展迅猛。2003 年的年增长率实现了翻倍，自此每年的太阳能光伏电池产量都在刷新纪录，成为世界第三大太阳能光伏电池生产国（2007 年）。我国也从太阳能光伏电池主要进口国转变为重要出口国。如今，经过多年的发展，我国已经发展了一大批优秀的专注于太阳能光伏电池制造、应用的企业。比较著名的有无锡尚德、保定英利、江西赛维 LDK 等。无锡尚德成立于 2001 年，2002 年建立了第一条 10MW 级别的太阳能光伏电池生产线，当年太阳能光伏电池生产量超过了我国前四年太阳能电池产量的总和。随后，该企业不断提升产能，2005 年产能达到 150MW，世界排名第五位；2006 年产能提升至 270MW，世界排名第三位；2007 年产能达到了 500MW，在太阳能光伏的行业中排名世界第二位[116]；2012 年的产能更是进一步提高到了 2400MW 级别，成为全球最大的太阳能面板和产品制造商。保定英利集团是中国另一家以光伏多晶硅电池的制造为主业的龙头企业，成立于 1998 年，其在 2011 年产能即达到了 1700MW 级别。江西赛维 LDK 成立于 2005 年，是中国排名第三位的太阳能光伏组件封装供应商，年产能达到了 1500MW。

1.2.5　太阳能光伏与冷热源设备研究现状

国内外学者一直都在研究和改进太阳能光伏电池的性能，并在其与建筑整合应用上开展了丰富的研究和尝试。例如，很多学者为了研究太阳能光伏电池的性能，从太阳能光伏发电的原始理论角度出发，利用光伏电池的伏安特性，建立了一系列的标准化模型。Bashahu 和 Habyariman 等人分析检验了 20 种用于确定太阳能硅电池串联电阻的方法，以此来研究串联电阻可能对太阳能硅电池造成的影响[117]。Bashahu 和 Nkundabakura 等人分析检验了 22 种用于确定太阳能硅电池理想因子的方法，以此来研究理想因子可能对太阳能硅电池造成的影响[118]。Bouzidi、Chegaar 和 Aillerie 等人对比分析了三种用于确定太阳能电池四个主要参数的方法，并对其进行了适当地改进来帮助研究在黑暗条件下太阳能电池的性能[119]。Bouzidi、Chegaar 和 Bouhemadou 等人提供了一种新的方法来模拟仿真太阳能电池的性能，该方法充分考虑了太阳能光伏电池串联和并联电阻可能带来的影响[120]。Kaminski 和 Marehand 提出了一种根据光伏电池的伏安曲线确定光伏电池的串联电阻的方法[121]。EL-Adwi 和 AI-Nuaim 提出了一种可以根据太阳能光伏电池性能曲线来确定太阳能光伏电池串联电阻大小的方法，同时该方法也考虑到了太阳能光伏电池并联电阻可能带来的影响[122]。Haouari-Merbah 和 Belhamel 研究了太阳能光伏电池各参数在光照实验条件下的变化情况[123]。Ouen-noughi 和 Chegaar 又提供了一种确定太阳能光伏电池的四个主要参数的简单方法[124]。

在太阳能光伏电池的标准物理模型基础上，一些学者又做了进一步的改进，引入了环境参数，以此来研究不同环境条件可能对太阳能光伏电池带来的影响[125-131]。对于太阳能光伏电池的应用研究，不同领域的学者也给出了各自的研究成果。在建筑领域，太阳能光伏发电将有效节省能耗，降低 CO_2 温室气体的排放。近几年来，太阳能建筑的发展理念得到了各国政府和各类组织的大力支持。为此，各国学者针对此类问题展开了丰富的研究。例如，Kylili 和 Fokaides 等人研究了在建造"零碳建筑"过程中采用光伏-建筑一体化设计方案的发展潜力[132]；Xydis 以一个应用了可再生能源的建筑小区为例，阐述了㶲分析方法在低碳建筑技术中的应用[133]；Mekilef 等人研究了太阳能在马来西亚的应用现状和前景[134]；Wigginton 报导了 2011 年太阳能十项全能大赛，展示了一系列太阳能应用的新方案新技术[135]；Kumer 和 Rosen 阐述了采用太阳能热电一体化技术的集热器在空气加热领域的应用[136]；Yau 等人分析了马来西亚地区太阳能热电系统的应用前景[137]；Huang 等人着重对太阳能热电一体式系统的性能进行了评价和分析[138]。

对于热泵这种建筑冷热源系统，各国学者同样展开了大量的研究，获得了更高的性能参数。例如，Hepbasli A 等人研究了多种热泵热水系统，并对不同的系统进行了对比分析，为后续的研究提供了参考和指导作用[139]。Wang FH 等人研究了一种独创的可以保证冬季不结霜的空气源热泵热水系统，该系统独特之处在于将热泵和一个额外的涂了固体干燥剂的换热器以及一个储能装置耦合在了一起，从而可以在冬季不结霜条件下系统的 COP 还能提高 17.9% 左右[140]。Song MJ 等人针对空气源热泵系统的融霜和除霜过程改进了两种半经验模型，并对比了加入和不加入融霜局部引流技术时的融霜效果，为其他学者研究空气源热泵融霜过程提供了参考[141]。Ge FH 等人研究了一种适用于中国夏热冬冷地区的空气源热泵系统，该系统的特点是加入了一个干燥转轮，可以和冷却盘管一起完成除湿的过程，从而可以使系统工作在制冷除湿模式的时候减少能耗 8% 以上[142]。Jiang ML 等人利用一种空气源热泵热水系统研究了其电子膨胀阀的控制策略，相比已有的传统控制方式，将系统的整体 COP 提高了 8.2% 以上[143]。Xu SX 等人将一种经济的蒸汽喷射式涡旋压缩机应用在空气源热泵机组，从而使整个系统的 EER 提升了 4% 以上[144]。龚光彩等人采用了一种无量纲的方法研究了中国中南地区空气源热泵的结霜特性，为空气源热泵的除霜研究提供了一种有效的参考方法[145]。Huang D 等人研究了家用空气源热泵机组室外机翅片形式对机组结霜和除霜性能的影响，从而为空气源热泵机组室外机除霜研究提供了一种参考[146]。

与此同时，为了减少高品质能源的消耗，不少学者开始寻求一些绿色可再生能源（包括太阳能/地热能等）来代替传统的电能和化石能源并将其应用在热泵系统中。Morgan 于 1982 年提出了太阳能辅助热泵的概念[147]；Kara 等人将太阳能与热泵系统结合使用，研究了一种直接膨胀式太阳能辅助热泵系统并建立了相应的研究模型[148]；Xu 和 Nejma 等人分别对太阳能电热与热泵相结合的系统展开了研究，着重对系统的运行特性进行了分析[149-151]；Bakker 等人对一种光电热与地源热泵复合系统的性能和成本展开了研究[152]；Ji 等人对一种太阳能辅助热泵系统建立了动态的模型，并进行了相关的实验研究[153]；Ozgener 等人采用了能量分析方法和㶲分析方法对太阳能辅助地源热泵系统进行了研究[154,155]；Thygesen 等人模拟分析了不同蓄能形式的太阳能辅助热泵系统[156]；Tsai 设计并模拟评估了一种光电热辅助热泵热水系统的性能[157]；Todorovic 研究了一种结合了热回收和太阳能光伏发电技术的热泵空调、热水系统[158]。

但是，在可再生能源系统应用过程中，存在一个如何确定系统容量的问题。例如据我国 2016 年初的新闻联播报到，在我国甘肃、内蒙古存在大量风电一时难以消纳的问题，光伏或其他形式的可再生能源同样存在合理消纳的问题。本书将以韶山为对象，结合单体或单个的住宅、单个的建筑以及小城镇等实际需求，通过光伏容量的确定，探讨如何确定合理可再生能源设计容量的方法。

1.3 本书的主要内容

1.3.1 小城镇热环境影响因子与 CFD 模拟

笔者认为若要系统地掌握我国城市化对城市热环境的影响，需要分析我国不同规模城市、不同时间尺度下城市化影响下城市热环境的变化特征以及各城市化影响因素与城市热环境之间的关系。目前，通常是采用数学统计分析法或 CFD 模拟法分析城市化影响因素与城市热环境之间的关系。然而，运用数学统计方法无法得出各城市化因素影响下的城市气温变化值，而 CFD 模拟法无法反映温室气体等对城市热环境的影响，模拟结果往往与现实之间存在一定差距。因此，仅仅使用数学统计分析法或 CFD 模拟法进行分析并不足以得出可靠的结论，应注意两者相结合。针对目前城市热环境研究所存在的问题，考虑到我国城市类型中绝大多数为由自然农村转型而来的小型城市，选取由自然农村转型而来的小型城市作为研究对象会更具有代表性和参考价值，本书将选取由自然乡村转型而来的湖南省小型城市——韶山市作为研究对象，开展城市热环境的研究工作。由于工作量较为庞大，本书主要运用数学统计分析法从城市发展的角度探讨城市化对城市热环境的影响，构建了韶山市热环境分析模型，同时，调查了地表热流等数据资料，探讨了运用 CFD 进行城市热环境模拟时热湿边界条件的确定方法，为今后进行 CFD 模拟做了一定的准备工作。本书的主要研究内容如下：

首先，本书对韶山市的各种信息、数据资料进行调查和分析，包括韶山市自然地理和社会经济方面的背景信息资料，气温、相对湿度、40cm 深度地温等气象观测数据，各城市化发展强度指标数据，韶山市居民能耗方式、室外 PM2.5、室内热舒适性、城市地表热流等，并利用滑动 t-检验法对气温等气象数据进行均一性检验和订正，以消除台站迁移对气温等气象数据的影响。然后，选取气温和相对湿度作为韶山市城市热环境的代表性指标，运用线性倾向法和累计距平法分析了不同时间尺度下韶山市热环境变化趋势，并用 OriginPro85 图形处理软件绘制出了各时间尺度下的气温和相对湿度时间变化图，旨在总结韶山市不同时间尺度下气温和相对湿度的变化规律特征，此外还对韶山市气温进行了气候突变检测，检测韶山市气温开始受城市化显著影响的时间点，并以此时间点作为分界年份，分析了韶山市热环境的阶段性变化特征。在热环境变化趋势分析的基础上本书进一步分析了城市化对韶山市热环境的影响程度，即计算韶山市的城市热岛强度。本书分别采用了两种方法计算城市热岛强度，一种是将40cm深度地温作为不受城市化影响的自然变化气温序列，一种是基于热环境阶段性分析所得出来的分界年份，将分界年份之前气温变化序列预测得出的气温自然变化序列作为不受城市化影响的气温变化序列来计算韶山市的城市热岛强度。最后，本书探讨了韶山市热环境各影响因素及部分影响因素与城市气温之间的关系，并建立了韶山市热环境分析模型。本书提出热环境因子和综合城市化热环境指数的概念，将所有影响因素划分为自然热环境因子和城市化热环境因子，并选取了城市发展强度指标中既能反映城市化发展水平又与城市热环境相关的六项指标（分别为总人口、非农业人口/总人口、人均GDP、第三产业增加值/国内生产总值、第三产业增加值）作为城市化热环境因子，分别采用主成分分析法和灰色关联分析法与加权综合评价法的方法构建综合城市化热环境指数，将所构建的综合城市化热环境指数与城市气温进行回归分析，比较两种方法所构建的回归模型，选出最优模型作为城市热环境分析模型。同时，运用同样的方法构建萍乡市热环境分析模型，并与韶山市热环境分析模型进行对比，寻求不同城市热环境分析模型之间的共性与差异。最后，利用所建立的模型进行敏感性分析，分析各个城市化热环境因子对于城市气温的影响程度。

城市热环境是指在人为排热、自然气候条件和城市下垫面状况等综合因素的共同作用下，由空气温度、湿度、太阳辐射及风速等要素所形成的综合物理环境，是城市微气候的组成部分，与人口、地理信息等有关[159]。人类在180多年前就开始对城市热环境进行研究，英国 Luke Howard 于1820年出版的《伦敦气候》一书标志着城市热环境研究阶段的真正开始[159]，随后英、美、中、印等国家陆续开始了对城市热环境的研究并出版论著。综合这些年来的发展历史，可将城市热环境的发展归结为以下三个阶段：第一个阶段为静态观测阶段，该阶段的研究通常是采取城市内外一些典型的点比较特定内外之间的温度变化，得出城市热环境变化特征，并且只研究城市温度或雾或降水等代表热环境的某一因素，由于其局限性而无法给出城市的整个温度场；第二个阶段是动态观测阶段，该阶段起始于 Wilhelm Schmidt 用汽车设备对温度场进行动态测量[159]，研究内容还是针对单一的气候指标展开；第三个阶段就是航空测量技术和卫星遥感等新技术的运用阶段，用遥感图像分析城市热场的空间分布与城市地表特征的关系和城市地表的能量平衡，另一方面运用计算机软件如 CFD（Computational Fluid Dynamics）、建筑物能量仿真模型（DOE-2 build-ing energy simulation model）进行数学建模和数值模拟分析[160]。本书采用了 CFD 模拟软件对人为热对韶山市热环境的影响进行了模拟研究。另外，考虑到树木对街区或道路热环境的影响，本书简要介绍了树木消解太阳辐射影响的一种分析方法。

1.3.2 可再生能源应用评价

本书主要针对湖南省及韶山市实际状况，对水源（地表水地源）热泵系统及太阳能光伏发电系统的应用潜力开展评价研究，以期对当地的可再生能源应用提供指导。

1. 水源热泵系统应用评价

尽管我国资源丰富，但由于我国人口较多，人均占有量低。随着建筑能耗的日益增长，大量能源的消耗，空调系统普遍的使用，更进一步加剧了我国能源形势，也导致了污染问题和温室效应的出现。水体作为一种新的可再生能源，应用到空调系统中在一定程度上可以缓解以上问题。因此，推广地表水源热泵是十分有必要的，但是在推广过程中，不同地区需要针对该地区气候、地理条件和水体情况等各方面因素，运用合理对应的水源热泵系统，这也是本书即湖南省地表水源热泵适用性问题的研究目的之一。特别是以地表水作为低位热源，不但会受到地理、气候条件的限制，还需要充分考虑该地区的水文地质情况。资料数据的完整、准确程度，在某种程度上影响热泵技术的发展和推广。目前的研究，大多局限在对一个实际工程的适用性以及可行性的研究，其理论评价方法各不相同，导致增加了其推广的难度。

一般来说，应用地表水源热泵系统是需要考察水体各参数指标，水温影响机组性能，水量及取水深度影响机组运行工况稳定性，水质对热泵机组换热器具有不同腐蚀性及工艺要求。本书通过调查湖南省各地区水文、水质、气象资料，以及在冬季最不利情况下论证水体各参数指标变化关系，分析冬季各个地区水体指标在湖南省的不同特点，对影响水源热泵系统适用性主要指标进行研究分析，拟定一套科学合理的评价体系，对湖南地区的水体进行适用性评价，从而为以后工程提供一定的理论基础，为地表水源热泵推广做出贡献。尽管相关工作是以湖南省为对象，韶山地处湖南，相关方法对于韶山的发展与推广应用是有意义的。

2. 光伏发电系统应用评价

作为太阳能利用最重要的方式之一，光伏发电在韶山已经得到一定应用，如何合理利用光伏发电系统（作为一种重要的分布式能源利用方式）对于一个城市的发展有重要意义。所以，本书的目的是从热力学的角度出发，以分布式光伏发电系统和空气源热泵系统为对象，探索其综合设计方案及耦合运行的模式、分析其热力学行为特征、评价其适用性，最终为此类系统模式的应用提供一套实用的热力学研究、设计及评价方法。为光伏系统应用提供理论基础。主要内容包括提出一种分布式光伏发电系统与建筑冷热源系统（热泵）耦合运行的概念和方案；研究建立基于数据分析方法的太阳能光伏电池直接预测模型；建立太阳能光伏电池的热力学模型（包括理论热力学模型以及无量纲热力学模型），并对其热力学性能进行研究分析；基于已建立的太阳能光伏电池的热力学模型，建立太阳能光伏与空气源热泵耦合系统的热力学模型，并分析研究系统间的热力学行为特征；利用上述热力学模型对光伏与空气源热泵耦合系统的应用进行模拟评价等。

全书分为8章，第1章为绪论，第2~4章涉及热环境方面的研究，第5~7章涉及可再生能源应用评价方面的研究，第8章为全书的总结。希望本书能够为我国小城镇的规划与发展在热环境及可再生应用方面提供一定的借鉴。

参 考 文 献

[1] 柳孝图. 城市物理环境与可持续发展 [M]. 南京：东南大学出版社，1999.

[2] 岳文泽，徐建华，徐丽华. 基于遥感影像的城市土地利用生态环境效应研究——以城市热环境和植被指数为例 [J]. 生态学报，2006（5）：1450-1460.

[3] 周淑贞，张超. 上海城市热岛效应 [J]. 地理学报，1982，37（4）：372-381.

[4] Howard L. Climate of London deduced from meteorological observations [J]. London：Harvey &Darton，1980，58-90.

［5］ Renou E. Instructions météorologliques ［J］. France：Annuaire Soc，1855，73-160.

［6］ Wittwer W C. Grundzüge der klimatogie von Bayern ［J］. München：Bavaria，1860，112-153.

［7］ Hellmann G. Resultate des Regenme Bversuchsfeldes bei Berlin ［J］. Berlin：M. Z. ，1892，173-181.

［8］ Angot A. La Néhulosité a Paris ［J］. Paris：Ann，B. C. ，Met. Fr. ，1893，137-144.

［9］ Russel F A. Der Nebel in London und Scine Beziehung Zum Rauch ［J］. London：Meteorologlsche Zeitschrift，1889，33-36.

［10］ SchmidtW. Zum Einfluss grasser Städte auf das klima ［J］. Australia：Naturwissenschaften，1917，494-495.

［11］ Schmidt W. Die Verteilung der Minimum temperature in der Frostnachi ［J］. Australia：Forschritted. Landwirtschaft，1927，21.

［12］ Kratzer A. Das Stadtklima ［J］. Braunschweig：Vieweg&Sohn，1937，15-32.

［13］ Duckworth F A，et al. The effect of cities upon horizontal and vertical temperature gradients ［J］. Bulletin of America Meteorology Society，1954，35（1）：198-207.

［14］ Benstein R D. Observation of the urban heat island effect in New York city ［J］. Journal of Applied Meteorology，1968，7（4）：572-582.

［15］ Oke T R. City size and the urban heat island ［J］. Great Britain：Atmospheric Environment Perganzon Press，1977：769-779.

［16］ Cermak J E. Application of fluid mechanics to wind engineering-A freeman scholar lecture ［J］. Journal of Fluid Engineering，1971，97（1）：9-19.

［17］ Soundborg A. Climatological studies in Uppsala with special regard to the temperature conditions in the urban area ［J］. Geographica，1951，22（2）：111-124.

［18］ Halstead M H，et al. A preliminary report on the design of a computer for micrometeorology ［J］. Journal of Meteoroloty，1957，14（3）：308-317.

［19］ Myrup L O. A numerical model of the urban heat island ［J］. Journal of Applied Meteorology，1969，27（6）：123-127.

［20］ Vukovick F M. Theoretical analysis of the effect of the mean wind and stability on a heat island circulation characteristic of an urban complex ［J］. Monthly Weather Review，1971，99（9）：919-926.

［21］ Yoshio K. A statistical-dynamical model of the general circulation of the atmosphere ［J］. Journal of the Atmosphere，1970，17（6）：847-870.

［22］ Leahey D L，et al. A model for predicting the depth of the mixing layer over an urban heat island with application to New York city ［J］. Journal of Applied Meteorology，1971，10（6）：1162-1173.

［23］ Atwater M Λ. Urbanization and pollutant effects on the thermal structure in four climate regimes ［J］. Journal of Applied Meteorology，1977，16（9）：888-895.

［24］ Mihailovic D T. A resistance representation of schemes to evaporation from bare and partly plant-covered surface for use in atmosphere models ［J］. Journal of Applied Meteorology，1993，32（6）：1038-1053.

［25］ Swaid H N，et al. Thermal effects of artificial heat sources and shaded ground areas in the urban canopy layer ［J］. Energy and Buildings，1990/1991，15~16：253-261.

［26］ Arnfield A J. Street design and canyon solar access ［J］. Energy and Buildings，1990，14：117-131.

［27］ Celher P. An operational model for predicting minimum temperature near the soil surface under clear sky conditions ［J］. Journal of Applied Meteorology，1993，32（5）：871-883.

［28］ Knowles R. Solar access and urban form ［J］. AIA Journal，1980，（2）：42-49.

［29］ AMS. 2012. Glossary of meteorology ［DB/OL］. 2012-02-12 ［2014-01-27］. http：//glossary. ametsoc. org/wiki/Anthropogenic heat.

［30］ 陆燕. 典型区域人为热排放特征研究 ［D］. 南京：南京大学，2014.

[31] 杨旺明，蒋冲，喻小勇，等．气候变化背景下人为热估算和效应研究［J］．地理科学进展，2014，33（8）：1029-1038.

[32] 缪爱国，李宁．缓解夏季城市热岛效应的数值模拟研究［J］．徐州工程学院学报，2007，22（6）：53-57.

[33] Sailor D J, Lu L. A top-down methodology for developing diurnal and seasonal anthropogenic heating profiles for urban areas ［J］. Atmos-pheric Environment, 2004, 38 (17): 2737-2748.

[34] Sailor D J. A review of methods for estimating anthropogenic heat and moisture emissionsin the urban environment ［J］. International Journal of Climatology, 2011, 1 (2): 189-199.

[35] 周淑贞，张超．城市气候学导论［M］．上海：华东师范大学出版社，1985.

[36] 陈正洪．湖北省60年代以来平均气温变化趋势初探［J］．长江流域资源与环境，1998，7（4）：341-346.

[37] 苑跃，赵晓莉，陈中钰，等．四川50年来平均气温变化特征分析［J］．长江流域资源与环境，1998，7（4）：341-346.

[38] 纪忠萍，谷德军，谢炯光．广州近百年来气候变化的多时间尺度分析［J］．热带气象学报，1999，15（1）：48-55.

[39] 江志红，丁裕国．近百年上海气候变暖过程的再认识—平均温度与最低、最高温度的对比［J］．应用气象学报，1999，10（2）：151-158.

[40] 谢庄，曹洪兴，李慧，等．近百余年北京气候变化的小波特征［J］．气象学报，2000，58（3）：362-369.

[41] 任春艳，吴殿廷，董锁成．西北地区城市化对城市气候环境的影响［J］．地理研究，2006，25（2）：233-241.

[42] 陈正洪，王海军，任国玉，等．湖北省城市热岛强度变化对区域气温序列的影响［J］．气候与环境研究，2005，10（4）：771-779.

[43] 马凤莲，王宏，宋喜军．承德市城市化对气温及空气湿度的影响［J］．河北师范大学学报，2009，33（3）：393-398.

[44] 黄嘉佑，刘小宁，李庆祥．中国南方沿海地区城市热岛效应与人口的关系研究［J］．热带气象学报，2004，20（6）：713-722.

[45] 高学杰，赵宗慈，丁一汇．区域气候模式对温室效应引起的中国西北地区气候变化的数值模拟［J］．冰川冻土，2003，25（2）：165-169.

[46] 张世法，顾颖，林锦．气候模式应用中的不确定性分析［J］．水科学进展，2010，21（4）：504-511.

[47] 蒋志祥，刘京，宋晓程，等．水体对城市区域热湿气候影响的建模及动态模拟研究［J］．建筑科学，2013，29（2）：85-90.

[48] 牛强，聂超群，林峰，等．局地气温与人为热释放关系的模型研究［J］．中国科学，2012，42（5）：556-564.

[49] Tang L, Nikolopoulou M, Zhao F Y, et al. CFD modeling of the built environment in Chinese historic settlements ［J］. Energy and Buildings, 2012, 55: 601-606.

[50] 李晶，孙根年，任志远，等．植被对盛夏西安温度/湿度的调节作用及其生态价值实验研究［J］．干旱区资源与环境，2002，16（2）：102-106.

[51] 田喆，朱能，刘俊杰．城市气温与其人为影响因素的关系［J］．天津大学学报，2005，38（9）：830-833.

[52] 丁淑娟，张继权，刘兴朋，等．哈尔滨市城市发展与热岛效应的定量研究［J］．气候变化研究进展，2008，4（4）：230-234.

[53] 任学慧，李元华．大连市近50年气温变化与城市化进程的关系［J］．干旱区资源与环境，2007，21

（1）：64-67.

［54］ Sailor D J，Lu L. A top-down methodology for developing diurnal and seasonal anthropogenic heating profiles for urban areas［J］. Atmos-pheric Environment，2004；38（17）：2737-2748.

［55］ Sailor D J. A review of methods for estimating anthropogenic heat and moisture emissions in the urban environment［J］. International Journal of Climatology. 2011，1（2）：189-199.

［56］ Klysik K. Spatial and seasonal distribution of anthropogenic heat emissions in Lodz，Poland［J］. Atmospheric Environment，1996；30（20）：3397-3404.

［57］ Lee S H，Song C K，Baik JJ，et al. Estimation of anthropogenic heat emission in the Gyeong-In region of Korea［J］. Theoretical and Applied Climatology. 2009，96（3-4）：291-303.

［58］ Pigeon G，Legain D，Durand P，et al. Anthropogenic heat release in an old European agglomeration（Toulous，France）［J］. International Journal of Climatology，2007，27（14）：1969-1981.

［59］ Taha H. Urban climates and heat islands：Albedo，evapotranspiration，and anthropogenic heat［J］. Energy and Buildings. 1997，25（2）：99-103.

［60］ Flanner M. Integrating anthropogenic heat flux with global climate models［J］. Geophysical Research Letters，2009，36（2）：1-5.

［61］ Dhakal S，Hanaki K. Improvement of urban thermal environment by managing heat discharge sources and surface modification in Tokyo［J］. Energy and Buildings，2002，34（1）：13-23.

［62］ Gutman D，Torrance K. Response of the urban boundary layer to heat addition and surface roughness［J］. Boundary-Layer Meteorology，1975；9（2）：217-233.

［63］ Khan S M，Simpson R W. Effect of a heat island on the meteorology of a complex urban airshed［J］. Boundary-Layer Meteorology，2001，100（3）：487-506.

［64］ Atwater M A. Thermal effects of urbanization and industrialization in the boundary layer：A numerical study［J］. Boundary-Layer Meteorology，1972，3（2）：229-245.

［65］ Bueno B，Norford L，Pigeon G，et al. A resistance-capacitance network model for the analysis of the interactions between the energy performance of buildings and the urban climate［J］. Building and Environment，2012，54（8）：116-125.

［66］ Bueno B，Norford L，Pigeon G，et al. Combining a detailed building energy model with a physically-based urban canopy model［J］. Boundary-Layer Meteorology，2011，140（3）：471-489.

［67］ Salamanca F，Krpo A，Martilli A，et al. A new building energy model coupled with an urban canopy parameterization for urban climate simulations-Part I. Formulation，verification，and sensitivity analysis of the model［J］. Theoretical and Applied Climatology，2010，99（3）：331-344.

［68］ Salamanca F，Martilli A. A new building energy model coupled with an urban canopy parameterization for urban climate simulations-Part Ⅱ. alidation with one dimension off-line simulations［J］. Theoretical and Applied Climatology，2010，99（3）：345-356.

［69］ Kondo H，Kikegawa Y. Temperature variation in the urban canopy with anthropogenic energy use［J］. Pure and Applied Geophysics，2003，160（1）：317-324.

［70］ Ohashi Y，Genchi Y，Kondo H，et al. Influence of air-conditioning waste heat on air temperature in Tokyo during summer：Numerical experiments using an urban canopy model coupled with a building energy model［J］. Journal of Applied Meteorology and Climatology，2007，46（1）：66-81.

［71］ Kimura F，Takahashi S. The effects of land-use and anthropogenic heating on the surface temperature in the Tokyo metropolitan area：A numerical experiment［J］. Atmospheric Environment Part B Urban Atmosphere，1991，25（2）：155-164.

［72］ Kikegawa Y，Genchi Y，Yoshikado H，et al. Development of a numerical simulation system toward comprehensive assessments of urban warming countermeasures including their impacts upon the urban buildings' energy-demands [J]. Applied Energy, 2003, 76 (4): 449-466.

[73] Kikegawa Y, Genchi Y, Kondo H, et al. Impacts of city-blockscale contermesures against urban heat-island phenomena upon a building's energy-consumption for air conditioning [J]. Applied Energy, 2006, 83 (6): 649-668.

[74] Swaid H. Urban climate effects of artificial heat sources and ground shadowing by buildings [J]. International Journal of Climatology, 1993, 13 (7): 797-812.

[75] Swaid H, Hoffman M E. Thermal effects of artificial heat sources and shaded ground areas in the urban canopy layer [J]. Energy and Buildings, 1991, 15 (1): 253-261.

[76] 佟华, 刘辉志, 桑建国, 等. 城市人为热对北京热环境的影响 [J]. 气候与环境研究. 2004, 9 (3): 409-421.

[77] 王志铭, 王雪梅. 广州人为热初步估算及敏感性分析 [J]. 气象科学, 2011, 31 (4): 422-430.

[78] 田喆, 朱能, 刘俊杰. 城市气温与其人为影响因素的关系 [J]. 天津大学学报 (自然科学与工程技术版), 2005, 38 (9): 830-833.

[79] Hsieh CM, Aramaki T, Hanaki K. Estimation of heat rejection based on the air conditioner use time and its mitigation from buildings in Taipei City [J]. Building and Environment, 2007, 42 (9): 3125-3137.

[80] 陈曦, 王咏薇. 2001 年至 2009 年中国分省人为热通量的计算和分析 [C]. 第 28 届中国气象学会年会文集-S7 城市气象精细预报与服务, 2011.

[81] 朱岳梅, 刘京, 姚杨, 等. 建筑物排热对城市区域热气候影响的长期动态模拟及分析 [J]. 暖通空调, 2010, 40 (1): 85-88.

[82] 张弛, 束炯, 陈姗姗. 城市人为热排放分类研究及其对气温的影响 [J]. 长江流域资源与环境, 2011, 20 (2): 232-238.

[83] 蒋维楣, 陈燕. 人为热对城市边界层结构影响研究 [J]. 大气科学, 2007, 31 (1): 37-47.

[84] 牛强, 聂超群, 林峰, 等. 局地气温与人为热释放关系的模型研究 [J]. 中国科学: 技术科学, 2012, 42 (5): 556-564.

[85] Hsieh C M, Aramaki T, Hanaki K. Managing heat rejected from air conditioning systems to save energy and improve the microclimates of residential buildings. Computers [J], Environment and Urban Systems, 2011, 35 (5): 358-367.

[86] Chen H, Ooka R, Huang H, et al. Study on mitigation measures for outdoor thermal environment on present urban blocks in Tokyo using coupled simulation [J]. Building and Environment, 2009, 44 (11): 2290-2299.

[87] 缪爱国, 李宁. 缓解夏季城市热岛效应的数值模拟研究 [J]. 徐州工程学院学报, 2007, 6, 22 (6): 53-57.

[88] 戎春波, 朱莲芳, 朱焱, 等. 城市热岛影响因子的数值模拟与统计分析研究 [J]. 气候与环境研究, 2010, 15 (6): 718-728.

[89] 刘元坤. 多孔介质模型在大空间建筑气流组织模拟中的应用研究 [D]. 长沙: 湖南大学, 2011: 3-4.

[90] 胡玉坤, 丁静. 多孔介质内部传热传质规律的研究进展 [J]. 广东化工, 2006, 33 (163): 44-47.

[91] 施明恒, 虞维平, 王补宣. 多孔介质传热传质研究的现状和展望 [J]. 东南大学学报, 1994, 22: 1-5.

[92] Qin J H, Chen Q, Yang Chunyan, et al. Research process on property and application of metal porous materials [J]. Journal of Alloys and Compounds, 2016, 654: 39-44.

[93] 李亨, 张锡文, 何枫. 论多孔介质中流体流动问题的数值模拟方法 [J]. 石油大学学报 (自然科学版), 2000, 24 (5): 111-115.

[94] Patankar S V, Spalding D B. A calculation procedure for the transient and steady state behavior of shell-and tube heat exchangers [A]. Afgan N F, Schlunder E V. Heat exchangers: Design and Theary Source Book [C]. New-Yor k: McGraw-Hill, 1974: 155-176.

[95] 陈威, 刘伟. 多孔介质太阳能集热组合墙的耦合传热与流动分析 [J]. 太阳能学报, 2008, 28 (2): 220-226.

[96] Zhao Y, Tang G H. Monte Carlo study on extinction coefficient of silicon carbide porous media used for solar receiver [J]. International Journal of Heat and Mass Transfer, 2016, 92: 1061-1065.

[97] Wang B C, Hong Y F, Hou X T, et al. Numerical configuration design and investigation of heat transfer enhancement in pipes filled with gradient porous materials [J]. 2015, 105: 206-215.

[98] Majid S, Hamid R, Talesh B, et al. Numerical investigation of flow characteristics, heat transfer and entropy generation of nanofluid flow inside an annular pipe partially or completely filled with porous media using two-phase mixture model [J]. Energy, 2015, 93: 2451-2466.

[99] El-Amin M F, Meftah R, Salama A, et al. Numerical Treatment of Two-Phase Flow in Porous Media Including Specific Interfacial Area [J]. 2015, 51: 1249-1258.

[100] 黄媛, 杜小泽, 王静, 等. 多孔介质内反应气的化学和热质非同性传递过程特性 [J]. 工程热物理学报, 2007, 28 (5): 838-840.

[101] 许祥在, 翟秋兰. 多孔材料的孔径分布与渗透性测定 [J]. 分析仪器, 1994, (4): 48-52.

[102] 汪仕元, 雍志华, 李娟, 等. 多孔介质的密度测试方法探讨 [J]. 实用测试技术, 2002, (5): 16-17.

[103] 徐显廷. 多孔材料气体流量的简便计算 [J]. 1997, 7 (6): 14-16.

[104] 李忠全, 周桂芬, 陈木兰. 多孔材料气体渗透性的测定 [J]. 粉末冶金技术, 1996, 14 (1): 52-57.

[105] Pan J F, Wua D, Liu Y X, et al. Hydrogen/oxygen premixed combustion characteristics in micro porous media combustor [J]. Applied Energy, 2015, 160: 802-807.

[106] Manuel H, Jörg B, Sabine R. Lattice Boltzmann Simulation of non-Darcy Flow in Porous Media [J]. Procedia Computer Science, 2011, 4: 1048-1057.

[107] Edo S B, Maddalena V. Lattice-Boltzmann studies of fluid flow in porous media with realistic rock geometries [J]. Computers and Mathematics with Applications, 2010, 59: 2305-2314.

[108] 中国的能源状况与政策 [J]. 时政文献辑览, 2008 (00): 830-844.

[109] 贺成龙, 曹萍. 基于CIMS环境的建筑节能集成管理研究 [J]. 建筑经济, 2006, 11: 84-87.

[110] 负英伟, 吴香国, 范丰丽. 我国建筑节能现状分析及对策 [J]. 重庆科技学院学报 (自然科学版), 2006, 8 (1): 62-65.

[111] 曾辉. 浙江省居住建筑节能技术经济评价体系研究 [D]. 杭州: 浙江大学, 2008: 1-1.

[112] Liu D, Chen P L, Zhang Y K. Building Environment and Energy Conservation of Heating Ventilation and Air conditioning [J]. Energy Conservation Technology, 2001, 19 (106): 17-19.

[113] 刘淼, 陈海东, 孙克俭, 等. 探寻太阳能利用的无限可能 [J]. 太阳能市场观察, 2012, 14: 46-49.

[114] 钱伯章. 太阳能技术与应用 [M]. 北京: 科学出版社, 2010.

[115] 霍志臣, 罗振涛. 中国太阳能热利用2011年度发展研究报告 (中) [J]. 太阳能, 2012, 2: 26-30.

[116] 陆桂琴. 无锡尚德太阳能电力有限公司发展战略研究 [D]. 北京: 华北电力大学, 2014: 20-21.

[117] Bashahu M, Habyarimana A. Review of and test of methods for determination of the solar cell series resistance [J]. Renewable Energy, 1995, 6 (2): 129-138.

[118] Bashahu M, Nkundabakura P. Review and tests of methods for the determination of the solar cell junction ideality factors [J]. Solar Energy, 2007, 81 (7): 856-863.

［119］K Bouzidi M, Chegaar M. Aillerie. Solar Cells Parameters Evaluation from Dark I-V Characteristics ［J］. Energy Procedia, 2012, 18: 1601-1610.

［120］K Bouzidi M, Chegaar A, Bouhemadou. Solar cells parameters evaluation considering the series and shunt resistance ［J］. Solar Energy Materials and Solar Cells, 2007, 91 (18): 1647-1651.

［121］Kaminski A, Marehand JJ. New method of Parameters extraction from dark I-V curve. In: Proceedings of 26th PVSC ［J］. Washington, IEEE, 203, 1997.

［122］EL-Adwi M K, AI-Nuaim I. A. A method to determine the solar cell series resistance from a single I-V characteristics curve considering its shunt resistance-new approach ［J］. Vacuum, 2002, 64 (1): 33-36.

［123］Haouari-Merbah M, Belhamel M. Extraction and analysis of solar cell Parameters from the illuminated current-volte curve ［J］. Solar Energy Materials & Solar Cells, 2005, 87 (1): 225-233.

［124］Ouennoughi Z, Chegaar M. A simpler method for extracting solar cell parameters using the conductance method ［J］. Solid-state Electronics, 1999, 43: 1985-1988.

［125］King D L, Kratoehvil J A, Boyson W E. Field Experience with a New Performance Characterization Procedure for Photovoltaic Arrays ［J］. In: The second world Conference and Exhibition on Photovoltaic Solar energy Conversion, Vierma, Austria, July 6-10, 1998.

［126］King D L, Sandia S. PV Module Electrical performance Model ［J］. Version 2000. Sandia National Laboratories, Albuquerque, NM.

［127］King D L, Boyson W E, Kratochvil J A. Photovoltaic array Performance model. Sandia Report No. SAND2004-3535 available from US Department of Commerce ［J］, National Technical Information Service, 5285 Port Royal Rd, Springfield, VA 22161, 2004.

［128］Messenger R A, Ventre J. Photovoltaic Systems Engineering ［M］. 2nd ed. CRC Press LLC, Boca Raton, FL, 2004.

［129］Sehrode D K. Semiconductor Material and Device Characterization ［M］. 2nd ed. New York: John Wiley & Sons Inc., 2009.

［130］Soto D W, Klein S A, Beckman W A. Improvement and validation of a model for photovoltaic array performance ［J］. Solar Energy, 2006, 80 (1): 78-88.

［131］Virtuani A, Lotter E, Powalla M. Performance of Cu (In, Ga) Se$_2$ solar cells under low irradiance ［J］. Thin Solid Films, 2003, 431: 443-447.

［132］Kylili A, Fokaides P A. Investigation of building integrated photovoltaics potential in achieving the zero carbon building target ［J］. Indoor and Built Environment, 2014, 23 (1): 92-106.

［133］Xydis G. Exergy Analysis in Low Carbon Technologies - the case of Renewable Energy in Building Sector ［J］. Indoor and Built Environment, 2009, 18 (5): 396-406.

［134］Mekhilef S, Safari A, Mustaffa W, et al. Solar energy in Malaysia: current state and prospects ［J］. Renewable and Sustainable Energy Reviews, 2012, 16 (1): 386-96.

［135］Wigginton N S. Solar Decathlon 2011 ［M］. Science 2011; 334 (6061): 1350-1350.

［136］Kumar R, Rosen M A. A critical review of photovoltaic-thermal solar collectors for airheating ［J］. Applied Energy, 2011, 88 (11): 3603-3614.

［137］Yau Y H, Chan W C, Yu C W. Solar Thermal Systems for Large High Rise Buildings in Malaysia ［J］. Indoor and Built Environment, 2014, 23 (7): 917-919.

［138］Huang B J, Lin T, Hung W C, et al. Performance evaluation of solar photovoltaic/thermal systems ［J］. Solar Energy, 2001, 70 (5): 443-448.

［139］Hepbasli A, Kalinci Y. A review of heat pump water heating systems ［J］. Renewable and Sustainable Energy Reviews, 2009, 13 (6-7): 1211-1229.

［140］Wang F H, Wang Z H, Zheng Y X, et al. Performance investigation of a novel frost-free air-source heat pump water heater combined with energy storage and dehumidification ［J］. Applied Energy, 2015, 139 （C）: 212-219.

［141］Song M J, Deng S M, Xia L. A semi-empirical modeling study on the defrosting performance for an air source heat pump unit with local drainage of melted frost from its three-circuit outdoor coil ［J］. Applied Energy, 2014, 136 （C）: 537-547.

［142］Ge F H, Guo X L, Hu Z C, et al. Energy savings potential of a desiccant assisted hybrid air source heat pump system for residential building in hot summer and cold winter zone in China ［J］. Energy and Buildings, 2011, 43 （12）: 3521-3527.

［143］Jiang M L, Wu J Y, Wang R Z, et al. Research on the control laws of the electronic expansion valve for an air source heat pump water heater ［J］. Building and Environment, 2011, 46 （10）: 1956-1961.

［144］Xu S X, Ma G Y. Research on air-source heat pump coupled with economized vapor injection scroll compressor and ejector ［J］. International Journal of Refrigeration, 2011, 34 （7）: 1587-1595.

［145］Gong G C, Tang J C, Lv D Y, et al. Research on frost formation in air source heat pump at cold-moist conditions in central-south China ［J］. Applied Energy, 2013, 102 （2）: 571-581.

［146］Huang D, Zhao R J, Liu Y, et al. Effect of fin types of outdoor fan-supplied finned-tube heat exchanger on periodic frosting and defrosting performance of a residential air-source heat pump ［J］. Applied Thermal Engineering, 2014, 69 （1）: 251-260.

［147］Morgan R G. Solar assisted heat pump ［J］. Solar Energy, 1982, 21 （2）: 129-135.

［148］Kara O, Ulgen K, Hepbasli A. Exergetic assessment of direct-expansion solar-assisted heat pump systems: review and modelling ［J］. Renewable and Sustainable Energy Reviews, 2008, 12 （5）: 1383-1401.

［149］Xu G, Zhang X, Deng S, et al. Operating Characteristics of a Photovoltaic/Thermal Integrated Heat Pump System ［J］. In: Proceedings of the International Refrigeration and Air Conditioning Conference, Purdue, July 14-17, 2008: 2367-2375.

［150］Xu G, Deng S, Zhang X, et al. Simulation of a photovoltaic/thermal heat pump system having a modified collector/evaporator ［J］. Solar Energy, 2009, 83 （11）: 1967-1976.

［151］Nejma H B, Guiavarch A, Lokhat I, et al. In-Situ Performance Evaluation by Simulation of a Coupled Air Source Heat Pump/PV-T Collector System ［J］. In: Proceedings of BS2013: 13th Conference of International Building Performance Simulation Association, Chambéry, France, August 26-28, 2013: 1927-1935.

［152］Bakker M, Zondag H A, Elswijk M J, et al. Performance and costs of a roof-sized PV/thermal array combined with a ground coupled heat pump ［J］. Solar Energy, 2005, 78 （2）: 331-339.

［153］Ji J, He H, Chow T T, et al. Distributed dynamic modelling and experimental study of PV evaporator in a PV/T solar-assisted heat pump ［J］. International Journal of Heat and Mass Transfer, 2009, 52 （5-6）: 1365-1373.

［154］Ozgener O, Hepbasli A. A review on the energy and exergy analysis of solar assisted heat pump systems ［J］. Renewable and Sustainable Energy Reviews, 2007, 11 （3）: 482-496.

［155］Ozturk M. Energy and exergy analysis of a combined ground source heat pump system ［J］. Applied Thermal Engineering, 2014, 73 （1）: 360-368.

［156］Thygesen R, Karlsson B. Simulation and analysis of a solar assisted heat pump system with two different storage types for high levels of PV electricity self-consumption ［J］. Solar Energy, 2014, 103 （6）: 19-27.

［157］Tsai H L. Design and Evaluation of a Photovoltaic/Thermal-Assisted Heat Pump Water Heating System ［J］. Energies, 2014, 7 （5）: 3319-3338.

［158］Todorovic M S，Kim J T. In search for sustainable globally cost-effective energy efficient building solar system-Heat recovery assisted building integrated PV powered heat pump for air-conditioning，water heating and water saving［J］. Energy and Buildings，2014，85：346-355.

［159］黎航欣. 韶山市热环境及城市化热环境因子研究［D］. 长沙：湖南大学，2015：1-3.

［160］王翠云，王太春，元炳成，等. 城市热环境研究进展［J］. 甘肃科技，2009，25（23）：91-94.

第 2 章

韶山市微热气候及变化分析

2.1 信息、数据调查和预处理

2.1.1 韶山市信息调查

1. 自然地理

（1）地形地貌 韶山市位于我国湖南省中部偏东，属于湘中低山丘陵区。地貌基本格局奠定于侏罗纪末期的燕山运动。以后随着地壳运动的间歇性缓慢上升与流水下切，形成了韶河溪谷与阶地，以及挺拔的韶峰山脉与丘岗剥蚀面。总的地貌轮廓是以韶峰山脉和韶河、石狮江两水为骨架，构成西部隆起，往东及东南倾斜的地势，山、丘、岗、平原齐备。全市最高点韶峰，海拔518.5m，最低点六亩洲海拔48m；高程差470.5m。其类型分类比例：溪谷平原占31.77%、岗地占31.88%、丘陵占22.35%、山地占14%。韶山山脉由南往北，曲折延伸，于韶山冲内虎踞龙盘，遂构成众多的冲、洞、谷、壑等，成为具有旅游价值的风景点。韶峰位于韶山西南角，距毛泽东故居约5km。韶峰是南岳衡山第七十一峰，比第七十二峰的长沙岳麓山高出两百多米。狮子山横亘于韶山中部，距韶山冲5km[1]。

（2）地质 境内地层发育较全，地质构造复杂。山峦起伏，溪水潺潺，冲突段相连。境内地层有板溪群、震旦系、寒武系、下奥陶系、泥盆系、石炭系、二迭系、下侏罗系、下第三系；西部有印支期花岗浸入体，地质构造形迹成涡旋状，为韶山银田寺旋扭构造。

（3）水系 韶山河流属于湘江水系，均经涟水入湘江。全市5km以上的小河有9条，全长103km，其中以发源于韶山山脉的韶河最大。韶河原名云湖河，曾经是九曲十八弯。

（4）气候特点 韶山地处亚热带湿润气候区，四季分明，冬冷夏热，夏热期长，严寒期短。年平均气温16.7℃，较四周县市略低，年极端最高气温为39.5℃。1月份平均气温4.4℃；7月最热，月平均气温28.9℃。韶山年平均降水1358mm，最多年份达到1719.9mm。雨季在4月15日前后开始，7月10日前后结束，春夏多雨，秋冬干燥。日照偏多，年日照达1717h，年平均日照百分率为39%，分布趋势与气温变化基本一致。

（5）土壤植被 韶山境内自然植被属亚热带常绿阔叶林。1949年，韶山森林覆盖率达40%，后降至19%，新世纪以来又升至43.7%。1982年调查，韶山市共有乔木、灌木25科230种，草场13万余亩（1亩=666.6m²）。林地资源面积91.61km²，占土地总面积的43.6%。其中有：林地76.94km²，未成林造林地4.77km²，灌木林地6.74km²，疏木林地2.98km²，迹地0.09km²，苗圃0.09km²。

韶山的土壤除河谷平原呈肥沃的褐色外，多为红壤，遍及丘岗山麓，此外也有紫色砂页岩、石灰岩发育而成的紫色土、石灰土[1]。

2. 社会经济

（1）行政区划

2000年，韶山市辖3个镇、4个乡。

2001年底，银田乡与银田镇合并，建立银田镇，全市辖3个镇、4个乡。

2004年，韶山市辖3个镇、4个乡。

2005年，韶山市辖韶山乡、杨林乡、大坪乡、永义乡、清溪镇、如意镇、银田镇，3个镇、4个乡。

2012年5月10日，湘乡市龙洞镇的石塘、花桥、谷阳、韶东、韶西、新湖、城前等7个村划归韶山市韶山乡管理，湘乡市金石镇的团田、舒塘2个村划归韶山市杨林乡管理。

截至2014年2月19日，韶山市辖3个镇、4个乡。

（2）经济发展　1985—1990年韶山市工农业全面发展，1990年农业总产值为7253万元，稻谷总产量57800t，工业总产值13760万元，比1985年有较大增长。韶山大米厂生产的"韶峰牌"免淘清洁米获中国首届食品博览会铜牌奖，韶山饲料厂的混合饲料获省优产品称号，韶山玛钢厂的玛钢铸件销往东南亚、中东、美国等10多个国家和地区。

2013年，韶山市地区生产总值完成57.4065亿元，同比增长13.3%，其中第一产业增加值为5.1717亿元，第二产业增加值为33.5711亿元，第三产业增加值为18.6637亿元，分别增长3.1%、15.4%和12.8%，产业结构调整为9.01∶58.48∶32.51；完成固定资产投资59.4837亿元，同比增长32.2%；完成财政总收入（不含基金）4.2036亿元，同比增长20%；实现旅游总收入26.94亿元，同比增长28.3%；社会消费品零售总额达13.9299亿元，同比增长16%。

2013年实现农业总产值9.5亿元（现价），同比增长3.11%。粮食总产量6.77万t，年出栏生猪30.24万头；全市农产品加工企业完成增加值9.71亿元，较2012年同期增长20%。农村改革加快推进，农民收入稳步增长。

2013年完成工业增加值32.15亿元，同比增长15.1%。高新区成功申报省级新型工业化先进装备制造示范基地，实现高新技术产值36.48亿元，增长14.5%。韶山市列入首批"国家智慧城市试点示范"，引进了科技投资云计算产业和云计算中心项目。食品工业园已正式启动，首批引进真美食品、汇弘科技等企业。以恒欣实业、高翔重工为基础，高新区获批省级新型工业化先进装备制造示范基地，恒欣实业成功申报省级企业技术中心，获评"湖南省诚信企业"；华宇科技、中宏重机、腾邦重工等项目获国家认证许可并投产达效；高翔重工列入省战略性新型专业专项，江冶机电列入省科技成果转化专项[1]。

2.1.2　韶山市数据调查与分析

由于研究城市热环境变化趋势和城市化热环境因子对城市热环境的影响需要长期的气象观测数据和城市发展统计数据，而长期的气象观测数据和城市发展统计数据难以在短时间内通过实地调研和测量获得，故本书采取官方数据与实地调查测量数据相结合的方法对韶山市热环境进行分析。城市热环境变化趋势分析、城市热岛强度的计算以及城市热环境分析模型的建立均采用官方提供的长期序列资料，其中包括韶山市气象局提供的 1958—2014 年的气温观测资料，1981—2010 年的相对湿度观测资料，2006—2014 年的 40cm 深度地温观测资料等气象资料，2001—2013 年湘潭市统计年鉴统计的各城市化热环境因子数据，以及 2001—2013 年中国年鉴统计的全国总能耗和能源加工转换率。实地调研和测量所获得的数据用于验证利用官方数据所分析出的结果。韶山市气象观测站的地理位置为北纬 27°55′39.0″，东经 112°31′48.0″。

实地调研主要是对韶山市市区及乡村的居民进行室内热舒适性及能耗方式的问卷调查，实地测量主要是测量市区住户和乡村住户的室内外气温、相对湿度、室内外 PM2.5/PM10 浓度等。此外，还测量了不同城市地表如山体、水体表面等的热流密度。测量时间为 2012 年 12 月、2013 年 1 月和 8 月，实地调研和测量的主要结果如下。

1. 室内热舒适性

由图 2-1 可见，不管是城区居民还是乡村居民，大多数在夏季感觉比较热，不过还能接受，在冬季感觉有点冷，而不管是在夏季还是冬季对于空气湿度普遍感觉既不干燥也不潮湿。

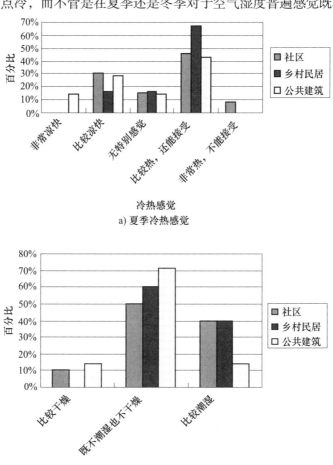

a) 夏季冷热感觉

b) 夏季对湿度的感觉

图 2-1 居民对温度、湿度的感觉

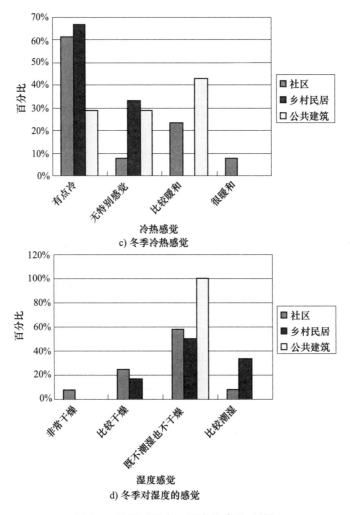

c) 冬季冷热感觉

d) 冬季对湿度的感觉

图 2-1　居民对温度、湿度的感觉（续）

2. 能耗方式

由图 2-2 可知，韶山市居民拥有很好的节能习惯，通常在满足舒适性等的前提下，都会

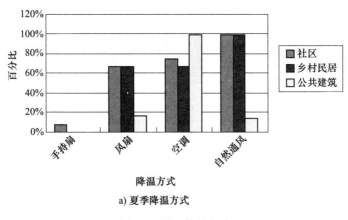

a) 夏季降温方式

图 2-2　居民能耗方式

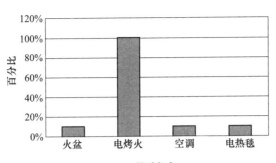

b) 社区用户供暖方式

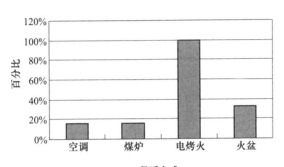

c) 农户供暖方式

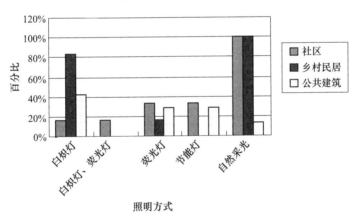

d) 照明方式

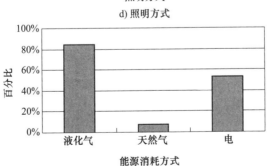

e) 社区炊事能源消耗方式

图 2-2　居民能耗方式（续）

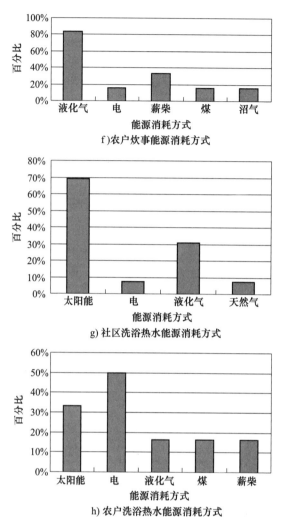

f) 农户炊事能源消耗方式

g) 社区洗浴热水能源消耗方式

h) 农户洗浴热水能源消耗方式

图 2-2　居民能耗方式（续）

尽量选择节能的方式，比如夏季尽量采用自然通风进行降温；使用节能灯具，平时尽量使用自然采光满足采光需求；尽量采用太阳能热水器以及液化气来满足洗浴和炊事用能的需求。

3. 城区及乡村室内外温湿度

由图 2-3、图 2-4 可知，不管是城区还是乡村，冬季室内温度偏低，热舒适性差，必须采取被动方式供暖。室内外的相对湿度均比较高且无明显差别，一般为 75%~80%。

4. 室内外 PM2.5/PM10

由表 2-1 可知，由于使用薪柴烧火做饭，在进行炊事时，厨房内 PM2.5 值高达 1036μg/m³，远远超过我国标准规定的 PM2.5 24h 平均浓度 0.075mg/m³，而未炊事前室内 PM2.5 为 63μg/m³，满足我国标准要求，但离满足世界卫生组织的要求仍然有一定距离。由表 2-2 和表 2-3 可知，城区室外的 PM2.5 和 PM10 均有 0.1mg/m³ 多，超过我国标准规定的 PM2.5 平均浓度 0.075mg/m³，更高于世界卫生组织规定的 PM2.5 24h 平均浓度 0.025mg/m³，可见城区空气品质较差。

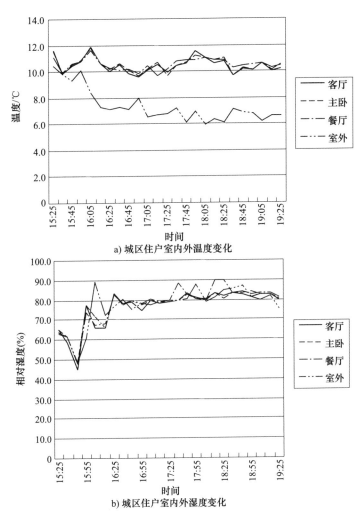

a) 城区住户室内外温度变化

b) 城区住户室内外湿度变化

图 2-3 城区住户室内外温度、湿度变化

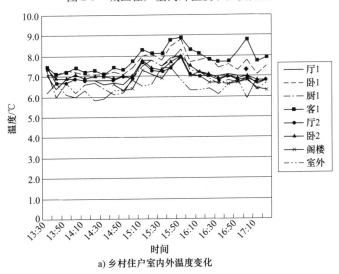

a) 乡村住户室内外温度变化

图 2-4 乡村住户室内外温度、湿度变化

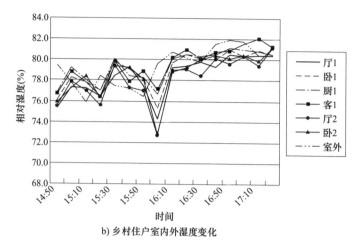

b) 乡村住户室内外湿度变化

图 2-4　乡村住户室内外温度、湿度变化（续）

表 2-1　农户厨房 PM2.5 浓度

序号	时间	大气压/kPa	平均气温/℃	PM2.5 浓度/（μg/m³）
1	15:05—15:35	101.2	11.4	63
2	15:40—16:10	101.2	12.1	93
3	16:15—16:45	101.1	8.8	114
4	16:50—17:20	101.2	8.4	1036

表 2-2　城区室外 PM10 浓度

序号	时间	大气压/kPa	平均气温/℃	PM10 浓度/（μg/m³）
1	10:15—10:45	101.3	6.2	136
2	10:52—11:22	101.1	6.8	136
3	13:00—13:30	101.1	6.6	121
4	13:39—14:09	101.1	6.7	186

表 2-3　城区室外 PM2.5 浓度

序号	时间	大气压/kPa	平均气温/℃	PM2.5 浓度/（μg/m³）
1	8:45—9:15	101.3	5.0	114
2	9:25—9:55	101.3	5.1	136
3	11:38—12:08	101.1	6.2	150
4	12:18—12:48	101.1	6.3	150

5. 城市地表热湿交换特性

为解决城市热环境 CFD 模拟时边界条件的问题，笔者及同课题组成员对韶山市不同地表的热流密度进行了测量，并探讨了地表在回潮和不回潮条件下热流的确定方法。笔者以冷辐射板作为冷表面的代表，研究了常温常压下冷表面的结露特性及其附近的热湿环境。首先测量了冷辐射板结露时辐射板边界层内的温湿度、辐射板热流密度、辐射板表面温度、室内空气温湿度以及辐射板的结露量，再进行无量纲分析，得到结露量与辐射板的热流密度、辐射板与周边空气的温差以及含湿量差的幂函数成正比，最后运用 MATLAB 进行多元线性回归得到各幂函数的指数以及整个函数的正比例系数，从而推导出了冷表面结露量的计算公式，详细研究过程和推导的结露公式可见参考文献 [1]。由于结露公式中存在冷表面的热流密度，故可以通过此公式确定回潮条件下城市地表的热流密度。对于不回潮条件下，城市地表热流密度可以通过韶山市气象局提供的室外 1.5m 处气温和 40cm 深度地温确定，计算公式见式（2-1），地表与深层土壤以及空气之间的传热过程如图 2-5 所示。同时，笔者于 2013 年 8 月 1 日对韶山市不同城市地表热流密度进行了测量（测量时刻 1.5m 处的热环境参数：风速为 1.36~2.11m/s，气温为 28~38℃），为 CFD 模型的边界热流的确定提供参照值，测量结果见表 2-4。

$$
\begin{aligned}
q &= k\left| t_{0.4} - t_{1.5} \right| \\
&= \lambda \left| \frac{t_{0.4} - t_{b0}}{\delta} \right| \\
&= \alpha_{air} \left| t_{b0} - t_{1.5} \right|
\end{aligned}
\tag{2-1}
$$

式中，$t_{1.5}$、t_{b0}、$t_{0.4}$ 为 1.5m 处空气温度（℃）、地表温度（℃）、40cm 深度地温（℃）；k、λ、α_{air} 为传热系数 [W/(m^2·℃)]、土壤侧的热导率 [W/(m·℃)]、空气侧（与地面接触部分）的表面传热系数 [W/(m^2·℃)]；δ 为土壤侧导热厚度（m），此处 $\delta=0.4$m。对于 α_{air}，在数据信息缺乏时，可考虑近似采用建筑物外表面表面传热系数值，因大部分人工的水泥、柏油地面与建筑物外表面在表面粗糙特性及地面风速的数量级大小等方面具有某种程度的相似性。根据所测得阴处地面热流密度计算得水泥路面（水泥厚度为 22cm）的 α_{air} 为 4.2W/(m^2·℃)，该值可作为拟城市地表表面传热系数。

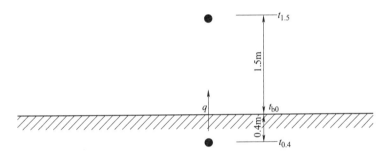

图 2-5　地表与深层土壤以及空气之间的传热过程

表 2-4　韶山市不同城市地表热流密度　　　　（单位：W/m^2）

	水体表面	山体表面 1	山体表面 2	建筑表面 1	建筑表面 2	建筑表面 3	地面 1（阴处）	地面 2（阳处）
地表热流密度	42	20.5	12.6	43.3	45.1	9.8	12.6	33.9

2.1.3　数据预处理

本书所使用的韶山市气温、相对湿度等数据均为韶山市气象观测站的气象观测数据，而该观测站曾于 1975 年进行过一次台站迁移，不仅如此，自 1958 年建站以来该气象观测站的观测方法、观测仪器、日平均气温的计算方式等均有一定的调整和改变。2005 年及之前气温观测使用的是地面温度表（水银，柱状），相对湿度观测使用的是干湿球温度表（球状），日平均气温为每日 08、14、20 时的正点值取平均；2006 年开始实施自动观测，气温测量仪器改为铂电阻地温传感器，日平均气温改为对每日 02、08、14、20 时的正点值取平均，但相对湿度仍然使用干湿球温度表进行测量，直至 2014 年才改用湿敏电容传感器（DHC2）进行相对湿度的测量。台站迁移、观测仪器的更新换代、观测习惯的改变、观测点周围环境的变化、计算方法的改变等因素通常会使观测到的长期气候时间序列产生偏差，若直接利用这些气象观测数据进行热环境的研究，分析所得的结果将会扭曲城市热环境的真实状况和变化情况，使得人们对所研究的城市热环境产生曲解。严中伟等利用有过台站迁移的气象观测站的平均气温、平均最高气温和平均最低气温等长期气象观测资料分析了这三种气温观测序列的变化趋势，发现台站迁移可对所分析的气温变化趋势造成 0.43~0.95℃ 的偏差[2]。因此，在对韶山市的气温、相对湿度等气象数据进行分析处理之前必须要对这些气象观测数据进行均一性检验和订正，去除台站迁移等因素对气象观测数据的影响。

1. 均一性检验和订正方法

（1）均一性检验方法　根据是否使用参考序列，均一性检验的数学统计方法可分为绝对方法和相对方法。绝对方法是对各个观测台站进行独立统计检验。相对方法是选取与待检观测站在同一个气候分区且相关性最好的一个或几个周边气象观测站作为参考站，在假定参考站的气象观测序列均一的条件下，通过检验待检气象观测序列与参考气象观测序列之间是否存在显著差异来判断待检气象观测序列是否均一。常用的均一性检验法包括标准正态检验法（SNHT 法）和回归法。近年来有些研究学者通过设计更加合理的检验统计量阈值对这些检验方法进行了改进，如王小兰在常规的检验统计量中加入了惩罚因子，提出了惩罚最大 F 检验（PMFT）、惩罚最大 T 检验（PMT）等检验方法，这些方法目前已被我国一些研究人员采用。此外，滑动 t 检验法、双相回归累积距平法和 Mann-Kendall 检验法等用于检验气候突变的方法也常常被用于进行气候序列非均一性检验。然而这些方法仅适用于当待检序列本身存在时间非均一性的情况。如果待检序列不仅受到大气环流等大尺度的影响，还受到局地环境的影响，那么使用这些方法进行均一性检验会存在很大的困难。结合研究对象的情况，本书采用滑动 t 检验法对所有的气象观测资料进行均一性检验。

滑动 t 检验法是通过考察气候序列台站迁移时间点前后两段子序列的均值有无显著性差异来检验台站迁移是否对气候序列产生显著性影响的。如果台站迁移时间点前后两段气候序列的均值差异超过了一定的显著性水平，则可以认为气候序列受到了台站迁移的影响，否则认为台站迁移对气候序列未产生影响或虽然产生影响但由于所造成的影响不显著可以忽略。该检验法的具体操作流程如下：

对于一个具有 n 个样本量的气候时间序列 x，以迁站年份作为分界点，将该气候序列分为两个子序列 x_1 和 x_2，这两个子序列的样本长度分别为 n_1 和 n_2（样本长度可以根据需要人为定义。一般两个子序列取相同样本长度，即 $n_1 = n_2$。同时，由于气候序列变化中包含自然气候变化，为减少迁站前后气候本身变化趋势对均一性检验的影响，迁站点前后的样本长度一般不超过 15）。平均值为 $\bar{x}_1$ 和 $\bar{x}_2$，方差为 s_1^2 和 s_2^2。原假设 H_0：$\bar{x}_1 = \bar{x}_2$。定义检验统计量为：

$$t = \frac{\bar{x}_1 - \bar{x}_2}{\sqrt{\frac{(n_1 - 1) s_1^2 + (n_2 - 1) s_2^2}{n_1 + n_2 - 2}} \sqrt{\frac{1}{n_1} + \frac{1}{n_2}}} \qquad (2\text{-}2)$$

式（2-2）遵从自由度 $\nu = n_1 + n_2 - 2$ 的 t 分布。

根据给定的显著性水平 α，可查 t 分布表得到临界值 t_α。计算 t 后在 H_0 下比较 t 和 t_α。若 $|t| \geqslant t_\alpha$，则原假设 H_0 不成立，说明台站迁移对气候序列产生了一定的影响；反之，若 $|t| < t_\alpha$，则原假设 H_0 成立，台站迁移并未对气候序列产生影响或未产生显著影响[3]。

（2）订正方法　均一化订正的方法一般为差值订正法。差值订正法是利用均一序列的变化趋势与需要订正的序列的变化趋势之间的差值作为订正量进行订正，即将 $\bar{x}_2 - \bar{x}_1$ 作为差值订正的订正量。在进行订正时，把订正量加至迁移时间点之前的气候序列上或将迁移时间点之后的气候序列减去订正量，所得到的序列即为订正后的序列。

2. 数据均一化处理

由于相对湿度资料和 40cm 深度地温资料均为台站迁移后才开始记录的，所以只需通过对气温序列进行均一性检验来检测气候序列是否受到台站迁移的影响。韶山市气象观测站于 1975 年进行过台站迁移，故以 1975 年的气温作为分界点，分别对 1958～2013 年的年平均气温序列做 $n_1 = n_2 = 5$、8、10、15 的等级滑动 t-检验，根据式（2-2）计算检验统计量 t 分别为 -1.64，-2.23，-1.72 和 -0.59，给定显著性水平为 0.01，查得对应的临界值 t_α 分别为 3.36、2.98、2.88 和 2.76，比较检验统计量 t 和对应条件下的临界值 t_α 发现检验统计量 t 均小于对应的临界值 t_α，可见台站迁移时间点前后的气候序列无显著性差异，故认为 1975 年的台站迁移未对韶山气象观测站的气温观测序列造成显著影响，无需对韶山市的气温等气候序列进行订正。

这里介绍了此次研究的信息、数据调查情况，并对气象数据进行了预处理。主要内容可以总结为以下几点：

1）介绍了韶山市的地形地貌、地质、水系、气候特点、土壤植被等自然地理信息以及行政区划和经济发展历程。

2）说明了本次研究所使用数据的来源：气象数据来源于韶山市气象局，社会经济数据来源于湘潭年鉴和中国年鉴。

3）介绍了根据实地调研和测量所获得的韶山市室内热舒适性、能耗方式、城区和乡村室内外温湿度、室内外 PM2.5/PM10 浓度、地表热流密度等的实际情况，并基于所调查的数据和笔者之前对结露时热环境的研究工作，探讨了 CFD 模拟时回潮和不回潮条件下城市地表热流密度的确定方法，并获得了拟城市地表表面传热系数值 $[4.2W/(m^2 \cdot ℃)]$。由调查信息可见，韶山市居民具有较好的节能行为，在满足热舒适性需求的前提下，一般会优先选择能耗较低的供暖或降温方式。城区室外空气品质差，室外 PM2.5 浓度高达 $0.15mg/m^3$。

4）对气象数据进行了均一性检验和订正，检验得出韶山市气象观测站 1975 年的台站迁移并未对观测到的气象数据产生显著影响。

这一部分所介绍的韶山市基本信息及实地调研所获得的能耗习惯、空气品质等方面的信息，为韶山市热环境变化及城市热岛效应的研究提供了很好的背景资料，地表热流等的测量值为城市热环境 CFD 模拟提供了边界条件的参照值，分析所得地表热流密度的确定方法为城市热环境 CFD 模拟奠定了基础。而气象数据的预处理也为之后韶山市热环境的研究奠定了基础。

2.2　韶山市热环境变化趋势分析

气温和相对湿度与人类的热舒适性感受关系最为密切，是本专业最为关注的两个热环境要素，故本书将选取气温和相对湿度这两个热环境要素作为韶山市热环境的代表性要素，运用本章所收集到的气象数据并结合所调查到的韶山市居民能耗方式等情况对韶山市热环境变化趋势进行分析。

2.2.1 热环境变化趋势分析方法

热环境变化趋势分析方法有线性倾向估计法，滑动平均法，累积距平法，五、七和九点二次平滑法，五点三次平滑法以及三次样条函数法。为了既能了解大时间尺度下热环境的线性变化趋势又能直观反映热环境的周期性变化特征，本书将采用线性倾向估计法和累积距平法两种方法分析韶山市气温和相对湿度的变化趋势和规律。

1. 线性倾向估计法

线性倾向估计法其实是将气候时间序列对对应的时间序列进行一元线性回归。对于一个样本量为 n 的气候时间序列 $x = \{x_1, x_2, \cdots, x_n\}$，假定其对应的时间序列为 $t = \{t_1, t_2, \cdots, t_n\}$，则可以建立 x 与 t 的一元线性回归方程：

$$x = a + bt \tag{2-3}$$

式中，a 为回归常数；b 为回归系数，即气候时间序列 x 的线性变化倾向率。a 和 b 可以通过最小二乘法进行估计求得。a 和 b 的最小二乘估计为：

$$\begin{cases} b = \dfrac{\sum\limits_{i=1}^{n} x_i t_i - \dfrac{1}{n}\left(\sum\limits_{i=1}^{n} x_i\right)\left(\sum\limits_{i=1}^{n} t_i\right)}{\sum\limits_{i=1}^{n} t_i^2 - \dfrac{1}{n}\left(\sum\limits_{i=1}^{n} t_i\right)^2} \\ a = \bar{x} - b\bar{t} \end{cases} \tag{2-4}$$

式中，$\bar{x} = \dfrac{1}{n}\sum\limits_{i=1}^{n} x_i$；$\bar{t} = \dfrac{1}{n}\sum\limits_{i=1}^{n} t_i$。

回归系数 b 的符号表示气候时间序列 x 的变化趋势倾向。当 b 的符号为正时，即 $b > 0$ 时，说明随着时间 t 的增加气候变量 x 呈上升趋势；当 b 的符号为负时，即 $b < 0$ 时，说明随着时间 t 的增加气候变量 x 呈下降趋势。b 的大小反映了气候变量 x 上升或下降的速率。

检验气候变量 x 的线性变化趋势是否显著可以通过对气候变量 x 与时间变量 t 的相关系数进行显著性检验来判断。本书采用 Person 相关系数 r 作为检验统计量来检验气候变量 x 的线性变化趋势是否显著。Person 相关系数 r 是用于衡量两个定距变量之间的线性相关性，它的计算公式为：

$$r = \frac{\sum\limits_{i=1}^{n} x_i t_i - n\bar{x}\bar{t}}{\sqrt{\dfrac{1}{n}\sum\limits_{i=1}^{n} x_i^2 - \bar{x}^2}\sqrt{\dfrac{1}{n}\sum\limits_{i=1}^{n} t_i^2 - \bar{t}^2}} \tag{2-5}$$

式中，$\bar{x}$ 和 $\bar{t}$ 的计算方法同上。

根据给定的显著性水平 α 查得临界值 r_α，对比相关系数 r 和临界值 r_α，若 $|r| \geqslant r_\alpha$，则表明气候变量 x 随时间 t 的线性变化趋势倾向是显著的，$|r|$ 越大，x 与 t 之间的线性相关越密切；若 $|r| < r_\alpha$，则表明气候变量 x 和时间 t 没有显著的线性关系。

2. 累积距平法

累积距平法是一种常用的、由变化曲线直观判断变化趋势的方法。对于气候时间序列 x，其在某一时刻 k 的距平为：

$$\hat{x}_k = x_k - \bar{x}, \quad k = 1, 2, \cdots, n \tag{2-6}$$

在该时刻的累积距平为：

$$\hat{x}'_k = \sum_{i=1}^{k} \hat{x}_k \qquad (2\text{-}7)$$

其中，$\bar{x}$ 的计算方法同上。

将气候序列 x 每一个时刻的累积距平值都算出，即可绘制出该气候变量的累积距平曲线，对该气候变量的变化趋势进行判断。若累积距平曲线呈上升趋势，则表明距平值在增加，若累积距平曲线呈下降趋势，说明距平值在减小。从曲线明显的上下起伏，可以判断气候变量长期显著的变化趋势和特征，甚至还可以判断出气候突变的大致时间。

2.2.2　韶山市气温变化规律

对于同一气温时间序列，在不同时间尺度下气温序列可能会表现出不同的变化特征。大时间尺度下的气温序列通常是反映气温序列的整体变化，而略去了气温的一些微小的波动或周期性变化。更小时间尺度下的气温则能详尽地显示气温变化规律，而且对小时间尺度下的气温序列进行综合分析可以得出大时间尺度下气温变化趋势的形成过程。因此，本章将从年代、年、季、月四个不同的时间尺度分析韶山市气温变化的规律，此外，考虑到在城市化对韶山市气温产生显著影响的前后韶山市气温会表现出不同的变化规律，本章还将对韶山市进行气候突变检测并结合韶山市的经济发展历程寻找城市化对韶山市气温产生显著影响的时间点，并以该时间点作为分界点分析韶山市气温受城市化显著影响前后的阶段性变化特征。本书所统计的年平均气温为当年 12 个月月平均气温的算术平均值，即 12 个月月平均气温之和除以 12。季节采用气象季节定义，即 1 月、2 月和上年的 12 月为冬季，3 月、4 月和 5 月为春季，6 月、7 月和 8 月为夏季，9 月、10 月和 11 月为秋季。季平均气温为该季内 3 个月月平均气温的算术平均值。月平均气温则为该月内所有日平均气温的算术平均值。

1. 气温的年代际变化

下面分析 1958~2014 年期间不同年代年平均气温变化规律，应用式（2-3）、式（2-4）计算 20 世纪 60 年代、20 世纪 70 年代、20 世纪 80 年代、20 世纪 90 年代以及 21 世纪初这 5 个年代年平均气温的线性变化倾向率，并对各个年代所有年平均气温取平均得到不同年代年平均气温的均值，计算结果见表 2-5。由表可以看出，除了 20 世纪 60 年代的年平均气温呈显著的下降趋势（0.842℃/10a）外，其他年代均呈现不同程度的上升趋势，其中以 20 世纪 70 年代气温上升程度最大，达到 1.273℃/10a，20 世纪 80 年代增幅较小，上升较平缓，80 年代之后城市气温增温趋势愈加明显，21 世纪初的城市气温变化倾向率约为 20 世纪 90 年代的两倍。这与高丽芳等对湖南省 1960—1999 年的气温变化特征分析相符合。高丽芳等分析得出 1969 年之前湖南省年平均温度呈下降趋势，1969—1980 年温度略有上升，1980—1995 年气温变化比较平缓，无大幅度变化，但在 1995 年之后温度呈明显的上升趋势[4]。由各年代年平均气温的平均值的变化情况，可以判断 1961—2010 年间韶山市气温呈先下降后上升的变化趋势。

表 2-5　韶山市气温年代际变化特征

时　段	均值/℃	倾向率/（℃/10a）
1960—1969	16.8	−0.842
1970—1979	16.6	1.273
1980—1989	16.7	0.036
1990—1999	16.9	0.497
2000—2009	17.3	0.946

2. 年平均气温变化

下面分析韶山市 1958—2014 年的年际变化规律。首先，应用式（2-4）计算韶山市年平均气温的线性变化倾向率，得出 1958—2014 年韶山市年平均气温线性变化倾向率为 0.12℃/10a，与廖春花等得出的长沙市 1951—2007 年的上升趋势倾向率（0.12℃/10a）一致[5]。然后，应用式（2-5）计算气温序列与时间序列的 Person 相关系数，对气温与时间之间的线性关系进行显著性检验。计算得 Person 相关系数为 0.45，通过了 0.01 置信度检验。运用 OriginPro85 绘制出韶山市 1958—2014 年的年平均气温时间变化曲线图（图 2-6a），由图可看出：近 57 年来韶山市平均气温总体上呈上升趋势，且上升趋势较显著。近 57 年来韶山市年平均气温的平均值为 16.9℃，其中，1970 年为气温最低的一年，年平均气温为 16.0℃，2013 年为气温最高的一年，年平均气温为 18.1℃。

为了更直观地反映气温周期性变化特征，应用式（2-5）和式（2-6）计算 1958—2014 年期间历年的气温累积距平，并绘制气温累积距平曲线图（图 2-6b）。由图可以看出，韶山市年平均气温的累积距平基本为负值，气温呈 2 升 1 降的特点，即 2 个变暖期和 1 个变冷

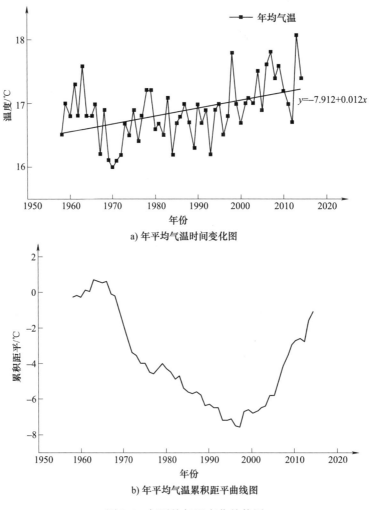

a) 年平均气温时间变化图

b) 年平均气温累积距平曲线图

图 2-6　年平均气温变化趋势图

期：20 世纪 50 年代末期至 60 年代中期、20 世纪 90 年代末期至 2014 年为 2 个程度不同的变暖期；20 世纪 60 年代中期至 90 年代末期为变冷期。由图还可以大致推断在 1997 年左右发生了气候突变。

3. 季平均气温变化

下面分析韶山市的季平均气温变化规律。先计算 1958—2014 年春季、夏季、秋季和冬季的季平均气温，再应用式（2-4）计算各个季节的线性变化倾向率，同时应用式（2-5）和式（2-6）计算每个季节季平均气温的累积距平，绘制各个季节的季平均气温累积距平曲线图。计算可得，近 57 年来春、夏、秋、冬季的气温线性变化倾向率分别为 0.21℃/10a、0.003℃/10a、0.1℃/10a 和 0.16℃/10a，春、夏、秋、冬四个季节的年平均气温分别为 16.4℃、27.4℃、17.8℃、5.9℃。由各季季平均气温时间变化图（图 2-7a、图 2-8a、图 2-9a、图 2-10a）可看出，除夏季无明显变化趋势外，其他季节均呈现不同程度的增温趋势，其中

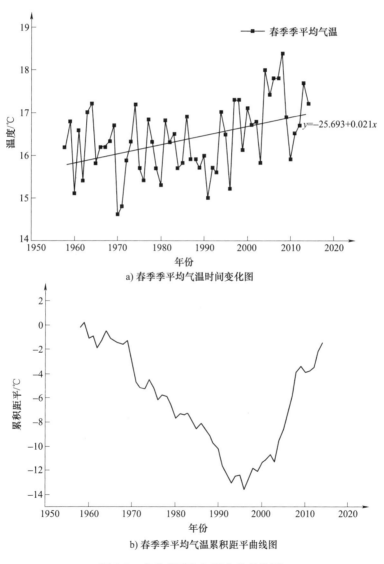

a) 春季季平均气温时间变化图

b) 春季季平均气温累积距平曲线图

图 2-7 　春季季平均气温变化趋势图

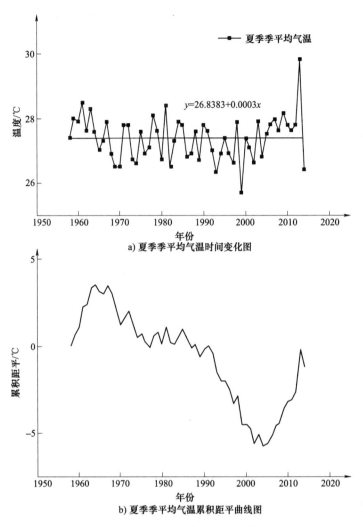

a) 夏季季平均气温时间变化图

b) 夏季季平均气温累积距平曲线图

图2-8　夏季季平均气温变化趋势图

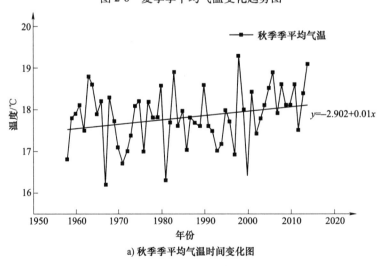

a) 秋季季平均气温时间变化图

图2-9　秋季季平均气温变化趋势图

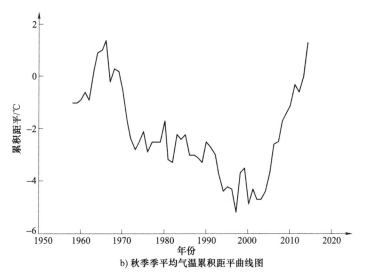

b) 秋季季平均气温累积距平曲线图

图 2-9　秋季季平均气温变化趋势图（续）

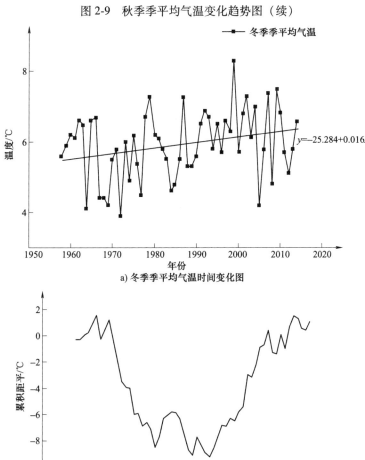

a) 冬季季平均气温时间变化图

b) 冬季季平均气温累积距平曲线图

图 2-10　冬季季平均气温变化趋势图

以冬季和春季增温趋势最大，秋季次之。由各季节的季平均气温累积距平曲线图（图2-7b、图2-8b、图2-9b、图2-10b）可看出，每个季节从1960年开始均呈现先变冷后变暖的变化特征，变暖周期一般开始于20世纪90年代。这种先变冷后变暖的变化特征与韶山市年平均气温先变冷后变暖的变化特征一致。

4. 月平均气温变化

下面以季节为单位，将每年的12月划分为四个组进行月平均气温变化趋势分析，其中3月、4月和5月为春季组，6月、7月和8月为夏季组，9月、10月和11月为秋季组，1月、2月和12月为冬季组。用与上述同样的方法计算每月的月平均气温的线性变化倾向率和累积距平，并绘制每月的月平均时间变化图（图2-11a、图2-12a、图2-13a、图2-14a）和累积距平曲线图（图2-11b、图2-12b、图2-13b、图2-14b）。

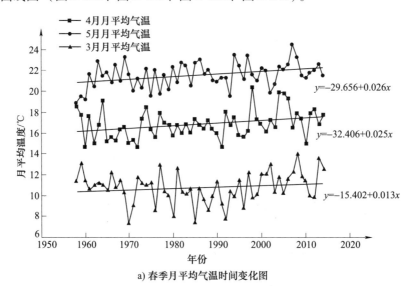

a) 春季月平均气温时间变化图

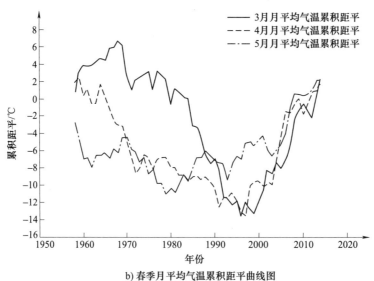

b) 春季月平均气温累积距平曲线图

图2-11 春季月平均气温变化趋势图

　　在春季组，3 月、4 月和 5 月月平均气温的线性变化倾向率分别为 0.13℃/10a、0.25℃/10a 和 0.26℃/10a。由春季月平均气温时间变化图（图 2-11a）可看出，3 月、4 月和 5 月的月平均气温均呈现不同程度的增温趋势，且气温上升趋势越来越显著，4 月月平均气温的线性变化倾向率约为 3 月月平均气温的线性变化倾向率的 2 倍。近 57 年来 3 月、4 月和 5 月月平均气温的均值分别为 10.7℃、16.8℃、21.5℃，3 个月相邻月之间的温度相差较大，平均相差 5℃左右。由春季月平均气温的累积距平曲线图（图 2-11b）可看出，4 月和 5 月的累积距平大多为负。除 5 月外，3 和 4 月月平均气温均显著地呈现先变冷后变暖的变化特征，变暖周期一般开始于 20 世纪 90 年代中期，而 5 月无明显变冷过程，大体呈变暖的趋

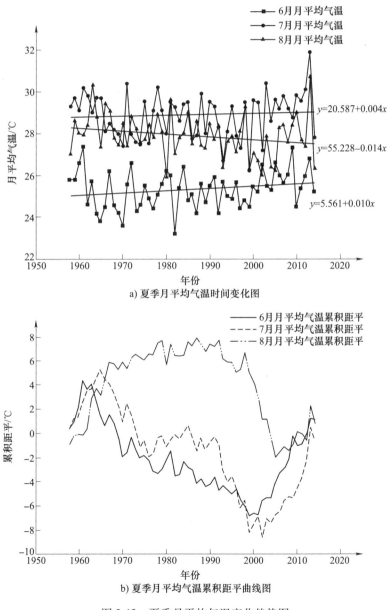

a) 夏季月平均气温时间变化图

b) 夏季月平均气温累积距平曲线图

图 2-12　夏季月平均气温变化趋势图

势，且于 20 世纪 90 年代中期开始变暖趋势愈加显著。

在夏季组，6 月、7 月和 8 月月平均气温的线性变化倾向率分别为 0.1℃/10a、0.04℃/10a 和 -0.14℃/10a。由夏季月平均气温时间变化图（图 2-12a）可看出，6 月和 7 月的月平均气温均呈上升趋势，其中 7 月增温趋势并不明显，而 8 月月平均气温则呈下降趋势。近 57 年来 6 月、7 月和 8 月月平均气温的均值分别为 25.3℃、28.9℃、27.9℃，7 月和 8 月温度基本相差无几，并比 6 月气温普遍高 2~3℃。由夏季月平均气温的累积距平曲线图（图 2-12b）可看出，6 月和 7 月的累积距平大体为负，而 8 月的累积距平多为正数。同夏季季平均气温先变冷后变暖的趋势一样，6 月和 7 月月平均气温也呈现先变冷后变暖的变化特征，变暖周期大致始于 2000 年。8 月则先经历一段 30 年左右的变暖期，再急剧变冷，于 2003 年

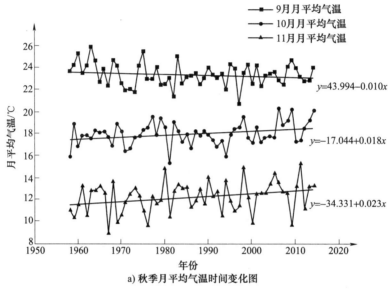

a) 秋季月平均气温时间变化图

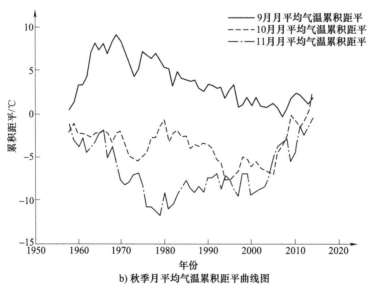

b) 秋季月平均气温累积距平曲线图

图 2-13　秋季月平均气温变化趋势图

左右又开始慢慢变暖。

　　在秋季组，9 月、10 月和 11 月月平均气温的线性变化倾向率分别为 -0.1℃/10a、0.18℃/10a 和 0.23℃/10a。由秋季月平均气温时间变化图（图 2-13a）可看出，9 月、10 月和 11 月的月平均气温均呈现不同程度的增温趋势，且气温上升趋势越来越显著。近 57 年来，9 月、10 月和 11 月月平均气温的均值分别为 23.3℃、17.9℃、12.2℃，3 个月相邻月之间的月平均气温相差较大，一般为 5~6℃。由秋季月平均气温的累积距平曲线图（图 2-13b）可看出，10 月和 11 月的累积距平基本为负，而 9 月的累积距平基本为正。9 月经历了一段为期 10 年左右的短暂的变暖期后开始慢慢变冷，10 月无明显的变冷期或变暖期，而 11

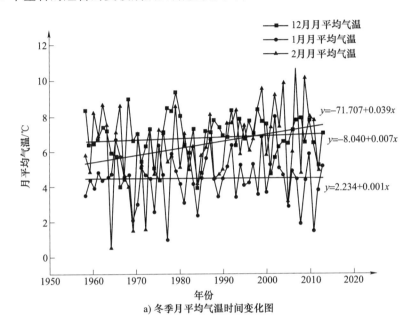

a) 冬季月平均气温时间变化图

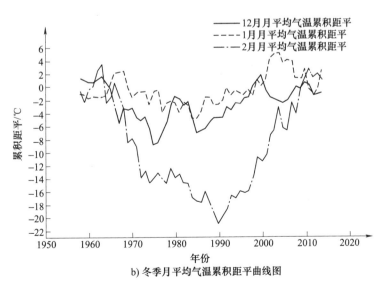

b) 冬季月平均气温累积距平曲线图

图 2-14　冬季月平均气温变化趋势图

月则呈现先变冷后变暖的变化特征，变暖周期大致始于 1980 年，并于 2000 年开始变暖趋势急剧增大。

在冬季组，12 月、1 月和 2 月月平均气温的线性变化倾向率分别为 0.07℃/10a、0.01℃/10a 和 0.39℃/10a。由冬季月平均气温时间变化图（图 2-14a）可看出，12 月、1 月和 2 月的月平均气温均呈现不同程度的增温趋势，其中以 2 月月平均气温的增温趋势最为显著，且高于年平均气温的增温趋势。近 57 年来，12 月、1 月和 2 月月平均气温的均值分别为 6.8℃、4.5℃、6.4℃。由冬季月平均气温的累积距平曲线图（图 2-14b）可看出，12 月的累积距平多为负且接近 0，1 月的累积距平基本在 0 附近波动，2 月的累积距平基本为负。12 月和 1 月均无明显的变冷期或变暖期，而 2 月则较明显地呈现先变冷后变暖的变化特征，变暖周期大致始于 1990 年。

由每月的月平均气温线性变化趋势统计图（图 2-15）可见，除 8 月、9 月月平均气温呈下降趋势，其他月的月平均气温均呈现不同程度的上升趋势，其中以 2 月、4 月、5 月增温趋势最为显著，分别为 0.39℃/10a、0.25℃/10a、0.26℃/10a。

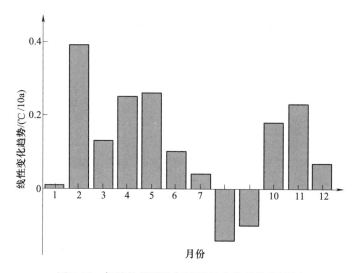

图 2-15　每月的月平均气温线性变化趋势统计图

5. 气温的阶段性变化

（1）气温突变检测　变量的变化方式可以分为连续性变化和不连续的飞跃两种基本形式。不连续变化具有突发性的特点，故人们将这种不连续的现象称为"突变"。气候时间序列表现出不连续变化或跳跃性变化时即发生了气候突变。目前，检测气候突变的方法多种多样，常用的检测方法有 Mann-Kendall 法、Cramer's 法、Yamamoto 法、Pettitt 法、Lepage 法和滑动 t 检验法。本书采用滑动 t 检验法对韶山市 1958—2014 年的年平均气温进行气候突变检测。

对于一个样本量为 n 的气候时间序列 x，利用滑动 t 检验法进行气候突变检测的具体步骤为：

1）人为设置某一时间点作为基准点，从气候时间序列 x 中基准点前后分别取样本量为 n_1 和 n_2 的气候序列，构成两个子序列 x_1 和 x_2，一般两个子序列取相同样本长度，即 $n_1 = n_2$，子序列 x_1 包含基准点。求两个气候子序列的平均值 $\bar{x}_1$、$\bar{x}_2$，以及方差 s_1^2、s_2^2。

2）根据式（2-2）计算该时间点下的检验统计量 t。

3）根据给定的显著性水平 α，通过 t 分布表查寻临界值 t_α，并比较 t 和 t_α。若 $|t| \geqslant t_\alpha$，则原假设 H_0 不成立，说明在该时间点为气候突变点；反之，若 $|t| < t_\alpha$，则原假设 H_0 成立，说明该时间点未发生气候突变。

4）变换基准点，重复步骤 1）、2）、3），直到完成对整个气候序列的气候突变检验。

结合韶山市气温的周期性变化特征，分别取两个子序列的长度 $n_1 = n_2 = 5$、8、10、15 对 1958—2014 年的年平均气温做等级滑动 t 检验，其中，$n_1 = n_2 = 5$、8、15 的检验效果不明显，故以 $n_1 = n_2 = 10$ 时的检验结果为准。$n_1 = n_2 = 10$ 计算的历年 t 检验统计量如图 2-16 所示。取显著性水平 α 为 0.01，可查得临界值 t_α 为 2.88，由图可见，有且只有 1997 年的 t 检验统计量在临界值范围之外，即大于临界值。因此，可以判断 1958—2014 年期间气温发生了突变，气温突变点在 1997 年。

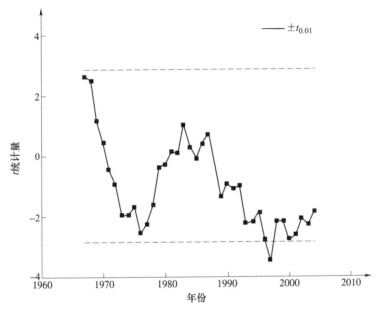

图 2-16　气温等级滑动 t 统计量曲线图

（2）气温阶段性变化特征　由气候突变检验可知近 57 年来韶山市于 1997 年发生了气温突变，而之前分析所得的各个不同时间尺度韶山市的气温变化特征也表现为从 1995—2000 年的某一时间开始气温开始变暖，该气温突变可能是由于自然气候背景发生突变所造成，也可能是由于城市化开始对韶山市气温产生较显著的影响所造成。由 1991—2013 年国内生产总值时间变化图（图 2-17）可知，韶山市从 1997 年开始经济活动加剧，因此可以推断从 1997 年开始韶山市气温受到城市化进程明显影响。为了解释城市化显著影响前后韶山市气温的变化特征，本书以 1997 年为分界年份，将 1958—2014 年韶山市年平均气温分为两个阶段，绘制了年平均气温的阶段性变化曲线图（图 2-18）。

由年平均气温的阶段性变化曲线图可以看出，1997 年之前韶山市年平均气温变化不明显，呈缓慢下降趋势，下降速度为 0.02℃/10a。1997 年后气温呈明显上升趋势，变化倾向率为 0.24℃/10a。分界年份之前即 1958—1997 年的年平均气温的平均值为 16.7℃，分界年

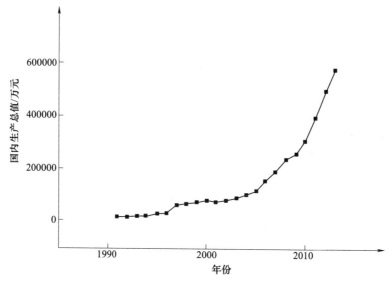

图 2-17　国内生产总值时间变化图

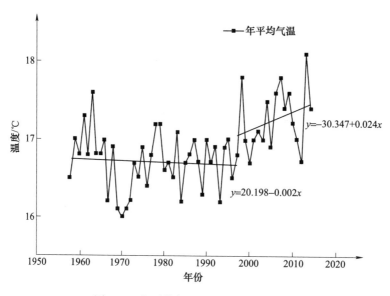

图 2-18　年平均气温的阶段性变化曲线

份之后即 1998—2014 年的年平均气温的平均值为 17.3℃，分界年份前后气温平均增加 0.6℃。

2.2.3　韶山市相对湿度变化规律

下面分析韶山市相对湿度变化趋势。根据式（2-3）、式（2-4）计算年平均相对湿度的线性变化倾向率，并绘制出年平均相对湿度时间变化图（图 2-19a）。由图可看出，近 57 年来韶山市年平均相对湿度呈下降趋势，下降速度为 0.3%/10a。年平均相对湿度的平均值为 81%，相对湿度较高。

为突显年平均相对湿度的周期性变化，绘制了年平均相对湿度累积距平曲线图（图2-19b）。

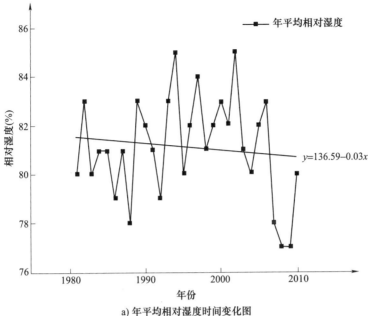

a) 年平均相对湿度时间变化图

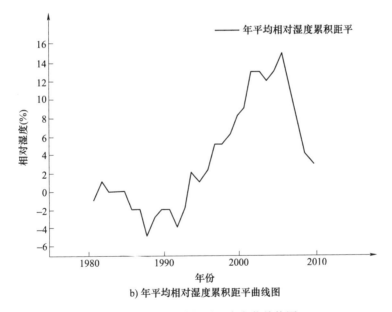

b) 年平均相对湿度累积距平曲线图

图 2-19　年平均相对湿度变化趋势图

由图可以看出，年平均相对湿度呈现 1 增 2 减的特点：1981—1988 年、2006—2010 年为相对湿度减小的时期；1988—2006 年为相对湿度增加的时期。增加的周期较长，而减小的周期较短。

这一部分内容选取了气温和相对湿度这两个热环境要素作为韶山市热环境的代表性要素，运用本章所收集的气象数据并结合所调查的韶山市居民能耗方式等情况，采用线性倾向估计法和累计距平法对韶山市热环境变化趋势进行了分析。主要研究结论如下：

1）近 57 年来韶山市气温总体呈上升趋势，年平均气温的线性变化倾向率为 0.12℃／

10a，与廖春花等得出的长沙市 1951—2007 年的上升趋势倾向率（0.12℃/10a）一致。

2）从 20 世纪 60 年代到 21 世纪初，除 20 世纪 60 年代的年平均气温呈显著的下降趋势（0.842℃/10a）外，其他年代均呈现不同程度的上升趋势，其中以 20 世纪 70 年代气温上升幅度最大，达到 1.273℃/10a，20 世纪 80 年代增幅较小，上升较平缓，80 年代后城市气温增温趋势愈加明显，21 世纪初的城市气温变化倾向率约为 20 世纪 90 年代的两倍。

3）四季中，除夏季气温无明显变化趋势外，其他季节的气温均呈现不同程度的增温趋势，其中以冬季和春季增温趋势最大。2 月、4 月、5 月增温趋势最为显著，分别为 0.39℃/10a、0.25℃/10a、0.26℃/10a。

4）各个时间尺度下气温序列大体呈现先变冷后变暖的变化特征，且变暖期一般开始于1995—2000 年间。

5）通过气候突变检测并结合韶山市国内生产总值的变化情况推断出从 1997 年开始城市化对韶山市气温产生显著性影响，1997 年之前韶山市年平均气温呈缓慢下降趋势，1997 年后气温呈明显上升趋势，变化倾向率为 0.24℃/10a。

6）韶山市 1981—2010 年间的相对湿度总体呈下降趋势，但普遍较高，达到 81%。

这里所分析的韶山市的阶段性变化为后面基于气温阶段性变化计算韶山市热岛强度奠定了基础，且所拟合的不同时间尺度下气温、相对湿度随时间变化的线性方程可为城市热环境CFD 模拟提供支持。

2.3 韶山市城市热岛效应研究

2.3.1 研究方法

本节将通过计算韶山市热岛强度或受城市化影响的气温增温率来衡量城市化对韶山市热环境的影响。目前，对于热岛强度并没有明确的定义和计算方法，大多数研究学者采用城郊气温对比法，即选取城市郊区或周边乡村的气象观测站作为不受城市化影响的参考站，将城区气象站与所选的参考站所观测到的气温之差作为城市城区的热岛强度或将城区气象站与所选的参考站的气温线性变化倾向率之差作为受城市化影响的气温增温率。然而，现在大多数城市郊区和乡村的热环境已经受到城市化和城镇化的影响，有的郊区和乡村受到城市化的影响甚至比城区还大。在这种情况下，若继续将城市郊区或周边乡村的气温作为不受城市化影响的气温自然变化序列，所计算的城市热岛强度将会比实际的小，低估了城市热岛效应及城市化的影响。因此，考虑到数据的可获取性，并借鉴以往学者的研究方法，本书应用两种方法对韶山市的热岛强度进行计算。

方法一为将城区观测站 40cm 深度的地温代替郊区或乡村站气温序列作为参考序列，用城市观测站气温的线性变化倾向率与 40cm 深度地温的线性变化倾向率的差值来作为受城市化影响的增温率，以反映城市化对韶山市气温的影响程度。选取 40cm 深度的地温作为参考序列是因为 40cm 深度的土壤属于近地面层，受大气长期（气候）的温度变化影响，而且相较于受人类活动影响很大的郊区和乡村站以及极易受地壳深层热源影响的 0.8~3.2m 中深层土壤，又很少受地壳深层热源和人类活动的影响。因此，选取 40cm 深度地温作为参考序列具有一定的合理性。

方法二为以分析所得的开始明显受城市化影响的年份作为分界年份，用分界年份之后气温的线性变化倾向率与分界年份之前气温的线性变化倾向率的差值作为受城市化影响的增温率，并通过分界年份之前的气温变化趋势预测分界年份之后的自然变化气温，然后将实际气温变化序列与预测的气温自然变化序列的差值作为城市热岛强度。

此外，考虑到不同时间尺度下分析的城市化对城市热环境的影响程度通常会不同。因此，本节将计算年、季、月三个时间尺度下受城市化影响的气温增温率，以衡量在不同时间尺度下韶山市热环境受城市化的影响程度大小。

2.3.2　城市化对韶山市热环境的影响

1. 基于 40cm 深度地温计算的热岛强度

根据式（2-5）计算 2006—2014 年期间年、季、月三个时间尺度下韶山市气温和 40cm 深度地温的线性变化趋势以及韶山市受城市化影响的增温率，并绘制了各时间尺度下气温和 40cm 深度地温的时间变化图（图 2-20～图 2-24，表 2-6）。

2006—2014 年 9 年间韶山市平均气温为 17.4℃，平均 40cm 深度年平均地温为 19.2℃，地温普遍比气温高。由图 2-20 可以看出，2006—2014 年期间韶山市年平均气温和 40cm 深度年平均地温均呈下降趋势，而由于受到地面人类活动的影响，年平均气温的下降趋势要明显小于 40cm 深度年平均地温的下降趋势。年平均气温的变化趋势为平均每年下降 0.032℃，40cm 深度年平均地温的变化趋势为平均每年下降 0.108℃。由此可得城市化增温率为 0.76℃/10a。

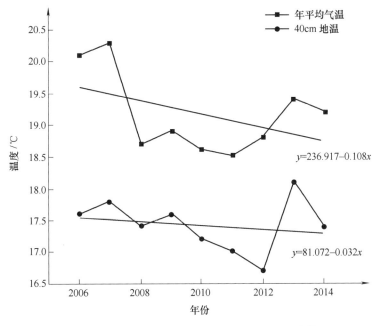

图 2-20　年平均气温和 40cm 深度地温的年际变化

由图 2-21 可以看出，2006—2014 年期间韶山市春季季平均气温和 40cm 深度春季季平均地温均呈下降趋势，但春季季平均气温的下降趋势要小于 40cm 深度春季季平均地温的下降趋势，春季季平均气温的变化趋势为平均每年下降 0.108℃，40cm 深度春季季平均地温的变化趋势为平均每年下降 0.123℃。由此可得春季受城市化影响的增温率为 0.15℃/10a。

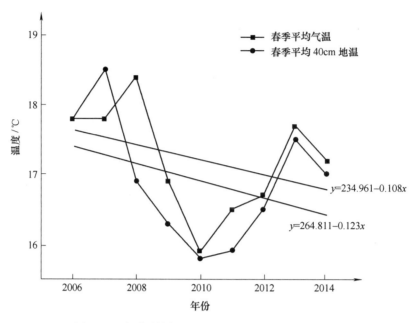

图 2-21　春季平均气温和 40cm 深度地温的年际变化

　　由图 2-22 可以看出，2006—2014 年期间韶山市夏季季平均气温和 40cm 深度夏季季平均地温均呈下降趋势，且 40cm 深度夏季季平均地温的下降趋势要比夏季季平均气温的下降趋势更明显，夏季季平均气温的变化趋势为平均每年下降 0.007℃，40cm 深度夏季季平均地温的变化趋势为平均每年下降 0.16℃。由此可得夏季受城市化影响的增温率为1.53℃/10a。

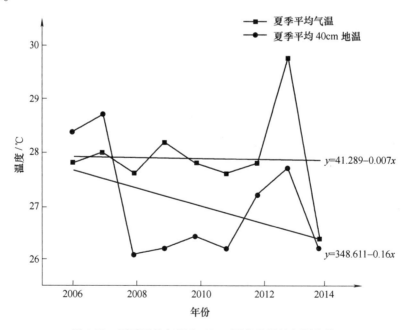

图 2-22　夏季平均气温和 40cm 深度地温的年际变化

由图 2-23 可以看出，2006—2014 年期间韶山市秋季季平均气温呈上升趋势，而 40cm 深度秋季季平均地温则呈下降趋势，秋季季平均气温的变化趋势为平均每年上升 0.01℃，40cm 深度秋季季平均地温的变化趋势为平均每年下降 0.092℃。由此可得秋季受城市化影响的增温率为 1.02℃/10a。

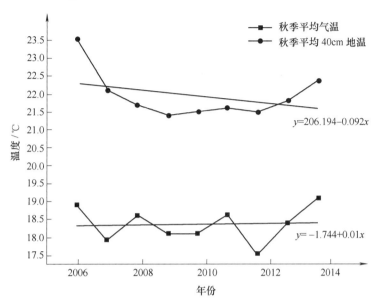

图 2-23　秋季平均气温和 40cm 深度地温的年际变化

由图 2-24 可以看出，2006—2014 年期间韶山市冬季季平均气温和 40cm 深度冬季季平均地温均呈下降趋势，且 40cm 深度冬季季平均地温的下降趋势要大于冬季季平均气温的下降趋势，冬季季平均气温的变化趋势为平均每年下降 0.057℃，40cm 深度冬季季平均地温的变化趋势为平均每年下降 0.067℃。由此可得冬季受城市化影响的增温率为 0.1℃/10a。

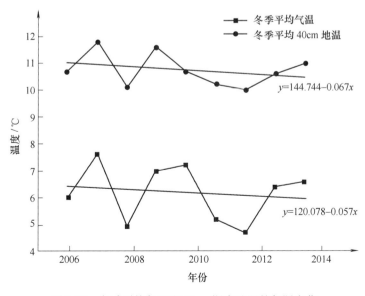

图 2-24　冬季平均气温和 40cm 深度地温的年际变化

由表2-6可见，12个月中以1月、8月和9月月平均气温受城市化影响最大，这3个月受城市化影响的增温率分别为2.07℃/10a、1.51℃/10a和1.38℃/10a。夏季和秋季月平均气温受城市化影响的增温率普遍较大，基本在0.7~1.5℃/10a，因此夏季、秋季季平均气温也表现为受城市化影响程度较大。

表2-6　韶山市各月受城市化影响的增温率　　（单位：℃/10a）

月份	1月	2月	3月	4月	5月	6月	7月	8月	9月	10月	11月	12月
气温变化倾向率	2.22	-2.52	-0.47	-0.65	-2.03	-0.3	0.55	-0.37	0.38	-0.68	0.5	-1.45
40cm地温变化倾向率	0.15	-1.35	-0.37	-0.85	-2.52	-1.35	-1.55	-1.88	-1	-1.37	-0.35	-0.67
受城市化影响的增温率	2.07	-1.17	-0.1	0.2	0.49	1.05	1	1.51	1.38	0.69	0.85	-0.78

2. 基于气温阶段性变化计算的热岛强度

根据前面对韶山市年平均气温的阶段性分析可知，1997年之前的韶山市气温受城市化影响不大，可以代表气温的自然变化。故将1997年作为分界年份，将1997年之后的气温变化趋势减去1997年之前的气温变化趋势作为韶山市气温受城市化影响的增温率。1997年之前韶山市年平均气温的线性变化倾向率为-0.02℃/10a。1997年后气温的线性变化倾向率为0.24℃/10a，故韶山市年平均气温受城市化影响的增温率为0.26℃/10a。由于可能1997年之前韶山市的气温就已经略微受到城市化的影响，故实际的城市化增温率可能会大于0.26℃/10a。

若根据分界年份之前的气温变化趋势预测分界年份之后的自然变化气温序列，将实际气温减去预测的自然变化气温作为韶山市分界年份之后历年的热岛强度值，则可得1997—2014年韶山市的热岛强度值（表2-7）。由表可知，自然气候变化幅度很小，在短时间内其变化甚至无法显示在气温的变化之中，气温的变化基本上是由于城市化因素造成。

表2-7　1997~2014年韶山市热岛强度值　　（单位：℃）

年份	1997	1998	1999	2000	2001	2002	2003	2004	2005	2006	2007	2008	2009	2010	2011	2012	2013	2014
年平均气温	16.8	17.8	17.0	16.7	17.0	17.1	17.0	17.5	16.9	17.6	17.8	17.4	17.6	17.2	17.0	16.7	18.1	17.4
预测的自然变化气温	16.2	16.2	16.2	16.2	16.2	16.2	16.2	16.2	16.2	16.2	16.2	16.2	16.2	16.2	16.2	16.2	16.2	16.2
热岛强度	0.6	1.6	0.8	0.5	0.8	0.9	0.8	1.3	0.7	1.4	1.6	1.2	1.4	1.0	0.8	0.5	1.9	1.2

通过对韶山市1958—2014年春季季平均温度的阶段性分析可得，1997年之前韶山市春季季平均气温的线性变化倾向率为-0.03℃/10a，1997年后气温的线性变化倾向率为0.12℃/10a（见图2-25），故韶山市春季季平均气温受城市化影响的增温率为0.15℃/10a。

通过对韶山市1958—2014年夏季季平均温度的阶段性分析可得，1997年之前韶山市夏季季平均气温的线性变化倾向率为-0.18℃/10a，1997年后气温的线性变化倾向率为0.77℃/10a（见图2-26），故韶山市夏季季平均气温受城市化影响的增温率为0.95℃/10a。

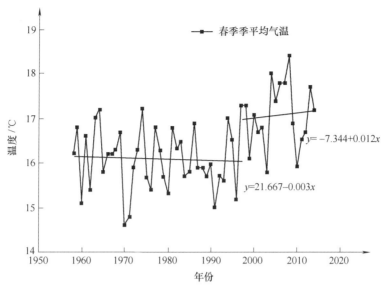

图 2-25 春季季平均气温的阶段性变化

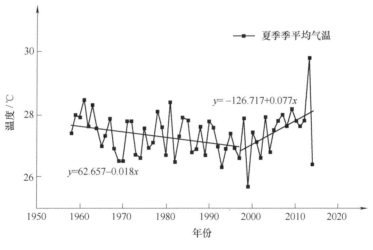

图 2-26 夏季季平均气温的阶段性变化

通过对韶山市 1958—2014 年秋季季平均温度的阶段性分析可得，1997 年之前韶山市秋季季平均气温的线性变化倾向率为 -0.05℃/10a，1997 年后气温的线性变化倾向率为0.49℃/10a（见图 2-27），故韶山市秋季季平均气温受城市化影响的增温率为 0.54℃/10a。

通过对韶山市 1958—2014 年冬季季平均温度的阶段性分析可得，1997 年之前韶山市冬季季平均气温的线性变化倾向率为 0.16℃/10a，1997 年后气温的线性变化倾向率为-0.46℃/10a（见图 2-28），故韶山市冬季季平均气温受城市化影响的增温率为-0.62℃/10a。

由表 2-8 可见，由于两种方法计算的城市化增温率是针对不同的时期，故增温率的大小不具有可比性。但是两种方法在以季节为时间尺度进行分析计算得出来的结果具有强烈的一致性，均表现为夏季和秋季城市气温受城市化影响最大。另外，由于韶山市气象观测站不在城市中心，即人类活动最强的区域，故本章所计算的城市热岛强度并不能反映韶山市最强热岛效应。

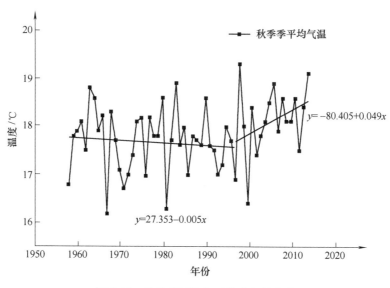

图 2-27　秋季季平均气温的阶段性变化

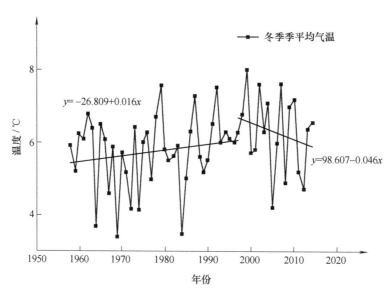

图 2-28　冬季季平均气温的阶段性变化

表 2-8　韶山市各气温序列受城市化影响的增温率　　　　　（单位：℃/10a）

	年平均气温	季平均气温			
		春季	夏季	秋季	冬季
基于 40cm 深度地温计算的城市化增温率	0.76	0.15	1.53	1.02	0.1
基于气温阶段性变化计算的城市化增温率	0.26	0.15	0.95	0.54	-0.62

　　以上分别采用两种方法对韶山市年、季、月三种时间尺度下的热岛强度进行了计算，一种是以 40cm 深度地温作为不受城市化影响的参考序列，一种是以前面分析所得的分界年份

之前的气温序列作为气温自然变化序列。第一种方法计算得 2006—2014 年间城市化增温率为 0.76℃/10a，第二种方法计算得 1997—2014 年间城市化增温率为 0.26℃/10a，由于两种方法计算的城市化增温率是针对不同的时期，故计算所得的增温率不具有可比性，但两种方法计算的各个季节受城市化影响的程度基本一致，均得出夏季、秋季的气温受城市化影响程度最大。

2.4　韶山市热环境分析模型研究

2.4.1　城市热环境影响因素

城市热环境的影响因素主要包括两个方面，分别是自然因素和城市化因素。本书提出热环境因子的概念，将所有影响城市热环境的自然因素和城市化因素分别定义为自然热环境因子和城市化热环境因子。

1. 自然热环境因子

在自然条件即不受城市化影响的情况下，城市热环境会随着当地自然气候背景的变化而变化。影响这种自然气候背景的自然热环境因子主要包括太阳辐射、太阳活动、地表状况、大气环流、火山活动等，其中太阳辐射是主导因子。

（1）太阳辐射　太阳辐射是气温上升的主要能量来源，也是大气中一切物理及天气气候现象和过程的基本动力。全球各区域气候差异、年际变化及季节变化的不同，主要是由于地球表面各地区太阳辐射变化及分布不均所导致。在高纬度地区，夏季太阳辐射强，光照量大，气温高，而冬季辐射量小，光照时间短，气温低，而极地的太阳辐射几乎为零，终年冰天雪地，气温很低；中纬度地区的太阳辐射量居中，春夏秋冬四季的太阳辐射和光照量变化分明，故中低纬度地区四季分明；低纬度地区由于接近赤道，一年四季的太阳辐射均较多且变化较小，因此位于低纬度地区的城市终年气温较高，表现为四季常夏的气候特征。

（2）大气环流　大气环流是指具有世界规模的、大范围的大气运行现象，它构成了全球大气运动的基本形式，是地-气系统进行水分等物理量交换以及能量交换的主要机制，一般发生在 10~15km 以下的大气圈内，因此会对人类所处生存环境内的天气气候产生影响。大气环流主要表现为全球尺度的东西风带、三圈环流、高空急流等。太阳辐射在地球表面的非均匀分布式大气环流的原动力，再加上地球自转、地球表面海陆分布不均匀、大气内部南北之间热量和动量的相互交换等复杂因素的作用，形成了地球大气环流的平均状态和复杂多变的形态。

（3）地表状况　地表状况主要包括地理纬度、海陆分布、植被、地形、洋流等因素。由于陆地和海洋的辐射性质、热容量、热量分配方式、反射率、传热方式等的不同，在这两种地区形成了不同的气候——大陆性气候和海洋性气候。在海洋性气候条件下，空气终年潮湿，年平均降水量多、稳定，而且季节分配较均匀，四季湿度都很大，多云雾，少晴天。而在大陆性气候下，气温年较差及气温日较差均很大，降水量少且降水季节和地区分布不均匀。地形也会对气候形成一定影响，通常南坡与北坡、山前与山后的气候会大不相同；荒漠气候与森林气候也会有极大差别[6]。

2. 城市化热环境因子

城市化热环境因子多种多样，各种衡量城市化发展水平或强度的指标如非农业人口/总人口、总人口、第三产业增加值、城镇居民人均可支配收入等，或者室内热舒适性、居民能耗方式、室外PM2.5浓度等，都属于城市化热环境因子的范畴。但究其本质均是由于城市化进程中人为热的排放、城市下垫面类型和结构的改变、温室气体和有害气体等的排放，改变了大气状况和热量传输的途径，从而改变了城市热环境。

（1）人为排热　城市化的发展需要消耗大量能源来维持和推动，而能源的消耗最终都将会以热能的形式排放到大气环境中。这些热能会造成大气环境的"热污染"，使得近地层的大气温度上升。

（2）温室气体　能源的消耗不仅会伴随着热能的排放，同时还会释放二氧化碳等温室气体。温室气体对太阳辐射没有阻碍，但却能吸收地面长波辐射并阻挡地面长波辐射通过，防止地表热量辐射到太空中去，从而使得进入地球的太阳辐射和人类活动排放的热量很难扩散出去，城市气温因此上升。

（3）城市下垫面　城市下垫面是城市自然地貌和城市人工下垫面的有机融合体，主要是指建筑表面（包括屋顶和墙面）、沥青路面、绿地、林地、水体表面等与大气直接接触和交换的表面。下垫面对城市热环境的影响取决于它的性质和结构，其中，下垫面的反射率、蒸发效应以及蓄热特性是影响城市热环境的最主要的三个性质。下垫面的反射率是指下垫面对太阳辐射的反射能力。通常建筑表面和沥青路面对太阳辐射的反射率要小于绿地和林地，因此，相对于大多数由植被和土壤覆盖的郊区和乡村，大多数由钢筋混凝土建造的高楼和沥青马路覆盖的城区往往接收了更多的太阳辐射能量。蒸发是下垫面与大气之间能量转换的主要方式之一。下垫面可供蒸发的水分越多，则以潜热形式将从太阳辐射获得的热量传送给大气的比例越大，近地层环境温度就相对越低。随着城市化的推进，蒸发率接近于零的不透水面（建筑表面、沥青路面）渐渐成为城市下垫面类型的主体，而蒸发率较大的下垫面如绿地、林地、水体表面等所占比率越来越小，故与被大量自然土壤、水体、植被覆盖的乡村和郊区相比，城市的蒸发量较小，向近地层大气传递的显热较多而潜热较少，引起城市气温的增加。下垫面的蓄热特性取决于其热导率、热容量等热物性参数。下垫面在白天蓄积的热量会在夜间传递给近地层大气，使得夜间气温上升。混凝土建筑表面、沥青路面通常拥有比绿地、林地等更强大的蓄热能力，故在同样的大气环境下，城区的夜间温度会比郊区或其周围乡村高。此外，沥青路面和建筑表面的导热更快，表面温度更高，辐射更强，而近地层大气虽然基本不吸收太阳辐射但却能强烈地吸收地面辐射，使得城市气温进一步升高。除了下垫面的性质外，下垫面的结构也是影响城市热环境的因素之一。高密度的建筑群不仅增加了更多的表面，而且还会影响整个城市的风场，阻碍人类活动释放的热量、烟尘、气溶胶、温室气体等的扩散，从而使城市热环境受到极大的影响。

联合国政府间气候变化专门委员会（IPCC）发表的第四次评估报告显示，近百年来全球气候处于持续变暖中，1906—2005年100年间全球气温平均增温0.74℃，这一增温幅度大于IPCC发表的第三次评估报告中给出的0.6℃。报告中还指出这种全球变暖趋势很大程度上与人类日益频繁的活动及化石燃料的燃烧等城市化热环境因子相关。研究发现，太阳黑子活动周期平均约为11年，但对太阳常数有影响的每年相对变化量都不会大于4×10^{-4}[7]，可见太阳常数的长期平均值变化极其微小，并不足以导致地球气温产生较大的变化，从反面论证了城市化热环境因子是导致全球温度持续快速增长的主要原因。

2.4.2　韶山市热环境分析模型建立及其对比

城市热环境调控主要是通过政府的宏观调控而实现。因此，从城市化发展的角度选取政府惯常统计的且具有代表性的衡量城市化发展水平的指标作为城市化热环境因子将更具可操作性。目前，大多采用城市非农业人口/总人口衡量一个城市的城市化发展水平。然而，城市化并不只是一个人口向城市大量迁移的简单过程，它还伴随着经济转型、产业结构调整、文化重构等各方面的转变，若仅用城市非农业人口/总人口很难系统且全面地反映城市化的综合发展水平。因此，本章将选取涵盖城市规模、产业结构合理化水平、服务设施水平、居民生活水平等方面的指标作为城市化热环境因子，构建能反映城市化综合发展水平的综合城市化热环境指数，选取城市气温作为城市热环境的评价指标，通过对城市气温和综合城市化热环境指数进行回归分析建立城市热环境分析模型，探讨城市化对城市热环境的影响。同时，用同样的方法建立江西省萍乡市的城市热环境分析模型，与韶山市的城市热环境分析模型进行对比，寻求各城市热环境分析模型的共性与差异。

1. 城市化热环境因子的选取

基于可获取的韶山市城市发展水平的统计数据，本着科学性、可操作性、系统性的原则，本书将选取总人口、非农业人口/总人口、人均 GDP、第三产业增加值/国内生产总值、第三产业增加值、城镇居民人均可支配收入等六项具有代表性且易量化的城市化发展指标作为城市化热环境因子。其中，总人口代表城市规模，非农业人口/总人口代表城市化水平，人均 GDP、第三产业增加值/国内生产总值代表城市产业结构合理化水平，第三产业增加值代表城市服务设施水平，城镇居民人均可支配收入代表居民生活水平。建成区面积、城市绿地面积也是很好的指标，可以反映城市的下垫面情况，但是由于不能获得比较全的统计数据只能作罢。

2. 综合城市化热环境指数构建方法

由于韶山市气温以及各因子之间的数值差异较大，且量纲不同，影响结果的合理性，因此在建立韶山市的综合城市化热环境指数之前需要对韶山市气温以及总人口、非农业人口/总人口、人均 GDP、第三产业增加值/国内生产总值、第三产业增加值、城镇居民人均可支配收入等六项城市化热环境因子进行标准化处理：

$$D_{ij} = \frac{x_{ij} - \bar{x_i}}{S_i} (i = 0,\ 1,\ 2,\ \cdots,\ 7; j = 1,\ 2,\ \cdots,\ 23) \tag{2-8}$$

式中，x_{ij} 和 D_{ij} 为标准化处理前后的数据资料；$\bar{x_i}$ 为数据资料的平均值；S_i 为数据资料的标准差。

借鉴前人构建城市综合发展指数的方法，本书将采用两种方法建立韶山市的综合城市化热环境指数（反映所有城市化热环境因子的综合指标）。一种方法是主成分分析法，一种是结合灰色关联分析法的加权综合评价法。

（1）主成分分析法　主成分分析法也称为主分量分析法，旨在利用降维的思想，把多指标转化为少数的几个综合指标。在实际问题研究中，为了全面、系统地分析问题，必须考虑众多影响因素，每个影响因素都在一定程度上反映了所研究问题的一些信息，然而各影响因素之间往往具有一定的相关性，使得所得的统计数据反映的信息在一定程度上有重叠。为用较少的变量反映更多的信息，减少统计研究时的计算量和降低分析问题的复杂性，通常对所选取的指标进行主成分分析得到一个综合指标。主成分的计算公式为：

$$P_j = \sum_{i=1}^{6} E_j D_{ij} \qquad (2\text{-}9)$$

式中，P_j 为第 j 主成分；E_j 为第 j 特征向量；D_{ij} 同上。

对 1991—2013 年间的韶山市总人口、非农业人口/总人口、人均 GDP、第三产业增加值/国内生产总值、第三产业增加值、城镇居民人均可支配收入等六项城市化热环境因子进行主成分分析，然后提取第一主成分作为综合城市化热环境指数。

（2）结合灰色关联分析法的加权综合评价法　灰色关联是指事物之间的不确定关联，灰色关联分析法是通过确定参考数据序列和比较数据序列之间的发展趋势相似程度来判断数据序列之间关系是否紧密的方法，其目的是通过对比参考序列与各比较序列之间的关联程度来找出影响参考序列的主、次要因素。该方法对样本量要求不高，也不需要样本满足某些典型的分布规律，具有广泛的适用性。参考序列与比较序列之间的关联度及权重计算公式为：

$$\varepsilon_{0j}(k) = \frac{\Delta_{\min} + \zeta \Delta_{\max}}{\Delta 0_j(k) + \zeta \Delta_{\max}} \qquad (2\text{-}10)$$

$$R_{0j} = \frac{1}{n} \sum_{k=1}^{n} \varepsilon_{0j}(k) \qquad (2\text{-}11)$$

$$w_j = \frac{R_{0j}}{\sum_{j=1}^{m} R_{0j}} \qquad (2\text{-}12)$$

式中，$\Delta_{\min} = \min_i \min_j |x_0(k) - x_j(k)|$；$\Delta_{\max} = \max_i \max_j |x_0(k) - x_j(k)|$；$\Delta 0_j(k) = |x_0(k) - x_j(k)|$；$x_0(k)$、$x_j(k)$ 为参考序列和比较序列；$\varepsilon_{0j}(k)$ 为参考序列与第 j 个比较序列第 k 个元素的关联系数，R_{0j} 为参考序列与第 j 个比较序列的关联度；w_j 为第 j 个比较序列的权重；ζ 为分辨系数，一般取 0.5；n 为样本数量；m 为比较序列个数。

取标准化处理后的 1991—2013 年的韶山市气温序列作为参考序列，标准化处理后的 1991—2013 年韶山市总人口、非农业人口/总人口、人均 GDP、第三产业增加值/国内生产总值、第三产业增加值、城镇居民人均可支配收入作为比较序列，计算气温与六个城市化热环境因子之间的关联度和权重，将所计算的权重作为对应热环境因子的权，构建综合城市化热环境指数 I：

$$I = \sum_{i=1}^{6} w_i x_i \qquad (2\text{-}13)$$

3. 韶山市热环境分析模型

令韶山市总人口、非农业人口/总人口、人均 GDP、第三产业增加值/国内生产总值、第三产业增加值、城镇居民人均可支配收入为 x_1、x_2、x_3、x_4、x_5 和 x_6。

（1）基于主成分分析法构建的模型　应用统计软件 SPSS19.0 对 1991—2013 年间的韶山市总人口、非农业人口/总人口、人均 GDP、第三产业增加值/国内生产总值、第三产业增加值、城镇居民人均可支配收入等六个城市化热环境因子进行主成分分析，得出第一主成分的特征向量依次为 0.24、0.035、0.256、0.055、0.259 和 0.255，则综合城市化热环境指数为：

$$I = 0.24x_1 + 0.035x_2 + 0.256x_3 + 0.055x_4 + 0.259x_5 + 0.255x_6 \qquad (2\text{-}14)$$

将所构建的综合城市化热环境指数与韶山市气温进行一次、二次、三次、四次回归（结果如图 2-29 所示），比较各模型的残差平方和，选取最优模型作为韶山市的热环境分析模型。由图可见，四个模型的残差平方和分别为：16.97、15.31、13.73 和 9.32。综合比较可得，四次回归模型拟合精度最高、与图形最接近。故基于主成分分析法建立的韶山市热环境分析模型为：

$$t = 0.659 + 1.54I - 1.536I^2 - 0.944I^3 + 0.558I^4 \tag{2-15}$$

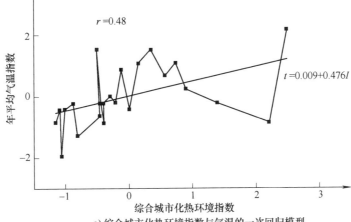

a) 综合城市化热环境指数与气温的一次回归模型

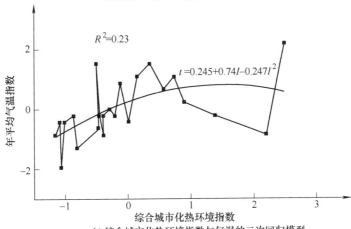

b) 综合城市化热环境指数与气温的二次回归模型

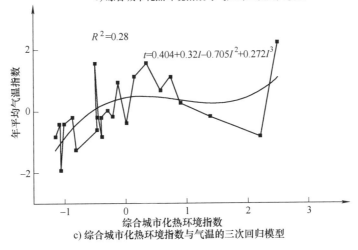

c) 综合城市化热环境指数与气温的三次回归模型

图 2-29　综合城市化热环境指数与气温的回归模型

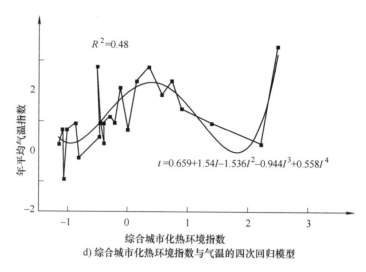

$$t = 0.659 + 1.54I - 1.536I^2 - 0.944I^3 + 0.558I^4$$

d）综合城市化热环境指数与气温的四次回归模型

图 2-29　综合城市化热环境指数与气温的回归模型（续）

（2）基于灰色关联分析和加权综合评价法构建的模型　将标准化处理后的韶山市气温以及总人口、非农业人口/总人口、人均GDP、第三产业增加值/国内生产总值、第三产业增加值、城镇居民人均可支配收入六个城市化热环境因子分别带入式（2-10）~式（2-12），计算各热环境因子的灰色关联度和权重，结果见表2-9。

表 2-9　城市化热环境因子的灰色关联度及权重

	x_1	x_2	x_3	x_4	x_5	x_6
灰色关联度	0.78	0.74	0.77	0.70	0.77	0.78
权重（%）	0.17	0.16	0.17	0.16	0.17	0.17

可得综合城市化热环境指数为：

$$I = 0.17x_1 + 0.16x_2 + 0.17x_3 + 0.16x_4 + 0.17x_5 + 0.17x_6 \tag{2-16}$$

同样，将所构建的综合城市化热环境指数与韶山市气温进行一次、二次、三次回归（相对于做三次回归，做四次回归时模型精度并未有明显提高，故未列出），回归结果如图2-30所示，比较回归结果选出最优回归模型。由图可知，三个模型的残差平方和分别为：15.64、15.23 和15.23。综合比较可得，二次回归模型拟合精度最高、与图形最接近。故基于灰色关联法和加权综合评价法构建的韶山市热环境分析模型为：

$$t = 0.119 + 0.719I - 0.202I^2 \tag{2-17}$$

综合比较以上两种方法可得，基于灰色关联分析和加权综合评价法所构建的回归模型拟合精度最高，所以韶山市的热环境分析模型见式（2-17）。由图2-30b可见，城市气温随着城市化水平的提高不断上升，但是上升幅度越来越小。

城市化进程是通过下垫面状况的改变、人为热排放以及温室气体、大气污染等来影响城市热环境的。为了从本质上分析城市化发展水平与城市热环境之间的关系，本书从消费阶段统计了韶山市人为排热量。假定城市消费的所有能源最终都将以热量的形式排放到大气环境中，考虑到无法获取韶山市1991—2013 年的能源消费情况，根据中国年鉴统计的全国GDP以及能源消耗总量（均转化为标准煤进行计量）计算历年全国单位GDP能耗，将全国单位

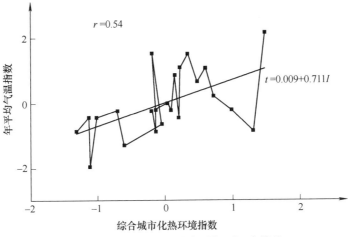

a) 综合城市化热环境指数与气温的一次回归模型

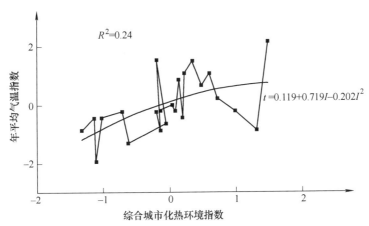

b) 综合城市化热环境指数与气温的二次回归模型

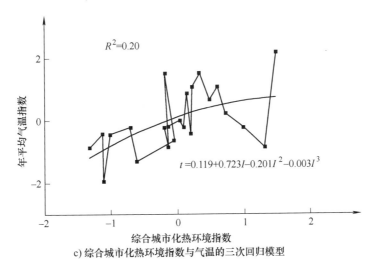

c) 综合城市化热环境指数与气温的三次回归模型

图 2-30　韶山市综合城市化热环境指数与气温的回归模型

GDP 能耗作为韶山市的单位 GDP 能耗，再根据统计的韶山市 GDP 估算韶山市 1991—2013 年的总能耗。具体计算公式如下：

$$人为排热量 = 标准煤总消耗量 \times 能源加工转换率 \times 标准煤发热值 \qquad (2-18)$$

式中，标准煤发热值取 29270kJ/kg；能源加工转换率根据历年中国年鉴查得。

统计的 1991—2013 年每年韶山市人为排热量如图 2-31 所示。

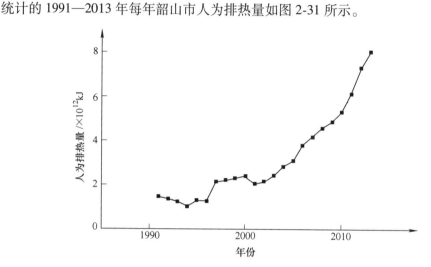

图 2-31　人为排热量时间变化图

由图 2-31 可知，1991—2013 年期间城市人为排热量急剧增加。由统计数据可得，1991 年韶山市第一产业和第三产业占整个城市产业的 61.3%，而到 2013 年减少为 41.5%。虽然韶山市人为排热量在大幅增加，能耗较高的第二产业比重也在不断增加，但是城市的绿地、水体等具有降温增湿作用的下垫面并未有太多的增加，由可获得的统计数据可知，2005 年韶山市绿化率为 43.97%，到 2010 年增加了不到 5%。综上可见，虽然导致城市气温上升的各种热环境因子在不断增加，而降低城市气温的热环境因子并没有太多的增加，但是城市气温并非处于一种持续增长的状态，而是有增有减，处于波动但总体上升的状态。笔者认为我们生存的环境即为一个系统，系统的性质由其所包含的要素共同决定，各要素之间相互影响、相互制约，对于特定性质下的系统这种制约关系是不变的，若系统中要素的改变导致系统性质的改变，则这种制约关系也会随之改变。对于城市环境这个大系统，其所包含的自然环境和人工环境相互制约、影响，所以城市气温并不会随着城市化的发展无限增加，反而表现为增加速度减慢甚至呈负增长的趋势。但当城市化的发展超过一定水平，且这种改变致使城市环境这个系统性质发生较大改变时，人工环境和自然环境对彼此的制约将减小，城市气温又将随着城市化的发展渐渐升高，直至城市气温与城市发展相互制约所形成的平衡点。

4. 城市热环境分析模型的对比

为寻求不同城市热环境分析模型之间的共性和差异，以与韶山市气候相近却与韶山拥有不同产业结构的江西省萍乡市为例，同样选取总人口、非农业人口/总人口、人均 GDP、第三产业增加值/国内生产总值、第三产业增加值、城镇居民人均可支配收入这六个指标作为萍乡市的城市化热环境因子，运用灰色关联分析法和加权综合评价法相结合的方法构建江西省萍乡市的综合城市化热环境指数，并与标准化处理后的萍乡市年平均气温进行回归分析，构建萍乡市的城市热环境分析模型。由于只能收集到 2001—2013 年萍乡市的年平均气温数据，故仅以 2001—2013 年的萍乡市气温数据和社会经济数据作为基础构建萍乡市城市热环境分析模型，分析结果如下：

萍乡市的综合城市化热环境指数为：

$$I = 0.17x_1 + 0.16x_2 + 0.17x_3 + 0.17x_4 + 0.16x_5 + 0.17x_6 \tag{2-19}$$

式中，x_1、x_2、x_3、x_4、x_5、x_6 为萍乡市总人口、非农业人口/总人口、人均 GDP、第三产业增加值/国内生产总值、第三产业增加值、城镇居民人均可支配收入。

将所构建的综合城市化热环境指数与年平均气温分别进行一次、二次、三次回归（图 2-32），残差平方和分别为 9.93、8.95 和 8.89，经综合比较可见萍乡市综合城市化热环境指数与年平均气温之间表现为线性相关。故萍乡市城市热环境分析模型为：

$$t = 0.015 + 0.506I \tag{2-20}$$

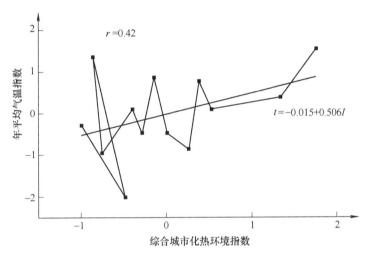

a) 综合城市化热环境指数与气温的一次回归模型

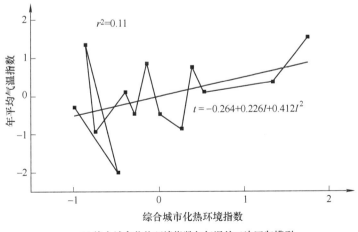

b) 综合城市化热环境指数与气温的二次回归模型

图 2-32　萍乡市综合城市化热环境指数与气温的回归模型

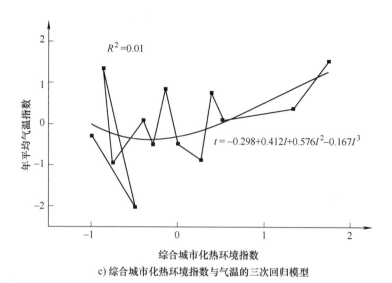

c）综合城市化热环境指数与气温的三次回归模型

图 2-32　萍乡市综合城市化热环境指数与气温的回归模型（续）

由式（2-17）和式（2-20）可见，萍乡市城市热环境模型与韶山市城市热环境模型不同，萍乡市气温与综合城市化热环境指数是线性关系，而韶山市气温则表现为综合城市化热环境指数的二次多项式。可见，由于各城市的发展模式不同，其热环境模式也因此存在差异。尽管如此，各个城市之间的热环境分析模型仍然存在着一些共性：城市气温均表现为随城市化的推进而增加；总人口、非农业人口/总人口、人均 GDP、第三产业增加值/国内生产总值、第三产业增加值、城镇居民人均可支配收入这六个城市化热环境因子对于城市气温的影响程度相近。

2.4.3　城市化热环境因子的敏感性分析

城市化热环境因子的敏感性分析即分析某个城市化热环境因子对城市气温的影响。在假定各城市化热环境因子之间相互独立的情况下，通过对式（2-17）进行偏微分来进行敏感性分析，具体计算方法如下：

$$S_i = \frac{\partial t}{\partial x_i} \tag{2-21}$$

$$\frac{\partial t}{\partial x_i} = \sum_{j=1}^{n} \left(0.719 \frac{\partial I}{\partial x_i} - 0.404 I_j \frac{\partial I}{\partial x_i} \right) \tag{2-22}$$

由表 2-10 可看出，总人口、非农业人口/总人口、人均 GDP、第三产业增加值/国内生产总值、第三产业增加值、城镇居民人均可支配收入等六项城市化热环境因子均与城市气温存在正相关性，随着热环境因子的增加，韶山市气温也增加。而且各个城市化热环境因子对城市气温的敏感程度相近。

表 2-10　城市化热环境因子的敏感性分析

城市化热环境因子	x_1	x_2	x_3	x_4	x_5	x_6
敏感程度	0.122	0.115	0.122	0.115	0.122	0.122

2.5　本章小结

本章首先分析了城市热环境的所有影响因素，提出热环境因子和综合城市化热环境指数的概念，将所有城市热环境的影响因素分为自然热环境因子和城市化热环境因子。然后选取总人口、非农业人口/总人口、人均 GDP、第三产业增加值/国内生产总值、第三产业增加值、城镇居民人均可支配收入等六项具有代表性且易量化的城市化发展指标作为城市化热环境因子，分别通过主成分分析法以及灰色关联分析与加权综合评价法相结合的方法构建综合城市化热环境指数，并与城市气温进行回归分析建立城市气温与综合城市化热环境指数之间的回归模型，综合比较两种方法选出最优模型作为城市热环境分析模型，并用同样的方法构建萍乡市城市热环境分析模型，比较这两个地区的城市热环境模型。最后，对各城市化热环境因子进行敏感性分析。研究发现，各城市化热环境因子对韶山市气温的影响程度相差无几。随着城市化进程的推进，城市气温并非无限上升，反而上升加速度越来越慢甚至有变为负数的趋势，笔者认为这可能因为城市化发展与城市热环境之间存在某种制约关系。与萍乡市城市热环境分析模型对比分析，两地区的城市热环境分析模型有所不同，但是城市气温均表现为随城市化的发展而不断增加，且各城市化热环境因子对城市气温的影响程度相近。此外，基于所调查的数据和笔者之前对结露时热环境的研究成果探讨了 CFD 模拟时回潮和不回潮条件下城市地表热流密度的确定方法，为韶山市热环境的 CFD 模拟提供一定的依据。主要得出以下研究结论：

1）本章得出了 CFD 建模时在回潮和不回潮条件下城市地表热流密度的确定方法，并获得了拟城市地表表面传热系数值 $[4.2W/(m^2 \cdot ℃)]$。

2）近 57 年来韶山市气温总体呈上升趋势，年平均气温的线性变化倾向率为 0.12℃/10a。从 20 世纪 60 年代到 21 世纪初，除 20 世纪 60 年代的年平均气温呈显著的下降趋势（0.842℃/10a）外，其他年代均呈现不同程度的上升趋势，其中以 20 世纪 70 年代气温上升程度最大，达到 1.273℃/10a。四季中，除夏季气温无明显变化趋势外，其他季节的气温均呈现不同程度的增温趋势，其中以冬季和春季增温趋势最大。12 个月份中 2 月、4 月、5 月增温趋势最为显著。韶山市 1981—2010 年间的相对湿度总体呈下降趋势，但普遍较高，达到 81%。

3）1997 年开始城市化对韶山市气温产生显著性影响，1997—2014 年间城市化增温率至少为 0.26℃/10a，四季中夏季、秋季的气温受城市化影响程度最大。

4）本章提出了城市化热环境因子、综合城市化热环境指数的概念，建立了韶山市热环境分析模型。由模型可以看出，韶山市气温与城市化发展水平之间存在一种非线性关系。随着城市化水平的提高，城市气温并非无限上升，反而上升加速度越来越慢甚至有变为负数的趋势。笔者认为这说明城市化发展与城市热环境之间可能存在某种制约关系，而这种制约关系会随着城市人工环境和自然环境的改变而改变。不同城市之间的城市热环境分析模型不同，但是城市气温均表现为随城市化的发展而增加，且各城市化热环境因子对于城市气温的影响程度相近。通过所建立的模型对各个城市化热环境因子进行敏感性分析发现，各城市化热环境因子对城市气温的影响程度相近。

本章研究了韶山市城市热环境变化特征，分析了城市化对韶山市气温的影响程度，并探讨了城市化发展水平与城市气温之间的关系，取得了一定的成果，丰富了我国关于城市特别是小型城市热环境的研究，并为城市热环境 CFD 模拟的边界条件确定等奠定了一定的理论基础。然而由于信息、数据的不足，本章所获得的研究成果有待进一步深化细化。为了更进一步地探讨城市化发展水平与城市气温之间的关系，掌握城市热环境以及城市热岛效应的形成机制，今后的工作还应注重以下几点：

1）由于所获得的数据资料有限，本章仅运用 1991—2013 年的气象数据和社会经济数据探讨城市化发展水平与城市气温之间的关系，若需进一步验证结论的可靠性需要选取更长序列的气象及社会经济数据。

2）由于韶山市社会经济统计数据有限，本章在建立综合城市化热环境指数时仅选取了总人口、非农业人口/总人口、人均 GDP、第三产业增加值/国内生产总值、第三产业增加值六个城市化热环境因子构建综合城市热环境指数，这六个热环境因子没有体现城市的下垫面、空气品质等状况，并不能系统反映对热环境产生影响的城市化因素。因此，若要获得更为准确的韶山市热环境分析模型，需要将城市建成区面积、建筑容积率、绿化率、室内热舒适性、室外 PM2.5 等城市化热环境因子纳入综合城市热环境指数中。

3）由于所能获取的数据资料有限，本章仅以萍乡市作为代表用同样的方法建立了城市热环境分析模型与韶山市城市热环境分析模型进行对比，以寻求不同城市的热环境分析模型之间的共性与差异。若要进一步验证模型所得出来的模型共性，需要对更多其他城市热环境进行研究来验证。

4）本章的研究结果只能反映在各个城市化热环境因子作用下城市气温的变化趋势，而并不能得出城市气温具体变化大小。若要得出城市化热环境因子变化引起的具体城市气温分布变化值，需要运用 CFD 进行韶山市热环境模拟。

参 考 文 献

[1] Li H X, Gong G C, Xu C W, et al. Thermal and humid environment and moisture condensation characteristics of cold surfaces [J]. Indoor and Built Environment, 2014, 23 (3)：474-484.

[2] Yan Z W, Li Z, Li Q X, et al. Effects of site-change and urbanization in the Beijing temperature series 1977-2006 [C]. International Journal of Climatology, 2010, 30 (8)：1226-1234.

[3] 符淙斌, 王强. 气候突变的定义和检测方法 [J]. 大气科学, 1992, 16 (4)：482-493.

[4] 高丽芳, 杨文涛. 近 40 年来湖南省气温变化特征分析 [J]. 国土与自然资源研究, 2007 (1)：72-74.

[5] 廖春花, 刘甜甜, 林海, 等. 长沙近 57 年气温变化特征分析 [J]. 气象与环境科学, 2008, 31 (4)：21-24.

[6] 李国琛. 全球气候变暖成因分析 [J]. 自然灾害学报, 2005, 14 (5)：39-42.

[7] 高悦, 罗土勤, 钟小辉. 全球气候变暖成因及影响分析 [J]. 华商, 2008 (15)：6.

第 3 章

韶山城镇热环境模拟方法及应用研究

3.1　概述

3.1.1　研究背景与意义

改革开放以来，我国的经济迅速发展，城镇化程度也逐步提高。1978—2013 年，城镇常住人口从 1.7 亿增长到 7.3 亿人，城镇化率从 17.9% 提升到 53.7%，年均提高 1.02 个百分点；城市数量从 193 个增加到 658 个，建制镇数量从 2173 个增加到 20113 个。尽管我国的城镇化水平有较大的提升，但城镇化率仍远低于发达国家 80% 的平均水平，也低于人均收入与我国相近的发展中国家 60% 的平均水平，我国的城镇化还有很大的发展空间。根据国家新型城镇化规划，我国的常住人口城镇化率要达到 60% 左右，人均城市建设用地控制在 100m² 以内，人口密度逐步提高[1]。城镇化所造成的人口密度增加，会伴随一系列问题的出现，如建筑数量的增加，城市下垫面渐渐被水泥道路以及高密度的建筑群所覆盖，城市内部气流的湍流强度下降，大气与城市的对流换热减小，城市内部的热量无法扩散，气温逐渐上升，建筑能耗增加等，从而使得城镇热环境逐渐恶化。如何缓解这一现象，寻求人类活动与大自然之间的平衡点，使得城市可持续发展，是人类面临的一个重要问题。为了解决这个问题，对城市内部大气流动传热的研究是十分必要的。

1. 城镇热环境与人类

借鉴气候系统的概念，城镇热环境应该是以空气温度和下垫面表面温度为核心，包括太阳辐射、人为产热以影响热量传输大气状况——如风速、大气混浊度、空气湿度等，以及下垫面状况——如下垫面类型、反照率、发射率、热导率、热容等共同组成的一个影响人及人类活动的物理系统。城镇热环境的恶化，会造成热岛效应，进而对人类产生以下的负面影响：第一，由于城市的热量积聚在上空，形成逆温层，城市内部污染物无法扩散，增加人类的呼吸道疾病，甚至引发心脏病。第二，气温升高，长期生活在城市中心的人们情绪容易波动，对生活、工作产生极不利影响。第三，由于人们对舒适性生活的要求，气温升高时，使用的空调能耗会随着增加，从而也加大了人们的经济负担。第四，会增加光化学反应的速率，从而加大了地面臭氧的浓度，对眼睛、呼吸系统都有刺激作用。城镇热环境的改变，给人类带来了一系列不利的影响，反过来，人类进行的活动，对城镇热环境也产生巨大的影响。一方面，人类在扩大建筑面积，建筑能耗增加，排放大量交通热、工业热，加剧了城镇热环境的恶化。另一方面，人们尝试通过合理的规划建筑布局，绿化设计，提供能源利用效率，优化能源结构，以缓解城市热岛。人类作用于城镇热环境，而热环境又反作用于人类，相互联系，相互影响。因此，人们致力于寻求人与自然和谐相处，共同发展的方法。

2. 城镇热环境与自然气候

城镇热环境的特点是既受到城市所属气候的影响，又在一定程度上反映了未来气候的发展趋势。联合国人居署发布的《2011 年全球人类住区报告：城市与气候变化》中指出，从 1996 年至 2005 年，大气平均温度上升了 0.74℃，在这个过程中，城市中心是关键因素。城镇热环境的恶化，意味着人类活动对城市建设的加强，其中化石燃料的燃烧，工业污染的排放，绿地面积的减少等活动，造成了大气温室气体的积聚，破坏了大气原先的平衡，增强温室效应。温室效应最明显的一个表现就是使得气温升高，从而进一步对城镇热环境造成消极的影响。温室效应还会增加强降水事件发生的频率，造成洪灾、山体滑坡，会增强极端天气发生的概率，延长酷热天气的时间，加剧城市热岛强度，对城市的经济、生态系统造成损失。当气候越来越恶劣，人们为了得到舒适的环境，对能源的依赖程度会加深，而能源供给产生的温室气体约占总量的 26%，这又会对城镇热环境与气候产生负作用。

3. 城镇热环境的影响因素

太阳辐射、人为热源等是城市得热的主要途径，建筑布局、建筑材料、植被覆盖率、水体等决定了城市的吸放热的情况。当大气透明度较高时，太阳辐射在大气中的损失较小，则直射进入城市内部的能量较多。人为热源是指由于人类进行生产、生活等活动时释放的热量，包括工业热、空调热、交通热等。当这些人为热源较多且较强时，城市得热也随着增加。建筑布局影响城市内部的风速，决定空气与城市的对流换热情况。原则上，若城市内部的空气不存在漩涡等滞留区，且风速越大，则城市内部的热量被空气带走越多，但由于难以实现，因此空气带走的热量往往有限。建筑材料对太阳辐射的反射，路面的蒸散率有很大影响，若采用高反照率的材料，建筑则可以把太阳辐射的能量反射出去，减少城市的得热量，而在路面采用渗水率高的材料，则可以有效提高地面的蒸散率，降低空气温度。植被由于其蒸腾作用及光合作用，可以有效地调节气温以及固定能量。城市内部传热过程复杂，影响因素众多，需要对其进行深入细致的分析。

由此可知，城镇热环境的变化会对人类、大气环境造成一系列的影响，并且由于其影响因素众多，因此深入了解城市的能量传递、空气流动过程十分必要，这对于提出有效缓解城市热岛措施，合理规划城市建设有指导意义，为两型社会的创建提供一定的理论依据以及科学基础。

3.1.2 国内外研究现状

城镇热环境研究的起始点，大多数学者认同的是自 19 世纪初，Howard 在《伦敦气候》一书上提到的城市内部气温比郊区的高这一现象后[2]。在 1953 年，Manley 将这一现象描述为城市热岛效应[3]。由于城市热岛会对人类产生一系列影响，因此引起了广泛的关注。在研究城镇热环境的过程中，国际上对城镇热环境的研究方法大致可以分为两类。第一是观测法，观测法包括气象站测量、卫星图片、风洞实验等。气象站的测量数据，一般是通过统计学的方法对某个城市连续多年的气象数据进行处理，总结该城市的气候特征以及变化趋势，该方法可以了解城市热岛随时间的变化规律，但是对于城镇热环境的空间分布情况难以获取[4]。通过遥感技术得到的卫星图像数据，通常借助反演计算，得到城市地表温度，进而对城镇热环境深入分析。由于遥感技术的应用，引申出了地表城市热岛的概念[5,6]。但该方法由于受到大气状态、下垫面的多重影响，使得精确的反演地表温度较为困难[7]。第二是数值模拟方法。数值模拟方法是通过建立数学模型，利用计算机求解大量方程组，得到城镇热环境数据。数值模拟方法中，CFD 方法由于可以预测不同组合条件下的情况，得到城市内部流场中任意一点的参数，并且由于近年来的计算机的计算能力不断提高，因此笔者将采用 CFD 方法对城镇热环境进行研究。

1. 国外研究进展

国外利用 CFD 技术对城镇热环境的研究，主要有两个尺度：城市中尺度、城市微尺度。城市中尺度即是模拟范围为 10km 以上。日本学者 Ashie 等建立了水平范围是 33km×33km 的计算域，分析了东京的 23 个区的热环境[8]；Fujino 等通过嵌套多重网格的方法，对 100km×120km 的计算域进行求解，研究了琵琶湖所在盆地的风速、温度以及湿度等[9]。由于城市中尺度的计算量大，一般计算机难以满足计算要求，并且建模较为复杂，因此在城市中尺度的模拟计算方面，文献较少。研究成果目前绝大部分集中在城市微尺度（水平距离小于 10km 的区域）。在该尺度下，研究的方向可归纳为三个方面。第一，研究城市内部某个区域的热环境，为 CFD 应用在城市微气候提供先例并为未来的城市规划做出指导。Huang 等对一个具有典型空调系统的地点进行了热环境参数的测试并对其区域内的空气温度、湿度和风速进行模拟，预测了该地点的行人热舒适[10]。Kakon 等研究达卡市三个具有代表性的街道的微气候，评估了研究区域的行人热舒适，并为当地的建筑规范提供建议[11]。Hedquist 等基于 ENVI-met 模拟了四个季节下美国亚利桑那州凤凰城的三个区的行人热舒适，旨在为凤凰城未来的规划以及热岛效应的缓解提供指导[12]。Toparlar 等对鹿特丹的其中一个区的热环境进行动态仿真模拟，通过卫星图像数据验证了模拟结果的正确性，为该区的重建提供理论依据[13]。上述研究为以后的城镇热环境模拟的参数设置提供了重要的参考资料。第二，对城市下垫面类型、建筑布局、建筑材料、人为热的排放等各种对城镇热环境产生影响的因素进行分析，其中城市下垫面的类型包括房屋、路面、树木、草地和水体等。Grignaffini 等模拟了小区中心位置分别覆盖草地、水体、树木以及不透水地面四种情况的温度场，并比较了四种情况的空气及地面温度，结果显示覆盖树木的中心区域，空气与地面温度较其他三种情况低[14]。Johansson 等以人体热舒适作为评价标准，结合城市中尺度模型 BRAMS 和 CFD 软件 ENVI-met，对圣保罗的六种建筑布局进行模拟，研究表明街道树木冠层可以提高行人热舒适[15]。Vidrih 等探讨了公园树木的树龄、密度对气温的冷却效应，发现公园里的叶面积密度等于 $3.16m^2/m^3$ 时气温下降可达 $4.8℃$，并得到了叶面积密度与公园尺寸的最优组合[16]。Yumino 等提出了一个评价缓解城市热岛措施的方法，基于此评价方法研究了混凝土、高反射涂料、绿色植物这三种建筑表面材料对城市热岛的影响，结果显示绿色植物以及高反射涂料对缓解城市热岛具有积极作用[17]。还有一系列关于街谷宽高比、建筑表面传热系数等的研究为揭示城市热岛的产生机理做出贡献[18-24]。由上述研究可以发现，植被、高反射率材料以及水体对城市局部气候具有较强的调节作用。但由于局限于城市微尺度，关于整个城市的植被、水体如何分布，研究尚少。第三，探讨缓解城市热岛的方法。Chen 等基于遗传算法及 CFD 提出了一个提高人体热舒适的景观设计优化方法，运用该方法对建筑与树木的布局进行优化，可有效降低标准有效温度[25]。Mirzaei 等提出了一种行人通风系统，通过模拟稳定、中性与不稳定三种大气条件下的建筑冠层通风情况，表明该行人通风系统可有效增强行人的热舒适[26]。Okeil 等介绍了一种新的通用节能建筑形式，并与传统的两种建筑形式对比，表明该建筑形式可降低建筑能耗，对缓解城市热岛有积极作用[27]。Fintikakis 等通过现场实测与数值模拟的方法，设计并评估一套生物气候方法，以改善阿尔巴尼亚地拉那历史中心开放公共空间的热环境[28]。

2. 国内研究进展

我国运用 CFD 技术研究城镇热环境起步较晚，但在近几年迅速发展。并且在国际上利用 CFD 研究的城市里，中国城市的占比最高[29]。国内运用数值计算对城镇热环境的研究主要集中在小区的热环境分析以及街道峡谷与城区的温度场、风场、浓度场分析，涉及城市中尺度的热环境分析也有部分学者做出了探讨。早些时候，对城镇热环境的研究处于初步阶段，关注点在城区的风环境。傅晓英等利用 CFD 对建筑群的风场进行预测，探讨了 CFD 在城市规划的应用[30]。汤广发等针对长沙市的某个小区建立数值模型，对小区的风环境参数进行评价，为以后住宅的温度场求解奠定了良好的基础[31]。李磊等基于 fluent 对街道十字路口的风速及 CO 的浓度分布进行数值模拟，研究了建筑布局与风向对街区风场与污染物分布的情况，对 CFD 应用于街道风环境研究有推广作用[32]。刘志辉等对两种类型的住宅风场以及街道污染物的浓度进行计算，结果显示高层住宅建筑周边环境的自净能力强于多栋的建筑群[33]。蒋德海等研究了建筑物形状以及高架桥与污染物扩散的关系，研究表明，建筑物外形对流动形成的阻力越小时，则街谷里靠近地面处的污染物浓度越小，污染物浓度的影响取决于高架桥与街谷的宽高比[34]。Hang 等分析了圆边建筑、锐边建筑、单街道、十字街道、方形布局、圆形布局对污染物扩散的影响，发现平行风向单街道的圆边建筑方形布局，街道内的污染物浓度最小，而风向与主街道有微角度的十字街道的锐边建筑方形布局可以产生较低的污染物浓度[35]。王宇婧等通过 PHOENICS 软件模拟了北京典型街区的风环境，对人行高度的风环境进行研究，同时也提出了人行高度风环境模拟的适用条件[36]。由于气温是城市热岛的主要表现形式，并且温度与速度相互影响，因此人们开始对城市内部的温度场进行研究。Zhao 等建立了一个能量交换模型对城市街谷的温度场进行数值模拟，并给出了城市街谷宽高比设计的一些建议以提高街谷的热环境[37]。张巍等研究了武汉市一个实际小区的夏季热环境，并对设计方案进行优化[38]。段宠等利用 PHOENICS 对深圳虚拟大学园的温度、风速进行模拟，研究了下垫面与热环境的关系[39]。Tang 等利用多孔介质模型计算了上甘棠村的热环境，表明植被与水体可以有效优化村落的热环境[40]。Wang 等分析了太阳辐射对街谷流场的影响，发现温度场能使流动结构、风压有很大的改变[41]。李磊等通过 CFD 技术研究了在气温梯度与地面加热作用下污染物扩散能力的变化，结果表明地表加热对污染物的扩散有显著的推动作用[42]。城市内部区域的热环境与整个城市的大环境是密切相关的，因此部分学者对城市中尺度的热环境开展研究。常用的方法有三种：中尺度大气数值模型与 CFD 耦合、遥感技术与 CFD 耦合、CFD 技术。中尺度模式与 CFD 耦合的方法是利用中尺度模型计算城市尺度的气象，并把该结果作为 CFD 的初始条件，求解城市微尺度流场。李磊结合区域大气模拟系统（RAMS）与 Fluent 软件，研究了北京城市下垫面及人为热排放给近地层风温场带来的影响以及城区的风环境安全问题，该研究既揭示了北京市边界层大气运动特征，也证明了多尺度数值模型结合的合理性[43]。苗世光等基于 WRF 模式、PBLM 模式与 UNSM 模式建立多尺度数值模式系统，预测了青岛奥帆中心的气象，并通过实测验证了该系统的准确性[44]。遥感技术与 CFD 耦合的方法是把遥感技术获取的数据作为 CFD 的边界条件或作为对比数据，求解或验证城市尺度的流场。李鹍等通过遥感技术反演地表温度、蒸散量、植被指数等环境参数，修正 CFD 的边界条件，并对比 CFD 的模拟结果，对武汉市的热环境进行探讨[45]。第三种方法则是直接建立城市中尺度的计算域，对其进行求解，而我国在这方面的研究主要是针对山地的风环境[46-48]，对城镇热环境的研究较少。

综上所述，目前对城镇热环境的数值模拟已经进行了大量的研究，但仍然存在以下问题：

1）对城市中尺度的热环境数值模拟研究较少，且需要借助多种手段，计算量大，对计算机硬件及研究人员的要求较高。

2）植被是缓解城市热岛现象的有效措施，但运用数值模拟的方法研究植被对城镇热环境的影响主要集中在城市微尺度，在城市中尺度上，关于植被覆盖率对城镇热环境的影响研究较少。

3.1.3　主要研究内容

对城镇热环境进行数值模拟研究，笔者认为首先需要解决两个问题。第一，计算量大，耗时长的问题。对于城市中尺度问题，计算域范围大，即使利用超级计算机，计算周期也需要一周及以上，并且由于城市内部传热、流动过程的复杂性，边界值往往难以确定，边界条件的设置需要调整，若每次的计算量太大，则会造成调整周期长，时间浪费严重。建立一套计算快速、准确的方法，可有效减少计算周期，降低时间成本。第二，需要建立合理的简化几何模型与数值模型。城市下垫面复杂，全部都采用显示表达难以实现，因此需要一个简便、可替代但又能产生相似结果的模型。本章将在探讨以上两个问题的基础上，选取典型的城市，分析其热环境。韶山市是一个典型的由农村转化为城市的地区，目前正处于城市化快速推进的阶段，因此本章选取韶山市为研究对象，利用数值模拟的方法分析其热环境，并研究如何通过有效的方法优化韶山市的热环境。主要研究内容如下：

首先，基于区域嵌套与分解的思想，提出了嵌套计算方法。该方法首先对目标建筑小区及其更大的周边环境建立大计算域并以较粗的网格进行计算，然后建立包含目标建筑群的子计算域并以精细的网格划分，以大计算域计算出的解作为子计算域的边界条件以实现区域嵌套求解。利用嵌套计算方法与传统的计算方法，对两种理想建筑群布局的模拟计算，比较两种计算方法得到的速度、压力、湍流动能等计算结果，以验证嵌套计算方法的准确性，并分析子计算域大小，大计算域的网格尺寸以及插值方式对嵌套计算结果的影响。然后，基于嵌套计算方法以及空间平均的思想，建立两种城市中尺度下的植被简化模型，一种是植被体源温度系数模型，另一种是植被面源温度补偿模型，并与城市微尺度下的植被数值模型进行对比，一方面比较两种简化模型与微尺度植被模型的流场特征，另一方面比较经过嵌套计算后的简化模型与微尺度植被模型的流场参数。最后，以植被的简化模型为基础，选取由农村转为城市的韶山市，采用三种植被覆盖率对韶山市热环境进行模拟，分析不同植被覆盖率下韶山市的风场及温度场，并基于相对热岛强度以及地表平均温度，探讨植被覆盖率与韶山市热环境的关系。

对于城镇热环境模拟，大致可按如图 3-1 所示

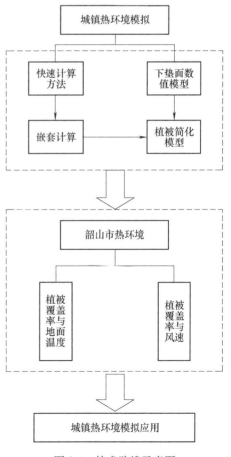

图 3-1　技术路线示意图

的技术路线（以韶山为例）。

3.2 数值模拟方法及理论

计算流体力学（Computational Fluid Dynamics，CFD）利用计算机模拟以获取流体在确定的边界条件下的流动情况，本章借助该技术进行数值试验和分析研究，来探讨植被对城镇热环境的影响。运用 CFD 技术对城市的风速、压力、温度进行模拟，需要建立合理的数学物理模型，利用准确快速的算法，合理的边界条件和参数，以预测不同情况下城镇热环境，根据模拟结果对影响城镇热环境的因素进行分析研究，寻找各个因素之间潜在的规律性，从而更好地指导城市规划。通过准确地模拟空气风场、温度、压力场等物理量，探讨植被分布、覆盖率与城市气温之间的关系。从而为研究城市的热环境状况，探讨城镇化对城镇热环境的影响以及如何合理地从农村过渡到城市形态提供一定的指导意见。

3.2.1 湍流基本控制方程

在目前的物理体系中，流体的流动与其他的物理过程相比，依然遵守着物理学中的三大规律，即质量、动量、能量守恒。但由于流体有其特殊性，人们为了能定量描述流体流动以及预测流体的流动过程，因此在三大物理规律上的数学处理方法有所区别。其中，雷诺平均模式的数学描述最为常用。雷诺平均模式是对湍流的一种数学描述，其思想为将空间点上的任一物理量分解为平均值以及涨落值。由于本书采用雷诺平均模式下的湍流模型进行研究，因此对雷诺平均下的湍流基本控制方程进行简单的介绍。

1. 不可压缩流的质量方程

不可压缩的流体其密度可视为常数，在对密度进行平均处理时，密度的涨落值为零，从而得到不可压缩流的质量守恒方程：

$$\rho \frac{\partial(\overline{u_j})}{\partial x_j} = 0 \tag{3-1}$$

由于密度为一个非零值，因此可得到以下的连续性方程：

$$\frac{\partial(\overline{u_j})}{\partial x_j} = 0 \tag{3-2}$$

2. 不可压缩流的动量方程

根据流体的连续性方程以及忽略温度、压力的涨落对流体物性参数的影响，可以得到以下的动量方程：

$$\frac{\partial \overline{u_i}}{\partial t} + \overline{u_j} \frac{\partial \overline{u_i}}{\partial x_j} = \overline{f_i} - \frac{1}{\rho} \frac{\partial \overline{p}}{\partial x_i} + \frac{1}{\rho} \frac{\partial}{\partial x_j} (\overline{\tau_{ji}} - \rho \overline{u_j' u_i'}) \tag{3-3}$$

式中，$\overline{\tau_{ji}} = 2\mu \overline{S_{ij}}$，$\overline{S_{ij}} = \frac{1}{2}\left(\frac{\partial \overline{u_i}}{\partial x_j} + \frac{\partial \overline{u_j}}{\partial x_i}\right)$。

方程中的最后一项 $-\rho \overline{u_j' u_i'}$ 是由于对物理量取平均生成，这项代表了由于湍流涨落速度所形成的动量的平均输运，体现涨落速度对平均流动的影响。由于涨落运动与平均运动发生动量的相互交换，因处于在湍流状态下的流体速度分布会比层流的流体速度分布均匀。

$-\rho\,\overline{u'_j u'_i}$ 具有应力的量纲，因此将此项称为雷诺应力。

3. 不可压缩流的能量方程

对于常物性、不可压缩流的能量方程为：

$$\rho c_p\left(\frac{\partial \overline{T}}{\partial t} + \overline{u}_j\frac{\partial \overline{T}}{\partial x_j}\right) = \frac{\partial}{\partial x_j}\left(-\overline{q_j} - \rho c_p\,\overline{u'_j T'}\right) + S(\overline{T}) \tag{3-4}$$

以上关于不可压缩流体的基本方程，是本研究主要用到的方程，而关于可压缩流体的问题，本章暂时没有涉及。

3.2.2　湍流模型

由于对动量方程的平均运算，产生了雷诺应力项，从而使得方程组不封闭，因此形成许多湍流模型以封闭方程组。

1. 湍流模型发展简史

1877 年，Boussinesq 将雷诺应力与分子热运动的运动过程进行类比，提出了涡黏性假设。随后，普朗特参照分子平均自由程提出了混合长度理论以求解湍流黏性系数。不久之后，卡门利用相似性假设，提出了可用来估计混合长度与空间坐标关系的湍流局部相似性理论。紧接着，泰勒做出假设，流体团在涨落过程中，在混合长度内保持不变的是涡量，因此提出了涡量传递的混合长度理论。以上提到的理论，都会涉及经验常数确定的问题，不同的流动问题也许需要不同的经验参数，因此会存在适用性不高的问题。为此，学者们在涡黏性模型的基础上，发展了更为完善的湍流模型，建立湍流黏性系数与表征湍流的特征量之间的关系，并把特征量通过输运方程表示。第一个较为完善的湍流模型是由 Kolmogorov 提出的，该模型引进了湍流动能与特定耗散率方程。随后，普朗特做出一个假设，即湍流黏性系数是通过湍流动能确定，从而提出一个关于湍流动能的输运方程，但特征长度仍需要经验参数确定。与此同时，周培源与罗塔不再依赖于涡黏性假设，通过引进二阶统计量，建立雷诺应力的输运方程。此时，关于雷诺平均的主要湍流模型类型已经基本建立。

湍流模型的本质是通过某种假设对真实的流场进行简化描述，然而，一方面假设会忽略一些因素，而这些因素在不同的流动中发挥着不同的作用，从而造成较大误差；另一方面，考虑因素较多的假设，又会造成计算困难。因此，目前的湍流模型不能对所有的湍流进行较好的预测，对于不同的流动过程，需要选择不同的湍流模型，这也从侧面反映出人们对湍流的认识还不太完善。

2. 常用湍流模型简介

（1）Spalart-Allmaras 模型　该模型是由 Spalart 与 Allmaras 基于量纲分析以及经验推导出来的，其只对湍流黏度建立输运方程进行求解。湍流黏度的输运方程为：

$$\rho\frac{\mathrm{d}\vec{v}}{\mathrm{d}t} = G_v + \frac{1}{\sigma_v^r}\left[\frac{\partial}{\partial x_j}\left\{(\mu + \rho\vec{v})\frac{\partial \vec{v}}{\partial x_j}\right\} + C_{b2}\left(\frac{\partial \vec{v}}{\partial x_j}\right)\right] - Y_v \tag{3-5}$$

该模型由于只对湍流黏度进行计算，没有涉及特征长度的计算，因此减少了计算量。虽然模型考虑的因素较少，但在流体分离与再附着的计算中能得到较好的结果。

（2）标准 $k\text{-}\varepsilon$ 模型　标准 $k\text{-}\varepsilon$ 模型是以湍流动能以及湍流动能耗散率为表征湍流的特征量，把这两个特征量处理为输运方程的变量，通过联立这两个变量的偏微分方程以及三大定律的时均方程，即可求解流场中的基本参数。关于这两个特征量的偏微分方程如下：

$$\rho \frac{dk}{dt} = \frac{\partial}{\partial x_i}\left[\left(\mu + \frac{\mu_t}{\sigma_k}\right)\frac{\partial k}{\partial x_i}\right] + G_k + G_b - \rho\varepsilon \tag{3-6}$$

$$\rho \frac{d\varepsilon}{dt} = \frac{\partial}{\partial x_i}\left[\left(\mu + \frac{\mu_i}{\sigma_\varepsilon}\right)\frac{\partial \varepsilon}{\partial x_i}\right] + C_{1\varepsilon}\frac{\varepsilon}{k}(G_k + C_{3\varepsilon}G_b) - C_{2\varepsilon}\rho\frac{\varepsilon^2}{k} \tag{3-7}$$

标准 k-ε 模型中的耗散率的模化主要通过量纲分析、类比以及经验，逻辑推理性不强，这使得耗散率的输运方程精度不高，但会使得方程的形式较为简单，因此在工程应用中，这种湍流模型的使用频率较高，使用的时间跨度也较长。需要注意的是，标准 k-ε 模型基于的一个假设是湍流黏性系数是各向同性的标量，但对于复杂流动而言，这个假设是不成立的，并且该模型的一些模型系数是基于简单流动得到的，因此若将该模型运用到复杂流动中，会造成一定的误差。

（3）重整化群 k-ε 模型　重整化群 k-ε 模型是由 Yakhot 和 Orzag 于 1986 年共同提出的，该模型中，对湍流黏性系数项进行了修正以反映出小尺度运动对平均流的影响，这既可以让小尺度的运动不在方程中显示表达出来，又可以体现出其影响。该模型关于湍流动能以及耗散率的偏微分方程如下：

$$\rho \frac{dk}{dt} = \frac{\partial}{\partial x_i}\left[(\alpha_k\mu_{\text{eff}})\frac{\partial k}{\partial x_i}\right] + G_k + G_b - \rho\varepsilon - Y_M \tag{3-8}$$

$$\rho \frac{d\varepsilon}{dt} = \frac{\partial}{\partial x_i}\left[(\alpha_\varepsilon\mu_{\text{eff}})\frac{\partial \varepsilon}{\partial x_i}\right] + C_{1\varepsilon}\frac{\varepsilon}{k}(G_k + C_{3\varepsilon}G_b) - C_{2\varepsilon}\rho\frac{\varepsilon^2}{k} - R \tag{3-9}$$

重整化群 k-ε 模型由于考虑了平均流动中的旋转流动过程，并且在耗散率方程中添加了一项以体现平均流的时均应变率，因此该模型可对流线有较大弯曲的流动进行较好的预测。

（4）可实现 k-ε 模型　可实现 k-ε 模型关于湍流动能及其耗散率的偏微分方程为：

$$\rho \frac{dk}{dt} = \frac{\partial}{\partial x_i}\left[\left(\mu + \frac{\mu_t}{\sigma_k}\right)\frac{\partial k}{\partial x_i}\right] + G_k + G_b - \rho\varepsilon - Y_M \tag{3-10}$$

$$\rho \frac{d\varepsilon}{dt} = \frac{\partial}{\partial x_i}\left[\left(\mu + \frac{\mu_t}{\sigma_k}\right)\frac{\partial \varepsilon}{\partial x_i}\right] + \rho C_1 S\varepsilon - \rho C_2 \frac{\varepsilon^2}{k + \sqrt{v\varepsilon}} + C_{1\varepsilon}\frac{\varepsilon}{k}C_{3\varepsilon}G_b \tag{3-11}$$

该模型被证明对于强逆压梯度的边界层流动等有很好的适应性，因此本书关于城市地形的流场模拟将采用此模型。

以上提到的四种湍流模型，都是较为常用的基于涡黏性假设的模型，因此上述的模型都不能对各向异性的流动取得很好的结果，为此，人们尝试舍弃湍流黏性的概念并成功开辟出一种新的模拟方法，即雷诺应力模型。

（5）雷诺应力模型　雷诺应力模型使用的是高阶统计量，与一阶湍流统计量的模型最大的区别是最终得到的湍流黏性系数是一个张量而不是一个标量。具体形式如下：

$$\frac{\partial}{\partial t}(\rho\,\overline{u_i u_j}) + \frac{\partial}{\partial t}(\rho U_k \overline{u_i u_j}) = -\frac{\partial}{\partial x}\left[\rho u_i \overline{u_j u_k} + \overline{p(\delta_{kj}u_i + \delta_{ik}u_j)}\right] + \frac{\partial}{\partial x_k}\left(\mu\frac{\partial}{\partial x_k}\overline{u_i u_j}\right) -$$

$$\rho\left(\overline{u_i u_k}\frac{\partial U_j}{\partial x_k} + \overline{u_j u_k}\frac{\partial U_i}{\partial x_k}\right) - \rho\beta(g_i\overline{u_j\theta} + g_j\overline{u_i\theta}) + \overline{p\left(\frac{\partial u_i}{\partial x_j} + \frac{\partial u_j}{\partial x_i}\right)} - 2\mu\overline{\frac{\partial u_i}{\partial x_k}\frac{\partial u_j}{\partial x_k}} -$$

$$2\rho\Omega_k(\overline{u_i u_m \varepsilon_{jkm}}) \tag{3-12}$$

式中，左边的第二项是对流项 C_{ij}；右边第一项是湍流扩散项 D_{ij}^T；第二项是分子扩散项 D_{ij}^L；第三项是应力产生项 P_{ij}；第四项是浮力产生项 G_{ij}；第五项是压力应变项 ϕ_{ij}；第六项是耗散项 ε_{ij}；第七项是系统旋转项 F_{ij}。

上述提到的湍流模型，涵盖了雷诺平均模式下三类的湍流模型，即一方程模型、两方程模型以及应力输运模型。结合本书的研究内容以及考虑到计算量的问题，因此本书选取标准 k-ε 模型对理想建筑物进行模型，选用可实现模型对韶山市进行模拟。

3.2.3　壁面处理

壁面处的数值处理与选用的湍流模型有较大的关系。由于近壁面处存在一个层流底层，若使用的是高雷诺数的湍流模型，如 k-ε 模型，则层流底层的计算将不适合于选用的计算模式，因此近壁面处的计算需要使用其他的方式进行处理；若选用的是低雷诺数模型，则在壁面处不需要通过其他的方法进行计算，但要在近壁面处使用较多的网格节点。关于壁面处理的研究，早在 1967 年，Spalding 建立了一系列的方程为了修正压力梯度对速度对数律的影响；在 1969 年，Wolfshtein 考虑了外部高水平的湍流能量通过对流和扩散对近壁面处的影响，以及后来的 Launder、Chieng、Ciofalo、Craft 等都对壁面的数学处理做出了贡献。目前，运用较为广泛的是 Launder 与 Spalding 在 1974 年提出的标准壁面函数，其对速度的计算公式为：

$$U^* = \frac{1}{\kappa}\ln(Ey^*) \tag{3-13}$$

由于其计算简便快速，且具有一定的可靠性，因此本书也将采用此壁面处理方法。

3.2.4　流场数值计算算法分析

对控制方程的求解，一般可以分为两类解法。第一类解法为分离解法，第二类为耦合解法。分离解法中较为常用的是 SIMPLE 系列算法，其思想是选取一个压力与速度相互匹配的比例步长，进行迭代，相互修正，此时压力与速度的求解是相互独立的；耦合解法是通过同时求解大三守恒方程组，然后求解湍流特征量及其他变量，接着根据求出的结果是否收敛判断是否继续进行迭代。在同一个算例中，耦合解法会比分离解法所需的计算时间长以及需要的计算机内存多，因此本章使用分离解法以节省时间。

3.2.5　Fluent 软件基本介绍

Fluent 是目前国际上比较流行的 CFD 软件包，能够求解多种流动过程。Fluent 的计算过程分为网格导入与检查、求解器与计算模型的选择、合理边界条件的选取、求解器的设置、迭代计算等几大环节。首先边界条件的设置是对计算结果有重要影响的关键环节，在不同的情况下应选择使用合适的边界条件。对于复杂的边界，应采用 UDF 定义边界条件。其次空间离散、压力梯度格式的选取、合适的松弛因子设置、参考压力的设置、流场的初始化对于 Fluent 得到真实解也很重要。最后是计算网格的类型、网格疏密的分布及局部的网格调整等对计算效率及精度也至关重要，同时也决定了计算能否顺利地进行下去。

下面结合本书的目标，简要介绍计算采用的流动守恒方程、湍流模型、壁面处理方法以及流场数值计算算法。最后，简单描述了使用的求解器。

3.3 城镇热环境模拟的区域嵌套方法研究

在城镇热环境数值模拟研究中，计算量一直都是研究人员关注的问题。计算量的大小决定着对硬件要求的高低、问题的求解是否可行以及计算速度的快慢。根据现有的模拟计算方法，本章提出一个降低计算量的方法，为中尺度的城市数值模拟计算提供一定的帮助。

3.3.1 城镇热环境模拟方法简介

国际上，对城镇热环境的模拟数值模拟方法有一定的要求，其中日本建筑协会（AIJ）与欧洲科技领域研究合作组织（COST）提出的要求是世界各国学者进行城镇热环境模拟的参考标准。AIJ 与 COST 对计算域、网格划分、计算模型、离散格式以及收敛标准都做出了较为明确的要求。其中，计算域的确定以及网格划分的方法是影响计算量的主要原因，因此本章只对计算域及网格划分方法进行介绍。AIJ 与 COST 关于计算域及网格划分的要求见表 3-1。

表 3-1   AIJ 与 COST 关于计算域及网格划分的要求

参考标准	计算域	网格划分
COST	入口、侧面距离研究区域边界 $5H$ 或 $2.3W$，出口距离研究区域边界 $10H$	每个建筑的边界至少需要 10 个网格，距离地面 $1.5\sim2.0m$ 的范围内需包含 $3\sim4$ 层网格；相邻网格尺寸比低于 1.3
AIJ	阻塞率低于 3%；对于单栋建筑，侧面及顶面与目标建筑距离 $5H$ 及以上，出口与目标建筑距离 $10H$ 及以上；对于建筑群，侧面与建筑群距离 $5H$ 及以上，顶面高度根据地形的大气边界层确定	与 COST 类似

注：H 为最高建筑的高度；W 为研究区域的长度。

由上述可知，若根据 AIJ 或 COST 的计算域确定方法以及网格划分原则，一方面，计算域的大小将会是研究区域的 10 倍以上，若对于城市尺度的问题，则计算域的尺度将会是 10km 级别；另一方面，在计算域的范围宽广的条件下，精细的网格划分会生成数量庞大的网格，这对于计算机的要求很高，需要使用超级计算机或工作站，并且计算时间长。因此，寻求一个减少计算域、降低网格数量并且计算结果精确的方法是使得 CFD 应用于更大城市规模风环境评估的关键。

3.3.2 嵌套计算方法

对城镇热环境进行模拟，传统方法是根据 COST 或 AIJ 的要求建立大计算域，划分网格，最后进行计算。由上述可知，传统方法得到的计算域与网格数量都是巨大的，而关注的区域只占计算域中的很小的一部分。若能把关注的区域分解出来单独求解，则可以节省大量的计算量。因此，基于区域嵌套与分解的思想，并在前人研究的基础上，以 AIJ 的要求作为参考，提出一种减少计算域和网格数量的方法，为 CFD 应用于城市风环境模拟提供指导。本章以 AIJ 的网格划分原则作为临界要求，即网格间距为 0.1 倍的最高建筑高度，低于临界要求划分出的网格定义为粗网格，恰好满足临界要求而划分出的网格定义为临界网格，高于临界要求划分的网格定义为细网格，并认为传统方法使用细网格，临界网格计算得到的结果分别为高精度解、中精度解。对于一个城市风环境的计算域，本章提出的嵌套计算的求解步骤如下：

1）以 AIJ 的要求作为参考，建立大计算域，使用粗网格对大计算域进行划分。

2）对大计算域进行求解。

3）建立包含目标建筑群的子计算域（图 3-2 中虚线的长方体），并以细网格划分，即对大计算域进行分解，建立独立的子计算域。

4）导出第二步求解得到的大计算域里对应子计算域边界的流场参数，并作为子计算域的边界条件，即大计算域与子计算域相互嵌套。

5）对子计算域进行求解。

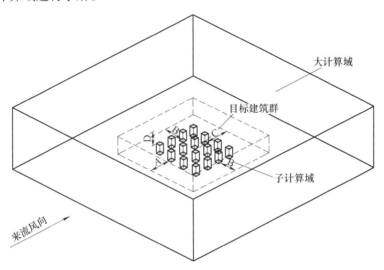

图 3-2　嵌套计算方法示意图

本章提出的方法，将通过两种建筑群布局的模拟试验进行考察，其中布局 1 为只有单个建筑群，布局 2 是两个建筑群的。

3.3.3　计算模型

1. 单个建筑群

本书首先考虑只有单个建筑群的情况，如图 3-3 所示。建筑群里包含有 5×5 个立方体的建筑，每个建筑尺寸都为 H（长）×H（宽）×H（高），$H = 10m$。由于此计算模型是一个轴对称的几何模型，因此只需对模型的一半进行求解即可，以 AIJ 的建议作为参考，确定的大计算域为 35H×14.5H×7H，如图 3-3b 所示虚线内的部分。而子计算域的大小为 12H×6.5H×3H，如图 3-3 所示阴影部分，其中 $A = H$，$B = 2H$，$C = 2H$，$D = 2H$，A、B、C、D 分别为子计算域入口、侧面、出口、顶面与建筑群边界的距离。

本章采用三种方法对该情况进行计算，即嵌套计算、传统方法的精确计算（细网格划分计算域）、传统方法的中精度计算（临界网格划分计算域）。对于嵌套计算，以 1.5m 的网格间距对大计算域进行均匀划分，即建筑的每个边缘划分 7 个网格，低于 AIJ 建议的至少 10

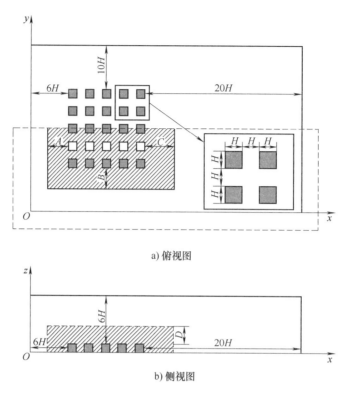

a) 俯视图

b) 侧视图

图 3-3　单个建筑群计算模型

个网格，得到 1098351 个网格，如图 3-4a 所示。以 0.5m 的网格间距对子计算域进行均匀划分，得到 1808980 个网格，如图 3-4b 所示。对于传统方法的精确计算，以 0.5m 的网格间距

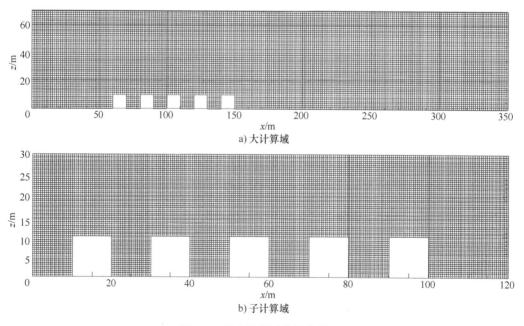

a) 大计算域

b) 子计算域

图 3-4　嵌套计算网格划分情况

对建筑群部分进行均匀划分，以 1.02 的尺寸比从建筑群边界向外扩展，低于 AIJ 建议的相邻网格的尺寸比 1.3，得到 6475283 网格，如图 3-5a 所示。对于传统方法的中精度计算，则以 1m 的网格间距对计算域进行网格划分，共 354000 个网格，如图 3-5b 所示。

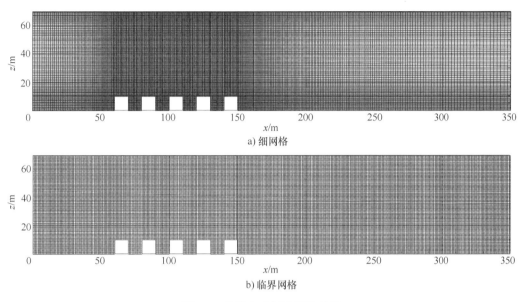

a) 细网格

b) 临界网格

图 3-5　传统方法划分网格情况

2. 两个建筑群

考虑到城市里的建筑群多于一个，并且建筑群之间会相互影响，特别是在沿风向流动方面，上风向与下风向的建筑群之间的相互影响较大，故本书在沿来流风向上，布置两个建筑群，如图 3-6 所示。此情况将对每个建筑群分别建立子计算域，如图 3-6a 所示。子计算域的网格划分情况与布局 1 一样，如图 3-6b 所示。大计算域划分网格的方法与上述单个建筑群类似，最后网格划分的情况如图 3-7、图 3-8 所示。

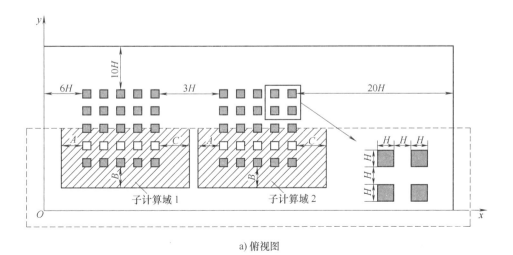

a) 俯视图

图 3-6　两个建筑群计算模型

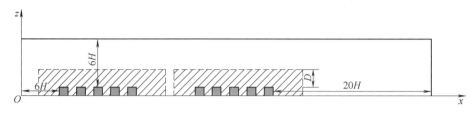

b) 侧视图

图 3-6　两个建筑群计算模型（续）

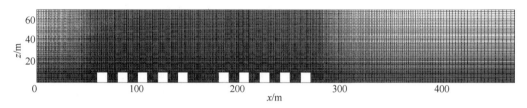

图 3-7　嵌套计算大计算域网格划分情况

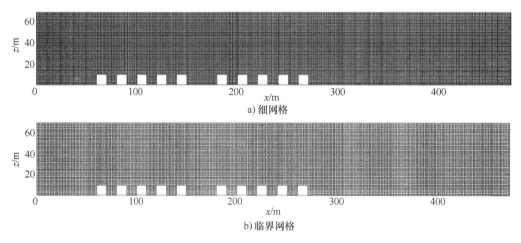

a) 细网格

b) 临界网格

图 3-8　传统方法划分网格情况

3. 参数设置

（1）大计算域　入口边界速度采用指数率，见式（3-14），湍流动能 k 和湍流动能耗散率 ε 分别用式（3-15）和式（3-16）计算。

$$u(z) = U_H \left(\frac{z}{H} \right)^{0.16} \qquad (3-14)$$

$$k = \frac{u_*^2}{\sqrt{C_\mu}} \qquad (3-15)$$

$$\varepsilon(z) = \frac{C_\mu^{3/4} k^{3/2}}{k_c z} \qquad (3-16)$$

式中，z 为高度（m）；H 为参考高度，$H = 10\text{m}$；U_H 为参考高度的速度（m/s）；u_* 为摩擦速

度，取 0.24m/s；C_μ 为 0.09；k_c 为卡曼常数，$k_c = 0.4$。

根据 AIJ 对边界条件的建议，设置侧表面、顶面，出流边界分别为光滑壁面、对称边界、自由出流边界。对于建筑表面，根据 COST 的建议，本章采用光滑壁面。地表的粗糙度 z_0 设为 0.03m。入口温度设置为 $26℃$，地面下 0.4m 设置为 $20℃$，建筑物表面设为热流边界，热流密度值为 100W/m^2，侧面设为绝热壁面。

对于点阵式的建筑布局，常采用标准的 $k\text{-}\varepsilon$ 双方程模型[49,50]，因此本章采用相同的湍流模型。关于收敛标准，对于所用的变量的收敛标准都采用 10^{-5}，高于 COST 建议的 10^{-4}。对于压力速度耦合的方式，采用 SIMPLE 算法。使用细网格和临界网格时，首先对压力、速度采用二阶离散格式，湍流动能以及湍流动能耗散采用一阶离散格式，达到收敛之后，全部变量都改为二阶离散格式。使用粗网格时，为了减少计算时间，则对压力、速度采用二阶离散格式，湍流动能以及湍流动能耗散采用一阶离散格式。

（2）子计算域　由于子计算域的边界参数是由大计算域的流场所决定的，因此需要从大计算域里导出的流场参数，本书选取的参数是对应子计算域边界位置的 x、y、z 方向的速度、压力、湍流动能、湍流耗散率。除对称边界面采用对称边界条件外，子计算域的入口、出口、侧面以及顶面的边界条件则全部采用速度入口边界条件，地面与建筑表面的边界条件则采用与大计算域一样的设置。由于大计算域与子计算域的网格节点不一致，需要使用插值方法，本书采用反距离加权插值法，即加权因子反比于大计算域与子计算域网格节点之间的错开距离。子计算域的求解策略与细网格的求解策略类似，不同点在于收敛标准采用 10^{-6}，这是由于子计算域的残差到达 10^{-5} 时，流场内设置的监测点的流场参数恰好开始稳定，为了确认流场已经达到稳定状态，故收敛标准采用 10^{-6}。

3.3.4　结果与讨论

1. 流场分布对比

本章选取截面为 $y = 125\text{m}$（通过图 3-3、图 3-6 白色建筑中心处的截面）作为典型截面，对比了传统方法的高精度计算与嵌套计算的速度云图、湍流动能云图、温度云图以及流线图。由于单个建筑群与两个建筑群的情况结果类似，因此本章只列出单个建筑群的云图及流线图，如图 3-9~图 3-12 所示。由图可知，速度、湍流动能等参数在建筑群内部的嵌套解与高精度解基本一样，只有在靠近子计算域出口边界处有微小的不同，但不影响总体的流动特征；温度则在出口处的分布有一定差异，在建筑群内部的分布差异不大；嵌套计算的流线图在出口位置的漩涡有稍微的前移，建筑内部的漩涡位置、大小与高精度计算的结果差别很小。由此可得，嵌套计算与传统方法的高精度计算的云图及流线图基本一致，在子计算域出口的位置会有一定的差异，偏差的区域为出口前 $H(10\text{m})$ 范围内。

2. 流场参数对比

对于单个建筑群，为了对比三种计算方法得到的计算结果，在大计算域和子计算域中取了 6 条直线，分别是 L0、L1、L2、L3、L4、L5。直线的位置在 $y = 125\text{m}$ 的典型截面上，如图 3-13 所示，并比较在三种计算方法下 6 条直线上湍流动能、温度以及 x、y 方向速度的值。对于 x 方向的速度，从图 3-14 中可以看出，嵌套解、中精度解与高精度解差异不大。对于 y 方向的速度，从图 3-15 可以看出，嵌套解能够很好地跟随高精度解，并且精确度基本优于中精度解。对于湍流动能，如图 3-16 所示，中精度计算方法的误差沿着流动方向逐渐增大，在 L3、L4、L5 上的 $z = H$ 处，中精度解的湍流动能变化平滑，实际上，在建筑的边

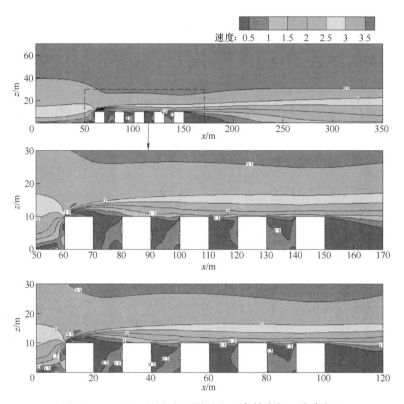

图 3-9　y = 125m 处速度云图对比（高精度解、嵌套解）

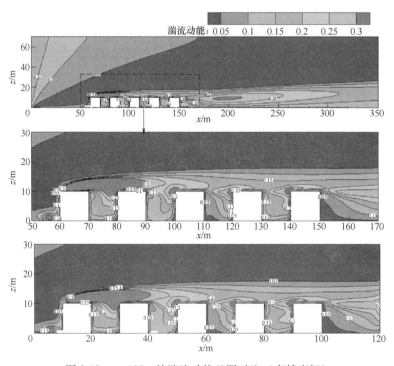

图 3-10　y = 125m 处湍流动能云图对比（高精度解）

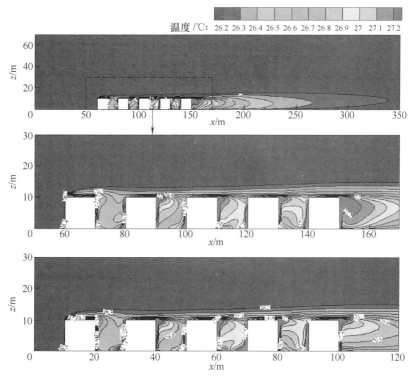

图 3-11 $y=125\text{m}$ 处温度云图对比（高精度解、嵌套解）

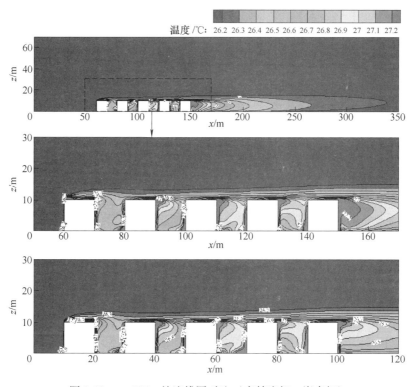

图 3-12 $y=125\text{m}$ 处流线图对比（高精度解、嵌套解）

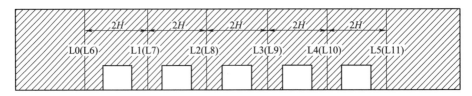

图 3-13 直线分布情况

缘有较强的湍流，湍流动能会有较大变化，而中精度计算方法不能体现出这点，嵌套计算方法则能很好反映这个现象，并且与高精度解相比误差小，这是由于中精度计算的网格分辨率比嵌套计算低，因此在流场参数急剧变化的区域可达到较高精度。在温度方面，如图 3-17 所示，L0~L4 上的嵌套解、高精度解、中精度解基本一样，且在 L1 上嵌套解较中精度解好；靠近出口的 L5 上，则嵌套解与高精度解有微小的偏差，偏差量在 0.2℃ 以内。总体来说，在目标区域内部，嵌套计算的精度位于高精度计算与中精度计算之间，而计算量却远小于其他两种计算方法，且嵌套计算的网格分辨率可达到高精度计算的分辨率。不足之处在于靠近子计算域边界的区域，嵌套计算的结果会稍差于中精度计算结果，但误差在可接受的范围内。

对于两个建筑群，在计算域与子计算域中取 12 条直线，直线的位置与布局 1 类似，如图 3-13 所示，子计算域 1 中的直线分别是 L0~L5，子计算域 2 中的直线分别是 L6~L11。从图 3-18 和图 3-19 可以看出，中精度解计算相比，嵌套计算得到的 x 方向的速度与高精度解的结果相差很小。对于 y 方向的速度，如图 3-20、图 3-21 所示，靠近子计算域边界位置（即 L5、L6、L11）的结果与高精度解有一定的差异，但偏差在 0.3m/s 以内，且在垂直方向上的变化趋势仍与高精度解保持一致，与子计算域边界距离较远的位置则与高精度解以及中精度解相差很小。对于湍流动能，如图 3-22、图 3-23 所示，除了 L6 以外，中精度计算低估了湍流动能，嵌套计算高估了湍流动能，但嵌套解与高精度解的偏差小于中精度解，因此嵌套计算的结果仍基本优于中精度解计算所得到的结果。从图 3-24 和图 3-25 可以看出，嵌套解的温度分布与高精度解基本一致，且大部分优于中精度解，只有 L5 上的温度分布有微小偏差，误差在 0.2℃ 以内。

针对靠近子计算域边界位置的模拟结果精度低于中精度解的问题，分析的原因如下：两个建筑群之间的距离相差较近，流动复杂，粗网格的解不能很好地反映流动特征，而子计算域 1 的出口边界与子计算域 2 的入口边界又位于两个建筑群之间，故使用粗网格得到的结果作为子计算域 1 的出口边界条件以及子计算域 2 的入口边界条件，会使得靠近子计算域边界的结果与高精度解有一定的差异，但其结果仍能反映流动的特征。由此可知，在来流方向上存在多个建筑群，会对下游的嵌套计算结果产生一定影响，影响的区域主要是靠近子计算域边界的区域，影响的程度主要取决于大计算域初步计算得出的流场。在大计算域使用粗网格计算流场时，影响到嵌套解的地方分析如下：第一，上游的建筑群流场的计算结果较为粗糙，从而会影响其下游的流场，则造成下游子计算域的边界条件形成偏差，但当下游的建筑群与上游的建筑群距离足够远时，则建筑群之间不会相互影响；第二，粗网格的分辨率问题，当网格分辨率不足以描述建筑群之间的流场，则会对下游的建筑群的边界条件造成影响，因此这会有一个网格尺寸与建筑群之间距离的相互匹配问题，本章使用的 0.15H 的网格尺寸与 3H 的建筑群之间的距离可作为一个参考。

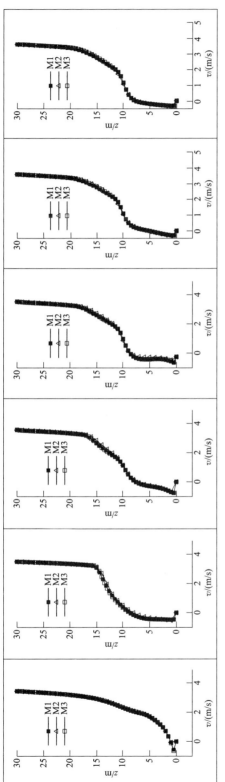

图 3-14　x 方向的速度 v 分布（从左到右依次为 L0~L5，M1、M2、M3 分别代表高精度解、中精度解、嵌套解）

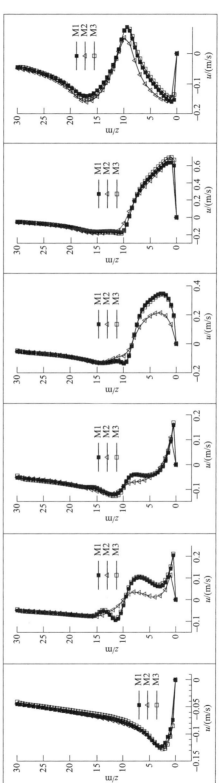

图 3-15　y 方向的速度 u 分布（从左到右依次为 L0~L5）

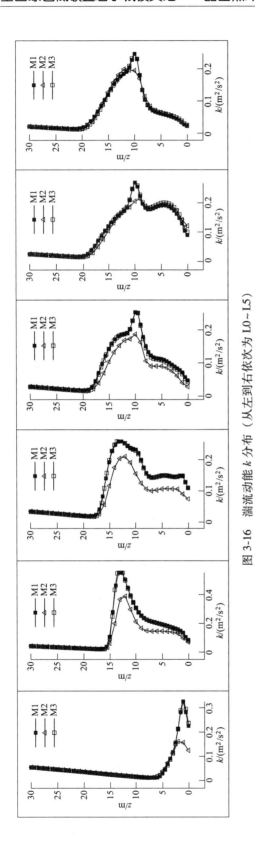

图 3-16 湍流动能 k 分布（从左到右依次为 L0~L5）

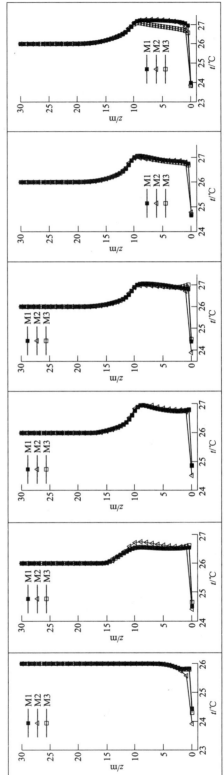

图 3-17 温度分布（从左到右依次为 L0~L5）

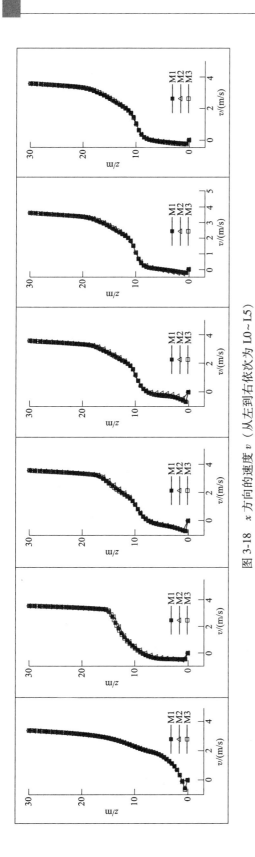

图 3-18　x 方向的速度 v（从左到右依次为 L0~L5）

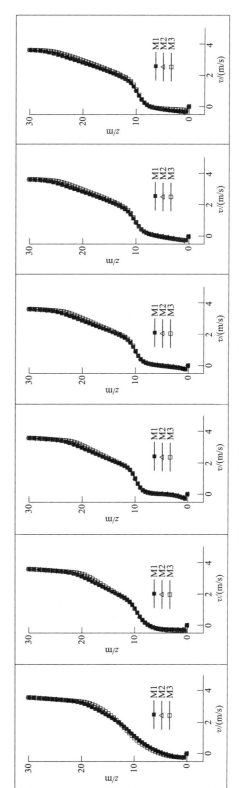

图 3-19　x 方向的速度 v（从左到右依次为 L6~L11）

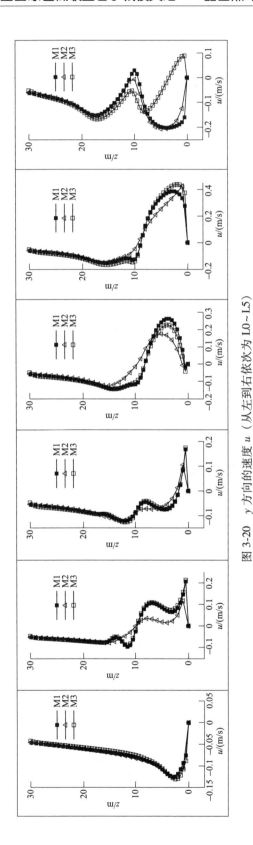

图 3-20 y 方向的速度 u（从左到右依次为 L0～L5）

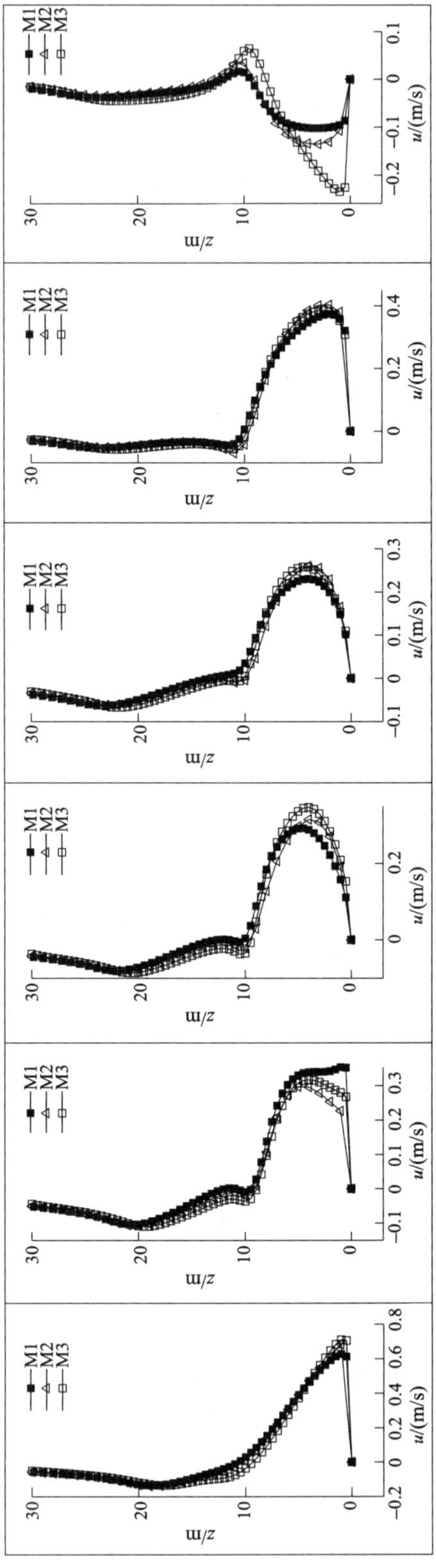

图 3-21 y 方向的速度 u（从左到右依次为 L6～L11）

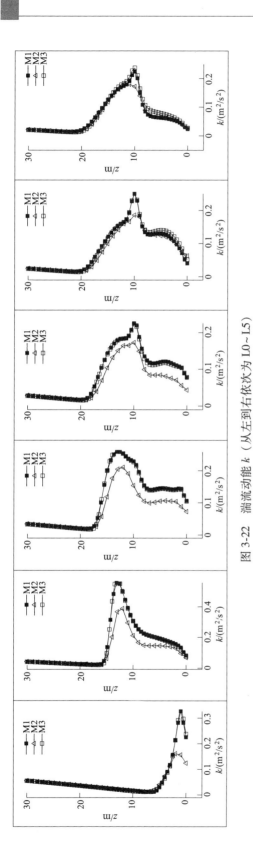

图 3-22　湍流动能 k（从左到右依次为 L0～L5）

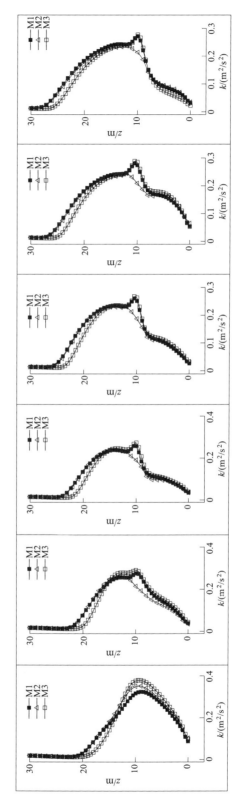

图 3-23　湍流动能 k（从左到右依次为 L6～L11）

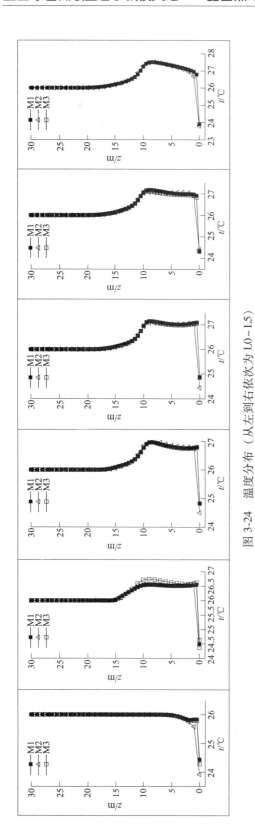

图 3-24　温度分布（从左到右依次为 L0~L5）

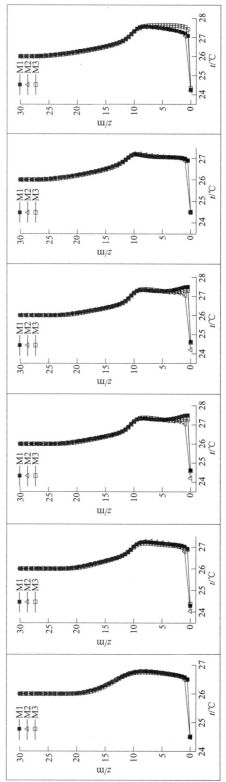

图 3-25　温度分布（从左到右依次为 L6~L11）

为了解决建筑群之间相互影响的问题，本章有两个方案可供参考：第一，若两个建筑群之间的距离较近，可以看成一个建筑群再进行计算模拟。第二，由于远离边界的区域得到的流场参数较为准确，基于区域嵌套和分解的方法，因此可在子计算域 1 与子计算域 2 的中心之间创建子计算域 3 计算建筑群之间的流场，然后再根据子计算域 3 得到的结果，作为子计算域 1 的出口边界与子计算域 2 的入口边界，然后再对子计算域 1 和 2 进行计算。

3. 网格数量对比

两种情况下的建筑布局，通过三种计算方法，得到的网格数量见表 3-2。从表中可以看出，嵌套计算方法单次计算所需要的网格数量，远低于传统方法所需要的网格数量。在相同的大计算域以及相似的网格节点分布的情况下，本书使用尺寸为 1.5m 的粗网格与尺寸为 1m 的临界网格相比，可以节省约 3 倍的网格。对于子计算域，网格数量则是由单个建筑群的大小决定的，与大计算域的尺寸无关，这意味着当计算多个建筑群时所造成的大计算域尺寸增大，也不会增大子计算域的计算量，因此本方法在计算多个建筑群时对于减少单次计算量更具有优势。

表 3-2　三种计算方法的网格数量　　　　　　　　　　（单位：个）

布局	精确计算	中精度计算	嵌套计算	
			大计算域	子计算域
单个建筑群	6475283	3540000	1098351	1808980
两个建筑群	7973600	4755650	1480140	1808980

4. 子计算域的选取对计算结果的影响

子计算域边界位置的选取会影响计算的精度，若选取的位置靠近目标建筑群，由于粗网格不能很好地反映靠近目标建筑群流场发生较大变化的地方，所以子计算域的边界条件与真实值相差较大，则会影响建筑群内部流场的求解精度。因此，本书对不同边界位置的子计算域进行分析，比较各个子计算域的计算精度。下面以布局 1 为例，选取 5 种不同的子计算域，见表 3-3。

表 3-3　不同子计算域的边界位置

子计算域	A	B	C	D
SD1	$2H$	$2H$	$2H$	$2H$
SD2	H	$2H$	$2H$	$2H$
SD3	H	H	$2H$	$2H$
SD4	H	$2H$	H	$2H$
SD5	H	$2H$	$2H$	H

由以上的分析可知，在靠近边界的区域流场参数会受到较大的影响，为了避免在比较不同边界位置对流场的影响时，误认为某个边界位置的改变对靠近边界区域造成的偏差是边界位置对整个流场造成的偏差，因此对 5 个子计算域进行精度分析时，选取建筑群中心位置的 L3。如图 3-26 所示，对于 x 方向的速度、湍流动能、温度，5 个计算域的结果与高精度解差异不大；对于压力，在 L3 上与高精度解接近程度逐渐降低的子计算域顺序为 SD1＞SD2＞SD4＞SD5＞SD3，SD2、SD4、SD5 都高估了压力值，且这三个子计算域的压力值很接近，而

SD1 与 SD3 则低估了压力值。从计算结果可以看出，子计算域入口与目标建筑群之间的距离对压力值有一定的影响，而侧面、顶面以及出口的边界位置对其他流场参数的影响不大。但由于边界的位置对边界附近区域的影响较大，而 2H 的距离在本章中得出的结果较好，因此为了整个子计算域都得到较为准确的数据，并且本着减小计算量的原则，所以本书推荐使用子计算域 SD2 的边界位置，即入流边界距离建筑群一倍的最高建筑高度，顶面、侧面、出流边界距离建筑群两倍的最高建筑高度。

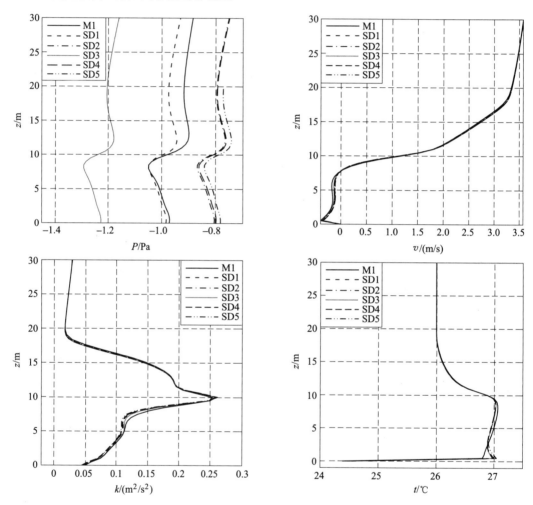

图 3-26　不同子计算域的 L3 上的流场参数对比

5. 大计算域网格尺寸对计算结果的影响

　　大计算域的网格尺寸会对首次计算得到的初流场产生影响，从而会使得子计算域的边界条件有不同程度的变化。为了研究大计算域不同的网格尺寸对嵌套计算的影响，本章以布局 1 为例，选用了 4m、2m、1.5m 的网格尺寸对大计算域进行划分，然后再分别计算子计算域的流场。由于大计算域的网格尺寸主要影响边界条件的数值，因此在比较 L3 的基础上，也需要比较 L0 上的参数。通过对比 L0、L3 上的流场参数，以确定大计算域的网格尺寸对嵌套计算结果的影响程度，为大计算域的网格尺寸选取提供一定的参考。

从图 3-27 和图 3-28 中可以看出，随着网格尺寸的增大，嵌套解与高精度解的偏差也逐渐增大，其中压力与湍流动能的偏差量较大，当网格尺寸从 1.5m 变化到 4m 时，来流速度、温度的变化量不大。比较 L0 与 L3 的压力、湍流动能曲线可以发现，网格尺寸增大，对靠近入口处的区域的影响较大，而位于计算域中间位置的区域影响较小。

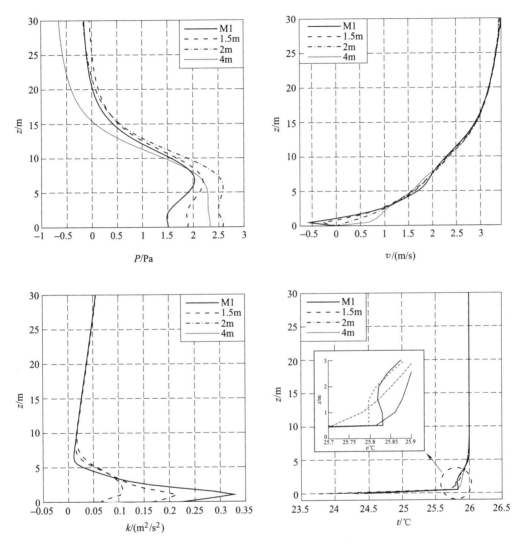

图 3-27　不同网格尺寸的 L0 上流场参数

在这三种网格尺寸里，当网格尺寸使用 4m 时，嵌套解的流场参数在空间上的变化趋势与高精度解仍能保持一致且数值上偏差不大，这也从侧面反映了嵌套计算对大计算域的不同网格尺寸有较好的适应性。笔者认为，相对 1m 的网格尺寸来说，大计算域里 4m 的网格尺寸，已经可以大约减少 32 倍的计算量，此时，大计算域里的计算量已经远小于子计算域的计算量，关注点可不必在减少大计算域的计算量，再减少大计算域的计算量反而会降低计算精度，因此在选择大计算域的网格尺寸时，可按照大计算域与子计算域的网格数量在同等数量级的原则确定大计算域的网格尺寸，这样既能减少计算量，又能保证精度。

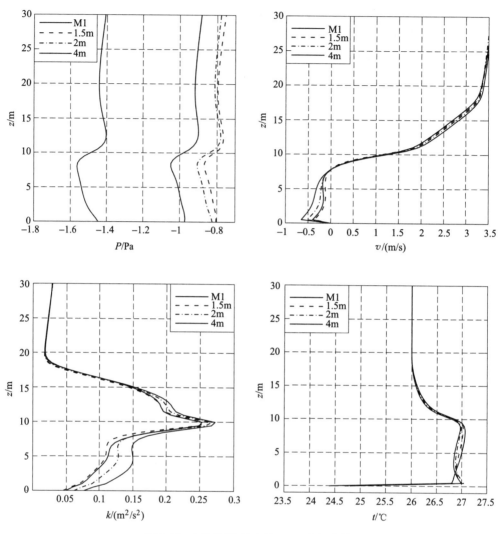

图 3-28 不同网格尺寸的 L3 上流场参数

6. 插值方式对计算结果的影响

节点数不同的网格面，通过插值的方式进行数据传递。常用的插值方式有常数插值、反距离加权插值以及最小二乘法插值。常数插值是边界处的单元面取与其距离最近的单元面的值。反距离加权插值是根据距离的远近分配一个加权值，加权值与距离成反比，然后根据加权值计算单元面的值。最小二乘法插值是通过最小化数据点与单元面中心之间的偏移的平方和，从而得到单元面的值。在使用最小二乘法插值时，子计算域的边界面会出现一些异常值，这也反映了最小二乘法插值可能存在不稳定性，因此在这里只比较常数插值与反距离插值法对计算结果的影响。这里依然以布局 1 为例，由于插值方式的影响在网格节点数相差较多的时候容易体现出来，因此大计算域选用 4m 的网格尺寸，子计算域选用 0.5m 的网格尺寸。

图 3-29 所示为使用两种插值方法得到的 L_0 的流场参数，从图中可以看出，两种插值方法的差别不大，湍流动能会有微小的差异。由此可以得出，在进行嵌套计算时，反距离加权

插值与常数插值都可以选用，但后者会稍微优于前者。

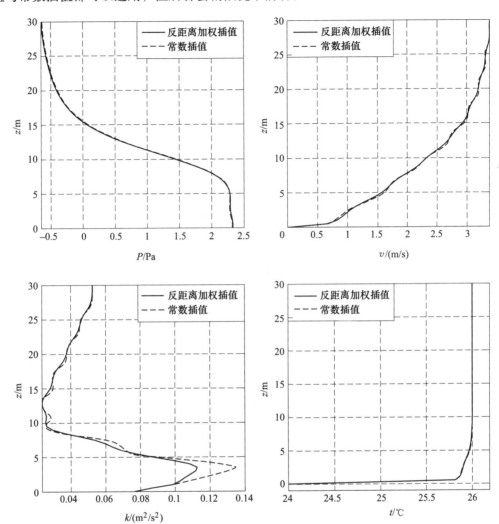

图 3-29　不同插值方法 L_0 上的流场参数分布

本节提出了适合城镇热环境数值模拟的一个快速计算方法——嵌套计算方法。该方法首先对目标建筑群及其更大的周边环境建立大计算域并以较粗的网格进行计算，然后建立包含目标建筑群的子计算域并以精细的网格划分，以大计算域计算出的解作为子计算域的边界条件以实现区域嵌套求解。通过对两种建筑群布局的模拟计算，将该方法与传统方法计算的高精度解和中精度解进行对比以验证嵌套计算结果的准确性，并且分析了不同的子计算域大小，大计算域的网格尺寸以及插值方式对嵌套计算结果的影响。本部分的研究结论主要如下：

1）嵌套计算方法可有效地降低计算量且计算结果有较高的精确度。

2）子计算域边界的位置推荐使用入流边界距离建筑群一倍的最高建筑高度，顶面、侧面、出流边界距离建筑群两倍的最高建筑高度。

3）嵌套计算对不同的大计算域网格尺寸有较好的适应性，但大计算域的网格尺寸增大，嵌套计算的精确度会有所下降，大计算域网格尺寸的选取可按照大计算域与子计算域的网格数量在同等数量级的原则确定。

4）反距离加权插值与常数插值得到的结果相差不大，但前者可得到较优的结果。

本节内容可为中尺度的城镇热环境模拟提供一个快速计算的方法，为后续的韶山市热环境数值模拟奠定了基础。

3.4 城市植被简化模型研究

城市植被可以吸收太阳辐射，降低气温，增加空气湿度，具有调节城市微气候的作用。对城镇热环境进行研究时，植被是一个重要的考虑因素。由于研究区域的范围较大，对植被进行一定的简化十分必要。

3.4.1 计算方法

目前在计算植被的数学模型中，常用的是多孔介质模型，通过在控制方程添加源项，实现植被对空气动量、湍流动能的损耗，能较准确地体现出对空气流动的影响，但该计算方法主要应用于城市微尺度范围。在微尺度下，可使用大量网格对植被的附近及内部进行计算，但在城市中尺度下，使用数量较多的网格进行计算显然是不经济也是难以实现的，因此寻求一个可替代的快速计算模型十分重要。由前述可知，只要得到一个粗略的初步流场，再经过嵌套计算，便可得到精细的流场，初步流场越准确，嵌套计算后的结果越接近精确解。因此本章旨在得到一个具备以下两个特征的计算模型：第一，模型计算得到的初步流场可以反映植被的流动特征；第二，初步流场经过嵌套计算后可得到较为精确的结果。基于空间平均的思想以及在嵌套计算方法的背景下，本章将提出两种简化模型，通过计算简化模型得到的初步流场以及经过嵌套计算后的流场，并以城市微尺度下的多孔介质模型作为基准模型对初步流场以及嵌套流场进行对比，选择出较优的简化模型。下面对这三种模型的计算方法进行描述。

1. 基准模型

基准模型是在城市微尺度下的多孔介质模型，这是目前常用来计算植被的数学模型，因此本章以其作为比较的基准，以验证简化模型的可靠性。由于植被的多孔介质模型参数设置方法众多，且提出的简化模型的设置与基准模型相关，因此在这里首先描述本章所使用的基准模型。基准模型需做出如下假设：

1）植被冠层内各向同性。

2）植被冠层能量处于平衡状态。

基准模型的控制方程如下：

连续性方程：

$$\frac{\partial u_i}{\partial x_i} = 0 \tag{3-17}$$

式中，u_i 为 i 方向上的速度（$i=1$，2，3）（m/s）；x_i 为坐标分量。

动量方程：

$$u_j \frac{\partial u_i}{\partial x_j} = -\frac{1}{\rho} \frac{\partial P}{\partial x_i} + \frac{\partial}{\partial x_j} \left[(\nu + \nu_t) \frac{\partial u_i}{x_j} \right] + F_D \tag{3-18}$$

式中，ρ 为空气密度（kg/m³）；P 为压力（Pa）；ν 为运动黏度（m²/s）；ν_t 为湍流黏度（m²/s）；F_D 为植被产生的曳力（m/s²）。

F_D 的计算公式如下[51]：

$$F_D = -C_D a u_i U \tag{3-19}$$

式中，C_D 为曳力系数；a 为叶面积密度（m²/m³）；U 为空气流速（m/s）。

能量方程：

$$u_j \frac{\partial T}{\partial x_j} = \frac{\partial}{\partial x_j} \left[\left(\nu + \frac{\nu_t}{\sigma_T} \right) \frac{\partial T}{x_j} \right] + \frac{1}{\rho c_p} 2ah(T - T_f) - 2a \frac{0.622\lambda}{c_p B(r_a + r_s)} \Delta p \tag{3-20}$$

式中，T 为空气温度（K）；T_f 为植被温度（K）；h 为表面传热系数 [W/(m²·K)]；c_p 为空气比热容 [J/(kg·K)]；B 为大气压力（Pa）；Δp 为植被表面与空气的水蒸气分压力差；r_s 为植被内部阻抗，取 200s/m；r_a 为空气运动阻力（s/m）；λ 为热导率[W/(m·K)]。

r_a 的计算公式为[52]：

$$r_a = A \left(\frac{D}{U} \right)^{0.5} \tag{3-21}$$

式中，A 为经验常数，取 200s⁰·⁵/m；D 为典型的叶片直径（m）。

表面传热系数 h 的计算公式如下[52]：

$$h = \frac{\rho c_p}{r_a} \tag{3-22}$$

植被表面与空气的水蒸气分压力差 Δp 计算方法[53]：

$$\Delta p = \varphi_f \exp\left[\frac{c_1}{T_f} + c_2 + c_3 T_f + c_4 T_f^2 + c_5 T_f^3 + c_6 T_f^4 + c_7 \ln(T_f) \right] -$$
$$\varphi \exp\left[\frac{c_1}{T_f} + c_2 + c_3 T + c_4 T^2 + c_5 T^3 + c_6 T^4 + c_7 \ln(T) \right] \tag{3-23}$$

式中，φ_f 与 φ 为植被内与外的空气相对湿度（%），其中，$\varphi_f = 97\%$；$c_1 = -5800.2206$，$c_2 = 1.3914993$，$c_3 = -0.048640239$，$c_4 = 0.41764768 \times 10^{-4}$，$c_5 = -0.14452093 \times 10^{-7}$，$c_6 = 6.5459673$。

湍流动能方程：

$$u_j \frac{\partial k}{\partial x_j} = \frac{\partial}{\partial x_j} \left[\left(\nu + \frac{\nu_t}{\sigma_k} \right) \frac{\partial k}{x_j} \right] + \nu_t \left(\frac{\partial u_i}{\partial x_j} + \frac{\partial u_j}{\partial x_i} \right) \frac{\partial u_i}{\partial x_j} - \varepsilon + P_k \tag{3-24}$$

式中，k 为湍流动能（m²/s²）；σ_k 为经验常数，$\sigma_k = 1$；ε 为湍流动能耗散率（m²/s³）；P_k 为植被形成的湍流动能源项。

P_k 的计算公式如下[51]：

$$P_k = \frac{1}{2} C_D a U^3 - 2C_D a U k \tag{3-25}$$

耗散率方程：

$$u_j \frac{\partial \varepsilon}{\partial x_j} = \frac{\partial}{\partial x_j} \left[\left(\nu + \frac{\nu_t}{\sigma_\varepsilon} \right) \frac{\partial \varepsilon}{x_j} \right] + C_{\varepsilon 1} \frac{\varepsilon}{k} \nu_t \left(\frac{\partial u_i}{\partial x_j} + \frac{\partial u_j}{\partial x_i} \right) \frac{\partial u_i}{\partial x_j} - C_{\varepsilon 2} \frac{\varepsilon^2}{k} + P_\varepsilon \tag{3-26}$$

式中，$C_{\varepsilon 1}$、$C_{\varepsilon 2}$，σ_ε 为经验常数，分别等于 1.44，1.92，1.3；P_ε 为植被产生的耗散项。

P_ε 的计算公式如下[51]：

$$P_\varepsilon = \frac{\varepsilon}{k} C_{\varepsilon 3} C_D a U^3 - 4 C_{\varepsilon 4} C_D a U \varepsilon \tag{3-27}$$

$C_{\varepsilon 3}$、$C_{\varepsilon 4}$ 为经验常数，分别取 0.9。

由于控制方程里涉及植被温度，因此这里采用植被能量平衡模型。根据能量守恒，植被的能量方程如下[54]：

$$R_a + S_a - R_r - S_r - (R_{ag} + S_{ag} - R_{rg} - S_{rg}) + Q_s - Q_L = 0 \tag{3-28}$$

式中，R_a 为植被与地面接受的太阳直射；S_a 为植被与地面接受的天空散射；R_r 为植被与地面反射的太阳辐射；S_r 为植被与地面发出的长波辐射；R_{ag} 为地面接受的太阳直射；S_{ag} 为接受周围物体的长波辐射；R_{rg} 为地面反射的太阳辐射；S_{rg} 为地面反射及发射的长波辐射；Q_s 为对流换热量；Q_L 为潜热散热；单位为 W/m²。其中，R_r，S_r，R_{ag}，S_{ag}，R_{rg}，S_{rg}，Q_s，Q_L 的计算方法按式（3-29）~ 式（3-36）[54]：

$$R_r = \rho_f (1 - \sigma_f) R_a + \sigma_f \rho_g R_a \tag{3-29}$$

$$S_r = (1 - \sigma_f) \left[\varepsilon_g \sigma T_g^4 + \rho_g S_a \right] + \sigma_f \left[\varepsilon_f \sigma T_f^4 + \rho_f S_a \right] \tag{3-30}$$

$$R_{ag} = (1 - \sigma_f) R_a \tag{3-31}$$

$$S_{ag} = (1 - \sigma_f) S_a + \frac{\sigma_f}{\varepsilon_f + \varepsilon_g + \varepsilon_f \varepsilon_g} (\varepsilon_f \sigma T_f^4 + \rho_f \varepsilon_g \sigma T_g^4) \tag{3-32}$$

$$R_{rg} = (1 - \sigma_f) \rho_g R_a \tag{3-33}$$

$$S_{rg} = (1 - \sigma_f) \left[\varepsilon_g \sigma T_g^4 + \rho_g S_a \right] + \frac{\sigma_f}{\varepsilon_f + \varepsilon_g + \varepsilon_f \varepsilon_g} (\varepsilon_g \sigma T_g^4 + \rho_g \varepsilon_f \sigma T_f^4) \tag{3-34}$$

$$Q_s = 2h(T_a - T_f) \tag{3-35}$$

$$Q_L = 2 \frac{\rho c_p}{\gamma} \frac{\Delta P}{r_a + r_s} \tag{3-36}$$

式中，ρ_f 为植被反射率；ρ_g 为地面反射率；σ_f 为植被郁闭度；ε_g 为地面发射率；ε_f 为植被发射率；T_g 为地面表面温度（K）；T_f 为植被表面温度（K）；σ 为斯忒藩-玻耳兹曼常量（黑体辐射常数），5.67×10^{-8} W/（m² · K⁴）；γ 为势力学湿度常数，取 59Pa/℃。

植被能量平衡模型需要与守恒方程相互耦合求解植被温度，具体方法为首先假定一个地面温度在植被能量平衡模型中进行计算，求解植被温度后代入 Fluent 中计算，计算结束后，判断 Fluent 与植被能量平衡模型中的地面温度是否一致。若温度一致则结束计算，若不一致则改变地面温度继续计算。

2. 植被体源温度系数模型

由前面的叙述可知，对城市中尺度的模拟，需要减少网格数量，所以网格的尺寸不能使用城市微尺度的小尺寸网格。若使用大尺寸的网格，则靠近地表的第一层网格高度可能会高于城市里植被、建筑的高度，如图 3-30 所示，此时微尺度下的基准模型不再适用，这是由于第一层网格内受到壁面函数的影响，基准模型在动量、耗散率方程添加的源项会与壁面函数相互影响，造成收敛困难。因此在第一层网格高度高于植被高度的前提下，本节建立植被的简化计算模型。简化模型主要是对温度的计算进行简化，对速度、湍流耗散率等变量则进行常规的简化。这里提出第一种简化模型，植被体源温度系数模型（以下简称简化模型一）。该模型采用标准壁面函数计算植被冠层的速度，使用添加体积源项的方法计算湍流动能，而温度则在添加体积源项的基础上增加一个体现网格与植被之间关系的温度系数。

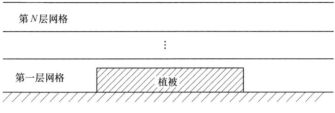

图 3-30 城市中尺度网格与植被的高度关系

由于植被层位于第一层网格内，速度的求解是通过标准壁面函数进行的。而植被对空气的流动阻力，将通过设置合理的当量粗糙高度体现。植被区的速度计算方式如下[55]：

$$\frac{u_p u^*}{\tau_w / \rho} = \frac{1}{\kappa} \ln\left(E \frac{\rho u^* y_p}{\mu}\right) - \Delta B \tag{3-37}$$

式中，u_p 为第一层网格中心点 P 的速度（m/s）；u^* 为壁面函数摩擦速度（m/s）；τ_w 为壁面摩擦应力 [kg/(m·s²)]；κ 为卡门常数，$\kappa = 0.4187$；E 为经验常数，$E = 9.793$；y_p 为第一层网格中心点到壁面的距离（m）；ΔB 是与表面粗糙度有关的常数。ΔB 在湍流充分发展区的计算公式为[55]：

$$\Delta B = \frac{1}{\kappa} \ln(1 + C_s K_s^+) \tag{3-38}$$

式中，C_s 为粗糙常数；K_s^+ 为无量纲粗糙高度；其中 $K_s^+ = \frac{\rho k_s u^*}{\mu}$，$k_s$ 为粗糙高度（m）。

植被层的温度计算方法是通过温度壁面函数以及在包含植被的网格上添加源项进行，源项 S_{Tf} 按下式计算。

$$S_{Tf} = \left[2ah(T - T_f) - 2a \frac{0.622 \lambda \rho}{B(r_a + r_s)} \Delta p\right] c_f \tag{3-39}$$

式中，S_{Tf} 为植被吸收的热量（W/m³）；c_f 为温度系数，等于植被层高度与第一层网格高度的比值。

植被层的温度壁面函数的计算过程如下：

定义温度无量纲数 T_c^*，见式（3-40）和式（3-41）[56]：

$$T_c^* = \frac{(T_w - T_p) \rho c_p u^*}{\dot{q}} \tag{3-40}$$

式中，T_w 为壁面温度（K）；T_p 为第一层网格中心点 P 的温度（K）；$\dot{q}$ 为热流密度（W/m²）。

$$T_c^* = \begin{cases} Pr y^* & y^* < y_T^* \\ Pr_t\left[\frac{1}{\kappa}\ln(Ey^*) + P\right] & y^* > y_T^* \end{cases} \tag{3-41}$$

式中，Pr 为层流普朗特数；Pr_t 为湍流普朗特数；y^*、y_T^* 为无量纲距离。其中，P 的计算公式如下[57]：

$$P = 9.24\left[\left(\frac{Pr}{Pr_t}\right)^{3/4} - 1\right][1 + 0.28e^{-0.007Pr/Pr_t}] \tag{3-42}$$

由此，式（3-39）~式（3-42）是构成植被体源温度系数模型的主要部分。

对于植被层的湍流动能计算，由于在标准的 $k\text{-}\varepsilon$ 湍流模型中，对湍流动能的求解是通过控制方程的，因此湍流动能的求解方式可与基准模型一样，通过在控制方程添加源项的方法计算，因此湍流动能计算的控制方程见式（3-24）。

关于耗散率计算过程，在标准壁面函数里，耗散率的计算是基于当地平衡假设的，即湍流动能的产生项等于耗散率，当湍流动能通过求解控制方程式（3-24）计算完成后，耗散率即可通过湍流动能计算，因此耗散率的计算见式（3-43）[56]。

$$\varepsilon_p = \frac{C_\mu^{3/4} k_p^{3/2}}{\kappa y_p} \tag{3-43}$$

3. 植被面源温度补偿模型

第二种简化模型为植被面源温度补偿模型（以下简称简化模型二）。简化模型二关于植被层速度的计算方法与简化模型一相同；对于湍流动能则不考虑植被对湍流的增加或抑制的作用，即不在控制方程里添加源项；对于温度的计算，思路是将植被对气温的消减作用等效为地面对空气的对流降温作用，具体做法为把植被冠层里吸收的能量添加到地面的土壤层。土壤层源项的计算公式见式（3-44）。

$$S_{Tg} = \frac{1}{\Delta x}\left[2h(T_f - T_a) - 2\frac{\rho c_p}{\gamma}\frac{\Delta P}{r_a + r_s}\right] \tag{3-44}$$

式中，S_{Tg} 为土壤层体源（W/m^3）；Δx 为土壤层厚度（m）。

当把植被层的能量源项转移到地面，会对地面温度产生一定的误差，误差分析如下：

如图 3-31 所示，有植被覆盖的地面能量守恒方程见式（3-45）。

$$R_a - R_o - Q = \frac{\lambda}{\Delta x}(T_w - T_b) \tag{3-45}$$

式中，R_o 为离开植被与地面的能量（W/m^2）；Q 为植被吸收的能量（W/m^2）；λ 为地面的热导率 [$W/(m \cdot K)$]；Δx 为地面与恒温层的距离（m）；T_w 为地面温度（K）；T_b 为恒温层温度（K）。

无植被覆盖的地面能量守恒方程见式（3-46）。

$$R_a - R_o' = \frac{\lambda}{\Delta x}(T_w' - T_b) + Q \tag{3-46}$$

式中，R_o' 为离开植被与地面的能量（W/m^2）；T_w' 为地面温度（K）。

两式相减，可得式（3-47）：

$$T_w' - T_w = \frac{\Delta x}{\lambda}(R_o - R_o') \tag{3-47}$$

由此可知，将能量源项添加到地面，地面温度会产生误差，从而影响近壁面的空气温度，因此需要对温度进行补偿。由式（3-47）可知，若要使得 $T_w = T_w'$，则对恒温层的温度进行补偿即可，温度补偿的值 $\Delta T = T_w - T_w'$。其中，R_o、R_o' 的计算公式可按式（3-48）、式

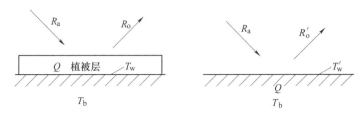

图 3-31　地面能量平衡关系

（3-49）进行计算。

$$R_o = \rho_f(1 - \sigma_f)R_a + \sigma_f\rho_g R_a + (1 - \sigma_f)[\varepsilon_g \sigma T_w^4 + \rho_g S_a] + \sigma_f[\varepsilon_f \sigma T_f^4 + \rho_f S_a] \qquad (3\text{-}48)$$

$$R_o' = \rho_f R_a + \varepsilon_g \sigma T_w'^4 + \rho_g S_a \qquad (3\text{-}49)$$

由此，式（3-44）以及式（3-47）、式（3-48）构成了植被面源温度补偿模型。

3.4.2　算例描述

1. 物理模型

为了验证以上两种简化计算方法的可靠性，建立一个 $90H \times 25H \times 20H$ 的计算域，$H = 10\mathrm{m}$，如图 3-32 所示，其中，植被的尺寸为 $10H(x) \times 5H(y) \times H(z)$。

基准模型的网格情况为植被区域以 1m 的网格间距进行划分，植被前端至计算域入口以尺寸比 1.01 进行划分，植被后端至出口以尺寸比 1.01 进行划分，植被顶端至计算域顶面以尺寸比 1.01 进行划分，计算域划分为 $360(x) \times 171(y) \times 100(z)$ 个网格，如图

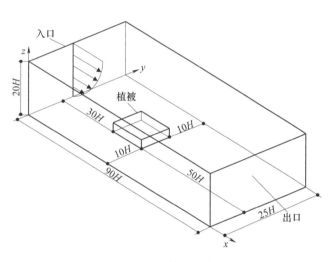

图 3-32　计算域示意图

3-33 所示。两种简化模型则以网格间距为 $10\mathrm{m}(H)$ 对计算域进行均匀划分，计算域划分为 $90(x) \times 25(y) \times 20(z)$ 个网格，如图 3-34 所示。

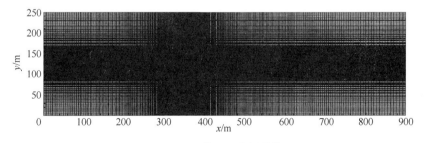

图 3-33　基准模型网格划分情况

2. 边界条件

模拟的地点为韶山市，时间选择为 6 月 21 日 13：00。来流温度为 37.9℃，相对湿度为

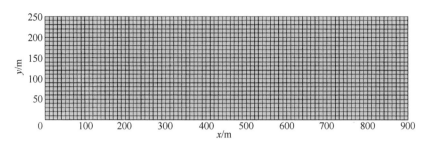

图 3-34 简化模型网格划分情况

49.4%，风轮廓线选用对数律，计算公式为式（3-50），10m 处风速为 2.1m/s。湍流动能与耗散率按式（3-15）、式（3-16）计算。出口设置为自由出流，顶面以及两边侧面设置为光滑壁面。

$$u(z) = \frac{u^*}{\kappa} \ln\left(\frac{z}{H}\right) \tag{3-50}$$

基准模型的植被参数设置见表 3-4，地面的物性参数见表 3-5，地面设置为光滑壁面，地面下 0.4m 处视为恒温层，设为 19.2℃。简化模型一与模型二的植被区粗糙度设置为 5m，这是由于 fluent 规定粗糙度的高度不能高于第一层网格中心点的高度，地面的其他区域的粗糙度设为光滑壁面。

表 3-4 植被参数

密度	比热容	热导率	吸收率	叶面积密度/（m²/m³）	
/（kg/m³）	/[J/（kg·K）]	/[W·（m·K）]		树干（0~2m）	树冠（2~10m）
植物 1800	1176	1.5	0.6	0	4

表 3-5 地面的物性参数

密度/（kg/m³）	比热容 /[J/（kg·K）]	热导率/[W/（m·K）]	发射率	散射率
地面 1150	650	1.5	1	1

3. 嵌套计算设置

简化模型得到的计算结果可对城镇热环境进行粗略的分析，但若需要对城镇热环境进行深入的分析，则需要使用嵌套计算方法对城市区域分割计算。由前述可知，初步流场对嵌套计算的边界条件影响较大，从而直接影响嵌套计算的结果，因此简化模型得到的初步流场对以后城镇热环境的深入研究有较大影响，选择合理的简化模型有利于未来的研究。嵌套计算使用的子计算域如图 3-35 所示，对子计算域使用间距为 1m 的网格进行划分。边界条件及

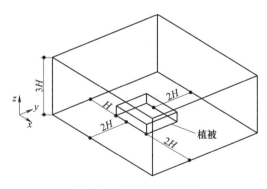

图 3-35 子计算域示意图

求解策略与前述的方法类似。需要指出的是,嵌套计算的网格尺寸远小于植被物理尺寸,因此,此时植被的设置如基准模型。

3.4.3 模型初步流场对比

1. 速度场对比

在计算域中截取 $y = 125m$ 的平面,三种计算模型的 x 方向的速度云图如图3-36所示。三种模型在植被区均对 x 方向的速度形成阻力。基准模型、简化模型一、简化模型二在植被区平均的 x 方向速度分别约为0.29m/s、1.77m/s、1.95m/s,简化模型一、简化模型二都高估了植被区的平均速度,产生这种情况可能有以下两个原因:①简化模型在壁面处仅通过对数律求解速度,在 $Y+$ 值过大时,计算出的速度值会偏大;②由于壁面函数的限制要求,粗糙度的设置值偏低。由于简化模型一、简化模型二都采用的标准壁面函数计算植被区的速度,可以看到 x 方向的速度相差不大。由图3-36a可知,基准模型的植被区对 x 方向速度的影响范围大概为植被区后面4倍,上方1.5倍的植被高度。简化模型一、简化模型二中,植被区的影响范围均约为其上方1倍的植被高度,对后面的速度分布影响较小。在简化模型一、简化模型二中,x 方向的速度在植被区及其上方都出现了衰减的现象,与基准模型相符,虽然速度减少的幅度以及影响区域的范围有一定的差别,但速度空间分布的变化规律相似,可在一定程度上替代基准模型,且简化模型一优于简化模型二。

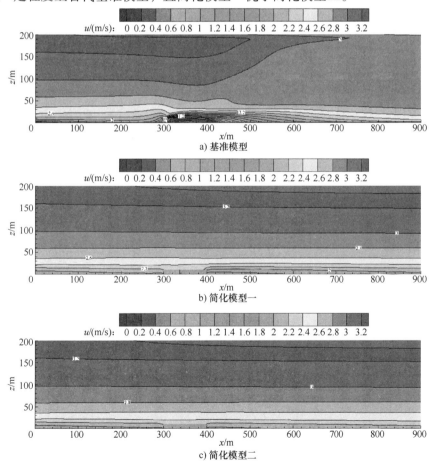

图3-36 平面 $y = 125m$ 处 x 方向的速度云图

2. 压力场对比

在计算域中截取 $z=5\text{m}$ 的平面，三种计算模型的压力分布云图如图 3-37 所示。由图可知，三种模型在植被区前面均产生了压力升高的现象，而植被区后出现了"真空区"。基准模型在植被区前产生的压力升高较大，升高约 1Pa，而简化模型一与简化模型二产生的压力升高较小，分别升高约 0.03Pa、0.01Pa。而三个模型的植被区前后压差分别约为 1.5Pa、0.14Pa、0.08Pa，其中基准模型的压差最大，简化模型一次之，简化模型二最小。由于压力与速度是相互耦合的，从上述的速度分布可知，简化模型一与简化模型二对空气产生的阻力较少，速度在植被区的损耗较小，因此植被区前后压差较小。简化模型一与简化模型二可产生和基准模型相似的压力分布现象，虽然在压力值上有一定的偏差，但仍具有某种程度的合理性，且简化模型一优于简化模型二。

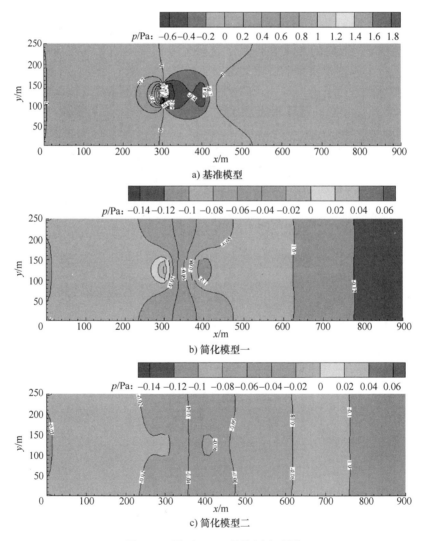

图 3-37　平面 $z=5\text{m}$ 处的压力云图

3. 湍流动能对比

三种模型在平面 $y=125m$ 的湍流动能分布如图 3-38 所示。基准模型的植被区对湍流动能有明显的抑制作用，而简化模型一在植被区的湍流动能较高，简化模型二由于没有加入湍流动能的源项，因此在植被区的湍流强度较低。基准模型里植被区对湍流动能的影响约延伸至植被区后 $33H$，简化模型一的植被区对湍流动能的影响在植被区后的 $10H$，简化模型二基本没什么影响。总体来说，简化模型一可以反映植被区附近湍流强度增加的现象，但植被区对湍流的抑制作用无法体现，而简化模型二不能体现植被区对湍流的影响。因此，在湍流动能的计算中，简化模型一优于简化模型二。

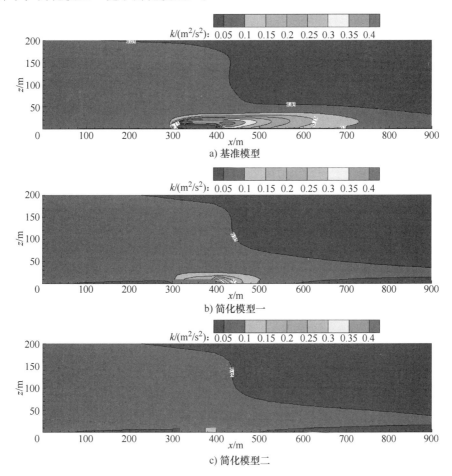

图 3-38　平面 $y=125m$ 处湍流动能云图

4. 温度场对比

平面 $z=5m$ 的温度分布如图 3-39 所示。由图可知，简化模型一的植被区温度与基准模型较为相近，简化模型二的植被区温度较高，比其他两种模型计算的温度大概高 2℃。基准模型中，植被对后方的温度影响范围大致为 $3H$；简化模型一中的影响范围为后方 $10H$；简化模型二大概为后方 $9H$。简化模型一后方的温度分布形状是细长形的，简化模型二后方的温度分布形状是宽扁形的，基准模型介于两者之间。在温度值的角度上来说，简化模型一优于简化模型二，而在温度的空间分布上，简化模型二要优于简化模型一。

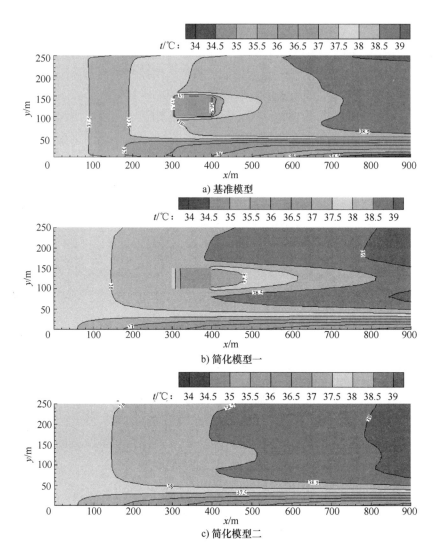

图 3-39　平面 z = 5m 处温度云图

　　地面的温度分布如图 3-40 所示。基准模型、简化模型一、简化模型二计算得到的植被区正下方地面平均温度分别约为 35.1℃、36.9℃、35.3℃，三种模型在植被区周围的地面温度基本在 55~57.5℃ 的范围。由此可见，简化模型一与简化模型二均能得到与基准模型基本一样的地面温度，且简化模型二在植被区下的地面温度优于简化模型一。

　　在地面上做一条 y = 125m 的直线 0，直线 0 上的温度分布如图 3-41 所示。从 0~100m 的区域，是由于边界面的阻挡作用形成的太阳辐射的阴影区，因此需要排除这部分的数据。从图中可以看出，在植被区前，简化模型一与简化模型二的地面温度与基准模型基本一样，约为 55.8℃；在植被区，三种模型的温度相差不大，地面温度约为 35.5℃；在植被区后，两种简化模型与基准模型温度相差在 1℃ 以内。由此可得，两种简化模型均能得到与基准模型较为一致的结果，且简化模型二可以得到比简化模型一更优的地面温度值。

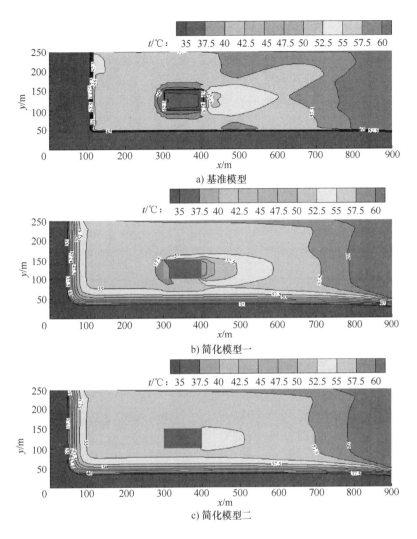

图 3-40　平面 $z=0$m 处温度云图

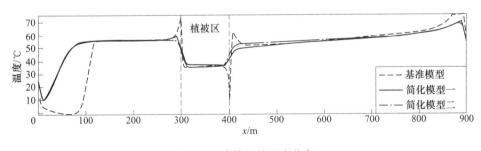

图 3-41　直线 0 的温度分布

3.4.4　嵌套计算结果分析

在计算域中作如图 3-42 中所示的三条直线。通过比较直线上的流场参数，以得到适合嵌套计算方法的简化模型。

图 3-43 所示为直线 1 上的 x 方向速度。其中，嵌套解一与二分别对应简化模型一与简化模型二经过嵌套计算后的解。从图中可以看出，关于 x 方向的速度，两种简化模型的嵌套解基本一致。在植被区前，两种简化模型均比基准模型的来流速度高 $0.5\mathrm{m/s}$。随着靠近植被区，简化模型的嵌套结果与基准模型的结果逐渐靠近。在植被区，两种简化模型的嵌套解与基准模型的结果相差较小，约比基准模型高 $0.1\mathrm{m/s}$。在植被区后，两种简化模型与基准模型的结果相差较大，在出口处的值相差最大，可达 $1.5\mathrm{m/s}$。图 3-44 所示为直线 1 上的压力值。从图中可以看出，两种嵌套解在植被区前的压力值比基准模型高，但压力升高值是基本一样的，约为 $2\mathrm{Pa}$。嵌套解与基准模型在植被迎风面后的 $2H$ 内为压力剧烈变化区，压力降低较大，随后压力变化趋于平缓。基准模型在压力剧烈变化区后，压力值呈现较为平稳的状态，两种嵌套解仍在缓慢地下降。因此基准模型的植被区的压差较低，约为嵌套解的压差的三分之一。

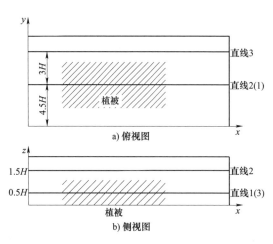

图 3-42　直线位置分布

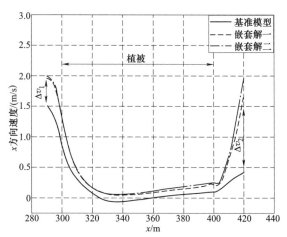

图 3-43　直线 1 的来流速度分布

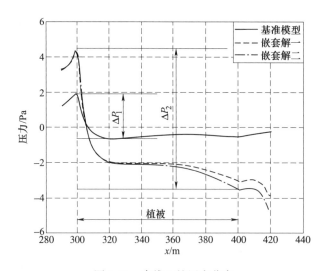

图 3-44　直线 1 的压力分布

图 3-45 所示为直线 1 上的湍流动能分布。从图中可以看出，嵌套解与基准模型基本重合，只有在边界区域有微小的差异。图 3-46 所示为直线 1 上的温度分布。嵌套解的温度分布基本与基准模型一致，存在误差的地方在出入口及植被区后。嵌套解在入口处温度约比基准模型高 0.5℃，出口处约低 0.3℃。在植被区后（虚线圈处），基准模型的温度变化趋势为先下降后升高，嵌套解的温度是一直升高的，且升高的幅度低于基准模型。虽然存在差异，但温度的相差值不超过 0.5℃，且大部分区域的相差值不超过 0.3℃，这些误差认为是在可接受范围内的，因此两种简化模型的嵌套解都能较好地重现基准模型的结果。

由此可知，在植被区，两种嵌套解都与基准模型的结果较为相近，来流速度、温度、湍流动能这三个参数的重合度较高，压力值有较小的偏差。

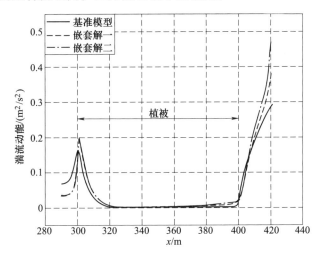

图 3-45　直线 1 的湍流动能分布

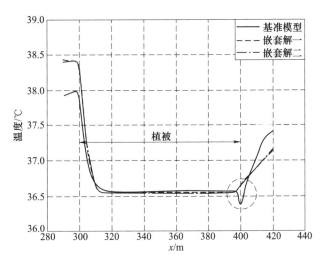

图 3-46　直线 1 的温度分布

图 3-47 所示为距离植被上方 0.5H 的直线 2 的 x 方向速度分布。图中的 x 方向速度变化趋势基本一致，嵌套解与基准模型在 x 方向速度的相差值在 1m/s 以内。

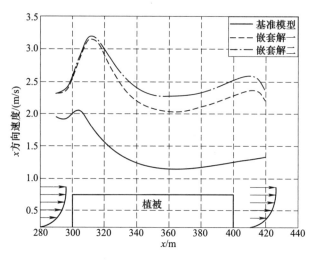

图 3-47　直线 2 的来流速度分布

图 3-48 所示为直线 2 的压力分布。压力情况与直线 1 上的较为相似，与直线 1 的不同点是植被区后，嵌套解与基准模型都呈现压力上升的趋势，且压力值较直线 1 上低。

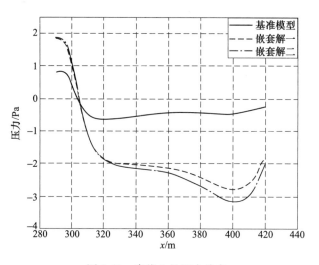

图 3-48　直线 2 的压力分布

图 3-49 所示为直线 2 的湍流动能分布。湍流动能在植被区前与基准模型吻合较好。经过植被迎风面后，基准模型有一段下降的过程，然后再上升，嵌套解的湍流动能没有这段沿流动方向下降的过程。但嵌套解与基准模型的上升水平基本一致。

图 3-50 所示为直线 2 的温度分布。嵌套解与基准模型的温度分布基本一致，且偏差温度值在 0.3℃以内。

由上述可得，在植被区的上方，两种嵌套解的来流速度、温度在空间分布的趋势与基准模型基本一致，值上有偏差，但偏差不大；压力的空间分布趋势较一致，压力值有一定的偏差；湍流动能的空间分布有差异，但其值的量级与基准模型一致。

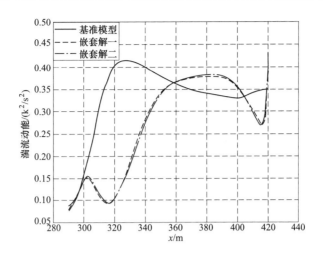

图 3-49 直线 2 的湍流动能分布

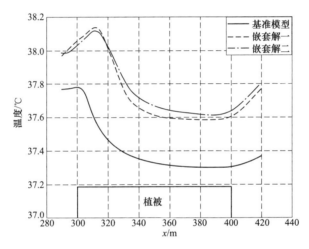

图 3-50 直线 2 的温度分布

由图 3-51～图 3-54 可以看出，在直线 3 上，嵌套解与基准模型的空间分布趋势吻合度较

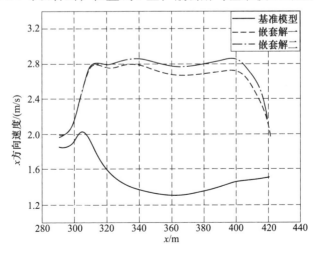

图 3-51 直线 3 的来流速度分布

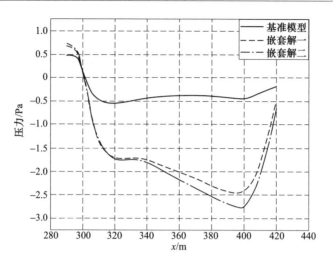

图 3-52　直线 3 的压力分布

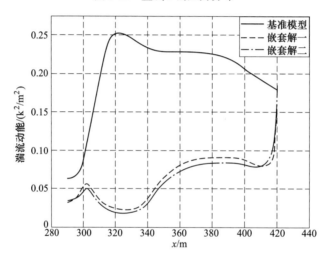

图 3-53　直线 3 的湍流动能分布

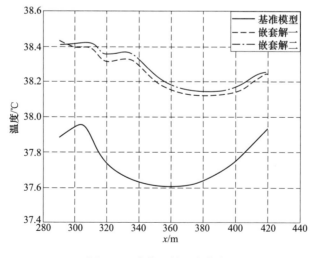

图 3-54　直线 3 的温度分布

低，其中，湍流动能相差较大，为 $0.23k^2/m^2$，但速度、压力、温度在数值上仍可认为是可信的，来流方向速度相差不高于 0.8m/s，压力相差不大于 2Pa，温度与基准模型吻合度最高，温度值相差最大不超过 0.6℃。由此可知，在植被区的左右两侧，嵌套解的空间分布趋势较为粗略，但数值范围仍可作为参考。

综上所述，两种简化模型经过嵌套计算后，在植被区能得到与微尺度相差很小的计算结果，在植被区上方有一定的偏差，在植被区左右两侧，空间分布趋势吻合度较低，但数值上仍可作为参考。

前面提出了两种适用于城市中尺度数值模拟的植被简化模型，一种是植被体源温度系数模型，一种是植被面源温度补偿模型，并在两个方面与城市微尺度下的基准模型进行比较。一方面比较了两种简化模型与基准模型的流场特征，另一方面比较了经过嵌套计算后的简化模型与基准模型的流场参数。经过对比可以得到，两种简化模型均能体现出植被的流动、温度分布特征，且植被体源温度系数模型优于植被面源温度补偿模型，但在地面温度计算方面，植被面源温度补偿模型优于植被体源温度系数模型；经过嵌套计算的两种简化模型差异不大，在植被区均能得到与基准模型一致的结果，在植被区上方以及在左右两侧得到的参数空间分布情况与基准模型有差异，但数值上的偏差可以接受，仍可作为参考。

提出的简化模型为后续的韶山市热环境模拟奠定了基础，也为城市中尺度的数值模拟提供了一定的指导。

3.5   植被覆盖率对韶山热环境影响研究

3.5.1   韶山市概况

韶山市是第一批获选中国优秀旅游城市的县级市，隶属于湖南省，位于东经 112°23′52″~112°38′13″、北纬 27°51′40″~28°1′53″之间，属丘陵地区，地处亚热带湿润气候区。韶山市植物资源丰富，林地资源面积 91.61km²，占土地总面积的 43.6%。韶山市建筑主要分布在清溪镇及韶山乡附近，景区内分布零散建筑。截至 2016 年，人口约为 118711人，平时人口主要集中在清溪镇，但在旅游旺季，人口集中在景区内。韶山市示意图如图3-55 所示。

3.5.2   模型建立

建立韶山市的模型首先通过地理信息系统（GIS）获取韶山市的数字高程模型数据（DEM），利用地图处理软件将 DEM 数据转换为直角坐标系的点，然后通过编写脚本，导入ICEM，创建韶山市的物理模型。

1. DEM 数据的获取与转换

DEM 可视为在直角坐标系上利用有序的空间离散点去描述连续的地形情况的数据，不同的离散距离（即空间分辨率），可得到不同精度的地形地貌。较为常用的 DEM 数据为SRTM DEM 与 ASTER DEM。SRTM 数据库是由美国太空总署（NASA）和美国国防部国家测绘局（NIMA）在 2000 年 2 月联合发射的"奋进"号航天飞机测量得到的。SRTM DEM 覆盖北纬 60°至南纬 60°之间的面积，具有 30m、90m、1000m 三种空间分辨率。ASTER DEM是根据 NASA 的新一代对地观测卫星 Terra 的详尽观测结果制作完成的。其数据覆盖范围为北纬83°到南纬83°之间的所有陆地区域，达到了地球陆地表面的99%，空间分辨率为30m，于2009年由美国航空航天局与日本经济产业省共同推出。由于SRTM DEM只免费开放90m与1000m空间分辨率的数据，因此本书采用ASTER DEM的数据。

韶山市的地形数据通过中国科学院计算机网络信息中心地理空间数据云平台（http://www.gscloud.cn）下载。数据下载解压后文件格式为 ∗.img，导入到地图绘制软件global-mapper中。由于所下载的数据范围大于韶山市的范围，因此将对数据进行筛选。选取的研究区域为北纬27°51′40″~28°1′53″，东经112°23′52″~112°38′13″的方形区域内，所选区域包括整个韶山市。然后，通过globalmapper软件导出研究区域的高程信息。若输出的高程信息为直角坐标系的点，则在创建几何模型时仍需进行平移，因此在这里只输出海拔（对应 z 方向的值），x、y 的坐标（对应西东、南北方向）则以间距为30m创建。最后 x、y 的坐标与相应海拔匹配，建立三维直角坐标系上的空间点。由此创建的空间点即为研究区域的地形表面离散点。

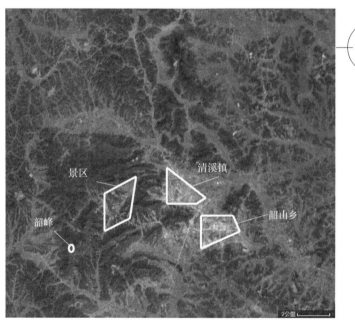

图 3-55　韶山市示意图

2. 几何模型与网格划分

ANSYS ICEM是一款专业的前处理软件，韶山市的几何模型与网格划分将由ICEM完成。利用ICEM的脚本功能，编写命令。应用命令"ic_ point {} GEOM pnt."，"ic_ surface 4pts GEOM srf."分别创建点和面，由于ICEM可以直接通过点创建面，并在创建面的过程中生成线，因此在这里不需要应用创建线的命令。首先，将DEM数据转换而来的坐标点写入脚本文件并进行编号，然后再根据点的编号编写创建面的脚本文件。完成脚本文件的创建后，通过ICEM调用程序，完成地形的创建。由于研究区域地形由506727个点组成，因此将地形模型分成10部分，分别创建。完成地面的创建后，还需建立顶面与四周的面，以形成一个封闭的区域。顶面在高度为1000m处（$z=1000$m）创建，四周的面则根据地面的边界与顶面进行创建。最后得到的计算域尺寸约为 22km（x）×19km（y）×1km（z）。

韶山市地形复杂，划分结构化网格较难，因此采用非结构网格。全局网格尺寸设置为 30m，网格类型采用六面体与四面体结合的方式，并在近地面处生成一层高度为 30m 的棱柱层网格。10 个部分的网格生成之后，再拼接起来，交界面处通过 interface 进行连接，总网格数量共为 22739353 个。

3.5.3　边界条件及模型设置

本书根据韶山市不同下垫面的轮廓，并忽略占地面积较少的区域，把韶山市的地面划分成四种类型，分别为建筑区、树木区、灌木区、草地区，如图 3-56 所示。本章将模拟三种植被覆盖率的工况，工况一为图 3-56 所示，各个区域所占研究区域的百分比见表 3-6；工况二为图 3-56 中的树木区、灌木区以及草地区使用土壤地面代替，此为减少植被覆盖率的工况；工况三为图 3-56 中的灌木区、草地区使用树木替代，此可视为植被覆盖率增加的工况。

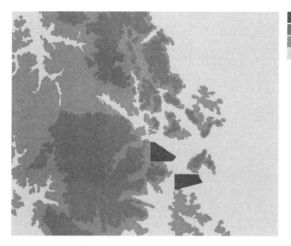

图例：
■ 建筑
■ 树木
■ 灌木
□ 草地

图 3-56　下垫面类型分布情况

表 3-6　工况一中各个区域的覆盖率　（%）

	建筑区	草地区	灌木区	树木区
覆盖率	1.04	47.30	28.68	22.98

韶山市夏季的主导风向是南风，因此将南面设置为速度入口，按对数律指定边界风速，见式（3-50），其中，10m 处风速为 2.1m/s，入口温度为 37.9℃，湍流动能与耗散率按式（3-15）、式（3-16）计算。北面设置为自由出流，顶面设置固定的速度使得来流速度在垂直方向上符合风轮廓线的规律，东西面设置为光滑壁面，地面设置为粗糙壁面，建筑、树木的当量粗糙度设为 10，灌木的当量粗糙度设为 1.5，草地的当量粗糙度设为 0.5。树木、灌木、草地、土壤区设置地面下 0.4m 处的温度为 19.2℃，此温度为韶山市气象局监测得到的数据；建筑区设置地面下 0.4m 处温度为 24℃[13]。从前述可知，两种简化模型均能体现出植被的流动特征，由于本部分的计算量较大，而植被面源温度补偿模型计算速度较快，且对地面温度的计算较为准确，因此采用简化模型二进行计算，树木区的壁面源项具体设置同前，灌木、草地的壁面源项则与树木区类似，但吸热量较树木区低，其占树木区吸热量的百分比等于粗糙度的百分比。土壤区由于有水分的蒸散，因此在土壤区设置 120W/m² 的源项[13]。太阳辐射模型使用 DO 模型，计算 6 月 21 日 13:00 的日照情况，太阳辐射计算每迭代两步更新一次。边界条件是依据监测数据以及从已有的文献设置，因此计算结果可认为具有一定的可靠性。

湍流模型采用可实现 k-ε 模型，近壁面处理选择标准壁面函数，速度压力耦合方式使用 SIMPLE 算法，速度、压力、温度采用二阶离散格式，湍流动能、耗散率、辐射强度采用一阶离散格式。压力、速度、温度、辐射强度的松弛因子分别为0.1、0.2、0.5、0.9，计算直至残差曲线不再变化。收敛标准：连续性、x方向速度、y方向速度、z方向速度、湍流动能、耗散率均为10^{-3}、温度、辐射强度为10^{-6}。

3.5.4 结果分析

为了分析韶山热环境的模拟结果，对计算域做了3个具有代表性的截面，如图3-57所示。第一个截面$x=6560m$经过韶山市海拔最高的韶峰，且经过的区域是韶山市山峰较多的区域；第二个截面$x=8890m$是经过韶山市人流较多的景区；第三个截面$x=13120m$主要是通过居民区，即建筑密集的区域。

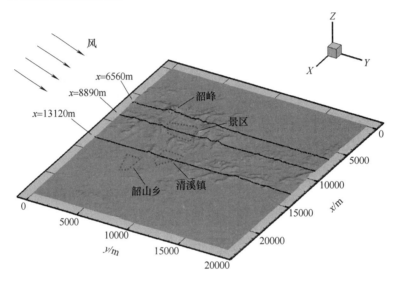

图3-57 截面分布示意图

1. 风场分析

由图3-58可知，在截面$x=6560m$上，海拔高的地方风速较高，在山体的最高处即韶峰，风速最高，三种工况的来流风速均可达7m/s，在山的背风区的风速最低，风速在0.5m/s以下，但工况二的风速在0.5m/s以下的区域较少，工况一与工况三的低风速区域较多。在经过韶峰之后，$y=4000m$与$y=4400m$之间的区域，工况一与工况三都出现了0.5m/s的低风速区，而工况二在此区间内的最低风速在3m/s左右。这是由于工况二的山体上都为土壤，形成的阻力较小，因此在近地面处风速减少的程度比工况一与工况三低。在空气流经韶峰后，经过的是一群小山丘，由于韶峰位于上风向且高度比后面的山丘高，因此后面的山丘山顶处风速增加不明显，但韶峰后形成的风影区范围较小，主要是集中在山谷的位置，工况一与工况三山谷的平均风速在1m/s左右，工况二山谷的平均风速在3m/s左右。在经过群山后，三种工况的近地面的风速基本保持在3~4m/s与入口处的相同高度的风速基本一致。

从图3-59可以看出，在截面$x=6560m$上，韶峰山顶处，湍流动能最大，工况一与工况三约为$0.87m^2/s^2$，工况二约为$0.22m^2/s^2$，这说明在山峰处湍流强度较大，流动受到的扰动较强烈，韶峰后的山峰处也有类似的湍流动能增加的现象，但强度均比韶峰低。在$y=6200m$与$y=8000m$的山峰，前者的海拔比后者约高20m，但后者的湍流动能却高于前者，这是由于$y=6200m$处的山峰受到了位于上游的韶峰的影响，造成其湍流强度比同等高度的山峰低，这表明当沿来流方向，上游有较高的山体时，对下游山体山峰的湍流强度有抑制的作用，但影响范围不超过 8.5 倍的上游山体高度。

从图 3-60 可以看出，在截面 $x=8890m$ 上，景区前有一个高度较低的山体，工况一与工况三在山峰上的来流速度约为 4.34m/s，加速效应不是很明显，而山体的背风区范围较大，约为 1.6 倍的山体高度，背风区的风速在 $0\sim1.15m/s$ 的范围，但工况二在山峰上风速加速明显，风速可达 6.5m/s，且背风区的风速较高，只有小部分区域的风速在 0.5m/s，大部分的区域在 3m/s 左右，景区内的风速也基本维持在 $3.1\sim4.4m/s$ 的区间内。经过背风区后，地势变化不大，三种工况的风速都恢复到 $3\sim4m/s$ 的水平。由此可见，工况一与工况三的景区的前面部分位于风影区内，风速较低，后面部分风速较为均匀，而工况二的景区部分风速较为均匀，三种工况的风速都在人体对风速的舒适感范围以内（5m/s 以下）。从图 3-61 可以看出，三种工况在景区范围内，由于地势较为平坦，湍流动能的变化不大，但工况一与工况三在景区前的山坡顶上的湍流动能依旧大于工况二，从而造成景区上方的湍流动能有所波动。

从图 3-62 可知，在截面 $x=13120m$ 上，三种工况在建筑区前的山体山峰上的风速约为 5.5m/s，且山体后基本没有风影区，只有在山脚处的风速较低，约为 2.4m/s，山体后的风速变化不大，约在 $3\sim4m/s$。这种现象的出现主要是因为山体的海拔与前后地面的海拔相差不大，且山体的坡度较小，因此建筑区前的山体对空气流动造成的阻碍不大，从图 3-63 上也可以看出，工况一与工况三在山峰上的湍流动能约为 $0.5m^2/s^2$，相比于其他气流遇到的第一个山峰，湍流动能约小 $0.3m^2/s^2$，而工况二在山峰上的湍流动能约为 $0.1m^2/s^2$，相比减少 $0.12m^2/s^2$ 左右，这都说明此山体对空气的扰动较小。

由以上分析可得，植被覆盖率的增加，会增加近地面的湍流强度，但同时也会加大风速的降低程度。简化模型得到的初步流场可作为定性的分析，若需要更准确的各区域的风速和湍流强度，需使用嵌套计算进行深入分析。

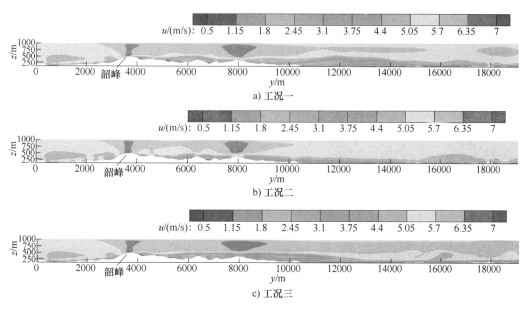

图 3-58　三个工况下截面 $x=6560m$ 的来流速度

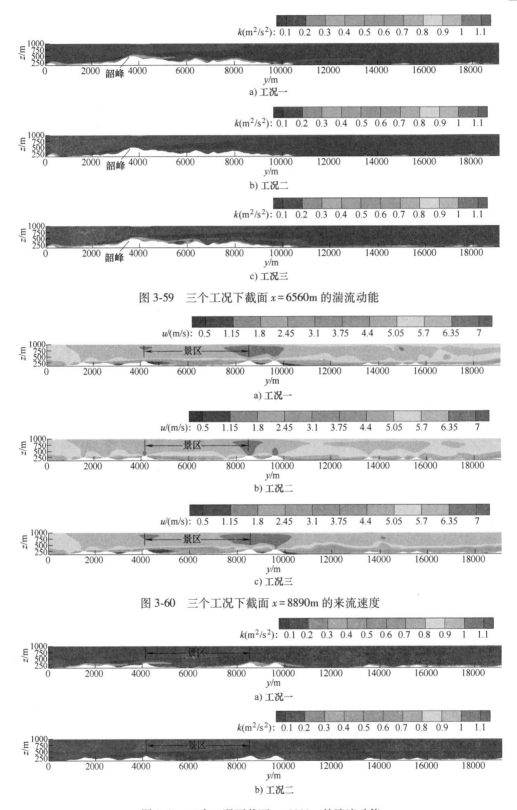

图 3-59　三个工况下截面 $x = 6560\text{m}$ 的湍流动能

图 3-60　三个工况下截面 $x = 8890\text{m}$ 的来流速度

图 3-61　三个工况下截面 $x = 8890\text{m}$ 的湍流动能

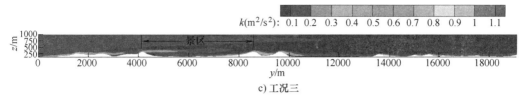

c) 工况三

图 3-61　三个工况下截面 $x = 8890\mathrm{m}$ 的湍流动能（续）

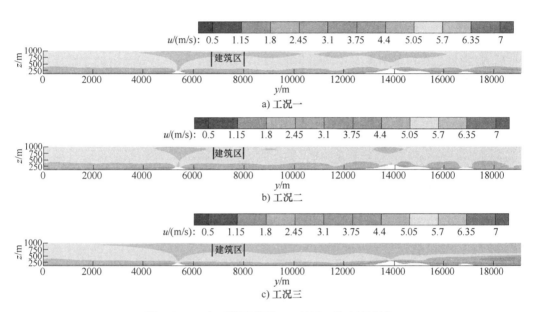

图 3-62　三个工况下截面 $x = 13120\mathrm{m}$ 的来流速度

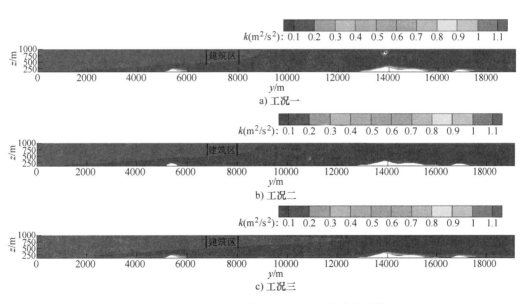

图 3-63　三个工况下截面 $x = 13120\mathrm{m}$ 的湍流动能

2. 温度场分析

从图 3-64 可以看出，工况一与工况三在全部覆盖了植被的山群区域，对空气温度有消减作用，平均空气温度约为 37.5℃；而在山谷的位置，温度最低，约为 36℃。这主要是由于山体上覆盖的植被基本是树木，可以吸收较多的热量，而在山谷的区域，由于风速较低，且树木较多，空气的温度受外界的影响不大，主要靠树木调节，因此山谷的位置温度较低。工况二由于没有植被覆盖，因此空气经过山群区域时没有降温的现象。如图 3-65 所示，工况一与工况三在景区前后山谷温度较低的区域的产生原因与在山群区域的类似，都是由于风速较低，且树木的吸热能力强形成的。景区的温度也较来流温度小，约为 37.5℃，这也是由于景区内分布有较多的树木。而工况二由于没有植被覆盖，因此空气温度沿着流动方向逐渐升高，且温度边界层逐渐变厚。从图 3-66 可以看出，工况一与工况二的建筑区以及其前后近地面的空气温度都较来流温度高，这是由于工况一的建筑区前面主要是草地，草地对空气温度的调节能力较低，甚至会向空气中散发热量，而工况二在建筑区前是土壤，会向空气中散发热量，因此建筑区前的温度较来流温度高。在建筑区，由于建筑材料吸收太阳辐射后温度升高，从而向空气传递热量，因此建筑区的空气温度也在升高。而在建筑区的后面，虽然分布有树木，但树木的分布面积较小，因此温度下降不明显，在山谷区域也只下降了约 0.3℃。工况三明显有降温的现象，而在建筑区的温度有所上升。

空气温度与地表温度是相互关联的，空气由于会与地表进行对流换热，因此空气温度会随地表温度的升高而升高。并且由于遥感技术的应用，人们已经开始根据地表温度对城市热岛进行研究。由前述可知，由简化模型计算得出的地表温度较为准确，由此本章使用地表温度对韶山热环境进行定量分析。图 3-67 所示为三种工况下计算得到的韶山市地面温度。由图中可以看出，工况一中树木区的温度最低，平均温度为 30.9℃，温度从高到低的排序为建筑区>草地区>灌木区>树木区，工况二中地面温度大部分都在 49℃以上，而工况三由于地表覆盖有较多植被，地表温度基本在 31~34℃。三种工况下建筑区的温度都最高，平均温度约为 53.9℃。

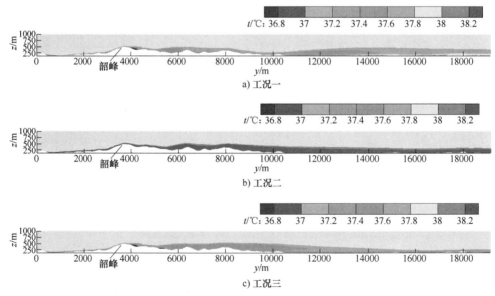

图 3-64 三个工况下截面 $x = 6560m$ 的温度

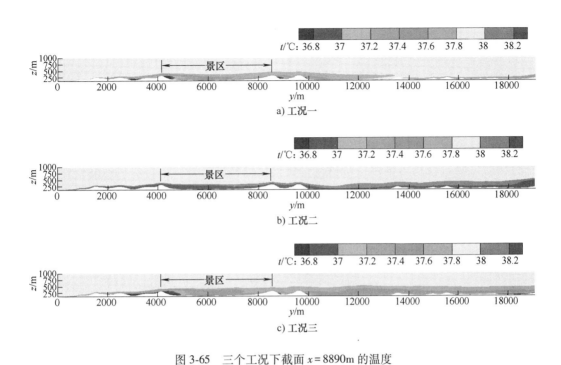

图 3-65　三个工况下截面 $x = 8890\text{m}$ 的温度

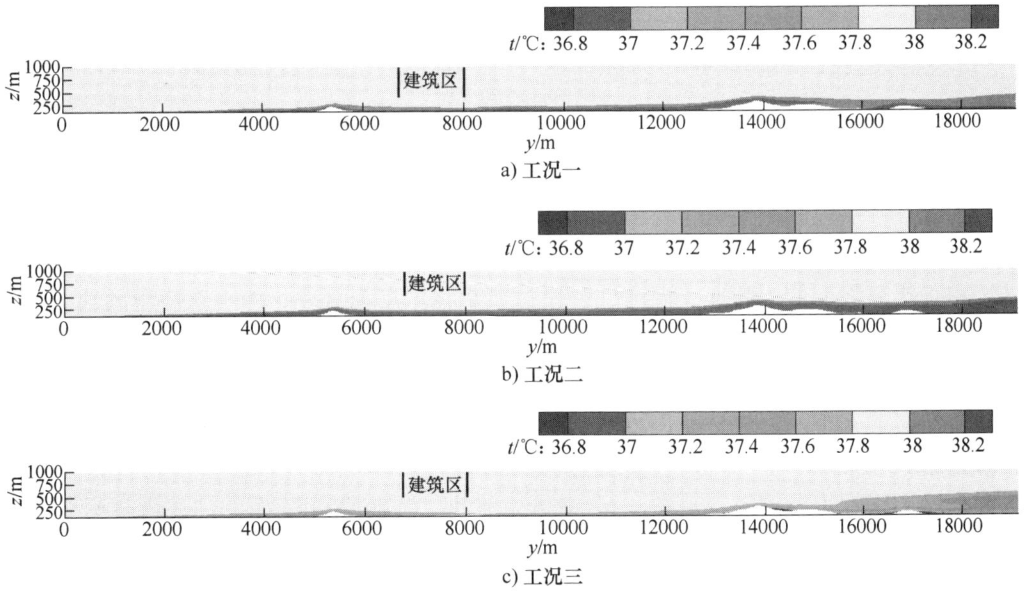

图 3-66　三个工况下截面 $x = 13120\text{m}$ 的温度

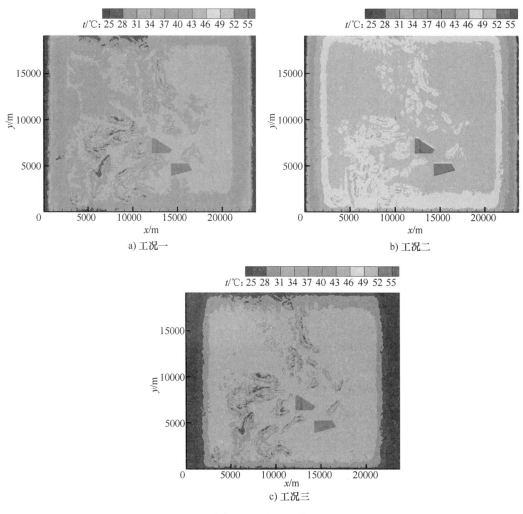

图 3-67 地面温度

为了进一步研究韶山市的热环境，这里引入相对热岛强度的概念。相对热岛强度是以研究区域的平均地表温度作为参考温度，计算当地温度与参考温度的差值。需要指出的是，以往计算相对热岛强度使用的地表温度，是通过遥感技术反演获取，而本章使用的地表温度是通过 Fluent 的地面导热模型计算得出，因此本章所提到的相对热岛强度与传统的相对热岛强度有所不同。这里相对热岛强度的大小，代表的是相应区域对整体热环境的影响程度，根据相对热岛强度的大小，可调整相应区域的分布，以达到优化城镇热环境的目的。城镇热环境情况可根据研究区域的平均地表温度进行判断。

在计算平均地表温度时，从图 3-67 中可以看出，靠近两侧壁面的地表温度较低，这是由于壁面设置为半透明壁面，辐射直接通过壁面向外辐射，因此靠近壁面的地表温度较低，为了减少相对热岛强度的计算误差，因此计算地表平均温度时排除与边界距离少于 4.5km 的区域。由此可以得到各个区域的相对热岛强度。表 3-7 所示为各个工况下的相对热岛强度。从表中可以看出，工况一的树木区的相对热岛强度为负值，且与平均地表温度相差较大，说明树木在工况一的条件下，对地表温度有降低的作用，且降低的幅度值较大，此时提高树木的覆盖率，可有效地调节研究区域内的热环境，而建筑区对整体地表温度有着升高的作用，且升高的幅度较大。

表 3-7　各工况各区域的相对热岛强度　　　　（单位：℃）

工况	建筑区	土壤区	草地区	灌木区	树木区
一	15.78	—	4.86	3.04	−7.88
二	5.23	−0.09	—	—	—
三	22.83	—	—	—	−0.33

　　对比三个工况可以看出，当植被率下降为零时，建筑区的相对热岛强度降低，表明建筑区与研究区域的热环境的差异在减少，但此时地表整体的平均温度在上升，地表平均温度为48.81℃，表明研究区域内的热环境较差；当植被率上升时，建筑区的相对热岛强度增大，说明建筑区与研究区域的热环境的差异在增大，此时的地表平均温度较低，表明研究区域内的热环境较优。

　　图 3-68 所示为植被覆盖率与研究区域地表温度的关系，其中草地与灌木都根据吸热量折算为树木覆盖率。从图中可以看出，随着植被率的增加，地表平均温度在降低，但降低幅度逐渐减小，这说明随着植被的增加，地表温度会趋向于一个平衡值。由于本章只对三种工况进行了研究，因此具体的变化规律仍需要进一步研究，但总体上来说，当植被覆盖率从 0% 变化到 99%，平均每升高 10%，地表平均温度下降 1.74℃。

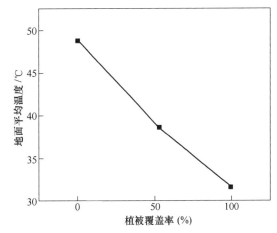

图 3-68　植被覆盖率与地面平均温度的关系

　　这里分别采用三种植被覆盖率对韶山市热环境进行模拟，分析不同植被覆盖率下韶山市的风场及温度场，并基于相对热岛强度以及地表平均温度，探讨植被覆盖率与韶山市热环境的关系。结果显示，植被覆盖率平均每升高 10%，地表平均温度下降 1.74℃，植被覆盖率的增加，会增加近地面的湍流强度，降低近地面的风速。若要对韶山市局部的热环境进行深入的研究，可采用嵌套计算方法对局部区域的流场进行深入的分析。

3.6　树冠对太阳辐射消解影响的模拟

3.6.1　基于 SketchUp 的树冠模型

　　树冠按相同高度分为 8 部分，以树冠 9 点高度为其一控制点及其一一对应的树冠半径值为另一控制点。树冠曲线均由 3 段曲线、树冠高度、树冠顶点、树冠底点构成 4 段基础半树冠平面，并使用 SketchUp 的"路径跟随"等功能得树冠旋转体模型。图 3-69 为以左侧半径、右侧半径，左、右侧半径最大值模拟的树冠模型。

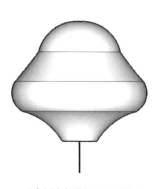

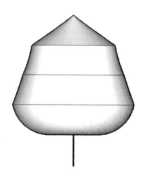

以左侧半径模拟的树冠模型

以右侧半径模拟的树冠模型

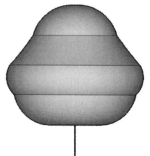

以左、右侧半径最大
值模拟的树冠模型

图 3-69　分点 4 段树冠二维模型

三个树冠模型（图 3-70）的相关参数见表 3-8、表 3-9。

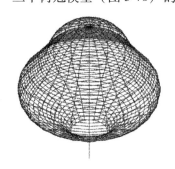
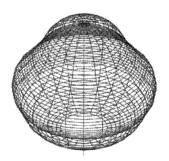

图 3-70　9 分点 4 段树冠三维模型

表 3-8　分点 4 段树冠结构数据

树冠分点	0	1	2	3	4	5	6	7	8
分点距冠顶高度/cm	0	78.8	157.6	236.4	315.2	394	472.8	551.6	630.4
分点树冠左侧半径/cm	0	184.8	222.5	284.3	351.8	368.3	313.2	161.8	96.3
分点树冠右侧半径/cm	0	108.8	224.8	243.4	272.8	299.5	328.8	293	119.7
左右侧半径最大值/cm	0	184.8	224.8	284.3	351.8	368.3	328.8	293	119.7

表 3-9 分点 4 段树冠实体数据

	树冠表面积/cm^2	树冠体积/cm^3
以左侧半径计算	1343251.32	134962266.1
以右侧半径计算	1192716.97	120860403.6
以最大值计算	1425891.96	158464855.8

3.6.2 基于 SketchUp 和 Photoshop 的树冠孔隙率及树影光斑率模拟

选取左、右侧半径最大值模拟的树冠模型进行进一步模拟。对于孔隙率及其对不同时段树影对光斑率造成的影响，建立了表面孔洞-内部中空的树冠模型（图 3-71），取树冠厚度为 0.01 倍树冠半径值，并利用 SketchUp 的"模型交错"等功能，在中空树冠模型表面以横向等角度 12 个、纵向等距离 8 层的密度打洞，用以模型交错的圆珠底面半径为 25cm。

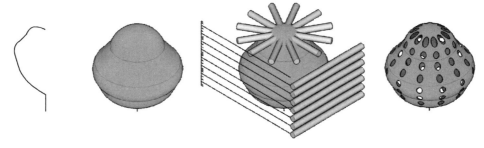

图 3-71 树冠孔隙模型构造过程

利用 SketchUp 的"阴影"功能，在北纬 28.2°、东经 113.067°（长沙）的地理位置信息下，进行了 2016 年 7 月 17 日北京时间 6~18 时的树影模拟。

利用 Photoshop 的像素信息可求得各时刻树影的孔隙率（图 3-72）。各时刻相关数据见表 3-10、表 3-11。

表 3-10 各时刻树影面积及孔隙率数据

时刻	比例尺像素/px	比例尺面积/cm^2	阴影像素/px	光斑像素/px	面积像素比/(cm^2/px)	阴影面积/cm^2	光斑面积/cm^2	孔隙率
6	467172	1000000	3252206	20824	2.140539245	6961474.575	44574.58923	0.64%
7	3788862	1000000	4919148	173741	0.263931492	1298318.07	45855.72132	3.41%
8	3788862	1000000	2804097	99768	0.263931492	740089.5044	26331.91708	3.44%
9	3786916	1000000	2049484	66125	0.26406712	541201.3364	17461.43828	3.13%
10	3786916	1000000	1702208	59978	0.26406712	449497.1634	15838.21769	3.40%
11	3788862	1000000	1576431	78680	0.263931492	416069.7856	20766.12978	4.75%
12	3786916	1000000	1523010	95389	0.26406712	402176.8637	25189.09846	5.89%
13	2951524	1000000	1189221	69414	0.338808019	402917.6114	23518.01984	5.52%
14	5557806	1000000	2305146	112311	0.179927115	414758.2697	20207.79423	4.65%
15	5555449	1000000	2464479	88128	0.180003452	443614.7285	15863.34426	3.45%
16	5557806	1000000	2912121	97014	0.179927115	523969.5304	17455.44915	3.22%
17	5560164	1000000	3909015	136929	0.17985081	703039.5147	24626.79158	3.38%
18	6145441	1000000	7274684	223981	0.162722252	1183752.964	36446.69276	2.99%

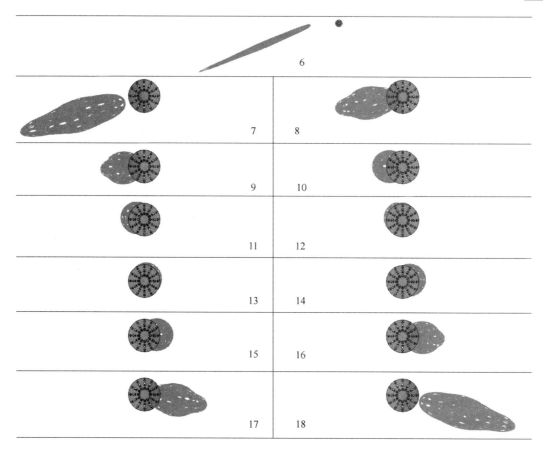

图 3-72 各时刻树影模拟

表 3-11 各时刻树影长度及方位角数据

时刻	比例尺像素 /px	比例尺长度 /cm	阴影像素 /px	长度像素比/ （cm/px）	阴影长度 /cm	阴影方位角 /(°)
6	151	1000	1940	6.622516556	12847.68212	67.61311979
7	696	1000	1750	1.436781609	2514.367816	74.04008171
8	930	1000	1331	1.075268817	1431.182796	79.97238135
9	773	1000	790	1.293661061	1021.992238	85.96859184
10	1214	1000	987	0.823723229	813.014827	92.95250866
11	1283	1000	974	0.779423227	759.1582229	103.5077964
12	1140	1000	842	0.877192982	738.5964912	131.4862562
13	1338	1000	987	0.747384155	737.6681614	-138.7883436
14	1092	1000	825	0.915750916	755.4945055	-105.3616425
15	1452	1000	1161	0.688705234	799.5867769	-93.94471834
16	1390	1000	1375	0.71942446	989.2086331	-86.73099349
17	1270	1000	1724	0.787401575	1357.480315	-80.6782367
18	1173	1000	2682	0.852514919	2286.445013	-74.77072098

注：1. 阴影长度为太阳直射方向上的长度。

2. 阴影方位角以正南为基准，向东为负，向西为正。

3.6.3　基于 MATLAB 的太阳辐射消解作用模拟

模拟参数见表 3-12、表 3-13。

表 3-12　参数取值

日期	纬度	经度	大气透明度	地表反射率	地表空气表面传热系数
2016.7.17	28.2°N	113.067°E	0.65	0.2~0.9	17W/(m²·K)

表 3-13　温度取值

时刻	6	7	8	9	10	11	12	13	14	15	16	17	18
温度/℃	20	22	23	24	27	27	27	29	29	29	30	29	28

地表综合温度计算公式：

$$T_Z = T_0 + \frac{\alpha I}{h} \tag{3-51}$$

式中，T_Z 为地表综合温度（℃）；T_0 为室外空气温度（℃）；α 为地表吸收率（与地表反射率和为 1）；I 为太阳总辐射照度（W/m²）；h 为地表空气表面传热系数[W/(m²·℃)]。

式（3-51）可以帮助获得典型地表反射率条件下的地面综合温度，其中，当地表反射率为 0.6~0.7 时，相关结果与笔者多年的感受较为一致，大致符合当地情况。这一结果对于分析下垫面相关热特性有一定帮助和指导意义，相关结果参见表 3-14~表 3-21、图 3-73~图 3-81。

表 3-14　地表反射率为 0.2 时模拟结果数据

时刻	无树影地面综合温度/℃	有树影地面综合温度/℃	消解率
6	20.47	20.00	2.28%
7	31.04	22.31	28.12%
8	44.04	23.72	46.13%
9	57.27	25.04	56.28%
10	70.81	28.49	59.77%
11	78.48	29.45	62.48%
12	82.67	30.28	63.37%
13	84.91	32.09	62.21%
14	81.19	31.43	61.29%
15	73.89	30.55	58.66%
16	64.64	31.12	51.86%
17	51.54	29.76	42.26%
18	38.26	28.31	26.01%

表 3-15　地表反射率为 0.3 时模拟结果数据

时刻	无树影地面综合温度/℃	有树影地面综合温度/℃	消解率
6	20.41	20.00	2.00%
7	29.91	22.27	25.53%
8	41.41	23.63	42.92%
9	53.11	24.91	53.10%
10	65.34	28.30	56.68%
11	72.05	29.14	59.55%
12	75.71	29.87	60.55%
13	77.92	31.70	59.32%
14	74.66	31.12	58.32%
15	68.28	30.36	55.54%
16	60.31	30.98	48.64%
17	48.72	29.67	39.11%
18	36.98	28.27	23.55%

表 3-16　地表反射率为 0.4 时模拟结果数据

时刻	无树影地面综合温度/℃	有树影地面综合温度/℃	消解率
6	20.35	20.00	1.72%
7	28.78	22.23	22.75%
8	38.78	23.54	39.29%
9	48.95	24.78	49.38%
10	59.86	28.12	53.03%
11	65.61	28.83	56.05%
12	68.75	29.46	57.15%
13	70.93	31.31	55.85%
14	68.14	30.82	54.77%
15	62.67	30.16	51.87%
16	55.98	30.84	44.91%
17	45.91	29.57	35.58%
18	35.69	28.23	20.91%

表 3-17　地表反射率为 0.5 时模拟结果数据

时刻	无树影地面综合温度/℃	有树影地面综合温度/℃	消解率
6	20.29	20.00	1.44%
7	27.65	22.19	19.73%
8	36.15	23.45	35.12%
9	44.79	24.65	44.97%
10	54.38	27.93	48.64%

（续）

时刻	无树影地面综合温度/℃	有树影地面综合温度/℃	消解率
11	59.18	28.53	51.79%
12	61.79	29.05	52.99%
13	63.94	30.93	51.63%
14	61.62	30.52	50.47%
15	57.06	29.97	47.48%
16	51.65	30.70	40.56%
17	43.09	29.48	31.59%
18	34.41	28.19	18.08%

表 3-18　地表反射率为 0.6 时模拟结果数据

时刻	无树影地面综合温度/℃	有树影地面综合温度/℃	消解率
6	20.24	20.00	1.16%
7	26.52	22.15	16.46%
8	33.52	23.36	30.30%
9	40.64	24.52	39.66%
10	48.91	27.74	43.27%
11	52.74	28.22	46.49%
12	54.84	28.64	47.77%
13	56.95	30.54	46.37%
14	55.09	30.21	45.16%
15	51.45	29.77	42.13%
16	47.32	30.56	35.42%
17	40.27	29.38	27.04%
18	33.13	28.15	15.02%

表 3-19　地表反射率为 0.7 时模拟结果数据

时刻	无树影地面综合温度/℃	有树影地面综合温度/℃	消解率
6	20.18	20.00	0.87%
7	25.39	22.12	12.89%
8	30.89	23.27	24.66%
9	36.48	24.39	33.13%
10	43.43	27.56	36.54%
11	46.31	27.92	39.71%
12	47.88	28.23	41.04%
13	49.96	30.16	39.64%
14	48.57	29.91	38.42%

（续）

时刻	无树影地面综合温度/℃	有树影地面综合温度/℃	消解率
15	45.84	29.58	35.46%
16	42.99	30.42	29.24%
17	37.45	29.29	21.81%
18	31.85	28.12	11.72%

表 3-20　地表反射率为 0.8 时模拟结果数据

时刻	无树影地面综合温度/℃	有树影地面综合温度/℃	消解率
6	20.12	20.00	0.58%
7	24.26	22.08	8.99%
8	28.26	23.18	17.97%
9	32.32	24.26	24.93%
10	37.95	27.37	27.88%
11	39.87	27.61	30.75%
12	40.92	27.82	32.01%
13	42.98	29.77	30.73%
14	42.05	29.61	29.59%
15	40.22	29.39	26.94%
16	38.66	30.28	21.68%
17	34.64	29.19	15.72%
18	30.56	28.08	8.14%

表 3-21　地表反射率为 0.9 时模拟结果数据

时刻	无树影地面综合温度/℃	有树影地面综合温度/℃	消解率
6	20.06	20.00	0.29%
7	23.13	22.04	4.72%
8	25.63	23.09	9.91%
9	28.16	24.13	14.31%
10	32.48	27.19	16.29%
11	33.44	27.31	18.33%
12	33.96	27.41	19.28%
13	35.99	29.39	18.35%
14	35.52	29.30	17.51%
15	34.61	29.19	15.65%
16	34.33	30.14	12.21%
17	31.82	29.10	8.56%
18	29.28	28.04	4.25%

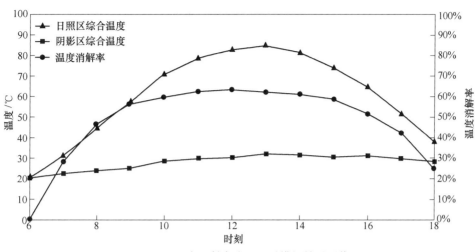

图 3-73　地表反射率为 0.2 时模拟结果图像

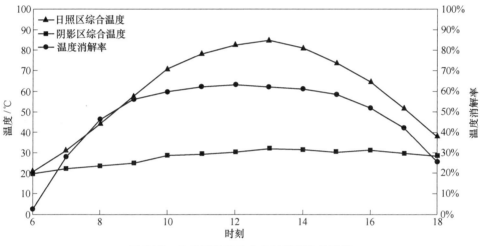

图 3-74　地表反射率为 0.3 时模拟结果图像

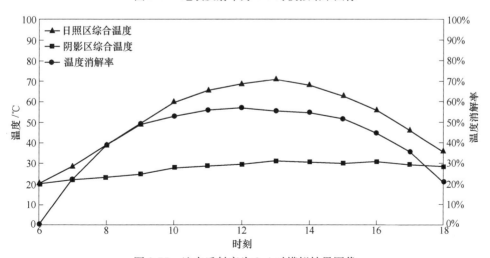

图 3-75　地表反射率为 0.4 时模拟结果图像

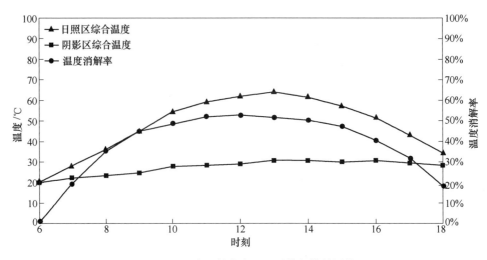

图 3-76　地表反射率为 0.5 时模拟结果图像

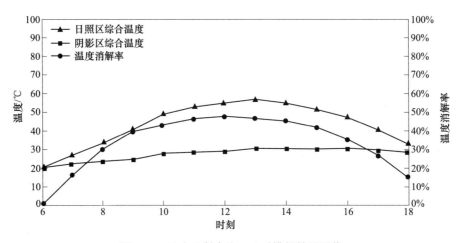

图 3-77　地表反射率为 0.6 时模拟结果图像

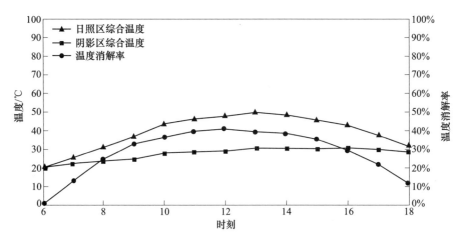

图 3-78　地表反射率为 0.7 时模拟结果图像

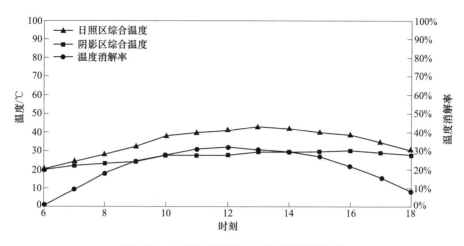

图 3-79　地表反射率为 0.8 时模拟结果图像

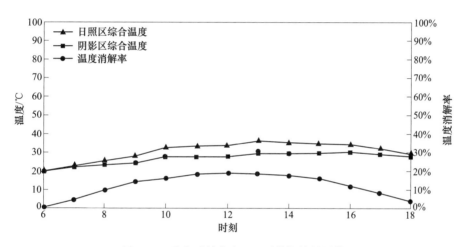

图 3-80　地表反射率为 0.9 时模拟结果图像

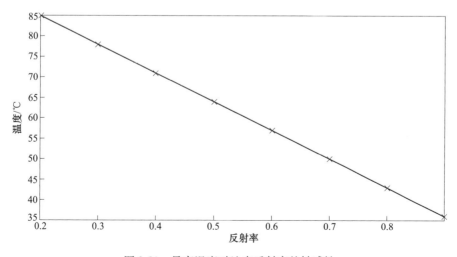

图 3-81　最高温度对地表反射率的敏感性

3.6.4 树冠模型现场测试与分析实验

借助米尺、黑球温度计、多功能温湿度计、热球风速仪、笔、笔记本式计算机，笔者安排学生在长沙（长株潭地区）某学生公寓广场于 2017 年 5 月 14 日进行了一个典型日的测试，如图 3-82 所示，通过米尺测量树的树冠宽度、树干高度、树影长度；并根据树影长度及当时的太阳高度角计算出树的总高度。进而建立树木模型，粗略计算出树的体积和表面积。

图 3-82　实测树影示意图

计算树木高度：

当日 8 时太阳高度角为 29.75°，通过太阳高度角定义可知树高 H 与影长 L 的关系为 $H = L \times \tan\beta$；代入 $L = 810\text{mm}$，得 $H = 463\text{mm}$。

测得树干高度为 150mm，于是树冠高度为 463mm−150mm＝313mm。

模拟估计体积（上半部分以半球计算，下半部分以圆柱计算）：

$$\left[\frac{4}{3} \times \pi \times 2.25^2 \times 0.5 + \pi \times 2.25^2 \times (3.13 - 2.25)\right] \text{m}^3 = 37.83\text{m}^3$$

模拟估计表面积：

$$\left[0.5 \times 4 \times \pi \times 2.25^2 + \pi \times 2.25^2 + \pi \times 2.25 \times 2 \times 0.88\right] \text{m}^2 = 60.15\text{m}^2$$

现场测试选定时间是 2017 年 5 月 14 日，纬度为 28.2°N，经度为 113.067°E，大气透明率为 0.80（较好的晴天），地面反射率为 0.26（草地），开始时间为 6 点（北京时间），终止时间为 18 点（北京时间），时间间隔为 1h，方位角 0°，倾斜角 0°，室外温度为 $t_\text{w} = 28℃$（据当天气象台所给数据计算而得），周边围护结构外表面的辐射吸收系数为 $\rho = 0.8$，周边围护结构外表面表面传热系数取 $h = 17\text{W}/(\text{m}^2 \cdot ℃)$。主要测试结果见表 3-22。

对实验数据（尤其是树下黑球温度和湿度）进行分析可知，树下黑球温度主要趋势为：在正午之前，随时间升高；正午之后，随时间下降。这同常识相符合。但结合树下干球温度与气象台所播报的当时空气温度相比后发现，树下干球温度在早晨及傍晚时会低于周边环境温度，这同我们的认知稍有出入，因为一般认为树木对阳光只是有遮挡作用，因此能够减少

表 3-22　树荫环境参数表

时刻	干球温度 （树下）/℃	相对湿度 （%）	风速 /（m/s）	黑球温度 （日照下）/℃	黑球温度 （树下）/℃
6：00	25.5	44	0.43	35.7	26.6
7：00	26.2	46	0.25	37.2	28.4
8：00	25.9	43	0.20	37.6	28.9
9：00	28.6	39	1.04	39.2	32.1
10：00	29.9	52	0.33	42.6	32.7
11：00	30.2	58	0.17	47.2	34.3
12：00	31.8	61	0.25	45.1	35.3
13：00	29.2	60	2.00	40.2	31.8
14：00	28.9	53	0.09	39.6	32.3
15：00	27.8	47	0.19	37.4	31.2
16：00	27.2	46	0.31	34.7	29.4
17：00	26.6	42	1.05	33.2	27.7
18：00	26.1	45	0.13	32.6	26.5

树下太阳辐射——即能够降低树下黑球温度，但是由于空气对流的存在，树下干球温度应同周边空气温度相一致或差别不大。与此同时，可以发现在中午时分，树下黑球温度远高于其他时间，并且增速加强，同时在中午时分，树下相对湿度也较高，这也值得深入思考。根据进一步对数据的研究以及结合了树木和周边植物的生命活动后得出了对这两个现象的较为合理的解释：清晨及傍晚时，树木蒸腾作用剧烈，树木迅速地将土壤中的水分以蒸腾作用的方式转化为水蒸气散发到空气中，使得树下温度下降；而在中午时，空气温度迅速升高，使得下垫面——草地中的水分也开始大量蒸发，其次温度较高时，树木叶片上的保卫细胞脱水致使气孔关闭，蒸腾作用效率降低，并且在正午时分周围空气温度也较高，在三者的相互作用下，相当于在树下形成了一个小范围高湿度环境，从而导致树下黑球温度有较大幅度升高。

结合上述思考，在模拟程序中加以修正，在清晨及傍晚时对综合温度稍做减小，在中午时分对综合温度稍做提高（表 3-23）。

（可以发现 13：00 时树下黑球温度、日照下黑球温度及树下干球温度均较低，通过调查实验数据及实验记录可知，13：00 时太阳曾被云层遮挡，故导致上述现象产生）

表 3-23　树荫辐射参数（云层修正）

时间	直射/W	散射/W	反射/W	总辐射/W	综合温度/℃
6：00	213.19	2.88	0.00	216.07	26.71
7：00	609.75	36.76	0.00	646.51	28.13
8：00	792.14	62.41	0.00	854.55	28.81
9：00	890.74	74.40	0.00	965.14	31.18
10：00	947.25	81.40	0.00	1028.65	32.39
11：00	978.55	85.31	0.00	1063.85	33.50

（续）

时间	直射/W	散射/W	反射/W	总辐射/W	综合温度/℃
12：00	992.05	87.00	0.00	1079.05	33.55
13：00	990.58	86.82	0.00	1077.40	33.54
14：00	973.84	84.72	0.00	1058.56	32.49
15：00	938.28	80.28	0.00	1018.56	31.36
16：00	875.12	72.48	0.00	947.60	29.12
17：00	764.38	59.09	0.00	823.47	28.71
18：00	554.85	28.26	0.00	583.11	27.92

根据对不同时刻树木在地上的投影进行测量后发现，在实验时间中，该树平均孔隙率为 0.13。通过对比不同时刻的日照下黑球温度及树下黑球温度后不难发现，太阳直射下的黑球温度始终要比树下黑球温度高出 5℃ 以上，而在正午时分——即树下黑球温度也有较大幅度升高的时候，两者黑球温度差更是达到了 10℃ 以上。可见树木可以有效地削减太阳辐射，缓解地表温升。但如果下垫面为草地或泥土等能储藏水分的材料，或将导致正午时分周边湿度大幅增加，反倒使人觉得闷热，热舒适度下降。从总体上看，树木对于太阳辐射的消解能降低综合温度和增强人体热舒适的感觉（树下）。

3.7 环境信息关联模型及植被对 PM2.5 浓度的影响——以北京市不同市辖区为例

PM2.5 是形成雾霾的主要因素之一[58-62]，并且会对人体健康造成很大威胁[61]，国内外从 20 世纪末期开始就已对 PM2.5 展开了一系列的研究[62-64]。由于各地环境监测水平不一，到目前为止我国绝大部分城市对于 PM2.5 等空气质量参数的监测与发布是不完善的，韶山也不例外。相比较而言北京作为我国首都，其环境参数监测与发布相对完善。考虑到植被对温湿度及 PM2.5 等空气质量参数的影响，为了便于对比及作为今后的城市建设参照，课题组对北京不同市辖区 PM2.5 与植被的关系开展了一定的研究，希望相关方法可以成为类韶山城市环境规划的参照之一。众所周知，北京市近年来一直饱受雾霾天气的影响[65]，研究结果显示，北京市的雾霾增加了居民患呼吸道疾病的风险[66]，北京市 PM2.5 是造成北京市大气能见度下降的主要原因[67,68]，在不同程度的雾霾天北京市 PM2.5 浓度城郊差异有着明显的不同[69]。由于地形原因，不同大气环流形势对北京市 PM2.5 浓度也有很大影响[70]。气流输运现象也是影响北京市 PM2.5 污染的重要原因。对京津冀地区雾霾的研究表明了 PM2.5 区域污染的严重性，非常有必要进行区域联防[71-73]。PM2.5 的累积与气象要素密不可分[74-76]，稳定的天气系统会导致 PM2.5 浓度升高[77]，温度、相对湿度、风速、降水等气象要素均与 PM2.5 有较高的相关性[79-81]，但其影响存在一定的延迟[82]。

由于植被可以降低城市空气污染程度[83]并且沉降 PM2.5[84]，植被与 PM2.5 之间的影响效应是现在许多学者的研究重点之一。植物叶片表面存在的沟状结构，气孔以及表面的特殊分泌物，因此植被沉降 PM2.5 的方式主要分为滞留、附着、黏附[85]。许多学者从不同尺度上对植物的滞尘能力进行了分析，如叶片[86-88]、单体植物[89,90]、植被群落[91,92]。有研究表明，气象要素的变化会对植被沉降 PM2.5 的能力产生影响[93,94]，反之，关于植被是否会对气象要素与 PM2.5 间的关系产生影响这一问题却鲜有研究。由于北京地区关于 PM2.5 的监测数据相较其他城市更为完整，监测点分布更为广泛，并且易受到其他区域的大气污染影响，本章以北京市为例，提出一种新的方法，建立环境信息关联模型，分别利用向量自回归模型（VAR）和逐步回归法分析北京不同区气象要素及区域污染对每个区局地 PM2.5 的影响，并以此为基础研究了植被对 PM2.5 的二次影响，期望有助于全方位把控环境与 PM2.5 之间的关系。

3.7.1　辖区介绍

本研究选取北京市环境监测中心所提供的 24 个 PM2.5 监测站点的数据进行分析。所有站点的 PM2.5 逐小时数据均由监测中心网上发布的信息得到。北京市 16 个市辖区的气象数据来自于中国气象数据网发布的逐小时气象数据。北京市各市辖区绿化率来自北京市统计年鉴，见表 3-24。

气象参数对于 PM2.5 污染的影响主要还是以短期作用为主，但 24h 的 PM2.5 浓度数据波动比较大，建立 VAR 模型时容易出现不平稳的情况，因此选择取多天连续的时间来进行建模分析。

表 3-24　北京市各市辖区绿化率统计数据

市辖区	东城	西城	朝阳	丰台	海淀	石景山	房山	大兴
绿化率	19.1%	14.6%	24.9%	39.7%	40.6%	40.6%	59.9%	29.5%
市辖区	通州	顺义	昌平	门头沟	平谷	怀柔	密云	延庆
绿化率	32.4%	35.6%	66.7%	65.9%	71.3%	78.9%	72.5%	70.0%

北京市环境监测中心提供的 PM2.5 监测站点一共有 35 处，由于 PM2.5 监测站点存在仪器故障等问题，部分日期部分站点的 PM2.5 数据存在较大缺失，故选取 8 月 17 日至 21 日数据较全的 24 个站点来进行分析。站点编号和对应的站点见表 3-25。有研究表明，北京大气 PM2.5 污染过程呈现出明显的周期性，平均周期为 5 ~ 7d[95]，因此选择五天的 PM2.5 逐小时数据进行研究是具有合理性的。

表 3-25　北京市 PM2.5 监测站点和编号

编号	1	2	3	4	5	6	7	8	9	10	11	12
站点	官园	万寿西宫	东四	天坛	奥体中心	农展馆	大兴	亦庄	永乐店	顺义	丰台花园	云岗
编号	13	14	15	16	17	18	19	20	21	22	23	24
站点	石景山	万柳	北部新区	房山	门头沟	昌平	定陵	延庆	八达岭	平谷	密云	怀柔

3.7.2　不同市辖区的环境信息关联模型

1. 气象对 PM2.5 浓度影响的模型分析——以 VAR 模型为基础

向量自回归模型（VAR）是基于数据统计特性而建立的数学模型，能够对相互联系的时间序列变量系统进行有效的预测，也可用于分析不同类型的随机扰动对系统各变量的动态影响。VAR 模型是一种常用的计量经济模型，也是处理多个相关经济指标的分析与预测最容易操作的模型之一，但由于它的建立并不是以经济意义为基础，近些年开始有学者尝试将 VAR 模型应用在其他领域[96]。

VAR 模型的基础表达式如下：

$$y_t = A_1 y_{t-1} + \cdots + A_p y_{t-p} + B x_t + \varepsilon_t \quad t = 1, 2, \cdots, T \tag{3-52}$$

式中，y_t 为 k 维内生变量；x_t 为 d 维外生变量向量；p 为维滞后期；T 为样本个数；A，B 为 $k \times k$ 维；$k \times d$ 维系数矩阵；ε_t 为 k 维扰动向量。扰动向量 ε_t 间可以同期相关，但不可与自身滞后值及等号右侧变量相关。

VAR 模型主要是研究短期内各变量之间的影响关系，也可以对样本外时间序列进行预测。本研究以 VAR 模型为环境信息关联模型核心，分析植被在气象对 PM2.5 浓度影响基础上的二次影响。

2. 数据处理

为了消除数据的共线性以及异方差，将 8 月 17 日至 21 日这五天的 PM2.5、温度、相对湿度及 10m 处平均风速的逐小时数据取对数，记为 LNPM2.5、LNTEMP、LNRHU、LNWIND。将这四个变量均作为系统的内生变量，每一个变量的样本个数为 120 个。

3. ADF 单位根检验

对所有取对数后的变量进行 ADF 根检验。所有站点的 LNTEMP、LNRHU、LNWIND 序列均在 5% 的置信水平显示稳定，24 个站点中除去奥体中心、八达岭、官园外，所有站点 LNPM2.5 序列在 5% 的置信水平显示稳定。由于本研究并不对 PM2.5 浓度进行预测，主要用来研究脉冲响应情况，因此仅需保证由站点四个变量构成的 VAR 模型稳定即可。

4. VAR 模型滞后期的确定和稳定性检验

在 VAR 模型滞后期的选择上，一方面想要滞后期数足够大以完全反映模型的动态特征，但另一方面当滞后期增加，模型的自由度变会减小。因此选择一个合适的滞后期数在建立 VAR 模型时是很重要的。

对每个站点建立 VAR 模型，根据 AIC 的值选取 VAR 模型的最佳滞后期（表 3-26）并对模型进行 AR 检验。单位圆检验结果如图 3-83 所示（以怀柔为例，其他结果略）。显示北京市 24 个站点的 VAR 模型均没有根位于单位圆外，所有 VAR 模型均显示稳定，可以构造脉冲响应函数。

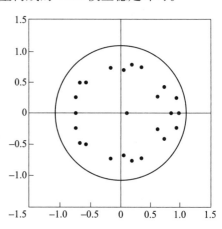

图 3-83 怀柔 VAR 模型单位根检验

表 3-26 各区 VAR 模型滞后期的选择

站点	滞后期	AIC	站点	滞后期	AIC	站点	滞后期	AIC
官园	2	-7.426646	永乐店	2	-7.448963	门头沟	4	-7.206421
万寿西宫	2	-7.855017	顺义	3	-7.505937	昌平	3	-7.415519
东四	2	-8.071298	丰台花园	3	-5.422035	定陵	3	-7.292077
天坛	2	-7.703897	云岗	3	-7.643935	延庆	4	-8.294949
奥体中心	2	-6.937935	万柳	3	-5.822523	八达岭	4	-7.693198
农展馆	2	-6.691225	北部新区	2	-5.649394	平谷	2	-7.511302
大兴	2	-6.708177	古城	2	-6.724789	密云	3	-6.352474
亦庄	2	-7.330490	房山	3	-6.58825	怀柔	6	-6.687786

注：AIC 表示赤池信息准则统计量，它建立在熵的概念基础上，可以权衡所估计模型的复杂度和此模型拟合数据的优良性。赤池信息准则的方法是寻找可以最好地解释数据但包含最少自由参数的模型。

5. 脉冲响应函数

脉冲响应函数法可以用来分析当模型受到某种扰动或一个误差项的发生，对系统的动态影响。它常利用残差协方差矩阵的 Cholesky 因子的逆来正交化脉冲，但这样会导致建立的 VAR 模型的变量存在一个强加的顺序，改变变量加入 VAR 模型的顺序对脉冲响应的结果影响非常大。为了更加有效地观察各变量扰动对 PM2.5 浓度的影响，这里采用 Pesaran 和 Shin 提出的广义脉冲响应函数[97]，使脉冲响应结果不再受变量的添加次序影响。

3.7.3　区域环境对 PM2.5 浓度影响的模型分析

区域环境是指每个市辖区周围区域污染的情况。PM2.5 悬浮在空气中很容易被气流裹挟出现远距离的输运现象[98]。北京地势西北高东南低，西部、北部、东北部三面环山，大气局地环流明显[99]。研究表明，低层大气 PM2.5 浓度主要受到北京当地污染物的影响[100]，北京各区发展水平不均，下垫面状况差异巨大，北京各区之间的污染存在明显的影响[101]。

传统对 PM2.5 区域影响的研究主要通过研究气团轨迹来分析研究区域污染物的来源及不同污染方向的贡献[102,103]。运用这些空气质量模型可以准确地分析出污染过程以及污染物之间的反应及协同作用，但这些模型对气象、污染源数据要求非常苛刻，计算量也很大。由于本研究旨在分析植被在 PM2.5 区域影响中起到的作用，因此无须使用气团轨迹进行分析，而选取更为简单直接的方法。

逐步回归法作为多元线性回归的一个优化方法，其通过对每个解释变量进行 F 检验及 t 检验并建立单独解释变量对被解释变量的回归方程，将对被解释变量贡献最大的解释变量的回归方程作为基础，逐个引入其他解释变量，根据其显著性决定是否引入该变量。采用逐步回归分析法可以消除多元回归中的多重共线问题，以防出现伪回归。

有学者利用逐步回归法建立了 PM2.5 与其他大气污染物以及风向的回归模型[104]，本章将采用逐步回归分析法分析北京市市辖区相互间的 PM2.5 污染影响（见表 3-27）。每一个市辖区作为被解释变量，其他区 PM2.5 浓度数据作为解释变量。因为考虑到气流输运情况会有一定的滞后性，因此在做回归分析时将 8 月 17~21 日作为一个连续的时间序列来进行分析，并选用了 9 月 29 日至 10 月 21 日的数据进行验证分析。

表 3-27　北京市各区 PM2.5 浓度区域影响逐步回归拟合方程

市辖区	拟合度 R^2	区域影响逐步回归拟合公式
东城	0.956	$y=2.515+0.573x_2+0.334x_3-0.141x_{12}+0.094x_9$
西城	0.957	$y=-3.471+0.793x_1+0.213x_4+0.17x_5$
朝阳	0.928	$y=-0.264+0.923x_1+0.185x_{11}-0.206x_7-0.18x_8$
丰台	0.858	$y=-4.515+0.383x_2+0.359x_7+0.243x_6$
海淀	0.882	$y=0.093+0.456x_6+0.315x_2+0.181x_{10}-0.284x_{16}+0.224x_{11}$
石景山	0.895	$y=0.510+0.552x_{12}+0.207x_4+0.140x_9+0.384x_5-0.194x_1+0.230x_{16}-0.275x_{15}$
房山	0.772	$y=7.259+0.367x_4+0.254x_{12}+0.524x_8-0.282x_9$
大兴	0.913	$y=4.635+0.294x_9+0.377x_7+0.285x_{15}+0.622x_1-0.280x_3+0.100x_{10}$
通州	0.720	$y=9.745+1.191x_8-0.606x_7+0.297x_{11}$
顺义	0.737	$y=-12.746+0.473x_{12}+0.499x_4+0.671x_{15}+0.396x_{12}-0.291x_2$
昌平	0.829	$y=-7.211+0.891x_{14}+0.377x_5-0.194x_{10}+0.191x_7$

（续）

市辖区	拟合度 R^2	区域影响逐步回归拟合公式
门头沟	0.788	$y = 8.126 + 0.584x_6 - 0.146x_9 + 0.244x_5$
平谷	0.480	$y = 15.923 + 0.271x_{10} + 0.230x_{15}$
怀柔	0.879	$y = 3.808 + 0.433x_{15} + 0.444x_{11} - 0.227x_7 + 0.230x_{16}$
密云	0.754	$y = 3.834 + 0.478x_{14} + 0.209x_{13} - 0.184x_6 + 0.229x_{10}$
延庆	0.784	$y = -4.734 + 0.84x_{14} + 0.466x_6 - 0.714x_5 + 0.389x_{13} + 0.421x_4$

注：东城 x_1，西城 x_2，朝阳 x_3，丰台 x_4，海淀 x_5，石景山 x_6，房山 x_7，大兴 x_8，通州 x_9，顺义 x_{10}，昌平 x_{11}，门头沟 x_{12}，平谷 x_{13}，怀柔 x_{14}，密云 x_{15}，延庆 x_{16}。

3.7.4 结果分析

在研究期内，根据中国气象数据网发布的逐小时数据显示，基本上只有 18 日北京地区存在大范围的少量降雨情况。研究表示降雨过程只降低 PM2.5 的质量浓度值，并不影响其日变化规律[47]，因此本研究将不考虑降水可能会引起的误差。

PM2.5 的浓度不是迅速增加的，而是存在一个累积的过程[22]，因此 PM2.5 对气象条件的响应存在一定的滞后。图 3-84 给出了北京市 24 个 PM2.5 监测站点 PM2.5 对温度、相对湿度及风速的脉冲响应曲线。可以看出，PM2.5 对相对湿度扰动的响应是这三项气象要素强度最大的，其次是地面温度，风速则是影响强度最小的一项，这与前人的研究结果一致[48]。下面依次分析 PM2.5 对各气象要素扰动的响应情况。

1. PM2.5 浓度对温度的响应

除少数市辖区外，当给温度一个标准差扰动后，PM2.5 浓度会产生一个明显的负响应，这个负响应通常在 5~15 个滞后期内达到最大值，然后随着滞后期的不断增加而趋近于 0。这是因为在一般情况下气温的升高大气分子的运动会加强，有利于 PM2.5 的垂直扩散[107]。从北京东部及南部区域的脉冲响应曲线可以看出，这些地区虽然在温度扰动发生后不久便到达负响应的最大值，但从更长的滞后期来看，温度的扰动会对 PM2.5 浓度产生一个正向拉动作用。这个情况与 I. Barmpadimos 等人的结果相似[108]。这可能是由于北京中部城市人为热以及东南部地区工业企业产生的废热上升，低层大气温度升高，并且这段时间北京市较高的相对湿度使整个大气层结构更加稳定，PM2.5 的垂直输运效果变差，利于当地细颗粒污染物的累积。而北京西部、北部及东北部地区多为山地林带，由于森林的生态调节作用，林带内的温度较外界低[109,110]，地面温度升高有利于当地大气层垂直气流交换，有助于 PM2.5 向高层大气扩散因而 PM2.5 浓度降低。但对各 VAR 模型 48 期 PM2.5 对温度的响应取绝对值绘制曲线后发现，PM2.5 对温度的响应受植被的影响并不大（$R^2 = 0.22$）。

2. PM2.5 对相对湿度的响应

给相对湿度一个标准差扰动后，PM2.5 浓度将在未来的 5~10 个之后周期内升到最大值。除了丰台区的两个监测点（丰台花园、云岗）外，其余监测点显示当相对湿度升高时，当地的 PM2.5 浓度也会随之增加。这是由于较高的相对湿度有利于二次气溶胶的生成[111]，相对湿度增加，空气中水汽含量增加，PM2.5 容易附着在水汽中悬浮在空气里无法沉降[112]。

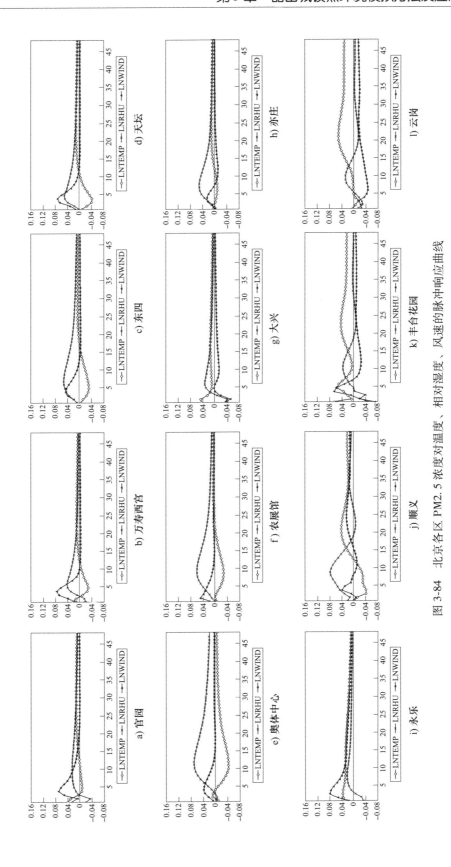

图 3-84　北京各区 PM2.5 浓度对温度、相对湿度、风速的脉冲响应曲线

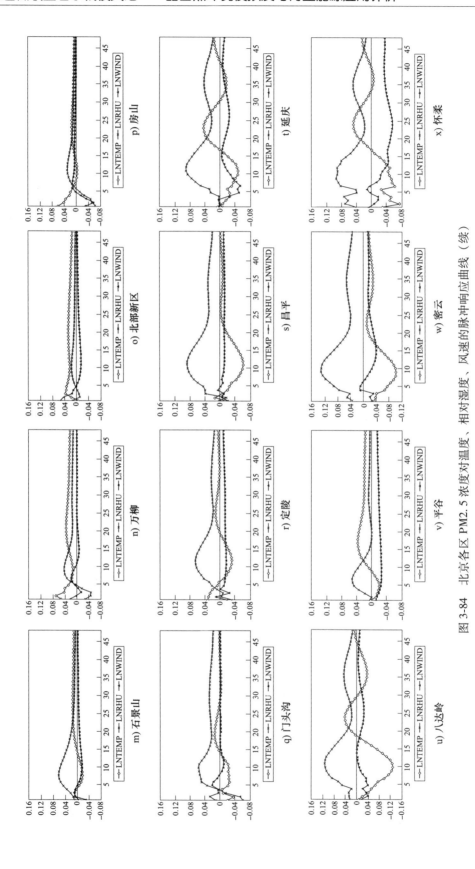

图 3-84 北京各区 PM2.5 浓度对温度、相对湿度、风速的脉冲响应曲线（续）

PM2.5 对相对湿度响应的最大值出现的滞后期随着站点地区的绿化率的增高有增大的趋势，响应的强度也随之增强。在绿化率较低区域的监测点，如天坛监测点（东城区，绿化率为 19.1%）PM2.5 的响应在第 5 期达到 0.048 最大值；万寿西宫监测点（西城区，绿化率为 14.6%）PM2.5 的响应在第 6 期达到 0.042 最大值；而在绿化率高区域，如密云监测点（密云区，绿化率为 72.5%）PM2.5 的响应在第 10 期达到 0.132 最大值，延庆监测点（延庆区，绿化率为 70.0%）PM2.5 的响应在第 11 期达到最大值 0.090。对各 VAR 模型

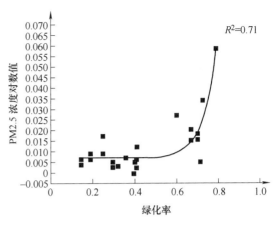

图 3-85　第 48 期各区 PM2.5 对相对湿度的响应与绿化率间关系

48 期 PM2.5 对相对湿度的响应取绝对值绘制曲线，从图 3-85 可以看出，PM2.5 受相对湿度的影响程度随着市辖区绿化率的增加呈指数函数增长。这表明 PM2.5 对相对湿度扰动的响应与绿化率有很大关系。

相对湿度与温度有很强的负相关性，因此 PM2.5 对温度与相对湿度的扰动的响应的相关性很高，单纯地采用 PM2.5 观测值与温度、相对湿度数据进行分析有时可能无法得出有明显的规律。VAR 模型可以提取出模型中时间序列之间变化的内在联系，可以更有效且简便地分析出各变量间的动态规律。

3. PM2.5 对风速的响应

对比各个区 PM2.5 对风速的响应曲线可以看出，PM2.5 对风速扰动的响应的滞后期一般较温度和相对湿度短。由于对流现象的存在，风速对 PM2.5 的影响很迅速。东西城区以及朝阳、海淀等高层建筑密集的市辖区域，PM2.5 浓度的响应会在 5 个滞后期内达到最大值并且在短时间内趋于稳定；高绿化率的林地区，PM2.5 对风速扰动的响应更持久，并且有较明显波动。对各 VAR 模型 48 期 PM2.5 对风速的响应取绝对值绘制曲线，从图 3-86 可以看出，PM2.5 受风速的影响程度随着市辖区绿化率的增加也呈指数函数增长。

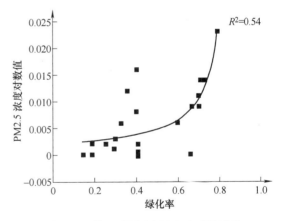

图 3-86　第 48 期各区 PM2.5 对风速的响应与绿化率间关系

研究显示 PM2.5 浓度与风速呈较显著的负相关性。增大风速有利于污染物的扩散从而使当地 PM2.5 浓度降低。但观察曲线可以发现，北京东南部区域的 PM2.5 浓度随着风速的增加而升高。这可能是由于首都核心两城区的东南方向工业污染源集中，而东南风为北京地区夏季的主导风向，因此，风速增大有助于污染地区的空气向城区扩散，类似于水体污染，城区的 PM2.5 污染也呈现出了面源污染的特点。但是城区高层建筑非常密集，气流会带起

建筑扬尘并且受到建筑物阻碍后流速降低，使得城区 PM2.5 浓度升高。这一结果与 RM Harrison 的结论相符[63]。

4. 植被对 PM2.5 的二次影响

植被可以通过沉降、阻拦及吸附等方式起到减少 PM2.5 浓度的作用，本书将这种通过植被直接作用在 PM2.5 上的影响称为一次影响。环境因素的不同会使得植被对 PM2.5 产生不同的净化作用，但植被也会改变气象要素对 PM2.5 浓度的影响，植被这种通过其他要素产生的对 PM2.5 的影响在本书中称为二次影响。

（1）基于气象要素产生的影响分析　这三项气象要素中，PM2.5 对相对湿度扰动的响应与绿化率的相关性最高，其次是风速，而 PM2.5 对温度扰动的响应与绿化率相关性不大。不同环境质量监测站点所监测到的 PM2.5 浓度对当地气象要素扰动的响应有着明显的区别。如图 3-87 所示，综合温度、相对湿度以及风速这三项气象因素来看，随着市辖区绿化覆盖率的增加，VAR 模型的最佳滞后期呈现指数增加的趋势，绿化率越高的地方，PM2.5 浓度对气象因素扰动的响应越持久。例如，中心两城区的 PM2.5 浓度只对前两个滞后期的扰动有明显的响应，接着其响应浓度将会处于逐渐的衰减；而对于绿化率较高的地区，对扰动响应滞后期可达到 4~6 阶。因此可以认为，高绿化率的区域 PM2.5 的浓度对气象要素的改变更为敏感。观察各个站点的 PM2.5 广义脉冲响应曲线可以看出，绿化率高的地区，温度、湿度以及风速的扰动会使 PM2.5 浓度的响应产生很强烈的波动，并且难以快速达到一个比较平稳或响应水平较低的状态，对于这些地区，往往需要很长的时间才能消除气象因素变化对 PM2.5 浓度带来的影响。

图 3-88 给出了各区 PM2.5 日均浓度随绿化率的变化规律，结果显示，各市辖区的 PM2.5 日均浓度值随着当地绿化率的增加而降低。除 18 日外，其他四天 PM2.5 浓度的拟合直线近似平行，这可能是由 18 日的少量降雨导致的。对其他四天线性拟合后直线的斜率取平均值为 21.14，即每当地绿化率升高 10%，当地 PM2.5 浓度将会有约为 $2\mu g/m^3$ 的下降。但是具体植被群在 PM2.5 与气象要素的关系中扮演什么样的角色仍需要更加深入的机理性研究。也可能是由于植被群对 PM2.5 的沉降作用使得污染物产量被削减，因此使得气象要素的改变对 PM2.5 的影响变得更加明显。

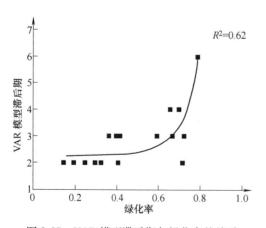

图 3-87　VAR 模型滞后期与绿化率的关系

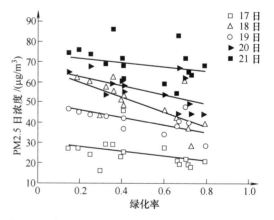

图 3-88　各区 PM2.5 日均浓度随绿化率的变化规律

（2）基于区域污染产生的影响分析。每个市辖区主要受其南部及东部市辖区的影响，并影响其北部的区域。这主要是由北京市夏季的主导风向以及北京东南方向的污染源导致的。对市辖区间的相关性进行分析可以看出，大兴、通州、顺义均为华北地区污染向北京输运的窗口区域，而 PM2.5 浓度监测结果显示很高的中心城区则更倾向于 PM2.5 输运的聚集地。

排除多重共线的情况下，用曲线的决定系数 R^2 表征 PM2.5 浓度可由其他区域解释的程度。即 R^2 越接近 1，表示该市辖区 PM2.5 浓度受其解释变量区域的影响越严重，反之该市辖区受到其他区域的贡献越小。本书中利用 8 月 17 日~21 日各区域的绿化率为横坐标，R^2 为纵坐标，绘制出 PM2.5 的受区域影响的曲线（图 3-89）。从曲线中可以看出，随着市辖区绿化率的增大，当地 PM2.5 由其他区域所表示出的拟合程度不断降低，并且使用的 9 月 29 日至 10 月 21 日的数据也反映出了同样的趋势（图 3-90）。这种情况的出现主要是由于植被可以沉降并吸附一定量的

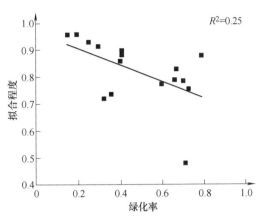

图 3-89　各区 PM2.5 浓度区域影响回归方程
$R^2(8.17\sim8.21)$ 与绿化率关系

PM2.5，因此当城市受到来自其他区域的 PM2.5 影响时，植被群变成了一个巨大的缓冲带，减小了其他区域对该市辖区的输运影响，并滞后了对当地 PM2.5 浓度的影响时间。

考虑到本书及本章的特点，作为比较，在前述 CFD 方法的基础上，还得到了考虑植被作用后韶山辖区的 PM2.5 分布特征。读者可以发现，这两种完全不同的方法可以帮助我们从不同角度来理解、认识植被对于 PM2.5 控制的贡献与作用。图 3-91 显示了由于植被的存在，韶山市近地面高度 PM2.5 浓度降低明显，其中，以树冠层底部沉降量为最大，其中山地背风面的沉降效果强于迎风面的沉降效果。除缓解植被覆盖区域的空气污染外，植被的存在会对下游区域的 PM2.5 起到一定的缓解作用，影响距离可达 8000m 左右。

针对北京不同辖区，通过建立 VAR 模型及逐步回归模型进行分析，了解植被在气象及气流输运对 PM2.5 影响中起到的作用，可以初步得到以下结论：

1）温度的升高在短期内会使得 PM2.5 浓度降低，但长期来看，温度的影响与当地的污染来源及下垫面结构有关，应当具体分析；相对湿度的升高易导致 PM2.5 浓度的增长；由于夏季主导风向及下垫面的原因，风速的少量增加会导致城区 PM2.5 聚集。

2）北京市市辖区的 PM2.5 浓度随绿化率的增加而降低，绿化率每增加 10%，市辖区 PM2.5 浓度平均会下降约 $2\mu g/m^3$。植被会影响气象要素与 PM2.5 浓度间的响应过程。随着绿化率的增加，当地 PM2.5 对气象扰动的响应越剧烈，达到最大响应的滞后期增长，达到平稳的时间也随之增加。PM2.5 对相对湿度及风速扰动的响应与当地绿化率相关较高，而对温度扰动的响应则不易受到植被的影响。市辖区的 PM2.5 浓度受其他区影响的程度与当地的绿化率之间存在负相关，这是由于植被可以形成巨大的缓冲带减弱来自其他区域污染物的传播。

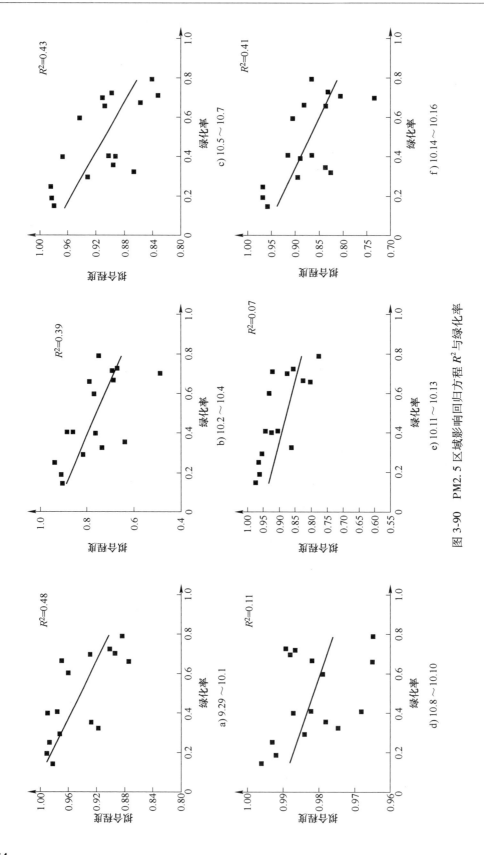

图 3-90　PM2.5 区域影响回归方程 R^2 与绿化率

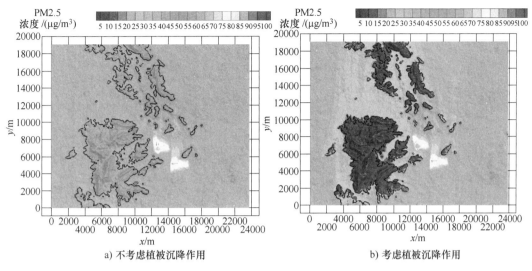

a) 不考虑植被沉降作用　　　　　　　　　　b) 考虑植被沉降作用

图 3-91　植被作用效果比较（基于 CFD 方法）

3）通过分析表明，脉冲响应曲线所刻画出的气象要素对 PM2.5 的影响规律符合已有的研究结果，因此可以使用 VAR 模型对 PM2.5 的影响因素进行快速分析。对于脉冲响应分析来说，模型建立的约束条件少，容易整体把握各因素的扰动所引起的系统动态特性。

本章通过构造环境信息关联模型，将气象因素及区域污染对 PM2.5 浓度的影响与植被的 PM2.5 清除作用联合起来，从城市区域尺度上来分析植被对 PM2.5 的影响。从模型参数特点来看，不同辖区参数可以体现出集总参数分布的特点，但同时又具有相互影响与干扰的特征，故笔者将这一方法称为植被对不同辖区 PM2.5 影响的集总参数相干分布参数模型，希望能有助于城市植被的区域规划并对未来植被与 PM2.5 浓度的深入研究起到一定的理论支撑。同时信息关联模型分析方法可以与 CFD 方法结合起来使用，这样有助于人们更好地认识植被对于热环境、PM2.5 以及其他污染物的影响与作用。

3.8　本章小结

城镇热环境关系着人类的健康、全球气候的变化，合理有效地调控城镇热环境是人类可持续发展的重要途径。为了掌握城镇热环境与影响因素之间的相互关系，深入了解城市气温与各热源、热汇之间的规律，本章从研究方法的角度，对城镇热环境数值模拟方法进行探究。首先，提出一个适合城镇热环境模拟的快速计算方法，即嵌套计算方法。通过对两种建筑群布局的模拟计算，将该方法与传统方法计算的高精度解和中精度解进行对比，验证嵌套计算结果的准确性，并且分析子计算域的大小，大计算域的网格尺寸以及插值方式等影响嵌套计算结果精度的因素。然后，本章对城市下垫面类型之一的植被提出两种简化模型，一种是植被体源温度系数模型，另一种是植被面源温度补偿模型，并与城市微尺度下的植被数值模型进行对比，通过比较流场特征以及简化模型经过嵌套计算后的流场参数，探讨简化模型的可行性。最后，以由农村转为城市的韶山市为例，对韶山市的热环境进行数值模拟研究，分析植被覆盖率对韶山市热环境的影响。本章得到的主要结论如下：

1）本章提出的嵌套计算方法可有效地降低计算量且计算结果具有较高的精确度；子计算域边界的位置推荐使用入流边界距离建筑群一倍的最高建筑高度，顶面、侧面、出流边界距离建筑群两倍的最高建筑高度；嵌套计算对不同的大计算域网格尺寸有较好的适应性，但随着大计算域的网格尺寸增大，嵌套计算的精确度会有所下降，大计算域网格尺寸的选取可按照大计算域与子计算域的网格数量在同等数量级的原则确定；反距离加权插值与常数插值得到的结果相差不大，但前者可得到较优的结果。

2）本章建立的植被体源温度系数模型以及植被面源温度补偿模型均能体现出植被的流动特征以及温度分布特性，且植被面源温度补偿模型对地面温度的计算较为准确；经过嵌套计算的两种简化模型差异不大，在植被区均能得到与基准模型一致的结果，在植被区上方以及在左右两侧得到的参数空间分布情况与基准模型有差异，但数值上的偏差可以接受，仍可作为参考。

3）韶山市的植被覆盖率平均每升高 10%，地表平均温度下降 1.74℃，植被覆盖率的增加，会增加近地面的湍流强度，降低近地面的风速。

本章探讨了关于数值模拟方面的城镇热环境研究方法，并选取韶山市作为研究对象分析其热环境与植被覆盖率以及地形之间的关系，为城镇热环境的数值模拟提供一种新的计算方法，对中尺度城市数值模拟的实现有实质性的帮助，并为城市的植被规划建设提供一定的指导性意见。然而，由于时间的限制以及数据的缺乏，本章的研究内容仍需进一步的深化，往后的工作需要注意以下几点：

1）嵌套计算方法已从数值实验中验证其可靠性，尚未从理论上定量分析其产生的误差以及提出修正偏差量的方法，若要进一步发展嵌套计算方法，则需加强理论部分的分析，以指导嵌套计算方法的优化。

2）由于时间的限制且城市下垫面复杂，且关于建筑、道路、植被的空间分布资料不全，计算域里无法显式表达出下垫面的情况，因此未能对韶山市的重点区域进行嵌套计算，从而详细分析城市内部的传热传质情况，若要深入分析韶山市热环境，则需进一步收集韶山市的建筑、道路、植被等资料，在计算域中显式表达出来。

3）由于实地测试需要较长周期才能获得较为准确的数据，且城市的空间范围较为宽广需要测量的位置点较多，从而造成实地测试难以实现，测量数据缺乏，因此模拟结果的验证无法进行，往后的研究需加强对遥感技术、风廓线雷达等方法的使用，以获取城市下垫面的温度、风速等参数。

4）由于计算的空间尺度较大，因此在 CFD 模型模拟过程中未能对植被的空间分布情况对韶山市热环境的影响进行直接探讨，未来的研究可探讨植被与风向之间的相对位置、植被与建筑的相对位置等因素对韶山市热环境的影响，并对植被的空间分布进行优化研究。

5）作为模拟与分析方法的补充，考虑到植被对热环境的影响，本章建立了基于综合温度分析的植被对太阳辐射消解影响的分析，其相关结果对于 CFD 模拟初始与边界条件确定及模拟结果比对有一定理论意义。

6）作为比较，本章建立了一个基于环境信息关联分析的植被对 PM2.5 影响的集总参数相干的分布参数模型，可以与 CFD 方法配合使用，可以从一个侧面帮助人们了解植被对于环境影响与作用。

参 考 文 献

［1］ 本社. 国家新型城镇化规划（2014-2020 年）［M］. 北京：人民出版社，2014.

［2］ Howard L. The climate of London, deduced from meteorological observations［J］. Cambridge：Cambridge University Press, 2012, 58-90.

［3］ Manley G. On the frequency of snowfall in metropolitan England［J］. Quarterly Journal of the Royal Meteorological Society, 1958, 84（359）：70-72.

［4］ 宫阿都，徐捷，赵静，等. 城市热岛研究方法概述［J］. 自然灾害学报，2008，17（6）：96-99.

［5］ Voogt J A, Oke T R. Thermal remote sensing of urban climates［J］. Remote sensing of environment, 2003, 86（3）：370-384.

［6］ Zhan W, Ju W, Hai S, et al. Satellite-derived subsurface urban heat island［J］. Environmental science & technology, 2014, 48（20）：12134-12140.

［7］ 但尚铭，许辉熙，叶强，等. 我国城市热岛效应研究方法综述［J］. 四川环境，2008，27（4）：88-91.

［8］ Ashie Y, Kono T. Urban-scale CFD analysis in support of a climate-sensitive design for the Tokyo Bay area ［J］. International Journal of Climatology, 2011, 31（2）：174-188.

［9］ Fujino T, Asaeda T, Ca V T. Numerical analyses of urban thermal environment in a basin climate-application of ak-ε model to complex terrain［J］. Journal of Wind Engineering and Industrial Aerodynamics, 1999, 81（1-3）：159-169.

［10］ Huang H, Ooka R, Kato S. Urban thermal environment measurements and numerical simulation for an actual complex urban area covering a large district heating and cooling system in summer［J］. Atmospheric Environment, 2005, 39（34）：6362-6375.

［11］ Kakon A N, Mishima N, Kojima S. Simulation of the urban thermal comfort in a high density tropical city：Analysis of the proposed urban construction rules for Dhaka, Bangladesh［J］. Building Simulation, 2009, 2（4）：291-305.

［12］ Hedquist B C, Brazel A J. Seasonal variability of temperatures and outdoor human comfort inPhoenix, Arizona, U. S. A［J］Building & Environment, 2014, 72（2）：377-388.

［13］ Toparlar Y, Blocken B, Vos P, et al. CFD simulation and validation of urban microclimate：A case study for Bergpolder Zuid, Rotterdam［J］. Building & Environment, 2015, 83：79-90.

［14］ Grignaffini S, Vallati A. A study of the influence of the vegetation on the climatic conditions in an urban environment［J］. WIT Transactions on Ecology and the Environment, 2007, 102.

［15］ Johansson E, Spangenberg J, Gouvêa M L, et al. Scale-integrated atmospheric simulations to assess thermal comfort in different urban tissues in the warm humid summer of São Paulo, Brazil［J］. Urban Climate, 2013, 6：24-43.

［16］ Vidrih B, Medved S. Multiparametric model of urban park cooling island［J］. Urban forestry & urban greening, 2013, 12（2）：220-229.

［17］ Yumino S, Uchida T, Sasaki K, et al. Total assessment for various environmentally conscious techniques from three perspectives：Mitigation of global warming, mitigation of UHIs, and adaptation to urban warming［J］. Sustainable Cities and Society, 2015, 19：236-249.

［18］ Herbert J M, Herbert R D. Simulation of the effects of canyon geometry on thermal climate in city canyons ［J］. Mathematics & Computers in Simulation, 2002, 59（1-3）：243-253.

［19］ Ali-Toudert F, Mayer H. Numerical study on the effects of aspect ratio and orientation of an urban street canyon on outdoor thermal comfort in hot and dry climate［J］. Building & Environment, 2006, 41（2）：94-108.

［20］Park S B, Baik J J, Raasch S, et al. A Large-Eddy Simulation Study of Thermal Effects on Turbulent Flow and Dispersion in and above a Street Canyon ［J］. Journal of Applied Meteorology & Climatology, 2012, 51 （51）：829-841.

［21］Vollaro A D L, Simone G D, Romagnoli R, et al. Numerical Study of Urban Canyon Microclimate Related to Geometrical Parameters ［J］. Sustainability, 2014, 6 （11）：7894-7905.

［22］Bottillo S, Vollaro A D L, Galli G, et al. Fluid dynamic and heat transfer parameters in an urban canyon ［J］. Solar Energy, 2014, 99 （1）：1-10.

［23］Sivaraja S P, Ryuichiro Y. flow velocity and surface temperature effects on convective heat transfer coefficient from urban canopy surfaces by numerical simulation ［J］. Journal of Urban & Environmental Engineering, 2013, 7 （1）：74-81.

［24］Nazarian N, Kleissl J. CFD simulation of an idealized urban environment：Thermal effects of geometrical characteristics and surface materials ［J］. Urban Climate, 2015, 12 （3）：141-159.

［25］Chen H, Ooka R, Kato S. Study on optimum design method for pleasant outdoor thermal environment using genetic algorithms （GA） and coupled simulation of convection, radiation and conduction ［J］. Building & Environment, 2008, 43 （1）：18-30.

［26］Mirzaei P A, Haghighat F. A novel approach to enhance outdoor air quality：Pedestrian ventilation system ［J］. Building & Environment, 2010, 45 （7）：1582-1593.

［27］Okeil A. A holistic approach to energy efficient building forms ［J］. Energy & Buildings, 2010, 42 （9）：1437-1444.

［28］Fintikakis N, Gaitani N, Santamouris M, et al. Bioclimatic design of open public spaces in the historic centre of Tirana, Albania ［J］. Sustainable Cities & Society, 2011, 1 （1）：54-62.

［29］Toparlar Y, Blocken B, Maiheu B, et al. A review on the CFD analysis of urban microclimate ［J］. Renewable and Sustainable Energy Reviews, 2017, 80：1613-1640.

［30］傅晓英, 刘俊, 许剑峰, 等. 计算流体力学在城市规划设计中的应用研究 ［J］. 工程科学与技术, 2002, 34 （6）：36-39.

［31］汤广发, 赵福云, 周安伟. 城市住宅小区风环境数值分析 ［J］. 湖南大学学报（自科版）, 2003, 30 （2）：86-90.

［32］李磊, 胡非, 程雪玲, 等. Fluent 在城市街区大气环境中的一个应用 ［J］. 中国科学院大学学报, 2004, 21 （4）：476-480.

［33］刘辉志, 桑建国, 张伯寅, 等. 建筑物对城市通风自净能力影响的数值试验 ［J］. Advances in Atmospheric Sciences, 2002, 41 （6）：1045-1054.

［34］蒋德海, 蒋维楣, 苗世光. 城市街道峡谷气流和污染物分布的数值模拟 ［J］. 环境科学研究, 2006, 19 （3）：7-12.

［35］Hang J, Sandberg M, Li Y, et al. Pollutant dispersion in idealized city models with different urban morphologies ［J］. Atmospheric Environment, 2009, 43 （38）：6011-6025.

［36］王宇婧. 北京城市人行高度风环境 CFD 模拟的适用条件研究 ［D］. 北京：清华大学, 2012.

［37］Zhao J, Liu J, Sun J. Numerical simulation of the thermal environment of urban street canyon and a design strategy ［J］. Building Simulation, 2008, 1 （3）：261-269.

［38］张巍. 住宅小区风环境及热环境的模拟研究 ［D］. 武汉：华中科技大学, 2013.

［39］段宠. 深圳虚拟大学园下垫面对热环境的影响与优化策略研究 ［D］. 哈尔滨：哈尔滨工业大学, 2013.

［40］Li T, Nikolopoulou M, Nan Z. Bioclimatic design of historic villages in central-western regions of China ［J］. Energy & Buildings, 2014, 70 （70）：271-278.

［41］ Wang Y, Zhong K, Zhang N, et al. Numerical Analysis of Solar Radiation Effects on Flow Patterns in Street Canyons ［J］. Engineering Applications of Computational Fluid Mechanics, 2014, 8 (2)：252-262.

［42］ 李磊, 房小怡, 张立杰. 不同气温层结条件下地面加热对街谷扩散能力的影响 ［J］. 环境科学学报, 2012, 32 (9)：2253-2260.

［43］ 李磊. 城市边界层的多尺度模拟研究 ［D］. 北京：中国科学院大气物理研究所, 2005, 50-52.

［44］ 苗世光, 孙桂平, 马艳, 等. 青岛奥帆赛高分辨率数值模式系统研制与应用 ［J］. 应用气象学报, 2009, 20 (3)：370-379.

［45］ 基于遥感与 CFD 仿真的城市热环境研究——以武汉市夏季为例 ［D］. 武汉：华中科技大学, 2008.

［46］ 程雪玲, 胡非. 复杂地形网格生成研究 ［J］. 计算力学学报, 2006, 23 (3)：313-316.

［47］ 高阳华, 王堰, 邱新法, 等. 基于 GIS 的复杂地形风能资源模拟研究 ［J］. 太阳能学报, 2008, 29 (2)：163-169.

［48］ 梁思超, 张晓东, 康顺, 等. 基于数值模拟的复杂地形风场风资源评估方法 ［J］. 空气动力学学报, 2012, 30 (3)：415-420.

［49］ Buccolieri R, Sandberg M, Sabatino S D. City breathability and its link to pollutant concentration distribution within urban-like geometries ［J］. Atmospheric Environment, 2010, 44 (15)：1894-1903.

［50］ Hang J, Li Y. Wind Conditions in Idealized Building Clusters：Macroscopic Simulations Using a Porous Turbulence Model ［J］. Boundary-Layer Meteorology, 2010, 136 (1)：129-159.

［51］ Green S R. Modeling Turbulent Air Flow in a Stand of Widely-spaced Trees ［J］. PHOENICS Journal Computational Fluid Dynamics and its Applications, 1992, 5：294-312.

［52］ Schilling V K. A parameterization for modelling the meteorological effects of tall forests—A case study of a large clearing ［J］. Boundary-Layer Meteorology, 1991, 55 (3)：283-304.

［53］ 赵荣义. 空气调节 ［M］. 北京：中国建筑工业出版社, 2009.

［54］ 姜纬驰, 高乃平, 贺启滨, 等. 植被传热机理及其改善城市热环境效果分析 ［J］. 建筑科学, 2015, 31 (2)：46-53.

［55］ Cebeci, Tuncer. Momentum transfer in boundary layers ［J］. Hemisphere Publishing Corp, 1977, 10-12.

［56］ Fluent Inc. FLUENT 6. 3 User's guide ［EB/OL］. ［2018-05-12G］. https：//www. sharcnet. ca/Software/Fluent6/html/ug/main_ pre. htm.

［57］ Jayatilleke C. The influence of Prandtl number and surface roughness on the resistance of the laminar sublayer to momentum and heat transfer ［EB/OL］. ［2018-05-13］. http：//hdl. handle. net/10044/1/17357.

［58］ Huang R J, Zhang Y, Bozzetti C, et al. High secondary aerosol contribution to particulate pollution during haze events in China ［J］. Nature, 2014, 514 (7521)：218.

［59］ Wang Z J, Han L H, Chen X F, et al. Characteristics and sources of PM2. 5 in typical atmospheric pollution episodes in Beijing ［J］. Journal of Safety and Environment, 2012, 12 (5), 122-126.

［60］ Xu W Z, Zhao F S, Zhang Y C, et al. Observatory study of the aerosol concentrations and behaviors in autumn season in capital Beijing ［J］. Journal of Safety and Environment, 2014, 14 (1), 267-272.

［61］ Monn C, Becker S. Cytotoxicity and induction of proinflammatory cytokines from human monocytes exposed to fine (PM2. 5) and coarse particles (PM10-2. 5) in outdoor and indoor air ［J］. Toxicology & Applied Pharmacology, 1999, 155 (3)：245.

［62］ Chow J, Watson J, Lowenthal D, et al. PM10 and PM2. 5 Compositions in California″s San Joaquin Valley ［J］. Aerosol Science & Technology, 1993, 18 (2)：105-128.

［63］ Harrison R M, Deacon A R, Jones R, et al. Sources and processes affecting concentrations of PM 10, and PM 2. 5, particulate matter in Birmingham (U. K.) ［J］. Atmospheric Environment, 1997, 31 (24)：4103-4117.

［64］ Wu G P, Hu W, Teng E J et al. PM2. 5 and PM10 pollution level in the four cities in China ［J］. China Environmental Science, 1999, 19 （2）, 133-137.

［65］ Bi J, Huang J, Hu Z, et al. Investigating the aerosol optical and radiative characteristics of heavy haze episodes in Beijing during January of 2013 ［J］. Journal of Geophysical Research Atmospheres, 2015, 119 （16）: 9884-9900.

［66］ Xie Y B, Chen J, Li W. An Assessment of PM2. 5 Related Health Risks and Impaired Values of Beijing Residents in a Consecutive High-Level Exposure During Heavy Haze Days ［J］. Environment Science, 2014, 35 （1）, 1-8.

［67］ Wang J L, Liu X L. The discuss on relationship between visibility and mass concentration of PM2. 5 in Beijing ［J］. Acta Metero Sinica, 2006, 64 （2）, 221-228.

［68］ Chen J. Impact of Relative Humidity and Water Soluble Constituents of PM2. 5 on Visibility Impairment in Beijing, China ［J］. Aerosol & Air Quality Research, 2014, 14 （1）: 260-268.

［69］ Zhao X J, Pu W W, Meng W, et al. PM2. 5 Pollution and Aerosol Optical Properties in Fog and Haze Days During Autumn and Winter in Beijing Area ［J］. Environment Science, 2013, 34 （2）, 416-423.

［70］ Wang L L, Wang Y S Wang Y H. Relationship between different synoptic weather patterns and concentrations of atmospheric pollutants in Beijing during summer and autumn ［J］. China Environmental Science, 2010, 30 （7）, 924-930.

［71］ Wang Z F, Li J, Wang Z, et al. Modeling study of regional severe hazes over Mid-Eastern China in January 2013 and its implications on pollution prevention and control ［J］. Science China: Earth Sciences. , 2014, 44: 3-14.

［72］ Lv B, Zhang B, Bai Y. A systematic analysis of PM2. 5, in Beijing and its sources from 2000 to 2012 ［J］. Atmospheric Environment, 2016, 124: 98-108.

［73］ Liu Y, Li W L, Zhou X J. Simulation of secondary aerosols over North China in summer ［J］. Science in China （Series D）, 2005, 48 （Supp Ⅱ）: 185-195.

［74］ Xu J, Ding G A, Yan P et al. Componental Characteristics and Sources Identification of PM2. 5 in Beijing ［J］. Journal of Applied Meteorological Science, 2007, 18 （5）, 645-654.

［75］ Wang Y, Wang L Li, Zhao G N, et al. Analysis of different-scales circulation patterns and boundary layer structure of PM2. 5 heavy pollutions in Beijing during winter ［J］. Climatic and Environmental Research, 2014, 19 （2）, 173-184.

［76］ Batterman S, Xu L, Chen F, et al. Characteristics of PM2. 5 Concentrations across Beijing during 2013-2015 ［J］. Atmospheric Environment, 2016, 145: 104-114.

［77］ Zhang X Y, Sun J Y, Wang Y Q, et al. Factors contributing to haze and fog in China ［J］. Chin Sci Bull, 2013, 58 （13）, 1178-1187.

［78］ Dong X L, Liu D M, Yuan Y S, et al. Pollution characteristics and influencing factors of atmospheric particulates in Beijing during the summer of 2005 ［J］. Chinese Journal of Environmental Engineering, 2007, 1 （9）, 100-104.

［79］ Degaetano A T, Doherty O M. Temporal, spatial and meteorological variations in hourly PM2. 5, concentration extremes in New York City ［J］. Atmospheric Environment, 2004, 38 （11）: 1547-1558.

［80］ Zhao C X, Wang Y Q, Wang Y J, et al. Temporal and Spatial Distribution of PM2. 5 and PM10 Pollution Status and the Correlation of Particulate Matters and Meteorological Factors During Winter and Spring in Beijing ［J］. Environment Science, 2014, 35 （2）, 418-427.

［81］ Chen Z H, Cheng S Y, Su F Q, et al. Analysis of Large-Scale Weather Pattern during Heavy Air Pollution Process in Beijing ［J］. Research of Environmental Sciences, 2007, 20 （2）, 99-105.

［82］ Nowak D J. Air pollution removal by Chicago's urban forest. ［J］. General Technical Report Ne, 1994.

［81］ Beckett K P, Freersmith P H, TAYLOR G. Particulate pollution capture by urban trees：effect of species and windspeed. ［J］. Global Change Biology, 2000, 6（8）：995-1003.

［82］ Chai Y X , Zhu N, Han H J. Dust removal effect of urban tree species in Harbin（Northeast Forestry University , Harbin 150040）［J］. Chinese Journal of Applied Ecology, 2002, 13（9）：1121-1126.

［83］ Wang H X, Shi H, Li Y Y. Relationships between leaf surface characteristics and dust-capturing capability of urban greening plant species ［J］. Chinese Journal of Applied Ecology, 2010, 21（12）, 3077-3082.

［84］ Wang H X, Shi H, Zhang Y J, et al. Influence of surface structure on the particle size distribution captured by Ligustrum lucidum ［J］. Journal of Safety and Environment, 2015 , 15（1）.

［85］ Wang Z H, Li J B. Capacity of dust uptake by leaf surface of Euonymus Japonicus Thunb and the morphology of captured particle in air polluted city ［J］. Ecology and Environment, 2006, 15（2）, 327-330.

［86］ Hwang H J, Yook S J, Ahn K H. Experimental investigation of submicron and ultrafine soot particle removal by tree leaves ［J］. Atmospheric Environment, 2011, 45（38）：6987-6994.

［87］ Bao P W, Niu J Z, Chen S J. Analyzing Blocking Effects of 8 Kinds of Evergreen Landscape Vegetation on PM10 and PM2.5 by Indoor Simulation ［J］. Journal of Soil and Water Conservation, 2015, 29（6）, 160-164.

［88］ Nowak D J, Crane D E, Stevens J C, et al. A ground-based method of assessing urban forest structure and ecosystem services ［J］. Arboriculture & Urban Forestry, 2008, 34（6）.

［89］ Cavanagh J A E, Zawarreza P, Wilson J G. Spatial attenuation of ambient particulate matter air pollution within an urbanised native forest patch ［J］. Urban Forestry & Urban Greening, 2009, 8（1）：21-30.

［90］ Zhao C X, Wang Y J, Wang Y Q, et al. Interactions between fine particulate matter（PM2.5）and vegetation：A review ［J］. Chinese Journal of Ecology, 2013, 32（8）, 2203-2210.

［91］ Tomašević M, Vukmirović Z, Rajšić S, et al. Characterization of trace metal particles deposited on some deciduous tree leaves in an urban area ［J］. Chemosphere, 2005, 61（6）：753-760.

［92］ He K B, Jia Y T, Ma Y L, et al. Regionality of episodic aerosol pollution in Beijing ［J］. Acta Scientiae Circumstantiae, 2009, 29（3）, 482-487.

［93］ Liu J P, Wang G Z, Chen Y H, et al. Dynamic relationship between PM2.5and its influence factors in Xi' an city based on the VAR model ［J］. Journal of Arid Land Resources and Environment, 2016, 30（5）, 78-84.

［94］ Pesaran H Hashem, Shin Y. Generalized impulse response analysis in linear multivariate models ［J］. Economics Letters, 1998, 58（1）：17-29.

［95］ Polissar A V, Hopke P K, Paatero P, et al. Atmospheric aerosol over Alaska：2. Elemental composition and sources ［J］. Journal of Geophysical Research Atmospheres, 1998, 103（D15）：19045-19057.

［96］ Dong Q, Zhao P S, Wang Y C, et al. Impact of Mountain-Valley Wind Circulation on Typical Cases of Air Pollution in Beijing ［J］. Environment Science, 2017, 38（6）, 2218-2230.

［97］ Ding G, Chen Z Y, Gao Z Q, et al. Vertical structures of PM10 and PM2.5 and their dynamical character in low atmosphere in Beijing urban area ［J］. Science in China（Series D）, 2005 35（S1）, 48（Supp Ⅱ）：38-54.

［98］ Liu J, Yang P, Lv W S, et al. On the mass concentration variations of the particulate matters in the six downtown districts of Beijing ［J］. Journal of Safety and Environment, 2015, 15（6）, 333-339.

［99］ Kim E, Hopke P K, Kenski D M, et al. Sources of fine particles in a rural midwestern U. S. area ［J］. Environmental Science & Technology, 2005, 39（13）：4953-60.

［100］ Dimitriou K, Kassomenos P. Decomposing the profile of PM in two low polluted German cities--mapping of air mass residence time, focusing on potential long range transport impacts [J]. Environmental Pollution, 2014, 190 (7): 91.

[101] Zhou L, Xu X D, Ding G A, et al. The correlation factors and pollution forecast model for PM2. 5 concentration in Beijing area [J]. Chinese Academy of Meteorological Science, 2003, 61 (6), 761-768.

[102] Zheng X X, Zhao W J, Yan X, et al. Spatial and temporal variation of PM2. 5 in Beijing city after rain [J]. Ecology and Environmental Sciences, 2014, 23 (5): 797-805.

[103] Zhao W H, Gong H L, Zhao W J, et al. Spatial Distribution of Urban IP Pollution and CCA Analysis between IP and Meteorological Factors: A Case Study in Beijing [J]. Geography and Geo-Information Science, 2009, 25 (1), 71-74.

[104] Che R J, Liu D M, Yuan Y S. Research on the pollution level and affecting factors of atmospheric particulates in Beijing city during winter [J]. Journal of the Graduate School of the Chinese Academy of Sciences, 2007, 24 (5): 556-563.

[105] Barmpadimos I, Keller J, Oderbolz D, et al. One decade of parallel PM10 and PM2. 5 measurements in Europe: trends and variability [J]. Atmospheric Chemistry and Physics Discussions, 2012, 12, 1-43.

[106] Mcpherson E G, Nowak D, Heisler G, et al. Quantifying urban forest structure, function, and value: the Chicago Urban Forest Climate Project [J]. Urban Ecosystems, 1997, 1 (1): 49-61.

[107] Sun J W, Wu J B, Guan D X, et al. A long-term observation on the air temperature, relative humidity, and soil temperature in a mixed forest and its adjacent open site in Changbai Mountains of Northeast China [J]. Chinese Journal of Ecology, 2011, 30 (12), 2685-2691.

[108] Guo L J, Guo X L, Fang C G, et al. Observation analysis on characteristics of formation, evolution and transition of a long-lasting severe fog and haze episode in North China [J]. Science China: Earth Sciences, 2015, 45: 427-443.

[109] Liu D M, Ma Y S, Gao S P, et al. The pollution level and affecting factors of atmospheric particulates from combustion during spring in Beijing city [J]. Geoscience, 2005, 19 (4), 627-633.

[110] Sun J L, Liu D M, Yang X. Atmospheric particle pollution and its factors in Beijing [J]. Resources and Industries, 2009, 11 (1), 96-100.

[111] Aldrin M, Haff I H. Generalised additive modelling of air pollution, traffic volume and meteorology [J]. Atmospheric Environment, 2005, 39 (11): 2145-2155.

[112] Xu X D, Zhou L, Zhou X J, et al . Atmospheri c pollution event in city and nearly surrounding areas [J] . Science in China Series D: Earth Sciences, 2004, 34 (10): 958-966.

第 4 章

韶山市城区热环境模拟

4.1 自然气候条件及城区介绍

4.1.1 自然气候条件

韶山属中亚热带湿润气候区，四季分明，冬冷夏热，夏热期长，严寒期短。韶山年平均气温16.7℃，较四周县市略低。年极端最高气温39.5℃（1963年9月1日）；极端最低气温为-10.6℃（1972年2月9日）。1月份平均气温为4.4℃；持续5天或5天以上的严寒期78%的年份出现在该月。7月最热，月平均气温28.9℃。7月下旬和8月上旬，平均气温均在29℃以上，连续5天或5天以上最高气温大于35℃的酷热期基本上出现在这段时间内。气温年较差值为24.5℃。农作物生长期界限温度，日平均气温稳定，通过5℃的初日为2月28日，终日12月11日，全年无霜期为275天。春季的寒潮和秋季过早来临的寒露风，对早稻育秧和晚稻抽穗扬花有不利影响。

韶山年平均降水1358mm，降水变率大，最多年份达1719.9mm（1970年），最少年份仅972.6mm（1978年）。雨季在4月15日前后开始，7月10日前后结束，降水在730mm左右，占全年降水量的54%。7~9月为少雨期，降水约274mm，仅占全年降水的20%。日最大降水为189.4mm（1969年8月10日），年平均降水日为155天，最多为187天（1970年），最少为135天（1963年）。

韶山日照偏多，年日照时数达1717h，年辐射量为73.75kW/（cm² · y）。年均日照百分率为39%，分布趋势与气温变化基本一致，即1~3月日照较少，月日照时数在70~90h。4月开始，每月以20~30h递增，7月为最高值，日照时数为265h，8月份次之，为245h。9月急剧减少为176h。此后，每月平均递减20~30h。

韶山年平均风速2.4m/s。夏季风速较小，平均约2.1m/s。冬、春、秋风速偏大，平均2.5~2.7m/s。历年最大风速为28m/s（1970年5月）。风向具有明显的季风特点。盛夏盛行偏南风，秋、冬盛行偏北风。春季风向虽不及冬夏季稳定，但仍以偏北风为主。由于境内地势西北高，东南低，山多呈南北走向，山间多北狭南阔小平原，北方冷空气侵入时，常产生"狭管效应"，促使气流加速，容易形成大风，风灾较频繁。

4.1.2 城区简介

现在的韶山辖区包括清溪镇、银田镇、韶山乡以及杨林乡，但城区主要在清溪镇。本章即以湖南韶山市清溪镇的火车站社区聚集的较高密度的建筑群为研究对象，整个区域的海拔在90~116m，地面较为平坦，包括耕地、建筑和低层房屋。该地区处于中亚热带湿润气候区，四季分明，冬季较冷且冬冷季短、干燥，夏季酷热且夏热季长、多雨；历年最高气温是39.5℃、平均气温是16.7℃，并且平均气温略低于周围地区，一般年最冷月1月和最热月7月的平均气温分别为4.4℃、28.9℃，4月到7月初为多雨季节，年最大降水量为1719.9mm，平均降水量为1358mm。韶山的年日照情况和温度的变化趋势基本一致，时间达1717h，百分率为39%，这与温度变化的趋势是一致的。夏季盛行南风，平均风速为2.1m/s，冬季盛行北风，平均风速为2.5~2.7m/s。火车站社区属清溪镇主要社区，包括清溪村和花园村范围的一部分，也是社会、经济、文化和政治中心。该区域主要为5~6层的建筑，多为居住小区、商业建筑和公共建筑；并且包含多条城市次干道和支道，被枣园路、迎宾路、天鹅路、新颜路和韶山中路这些主干道包拢起来。通过调查研究在运用AutoCAD软件简化的所需构建的建筑与区域的模型，整体区域被城市道路分隔开，形成几个不同的区域，具体如图4-1所示。

图4-1　韶山市主城区（清溪镇）实景

这里主要介绍了韶山市的自然气候条件，结合本书前几章，可以使读者更加全面了解韶山市的地理与气候特点；主要包括地貌和气候特征，其地貌类型分为山地丘陵、溪谷平原和溪河，属于典型的亚热带湿润气候；同时概括了本章所要研究的对象即清溪镇火车站社区的基本特征。

4.2 城区热环境的数值模拟方法简介

4.2.1 连续流体介质数值模拟方法

本章所用方法与上一章相同，实际上所有的流动和传热过程都是遵守物理守恒定律的，这些基本定律包括能量守恒定律、质量守恒定律以及动量守恒定律。当然，如果流动状态比较复杂，比如处于湍流状体，系统还应该遵守附加的湍流输运方程。其中单相流体基本的质量守恒、动量守恒这里不再冗述，仅补充上一章尚未介绍的组分方程、多孔介质模型方程等。

（1）温度方程　温度方程即能量守恒定律的本质是热力学第一定律，也是所有具有热力学交换的系统都必须满足的基本守恒定律。该定律可表述为：在单位时间内微元体内能量的增加率等于同一时间段内进入该微元体的净流量和表面力与体积力对微元体所做的功之和。由于温度与内能间存在的关系：$i=c_p T$，再结合以上描述可得出能量守恒方程：

$$\frac{\partial(\rho T)}{\partial t} + \text{div}(\rho \boldsymbol{u} T) = \text{div}\left(\frac{k}{c_p}\text{grad}T\right) + S_T \tag{4-1}$$

将上式展开后有：

$$\frac{\partial(\rho T)}{\partial t} + \frac{\partial(\rho u T)}{\partial x} + \frac{\partial(\rho v T)}{\partial y} + \frac{\partial(\rho w T)}{\partial z}$$

$$= \frac{\partial}{\partial x}\left(\frac{k}{c_p}\frac{\partial T}{\partial x}\right) + \frac{\partial}{\partial y}\left(\frac{k}{c_p}\frac{\partial T}{\partial y}\right) + \frac{\partial}{\partial z}\left(\frac{k}{c_p}\frac{\partial T}{\partial z}\right) + S_T \tag{4-2}$$

式中，T 为流体温度；c_p 为流体的比热容；k 为传热系数；S_T 为流体内热源和由于黏性的存在以至机械能转换成热能的那部分能量，也称黏性耗散项。

结合动量基本方程及式（4-1）等，发现有 u、v、w、p、T 和 ρ 六个未知量，此时补充一个状态方程将 p 和 ρ 联系起来使得方程组封闭，即

$$p = p(\rho, T) \tag{4-3}$$

理想气体的状态方程有：

$$p = \rho R T \tag{4-4}$$

式中，R 为摩尔气体常数。

需要注意的是，虽然能量方程是流体流动和传热问题的基本控制方程，但在不可压缩流动中的热交换量很小甚至可以忽略时，就只需要联系动量方程和连续方程而忽略能量守恒方程。并且能量守恒方程式（4-1）只适用于牛顿流体，对于非牛顿流体需要另推导。

（2）组分质量守恒方程　在一个特定的系统中，可能存在多种化学组分或者质的交换，而每一种类的组分又都必须遵守组分的质量守恒定律。针对某一确定系统，组分的质量守恒定律可以描述如下：系统内部某种组分质量随时间的改变率等于该时间内化学反应效应所产生该组分物质的生成量与通过该系统的界面的净扩散量之和。

根据组分的质量守恒定律可以写出 s 的如下方程：

$$\frac{\partial(\rho c_s)}{\partial t} + \text{div}(\rho \boldsymbol{u} c_s) = \text{div}\left[D_s \text{grad}(\rho c_s)\right] + S_s \tag{4-5}$$

式中，c_s 为组分 S 的质量分数；ρc_s 为组分的质量浓度；D_s 为扩散系数；S_s 为单位时间内单位体积发生化学反应生成或消耗该组分 S 的净生成率，也包括通过其他方式所生成该组分的净生产率及用户自定义的其他质量源项。上式第一、二、三、四项依次为时间变化率、对流项、扩散项以及反应项。各组分质量守恒方程之和就是连续方程，因为 $\sum S_s = 0$。将组分守恒方程各项展开，式（4-5）可改写为：

$$\frac{\partial(\rho c_s)}{\partial t} + \frac{\partial(\rho c_s u)}{\partial x} + \frac{\partial(\rho c_s v)}{\partial y} + \frac{\partial(\rho c_s w)}{\partial z}$$

$$= \frac{\partial}{\partial x}\left(D_s\frac{\partial(\rho c_s)}{\partial x}\right) + \frac{\partial}{\partial y}\left(D_s\frac{\partial(\rho c_s)}{\partial y}\right) + \frac{\partial}{\partial z}\left(D_s\frac{\partial(\rho c_s)}{\partial z}\right) + S_s \tag{4-6}$$

组分质量守恒方程简称组分方程，又称浓度传输方程或浓度方程。

（3）控制方程通用形式　前面所介绍的质量守恒方程、动量守恒方程、能量守恒方程和组分质量守恒方程尽管特征变量不同，但形式很相似，因此为了方便分析，引入一个通用变量 ϕ，那么上述所有的方程可以写成：

$$\frac{\partial(\rho\phi)}{\partial t} + \mathrm{div}(\rho\boldsymbol{u}\phi) = \mathrm{div}(\Gamma\,\mathrm{grad}\phi) + S \tag{4-7}$$

其形式展开为：

$$\frac{\partial(\rho\phi)}{\partial t} + \frac{\partial(\rho u\phi)}{\partial x} + \frac{\partial(\rho v\phi)}{\partial y} + \frac{\partial(\rho w\phi)}{\partial z}$$

$$= \frac{\partial}{\partial x}\left(\Gamma\frac{\partial\phi}{\partial x}\right) + \frac{\partial}{\partial y}\left(\Gamma\frac{\partial\phi}{\partial y}\right) + \frac{\partial}{\partial z}\left(\Gamma\frac{\partial\phi}{\partial z}\right) + S \tag{4-8}$$

式中，ϕ 为通用变量，代表 u、v、w、T 等求解变量；Γ 为广义扩散系数；S 为广义源项；式中从左至右各项依次为瞬态项、对流项、扩散项和源项。对于不同的方程，ϕ、Γ 和 S 具有相应不同的形式，表 4-1 给出了三个符号及与其对应控制方程的对应关系。

表 4-1　通用控制方程中各符号的具体形式

	ϕ	Γ	S
连续方程	1	0	0
动量方程	u_i	μ	$-\dfrac{\partial p}{\partial x_i} + S_i$
能量方程	T	$\dfrac{k}{c}$	S_T
组分方程	c_s	$D_s\rho$	S_s

4.2.2　离散化方法

控制方程中的离散化的方法是 CFD 最核心的内容，常用的是有限差分法、有限元法和有限体积法。

1. 有限差分法

有限差分法产生发展较早，较为成熟，因此在数值解析的方法中也比较经典。该方法是用有限数目的网格节点来代替已经划分成为很多网格单元的连续求解域，接着用差商来代替偏微分方程中的导数，推出包含离散点上的有限数目的未知参数的差分格式的方程组，通过求解该方程组获得微分方程的近似解。然而，由于有限差分法用差商代替微商，虽然形式简单，却不能体现微分方程中的物理意义和守恒定律，因此并不能反映其物理特征而只是数学相似。该方法较多用于求解双曲形和抛物形问题，有限元法或有限体积法适用于求解椭圆形问题。

2. 有限元法

有限元法是比较适用于固体力学的数值计算方法。有限元法是将一个连续的求解域任意分成许多形状适当的较小单元，然后在这些单元上构造插值函数，再将极值原理应用在将问题的控制方程转化为所有小单元上有限元的方程上，最后将这些局部存在的单元总体合成，这样就形成了嵌入特定边界条件的代数方程组，求解该方程就得到各点函数值。有限元法同时综合了有限差分的方法中的离散处理内核和变分的计算中趋近函数且对区域进行积分方法的优势，因此对几何和物理条件复杂的情况也有较好的适用性；但由于也只是对原微分方程的数学近似而未反映其物理特征，所以有限元法不适用于存在守恒性、强对流和不可压等条件的流动中。

3. 有限体积法

有限体积法是目前流动和传热中最为有效的数值计算方法，又称为控制体积法。有限体积法的基本思路是：将计算区域划分为网格并保证每个网格周围存在一个互不重合的控制体积；然后将偏微分方程在每一个控制体积上积分得出一组离散方程，网格点上的特征变量就是其未知量。为了求得上述方程的解，就需要假设特征变量在网格间的变化规律。实际有体积元的基本思想就是子域法加上离散，具体而言就是分别属于从积分区域的选取方法和未知解的近似方法看来的加权余量法及局部近似。

有限体积法离散方程的物理意义是特征变量在某确定体积大小的控制体中的守恒原理，最大特点是特征变量的积分对整个计算区域中的每一组控制体积都满足，并且在粗网格是积分仍然守恒。该方法寻求位于网格节点上的特征变量值及假定其在网格之间的分布上说明它可视作有限元法和有限差分法的中间物。N-S 方程是典型的非线性偏微分方程，不管哪种离散格式，离散之后的代数方程组都是强非线性代数方程组，这主要是因为对流项（移流或平流项）的特征所决定的。

4.2.3 典型湍流模型简介

本部分仅对上一章相应内容做必要补充，湍流的数值模拟方法分为直接数值模拟方法和非直接数值模拟方法，非直接数值模拟方法又分为大涡模拟、统计平均法和 Reynold 平均法。下面介绍基本的几类湍流模型。

1. 零方程模型

零方程模型很少应用于实际工程。所谓零方程模型主要是采用代数关系式而不是微分方程将时均值和湍流黏度联系起来的模型，比较著名的是 Prandtl 提出的模型：假设湍流黏度 μ_t 正比于混合长度 l_m 的平方和时均速度 u_i，对于二维的情况有下式：

$$\mu_t = l_m^2 \left| \frac{\partial u}{\partial y} \right| \tag{4-9}$$

湍流切应力为：

$$-\rho \overline{u'v'} = \rho l_m^2 \left| \frac{\partial u}{\partial y} \right| \frac{\partial u}{\partial y} \tag{4-10}$$

式中，混合长度 l_m 由实验或经验公式来确定。

混合长度模型简单直观，但是仅适用于带有薄剪切层的流动，这是因为 l_m 的确定只能针对简单流动而不适用于带有分离回流这类复杂的流动。

2. 一方程模型

零方程模型采用局部平衡的概念而忽略了扩散和对流的影响，为弥补这一点，再建立一个用湍流黏度 μ_t 表示的湍动能 k 函数输运方程使方程封闭。湍动能方程如下式：

$$k = \frac{1}{2}\,\overline{u'_i u'_i} = \frac{1}{2}(\overline{u'^2} + \overline{v'^2} + \overline{w'^2}) \tag{4-11}$$

湍动能输运方程见下式：

$$\frac{\partial(\rho k)}{\partial t} + \frac{\partial(\rho k u_i)}{\partial x_i} = \frac{\partial}{\partial x_j}\left[\left(\mu + \frac{\mu_t}{\sigma_k}\right)\frac{\partial k}{\partial x_j}\right] + \mu_t\left(\frac{\partial u_i}{\partial x_j} + \frac{\partial u_j}{\partial x_i}\right)\frac{\partial ui}{\partial x_j} - \rho C_D \frac{k^{2/3}}{l} k^{2/3} k \tag{4-12}$$

方程中的第一、二、三、四、五项依次为：瞬态项、对流项、扩散项、产生项和耗散项，根据 Kolmogorov-Prandtl 的表达式有下式：

$$\mu_t = \rho C_\mu \sqrt{k} l \tag{4-13}$$

式中，σ_k、C_D、C_μ 是经验常数，根据不同的文献和实际情况确定；l 是由实验或经验公式确定的湍流脉动强度。

一方程模型同时考虑了扩散和对流输运方程，但因为特征长度的难以确定的问题而得不到广泛应用。

3. 两方程模型

两方程模型是在湍动能的基础上又引进耗散率 ε 的方程，本节着重介绍应用比较广泛的标准 k-ε 模型。

标准 k-ε 两模型包括湍动能 k 方程和耗散率 ε 方程，湍流耗散率 ε 的定义见下式：

$$\varepsilon = \frac{\mu}{\rho}\overline{\left(\frac{\partial u'_i}{\partial x_k} + \frac{\partial u'_j}{\partial x_k}\right)} \tag{4-14}$$

$$\mu_t = \rho C_\mu \frac{\kappa^2}{\varepsilon} \tag{4-15}$$

式中，C_μ 为经验常数；μ_t 为空间坐标的湍流黏度，取决于流动状态。

湍流能量 k 输运方程：

$$\left.\begin{aligned}
\frac{\partial k}{\partial t} + \frac{\partial(\overline{u}_j k)}{\partial x_j} &= \frac{\partial}{\partial x_j}\left(\left(\nu + \frac{\nu_t}{\sigma_k}\right)\frac{\partial k}{\partial x_j}\right) + G_k + G_b - \varepsilon - Y_M \\
G_k &= \nu_t\left(\frac{\partial \overline{u}_i}{\partial x_j} + \frac{\partial \overline{u}_j}{\partial x_i}\right)\frac{\partial \overline{u}_i}{\partial x_j} \\
G_b &= \beta g_i \frac{\nu_t}{\sigma_T}\frac{\partial T}{\partial x_i} \\
Y_M &= 2G_5\nu\left(\frac{\partial \sqrt{k}}{\partial x_i}\right)^2
\end{aligned}\right\} \tag{4-16}$$

式中，G_k 为因平均速度梯度的存在所致的湍动能 k 的产生项；G_b 为产生的对流项；Y_M 为可压缩流中的脉动扩张项；σ_k、σ_T 分别为湍动能和耗散率对应的普朗特数 Pr 数，$\sigma_k = 1.0$，

$\sigma_T = 1.3$；υ 为流体的分子黏性。

湍流能量黏性耗散率 ε 输运方程：

$$\rho \frac{d\varepsilon}{dt} = \frac{\partial}{\partial x_i}\left[\left(\mu + \frac{\mu_i}{\sigma_\varepsilon}\right)\frac{\partial \varepsilon}{\partial x_i}\right] + C_{1\varepsilon}\frac{\varepsilon}{k}(G_k + C_{3\varepsilon}G_b) - C_{2\varepsilon}\rho\frac{\varepsilon^2}{k} \tag{4-17}$$

式中，$C_{1\varepsilon}$、$C_{2\varepsilon}$、$C_{3\varepsilon}$ 为经验常数，这些模型常数取值如下：$C_{1\varepsilon} = 1.44$，$C_{2\varepsilon} = 1.92$，$C_u = 0.09$。

对于不可压缩流体且不考虑源项时，即 $G_b = 0$；$Y_M = 0$。

$$\frac{\partial(\rho\kappa)}{\partial t} + \frac{\partial(\rho\kappa u_i)}{\partial x_i} = \frac{\partial}{\partial x_j}\left[\left(\mu + \frac{\mu_t}{\sigma_\kappa}\right)\frac{\partial \kappa}{\partial x_j}\right] + G_\kappa - \rho\varepsilon$$

$$\frac{\partial(\rho\varepsilon)}{\partial t} + \frac{\partial(\rho\varepsilon u_i)}{\partial x_i} = \frac{\partial}{\partial x_j}\left[\left(\mu + \frac{\mu_t}{\sigma_\varepsilon}\right)\frac{\partial \varepsilon}{\partial x_j}\right] + \frac{C_{1\varepsilon}\varepsilon}{\kappa} - C_{2\varepsilon}\rho\frac{\varepsilon^2}{\kappa} \tag{4-18}$$

上述方程的通用形式为：

$$\frac{\partial(\rho\phi)}{\partial t} + \frac{\partial(\rho u_j \phi)}{\partial x_j} = \frac{\partial}{\partial x_j}\left[\Gamma\frac{\partial \phi}{\partial x_j}\right] + S_\phi \tag{4-19}$$

该方程从左至右的项依次为：瞬态项、对流项、扩散项和源项（S_ϕ）。

该方程从左至右的项依次为：瞬态项、对流项、扩散项和源项。

标准 k-ε 模型虽然相对应用广泛，但适用于高 Re 的充分发展流动，对于 Re 低的流动就需要低 Re 的 k-ε 模型或者壁面函数法来进行特殊处理；并且在流动中出现强旋流、弯曲流线流动或弯曲壁面流动时该模型可能会有失真，对此许多学者也提出了 RNG k-ε 模型和 Realizable k-ε 模型等。

4.2.4 多孔介质流体数值模拟模型介绍

多孔介质是由固体物质组成的骨架和由骨架分隔成大量密集成群的微小空隙所构成的物质，多孔介质模型可以模拟很多问题，包括滤纸、填充床、孔板、布流器、管束等的流体流动。其实多孔模型的机理是在多孔区域加上了阻力系数项。

1. 宏观参数

（1）孔隙率与渗透率 孔隙率是多孔介质的一种宏观性质。它定义为多孔介质的空隙孔体积与总体积之比。见下式：

$$\phi = U_v / U = (U - U_s)/U \tag{4-20}$$

式中，ϕ 为多孔介质的孔隙率；U_v 为孔隙体积；U 为总的体积。孔隙率为无量纲量，用百分数表示。

如果不考虑孔隙是否连通，那么式（4-20）中的 U_v 必然是指所有孔隙的空间体积，则所得孔隙率 ϕ 即为总孔隙率或绝对孔隙率。但是在实际的流体流动中，流体只能通过那些相互之间连通的孔隙，因此本书就需要引入有效孔隙率的概念，即整个多孔介质中的能够连通的所有孔隙的体积与总体积之比：

$$\phi_e = (U_v)_e / U = (U_v - (U_v)_{ne})/U \tag{4-21}$$

式中，ϕ_e 为有效孔隙率；$(U_v)_e$ 为相互连通着的所有孔隙的体积；U 为多孔介质的总体积；$(U_v)_{ne}$ 为互不连通着的孔隙体积。本书所说孔隙率均指有效孔隙率，另一种互不连通的则称为滞留孔隙或死端孔隙，它们实质上对流动不起什么作用（图 4-2）。

在一定压差下，渗透率表示多孔介质渗透性的大小，也用来表征其传导能力的大小。由

Darcy 定律已经得出水力传导系数的定义，它是指单位水力梯度的比流量，与流体及骨架有关，可以表示成流体密度（ρ）及黏度（μ）、运动黏度（ν）的组合形。由 Darcy 定律理论推导或量纲分析可知水力传导系数和渗透率的关系：

$$K = k\rho g/\mu = kg/\nu \qquad (4-22)$$

式中，k 为多孔介质的渗透率，由多孔介质的本身性质决定；ν 为流体的运动黏度。当多孔介质为非均质介质或非均匀介质时，k 随空间变化。

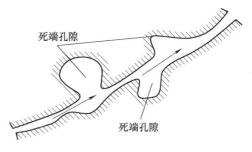

图 4-2　无效孔隙

（2）不同模型渗透率

1）毛细管模型。毛细管模型是基于 Darcy 定律最简单的计算渗透率的模型，该类模型都是以控制稳定流动的 Hagen-Poisseuille 定律为依据的，此模型是针对直径为 δ 的一根直毛细管，则根据 Hagen-Poisseuille 定律有：

$$Q_s = -\frac{\pi\delta^4\rho g}{128\mu}\frac{\partial\varphi}{\partial s} \qquad (4-23)$$

和

$$u_s = \frac{Q_s}{\pi\delta^2/4} = -\frac{\delta^2}{32}\frac{\rho g}{\mu}\frac{\partial\varphi}{\partial s} \qquad (4-24)$$

式中，s 为沿着毛细管测量的长度；Q_s 为总流量，u_s 为管内平均流速。通过比较式（4-23）与式（4-24），可知 $\delta^2/32$ 项类似于多孔介质的渗透率 k。实际上根据 Hagen-Poisseuille 定律最终都会推出速度和测压水头之间的线性关系式，但是不同模型表达渗透率 k 和多孔介质性质的关系式会不同。

图 4-3 表示一组放置于固体中的垂直于流动方向单位横切面面积上 N 根直径为 δ 的平行毛细管，则通过这介质的比流量为：

$$q_s = Q_s/ab = -N\frac{\pi\delta^4\rho g}{128\mu}\frac{\partial\phi}{\partial s} \qquad (4-25)$$

由于该模型的孔隙率 ϕ 可表示为 $\phi = N\pi\delta^2/4$，可得该模型渗透率 k 为：

$$k = \frac{\phi\delta^2}{32} \qquad (4-26)$$

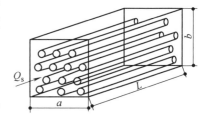

图 4-3　同直径毛细管多孔介质模型

为使模型与实际存在的多孔介质更加符合，需要对毛细管的管径做进一步的假设，认为管径并不是相同的，那么式（4-26）可以写成：

$$k = \sum_{i=1}^{m} N_i\frac{\pi\delta_i^4}{128} \qquad (4-27)$$

式中，N_i 为多孔介质的每单位横切面面积上直径为 δ_i 的毛细管个数。

上述两种多孔模型都是表示一个方向的渗透率。为了弥补这一缺陷对模型做了修正：在三个相互垂直的方向上放置三分之一的毛细管，这样的多孔介质渗透率见下式：

$$k = \frac{\phi\delta^2}{96} \qquad (4-28)$$

该模型导出的渗透率 k 比式（4-27）所定义的渗透率要小。

Scheidegger 利用毛细管组的介质孔径分布函数 $\alpha(\delta)$ 和平均直径 $\bar{\delta}$ 对模型进行了改进。根据定义，$\alpha(\delta)\mathrm{d}\delta$ 表示直径在 δ 和 $\delta + \mathrm{d}\delta$ 之间的孔隙体积所占的百分数。假设沿着三个正交方向中的任一方向 x_i 取一块横截面面积为单位 1，长度为 Δx_i 的模型，则此模型中直径在 δ 和 $\delta + \mathrm{d}\delta$ 之间的毛细管所占的体积为 $\phi\Delta x_i\alpha(\delta)\mathrm{d}\delta/3$，而这些毛细管的正面面积等于 $\phi\alpha(\delta)\mathrm{d}\delta/3$，所以比流量为

$$q_{x_i} = \frac{\varphi}{3}\int_0^\infty u_{x_i}(\delta)\,\alpha(\delta)\,\mathrm{d}\delta = -\frac{\varphi}{96}\frac{\rho g}{\mu}\frac{\partial\phi}{\partial x_i}\int_0^\infty \delta^2\alpha(\delta)\,\mathrm{d}\delta \tag{4-29}$$

式中，$u_{x_i}(\delta)$ 是直径为 δ 的毛细管中的平均流体流速。

将式与 Darcy 定律相比较，可得相渗透率 k 为：

$$k = \frac{\phi}{96}\int_0^\infty \delta^2\alpha(\delta)\,\mathrm{d}\delta \tag{4-30}$$

另外，Scheidegger 还研究了由变直径的毛细管所组成的模型，如图 4-4 所示。他所提出的渗透率 k 的计算表达式为

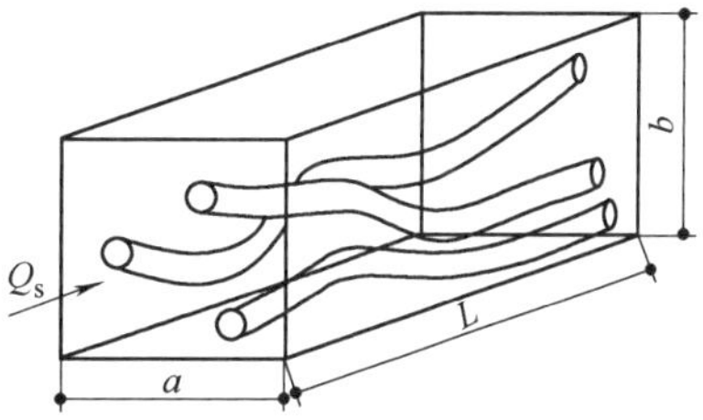

图 4-4　变直径毛细管多孔介质模型

$$k = (\phi/96T^2)\Big/\left[\int_0^\infty \delta^2\alpha(\delta)\,\mathrm{d}\delta\right]\int_0^\infty \left[\alpha(\delta)/\delta^6\right]\mathrm{d}\delta \tag{4-31}$$

式中，T 为毛细管的弯曲系数，定义为实际流动通道与多孔介质的长度的比值。

2）流动阻力模型。当流体相对于固体边界运动时，会由于边界面上的黏度和速度梯度与表面压力的变化对固体边界产生作用力。前者产生与边界面平行的切应力，后者产生的是垂直于边界面的法应力，对二者在固体表面的积分可得到合力。沿着速度的方向的力称为阻力 D，垂直于该速度方向的力称为浮力或横向力，二者的合力称为阻力。下面是几个阻力系数的定义是：

$$D_f = C_f\rho\frac{V^2}{2}A_f$$

$$D_p = C_p\rho\frac{V^2}{2}A_p$$

$$D = C_D\rho\frac{V^2}{2}A \tag{4-32}$$

式中，C_f、C_p、C_D 为摩擦系数、压力系数和总阻力系数；A_f、A_p、A 为垂直于速度 V 方向正面面积且 A_f、A_p 为所选择的参照面积。

许多学者都曾将流动阻力的模型用在多孔介质渗透率计算规律的推导中。最为简单的方法是将作用在某直径为 d 的圆球上的阻力与作用在多孔介质中颗粒上的阻力进行类比。可知作用在该圆球上的阻力为

$$D = 3\pi d\mu V \tag{4-33}$$

上式也可以写为

$$D = C_D\rho\frac{V^2}{2}A = \frac{24}{Re}\rho\frac{V^2}{2}\frac{\pi d^2}{4}$$

$$C_D = \frac{Re}{24},\ Re = \frac{\rho Vd}{\mu} \tag{4-34}$$

式（4-34）是用来计算相应阻力及其系数的 Stokes 方程。如果在多孔介质中用 $-\gamma dJ$ 来代替式（4-32）中的切应力 D/A，则可得

$$-\gamma dJ = \frac{24\mu}{\rho V d} \rho \frac{V^2}{2} \qquad (4\text{-}35)$$

再简化

$$q = -\frac{1}{12}d^2 \frac{\gamma}{\mu} J = -k\frac{\gamma}{\mu}J \qquad (4\text{-}36)$$

即达西（Darcy）公式。但以上推导过程读者可参考更多其他多孔介质流动的文献。

以上模型没有考虑周围颗粒对其的影响，因而比较粗略。Rumer 和 Drinker[2] 在上述模型的基础上从一个圆球的阻力出发提出了一个较为精确的模型，见下式：

$$D = \lambda\mu d V_s \qquad (4\text{-}37)$$

式中，λ 为考虑周围颗粒影响的系数，取决于颗粒周围的流线形态，因此它是孔隙空间几何形态的函数；V_s 为沿 s 方向的颗粒周围的平均流速；d 为球的直径。

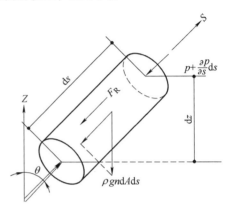

假设有一多孔介质的圆柱体表征体元：ds 是沿着流动方向的某一长度，dA 是横截面的面积，其内部有 N 个直径为 d 的圆球（图 4-5），则圆球个数是：$N = (1-\phi)dA ds/\beta d^3$，其中 $\beta = \pi/6$；总的阻力应为 $D_t = ND$。可以将作用于体元上的总力进行相加得到以下关系式：

图 4-5　作用于圆柱状多孔介质流体上的力

$$p\varphi dA - \left(p + \frac{\partial p}{\partial s}ds\right)\varphi dA - \rho g\varphi dA ds\frac{\partial\phi}{\partial s} - Dt = 0 \qquad (4\text{-}38)$$

若将 p 理解为平均压力可得

$$-\frac{\partial\phi}{\partial s} - \frac{Dt}{\rho g\varphi dA ds} = 0, \quad \phi = z + \frac{p}{\rho g} \qquad (4\text{-}39)$$

对 $q_s = nV_s$ 得

$$V_s = -\frac{\beta\phi^2}{\lambda(1-\phi)}d^2\frac{\rho g}{\mu}\frac{\partial\varphi}{\partial s} = k\frac{\rho g}{\mu}\frac{\partial\varphi}{\partial s} \qquad (4\text{-}40)$$

由上式可得多孔介质渗透 k 为

$$k = -\frac{\beta\phi^2 d^2}{\lambda(1-\phi)} \qquad (4\text{-}41)$$

另外，一种是由随机分布、直径相同的圆柱状纤维组成的阻力模型。假设在流动方向上将所有圆柱状纤维适当地间隔开来，则每单位长度的单个纤维的阻力 D 可表示为

$$D = 4\pi\mu u_s \qquad (4\text{-}42)$$

式中，u_s 是离纤维一定距离处的流体平均速度。做以下假设：①N 根单位长度的纤维包含在单位体积内；②$N/3$ 根纤维排列于每个方向上；③纤维集合体的孔隙较大，即每根纤维的长度和间距均大于其直径。那么作用在流动方向上纤维上的所有阻力等于单位长度上的压力梯度，即

$$\frac{\Delta p}{L} = \frac{4\pi N}{3}\mu u_s \tag{4-43}$$

利用与流线垂直的一个圆柱上的阻力分析可知

$$k = \frac{3}{16}\frac{\phi}{1-\phi}d^2\frac{2-\ln Re}{4-\ln Re} \tag{4-44}$$

由此式可以得出结论：渗透率 k 是雷诺数 Re 的函数，二者的依赖关系不同于用惯性力建立起来的关系。

3）缝隙模型。一些研究者曾用宽度为 b 的狭缝和毛细缝隙作为表示多孔介质的模型，而裂隙岩石也许最接近这种模型的多孔介质（图4-6）。

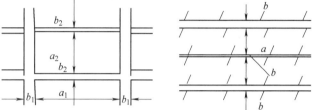

图 4-6　毛细管缝隙图

基于 Navier-Stokes 方程，宽度不变的缝隙中的平均速度为

$$V = (b^2/12)(\rho g/\mu)J \tag{4-45}$$

式中，J 为水力梯度，如果有许多的这种平行缝组成的多孔介质模型，那么有

$$q = Vb/(a+b) = \varphi V = \varphi\frac{b^2}{12}\frac{\rho g}{\mu}J \tag{4-46}$$

$$k = \varphi b^2/12 = \left[\varphi^3/(1-\varphi)^2\right]a^2/12$$

式中的渗透率 k 与孔径 b 或颗粒大小 a 有关。

Irmay 曾对这样三组相互正交的缝隙组成的模型进行了研究。若 $b_1 = b_2 = b$ 且 $a_1 = a_2 = a$ 时，分析了模型中的流动并假设在缝隙相交处不存在水头损失，则多空介质的渗透率如下式：

$$q = \frac{(a+b)^2 - a^2}{(a+b)^2}g\frac{b^2}{12v}\frac{a+b}{a}J$$

$$k = \frac{(a+b)^2 - a^2}{(a+b)^2}\frac{a+b}{a}\frac{b^2}{12} \tag{4-47}$$

$$= (1 - m^{1/3})^3(1 + m^{1/3})a^2/12m$$

式中，$m = 1 - n = a^3/(a+b)^3$ 对缝隙模型的研究是各向异性渗透率的基础。

2. 多孔介质动量方程

多孔介质动量方程是以表观速度或物理速度形式来表示的，通过在标准方程中增加源项对计算域中多孔介质对流体的阻力作用进行模拟。该源项由两部分组成：黏性阻力性和惯性阻力项（Darcy）。

$$S_i = -\left(\sum_{j=1}^{3}D_{ij}\mu v_j + \sum_{j=1}^{3}C_{ij}\frac{1}{2}\rho|v|v_j\right) \quad (i = x、y、z) \tag{4-48}$$

式中，S_i 为某个坐标轴（x、y、z）方向上的源项；D_{ij} 和 C_{ij} 为需要提前设定的黏性阻力项和惯性阻力项的系数矩阵。负的动量源项是流体介质中存在的压力降引起的。

对于内部孔隙分部有规律且均匀的简单多孔此材料内的流动，上式可以简化为：

$$S_i = -\left(\frac{\mu}{\alpha}v_i + C_2\frac{1}{2}\rho|v|v_i\right)\ (i = x、y、z) \tag{4-49}$$

式中，α 为渗透率；C_2 为惯性阻力系数，也就是在上式系数矩阵 D_{ij} 和 C_{ij} 对角项分别取了 $1/\alpha$ 和 C_2。

还有一种将源项表示为速度的幂函数的方法，如下：

$$S_i = -C_0|v|^{C_1} = -C_0|v|^{C_1-1}v_i \tag{4-50}$$

式中，C_0 和 C_1 为经验常数，C_0 采用的是国际单位 SI 制，该幂指数模型仅适用于存在各向同性的压力降情况。

多孔介质的黏性阻力项：当多孔材料中的流动为层流时，黏性阻力的效应更明显而惯性阻力相对次要，所以此时可忽略惯性阻项，即取 C_2 为零，多孔介质模型可简化为 Darcy 定律：

$$\Delta p = -\frac{\mu}{\alpha}\boldsymbol{v} \tag{4-51}$$

因此在 x、y、z 三个坐标轴上的压力降为：

$$\Delta p = \sum_{j=1}^{3}\frac{\mu}{\alpha_{ij}}v_j n_i \tag{4-52}$$

式中，α_{ij} 是系数矩阵 D 中的项；n_i 是多孔区域在 x、y、z 坐标轴上的实际厚度。

多孔介质的惯性阻力项：当多孔介质中流动为湍流即流速比较高，尤其模拟管束或多孔板中的流动时，惯性阻力起主要作用，C_2 可视为流动方向每单位长度方向上的损失系数，此时渗透项即黏性阻力项可以忽略，多孔介质方程可简化为：

$$\Delta p = -\sum_{j=1}^{3}C_{2ij}\left(\frac{1}{2}\rho v_i|v|\right)\ (i = x、y、z) \tag{4-53}$$

若写为三坐标轴方向上的压力降为：

$$\Delta p \approx \sum_{j=1}^{3}C_{2ij}n_i\frac{1}{2}\rho v_j|v|\ (i = x、y、z) \tag{4-54}$$

式中，C_{ij} 是系数矩 C 中的项；n_i 为多孔区域在 x、y、z 坐标轴方向上厚度的实际尺寸。

3. 多孔介质能量方程

多孔介质能量方程是在标准能量方程的扩散项和瞬态项做了修正：用有效热传导系数替代多孔介质的扩散项，瞬态项里包含了多孔介质固体区域的阻力作用，具体如下：

$$\frac{\partial}{\partial t}[\gamma\rho_f E_f + (1-\gamma)\rho_s E_s] + \nabla\cdot[\boldsymbol{v}(\rho_f E_f + p)] = \nabla\cdot\left[k_{\text{eff}}\nabla T - \sum_j h_j \boldsymbol{J}_j + (\overline{\overline{\tau}}\cdot\boldsymbol{v})\right] + S_f^h \tag{4-55}$$

式中，E_f 为流体的总能量；γ 为多孔材料的孔隙率；E_s 为基体固体总能量；S_f^h 为流体用焓源项；k_{eff} 为有效热导率，采用多孔介质固体材料热导率 k_s 与流体热导率 k_f 的进行加权平均得：

$$k_{\text{eff}} = \gamma k_f + (1-\gamma)k_s \tag{4-56}$$

式中，γ 为孔隙率，表示多孔介质区中流体的体积分数，即为多孔材料中空隙部分的比例；各向同性的有效热导率通常是由经验公式得到，各向异性多孔材料的有效热导率是通过 UDF 定义的。

4. 多孔介质湍流模型

在多孔介质中，当介质的渗透性很大时，可以认为多孔材料固体基体不影响湍流的生成和耗散率。将标准 $k\text{-}\varepsilon$ 方程经过体积平均化法进行简化，可以写出它的湍动能和耗散率方程[14]：

$$\frac{\partial \langle k \rangle^i}{\partial t} + \frac{\partial \langle \overline{u_j} \rangle^i \langle k \rangle^i}{\partial x_j} = \frac{\partial}{\partial x_j}\left(\left(\nu + \frac{\nu_t}{\sigma_k}\right)\frac{\partial \langle k \rangle^i}{\partial x_j}\right) + 2\nu_t \langle s_{ij} \rangle^i \langle s_{ij} \rangle^i - \langle \varepsilon \rangle^i +$$

$$2\nu_t \langle s''_{ij} s''_{ij} \rangle^i + \frac{\nu}{V_f} \int_A \frac{\partial k}{\partial x_j} \boldsymbol{n}_j \mathrm{d}A - \frac{\partial}{\partial x_j} \langle \overline{u}''_{ij} k'' \rangle^i \qquad (4\text{-}57)$$

$$\frac{\partial \langle \varepsilon \rangle^i}{\partial t} + \frac{\partial \langle \overline{u_j} \rangle^i \langle \varepsilon \rangle^i}{\partial x_j} = \frac{\partial}{\partial x_j}\left(\left(\nu + \frac{\nu_t}{\sigma_\varepsilon}\right)\frac{\partial \langle \varepsilon \rangle^i}{\partial x_j}\right) + \left(2c_1 \nu_t \langle s_{ij} \rangle^i \langle s_{ij} \rangle^i - c_2 \langle \varepsilon \rangle^i\right)\frac{\langle \varepsilon \rangle^i}{\langle k \rangle^i} +$$

$$2c_1 \nu_t \langle s''_{ij} s''_{ij} \rangle^i \frac{\langle \varepsilon \rangle^i}{\langle k \rangle^i} + \frac{\nu}{V_f} \int_A \frac{\partial \varepsilon}{\partial x_j} \boldsymbol{n}_j \mathrm{d}A - \frac{\partial}{\partial x_j} \langle \overline{u}''_{ij} \varepsilon'' \rangle^i \qquad (4\text{-}58)$$

式中，$s_{ij} = \dfrac{1}{2}\left(\dfrac{\partial \overline{u}_i}{\partial x_j} + \dfrac{\partial \overline{u}_j}{\partial x_i}\right)$。

从上述两式中可知，由于多孔介质固体基体的存在使得宏观湍动能方程中多了两个附加项，即产生项 $2\nu_t \langle s''_{ij} s''_{ij} \rangle^i$ 和耗散项 $(\nu/V_f)\int_A \dfrac{\partial k}{\partial x_j}\boldsymbol{n}_j \mathrm{d}A$，二者之和为多孔介质固有湍动能净产生率。

如上所述，涉及多孔介质的流动问题时往往把计算区域分为连续流体流动区域和多孔介质流体流动区域，因此首先介绍连续流体的各个流动控制方程、计算离散方法及湍流模型，然后为了区别联系连续流体和多孔介质流体之间并建立多孔介质的计算模型，将多孔介质看作一种有孔隙的特殊连续流体，即将对孔隙的微观研究角度转到以表征体元为基础的宏观研究角度上来，并对几个重要的宏观参数孔隙率以及渗透率进行了介绍；多孔介质视为连续流体后就可以结合普通连续流体的流通方程和平均化的方法得到多孔介质宏观流动方程，包括动量方程、能量方程、湍流模型的有关方程，并对方程中所涉及的项及系数做了详细的分析，这些都为后面即将进行的模拟计算提供理论基础。

4.3　主城区热环境影响因素强度的确定

4.3.1　影响热环境的人为热源

随着城市化的快速发展，中国城镇人口迅速增长，人类向大气中排放的热量逐年增加，影响之大不可忽略[3]，这必然会对城市生产、生活造成巨大压力，本书主要考虑四种人为热排放源，分别为人类新陈代谢热排放、工业热排放、生活热排放（主要针对空调热排放）、交通热排放[6]。并假设前三种排放源平均分布在韶山市城区，交通热源按城区半径范围内道路分布计算。

4.3.2　人类新陈代谢热排放

人类自身的新陈代谢产热量与人类数量和活动有关，根据对韶山市主城区人口数据的统计，考虑到常住人口稳定性，选用常住人口数据来计算模拟区域的人口热排放强度，按照人类"活动"状态的新陈代谢排热来计算热强度[4]：

$$E_M = M_p n \qquad (4\text{-}59)$$

式中，E_M 为活动状态总的人类新陈代谢热排放量（kW）；M_p 为活动状态每个人的新陈代谢热排放量，参照 Fanger[5] 和 Quah 等[13] 的研究结果，M_p 取 171W/人；n 为人口数量。韶山市城区常住人口为 10 万人，从中国城市统计年鉴获取。那么计算域人类新陈代谢热强度为：

$$E_M = M_p n = (10 \times 10^4 \times 171)W = 17100kW$$

假设人口是等密度分布的，按面积权重分配到每个计算区域热流量：

$$q = E_M \times \frac{A_i}{A_o} \tag{4-60}$$

式中，q 为不同区域的热流量；A_i 为对应区域的面积；A_o 为总区域面积。

据式（4-60）可得出不同区域的人类代谢热流量，见表 4-2。

表 4-2　不同区域人类代谢热流量　（单位：kW）

左侧区域	中间区域	下侧区域	右侧区域
6412.5	2137.5	2137.5	6412.5

右侧区域被道路分成若干区域，从上到下按面积权重即式（4-60）分到各区域热流量见表 4-3。

表 4-3　右侧区域不同区域人类代谢热流量　（单位：kW）

左上区域	右上区域	左下区域	右下区域
754.4	1131.6	3017.6	1508.8

4.3.3　工业热排放

工业人为热源所产生的热量的计算需要通过该地区的国内生产总值（GDP）、各地区能源消耗指标（以标准煤等量换算）和能源加工转换效率等数据，得出该地区工业生产总排放废热量[6]。其计算公式如下：

$$J_b = C_s \times 1000 \times 29300.9627 \times (1 - L) ; \quad C_s = G \times C \times 10000 \tag{4-61}$$

式中，J_b 为总的工业排热量（kJ）；C_s 为标准煤（t）；L 为能源加工转换效率（逐年变化量）；G 为国内生产总值（GDP）（亿元）；C 为能耗标准（t 标准煤/每万元），取 0.76；29300.9627 为每千克标准煤释放的热量（kJ）。

上式中，国内生产总值和能源加工转换效率均是从湘潭市的统计局获得。根据产业布局现状图可知，本书所研究的清溪镇城市区域是商业、金融业和行政办公的集中用地，所以第三产业是该地区的主导产业，采用第三产业的生产总值 0.65 亿元。具体按式（4-61）计算如下：

$$C_s = (0.65 \times 0.76 \times 10000)t = 4940t$$

$$J_b = [0.65 \times 0.76 \times 10000 \times 29300.9628 \times (1 - 69.39\%)]kJ/a$$

$$= 4.44 \times 10^{10} kJ/a = 1408.637kW$$

按面积权重分配到每个计算区域热流量：

$$q = J_b \times \frac{A_i}{A_o} \tag{4-62}$$

式中，q 为不同区域的热流量；A_i 为对应区域的面积；A_o 为总区域面积。

根据式（4-62）可得出不同区域的工业热流量，见表 4-4。

表 4-4　不同区域工业热流量

表 4-4　不同区域工业热流量　　　　　　　　　　　　　　　　　　（单位：kW）

左侧区域	中间区域	下侧区域	右侧区域
528.239	176.080	176.080	528.239

右侧区域被道路分成若干区域，从上到下按面积权重即式（4-62）分到各区域热流量见表 4-5。

表 4-5　右侧区域不同区域工业热流量　　　　　　　　　　　　　（单位：kW）

左上区域	右上区域	左下区域	右下区域
62.146	93.219	248.583	124.292

4.3.4　生活热排放

城市化的快速发展导致城市人口的急剧增长，而人类活动必然会产生大量的废热。人类的夏季使用空调、风扇与冬季取暖也必然会产生一定的热量，本书着重研究生活中天然气和空调的使用所产生的废热。

本书生活热主要从该地区清溪镇城区居民夏季使用的液化石油气、天然气总量和生活耗电总量方面加以考虑，利用各种能源与标准煤的转换关系转化为耗费的标准煤量，再结合废热排放率和能源加工转化率、标准煤的发热率等得出居民日常生活能耗和人为热排放量。计算公式如下：

$$J_b = (N_g \times 1000 \times 50179 + E_1 \times 10000 \times 1.229 \times 1000 \times 29300.9627) \times (1 - L)$$

$$(4-63)$$

式中，J_b 为生活总废热（kJ）；N_g 表示天然气（万 m^3），由户数日均用气量推算；50179 为 1kg 液化石油气的放热量（kJ）；E_1 为生活用电（亿 kW·h）；1.229 为每千瓦时对应 1.229t 标准煤，29300.9627 为 1kg 标准煤放出的热量（kJ）；L 为能源加工转换效率，取 80%，从统计局获取。

通过对韶山市居民一年中用电量的统计，可知日常生活用电量为 27.77×10^6 kW·h/d，根据空调日和非空调日的用电量差可得出夏季由于空调和风扇的使用所耗的电量为 19.23×10^6 kW·h/d，且空调的 COP 取为 $3^{[7]}$；日均用液化石油气为 5×10^4 万 m^3。

假设人口是等密度分布的，根据式（4-63）按权重分配到每个计算区域的生活用电产生的热量：

$$J_c = [(5 \times 104 \times 1000 \times 50179 + 27.77 \times 106 \times 0.15137 \times 10000 \times 1.229 \times 1000 \times 29300.9627) \times (1 - 80\%)]kW = 175203.24kW$$

再按面积权重分配到每个计算区域热流量：

$$q = J_c \times \frac{A_i}{A_o} \qquad (4-64)$$

式中，q 为不同区域的热流量；A_i 为对应区域的面积；A_o 为总区域面积。

据式（4-64）可得出不同区域的生活热流量，见表 4-6。

表 4-6　不同区域生活热流量　　　　　　　　　　　　　　　　　（单位：kW）

左侧区域	中间区域	下侧区域	右侧区域
65701.215	21900.405	21900.405	65701.215

右侧区域被道路分成若干区域，从上到下按面积权重即式（4-64）分到各区域热流量见表4-7。

表4-7 右侧区域不同区域生活热流量 （单位：kW）

左上区域	右上区域	左下区域	右下区域
7729.555	11594.332	30918.219	15459.109

空调产生热量如上所述：$q = (19.23 \times 106 \times 3 \times 0.15137)\text{kW} = 300468.75\text{kW}$

根据式（4-64）按面积权重分配到每个计算区域热流量，见表4-8。

表4-8 不同区域空调热流量 （单位：kW）

左侧区域	中间区域	下侧区域	右侧区域
11267.781	37558.594	37558.594	11267.781

右侧区域被道路分成若干区域，从上到下按面积权重即式（4-64）分到各区域热流量见表4-9。

表4-9 右侧区域不同区域空调热流量 （单位：kW）

左上区域	右上区域	左下区域	右下区域
13255.974	19883.961	53023.897	26511.949

4.3.5 交通热排放

城市中心过于密集的交通流也会对周围的热环境产生较大的负面影响。一般按照汽车百公里耗油完全燃烧所释放的热量作为交通排热量[8]，但是由于在特定区域内汽车的排热量受到很多不确定性因素的影响，如车流量、车速、车型及道路的不同交通状况等，所以道路交通热难以准确确定。本书是通过对研究区域的卡口车流量统计数据进行分析，按照车型及不同类型机动车耗油来计算排热量[7]。

根据统计数据，机动车有小型车辆、大型车辆、军籍汽车和外籍汽车四类，由于没有更为细致的汽车类型记录，为简化计算，将军籍汽车和外籍汽车归为小型汽车，则计算该区域的小型汽车和大型汽车的排热量。清溪镇城区的小型汽车日流量为54704台，大型汽车为3868台。具体计算过程如下[7]：

汽车功率计算：汽车功率(kW) = 汽车耗油(L/km) × 汽车速度(km/h) ×

汽油热值(kJ/kg) × 汽油密度(kg/L) ×

时间转换系数(h/s)　　　　　　　　　　（4-65）

研究区域内汽车数量计算：汽车数量(台) = 该区域内道路的长度(km)/

汽车行驶速度(km/h) × 车流量(台/h)

（4-66）

汽车排热量的计算：汽车排热总量(kW) = 汽车的功率(kW) × 汽车的数量(台)　（4-67）

根据统计到的汽车数据和上述步骤中式（4-65）~式（4-67）来计算该区域及所需道路的排热量，具体如下。

大型汽车功率：$(14.5/100 \times 60 \times 4.6 \times 0.74 \times 1/3600)\text{kW} = 82.3\text{kW}$

小型汽车功率：$(8.5/100 \times 80 \times 4.6 \times 0.74 \times 1/3600)\text{kW} = 62.3\text{kW}$

模拟区域是被城市主干道分隔开，为便于计算，其他道路按干道的长度权重分配，故不同的道路交通车流量产热量计算见下式：

$$汽车数量（台）= 该道路总车流量 × 该区域内道路的长度与总长度比 /$$
$$汽车行驶速度（km/h）× 时间转换系数（h/s） \tag{4-68}$$

按式（4-68）可得不同道路车流量数见表4-10。

表4-10　不同道路车流量数　　　　　（单位：台）

	枣园路	天鹅路、韶山大道	新颜路	迎宾路	市府路	韶山南路
大型汽车	4.88	1.66	0.70	0.19	2.39	2.2
小型汽车	0.46	0.26	0.07	0.02	0.23	0.21

根据道路与区域之间的位置关系得出区域车流量见表4-11。

表4-11　不同区域车流量　　　　　（单位：台）

	左上区域	右上区域	左下区域
大型车辆	3.89	0.65	5.71
小型车辆	0.37	0.06	0.54

故根据式（4-67）按该城区在道路韶山市的权重计算相应道路交通产热量，见表4-12。

表4-12　不同道路车排热总量　　　　　（单位：kW）

枣园路	天鹅路、韶山大道	新颜路	迎宾路	市府路	韶山南路
56.94	20.79	8.20	2.21	27.96	25.68

同时可根据道路的长度和宽度计算出单位面积发热量（热流密度），见表4-13。

表4-13　路面热流密度　　　　　（单位：W/m²）

枣园路	天鹅路、韶山大道	新颜路	迎宾路	市府路	韶山南路
2.77	2.24	1.05	0.55	1.94	1.40

研究区域由于次道和支道交通产热量（热流量）见表4-14。

表4-14　不同区域次、支道车流产热量（热流量）　　　　　（单位：kW）

左上区域	右上区域	左下区域
45.45	7.58	66.71

4.3.6　综合热排放

根据上述研究，可结合建筑区域的体积得出综合热排放以及无单个人为热源的研究区域热源强度（W/m³），结果见下表4-15。

表4-15　夏季各区域热强度（热流密度）值　　　　　（单位：W/m³）

	区域体积/m³	全人为热源	无人为热源	无人类新陈代谢热源	无工业热源	无空调热源	无交通热源
左侧区域	14917500	12.48	0	12.06	12.45	4.93	12.47
中间区域	4972500	12.11	0	11.67	12.07	4.55	12.09
下部区域	4972500	12.42	0	11.99	12.39	4.87	12.42

（续）

	区域体积/m^3	全人为热源	无人为热源	无人类新陈代谢热源	无工业热源	无空调热源	无交通热源
右侧区域1	1755000	12.45	0	12.01	12.39	4.89	12.44
右侧区域2	2632500	12.48	0	12.05	12.39	4.93	12.48
右侧区域3	7020000	12.42	0	11.99	12.34	4.87	12.42
右侧区域4	3510000	12.42	0	11.99	11.99	4.87	12.42

这里对韶山市城区人为热源的相关数据进行了初步调查和统计，并给出了计算方法及结果。

本书主要考虑了新陈代谢热排放、工业热排放、生活热排放（主要针对空调热排放）、交通热排放几种人为热排放源，对韶山市的年用电量、常住人口及车流量进行调查，并通过学习大量的参考文献得出相对合理的计算方法，综合热排放就是将上述几类热源加在一起计算出进行模拟计算所需要的热量强度（热流密度），模拟区域被划分为七个区域，为全人为热源、无人为热源、无人类新陈代谢热源、无工业热源、无空调热源、无交通热源几种情况下的热量强度，（热量密度），这为下面对城区热环境进行模拟计算设置边界时提供了较为全面的数据。

4.4 主城区热环境的模拟结果与分析

4.4.1 物理模型

如上所述，本文所研究区域为韶山市城区，即清溪镇的火车站社区，它包括了清溪村和花园村的一部分。社区被枣园路、新颜路、韶山中路、迎宾路、天鹅路这些主干道包围起来，还包括多条城市主、次及支道；社区建筑多为5~6层，对建筑群区域的模型进行了适当简化，采用 AutoCAD 软件和 Gambit 软件来构建该区域的模型，具体如图4-7所示。

本节模拟夏季室外的热环境。建筑群的区域范围为1300m×1600m×18m，由于受到计算机能力的限制而研究对象又比较复杂，所以对周围的地势和建筑群局部模型都进行合理简化；计算区域的范围为4100m×4800m×70m，进出口的长度、高度至少是建筑群模型尺寸的3倍[9]。本书模拟计算用到 Fluent 软件，由于计算机能力有限并且模拟对象庞大，难以直接模拟出整个建筑群的热环境，为了完成大尺度的网格划分，减少网格数量，对建筑群模型进行了简化，并设置为达西多孔介质模型[10]。

4.4.2 网格划分

计算流体力学的本质是对控制方程所规定的区域进行点离散或区域离散，将建立在个别网格点或子区域上的控制方程组，然后用线性代数的方法迭代求解，因此对网格的合理划分是进行进一步模拟的前提条件。网格类型包括结构化网格和非结构化网格，结构化网格的节点排列和网格单元是规则的，用于计算较简单的流场，构建精密的网格以求得精密的解；而非结构化网格在网格和节点上没有一定规律可循、规则不一，同一个计算问题中可能同时出现形状甚至类型不同的网格，并且流场变化大的地方可局部加密，因此非结构化网格解决了

图 4-7　火车站社区示意图

结构化网格不能解决的问题，适用于结构化网格适应能力差的场合。并且为了使得计算更加精确，同时保证计算收敛稳定性，就要提高划分网格的质量并保证合理的网格数量。

本书采用了 Fluent 前处理软件 Gambit 建立模型并划分网格。分区进行网格划分并局部加密，在城市区域及六条道路所在区域用密集的非结构化网格进行划分，并且以 1.1 的比例在高度方向上加密，在其他区域用结构化网格进行划分；非结构化网格类型为 Wedge/Hex，而其他区域为 Hex，在连接分区的分隔面处设为 Interface 进行连接。整个模型几乎为六面体的结构化网格，倾斜率低，网格质量高，收敛性较好。经过多次网格划分并进行模拟计，发现网格总数为 6790371 时计算结果较好，且计算速度较高。网格划分示意如图 4-8 所示。

4.4.3　边界条件及模型参数

1. 进口边界条件

对于来流风速的分布，根据 ASHRAE 手册中所提出的幂指数分布函数，见下式：

$$U_h = U_m \left[\frac{d_m}{H_m} \right]^{\alpha_m} \left[\frac{h}{d} \right]^{\alpha} \tag{4-69}$$

式中，α 和 d 的值是根据我国《建筑结构荷载规范》（GB 50009—2001）选取；U_h、U_m 为 h 处的风速和气象站所测风速（m/s）；下标 h、m 表示某个高度处和气象台所在高度处（m）；d 为不同地貌条件下的边界层厚度（m）；α 为不同下垫面的粗糙度。

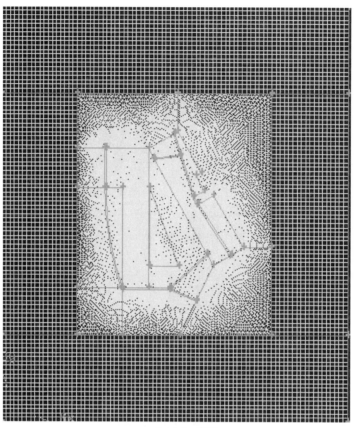

a) z=1.5m 截面

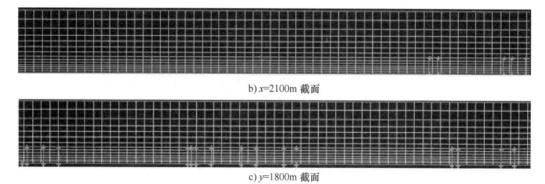

b) x=2100m 截面

c) y=1800m 截面

图 4-8　模型典型面网格划分示意图

湍动能 $k(h)$ 和湍动能耗散率 $\varepsilon(h)$ 可按下式计算[8]：

$$\kappa(h) = 1.5(U_h I_h)^2 \tag{4-70}$$

$$\varepsilon(h) = u^{*3}/\kappa h \tag{4-71}$$

$$\kappa = u^{*2}/\sqrt{C_\mu} \tag{4-72}$$

式中，κ 为卡曼常数 0.04；u^* 为摩擦速度（m/s）；C_μ 为 0.09。I_h 为湍流强度，其值采用了日本建筑荷载规范给出的湍流强度推荐值，见表 4-16[11]。

表 4-16　湍流强度 I 值

高度 h		粗糙度类别				
b		5	5	5	5	5
边界层厚度 d/m		250	250	450	550	650
I_b	$b<h<d$	0.18	0.23	0.31	0.36	0.40
	$h\leqslant b$	$0.1(h/d)^{(-\alpha-0.05)}$				

进口空气温度夏季值取 2014 年 7 月 22 日最高温度 38℃，风向为南风，来流风速为按 10m 高度处 2.1m/s 风速依据幂指数规律计算出的随高度增加的梯度风速，冬季则取 2014 年 2 月 13 最低温度−5℃，来流的梯度风速按 10m 高处 2.6m/s 的风速计算，风向为北风。

2. 顶面、侧面及出流面边界条件

由于侧面、顶面和出流面的空气流动是自由的、不受任何边壁约束的，故设为自由滑移表面；流体到达出流面时已充分发展，垂直于该平面所有的变量梯度均为零，设成 outflow 出流边界；由于计算区域较大，并基于假设，顶面和侧面不存在扩散通量（所有的流通变量法向梯度为零），沿法向速度及切线方向速度的梯度均为零，即可设为滑移表面。

3. 壁面边界条件

根据供暖、通风与空调设计手册和其他相关文献[12]通过交通热源的计算设为热流边界。

4. 源项的处理

源项是一个广义物理量，它表示不能包括到控制方程中的非稳态项、对流项与扩散项之和。本书中源项是常数，在建立离散方程时设为定值。由于研究的是城市区域大量人为热对周围环境的影响，并且引入多孔介质模型进行模拟，所以可以将总的人为热量平均在单位体积上即人为热流密度，使其分布在所划分的各个区域上，而道路的热流密度是分布在路面的面热源，具体值见表 4-17。为了简化计算模型，本书假设人为热流密度和路面热流密度为定值。

表 4-17　边界温度值　　　　　　　　　　（单位：℃）

季节	进口	陆地	农田
夏季	38	35	29
冬季	−5	0	20

5. 多孔介质模型的参数

用多孔介质模型所研究的区域进行简化，从多孔连续介质流动控制方程中得知要求出模拟区域的孔隙率 ϕ 和渗透率 k。从孔隙率的定义可知，孔隙率可由卫星图提供的建筑间距算出平均值，结合建筑尺寸与间距的平均当量长度比，最西侧区域取 0.5，其他区域取 0.45；而对于渗透率的计算及测量方法在前面章节中已经详细论述，针对城区内的实际流动状况，采用了式（4-26）和式（4-28）的平均式 $k=\dfrac{\phi\delta^2}{64}$ 和缝隙模型的算法，并且需要说明的是前者用于计算风的来流方向所在平面即横向上的渗透率，而后者用来计算风速垂直方向上的渗透率，并且根据渗透率和阻力系数之间的关系来求得不同研究区域上的阻力系数。且本书计算多孔介质模型参数的方法和模型仅仅是针对该研究区域的，对于其他多孔介质房间桌椅和防风林是否适用有待进一步的验证。

4.4.4 夏季工况模拟结果分析

本书主要考虑四种人为热排放源，分别为新陈代谢热排放、工业热排放、生活热排放（主要针对空调热排放）、交通热排放[10]。并假设前三种排放源平均分布在韶山市城区，交通热源按城区半径范围内道路分布计算。为了研究四种人为热源对环境的不同影响，本书分别对全人为热源、无人为热源、无空调热源、无人类新陈代谢热源、无工业热源、无交通热源情况下的热环境进行模拟计算，得出不同条件下的温度、速度分布情况。

1. 全人为热源及无人为热源时（$z = 0.2m$、$1.5m$、$5m$、$10m$）速度分布

由图 4-9~图 4-16 可知，在左侧和右侧建筑群的拐角处，风速达到最大值 $20 \sim 25m/s$，而不同建筑群区域的风速不同，且孔隙率小的速度相对较大，风速在建筑群区域内部比较大，在其他地方逐渐变化，这是由建筑的孔隙率和形状的差异性导致的，并且这些速度分布规律在不同高度处呈现一致性。

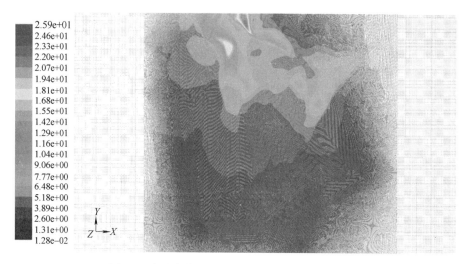

图 4-9　全人为热源 0.2m 高处速度矢量图（m/s）

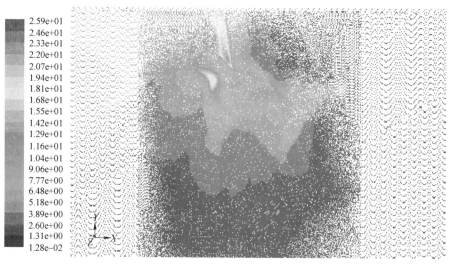

图 4-10　全人为热源 1.5m 高处速度矢量图（m/s）

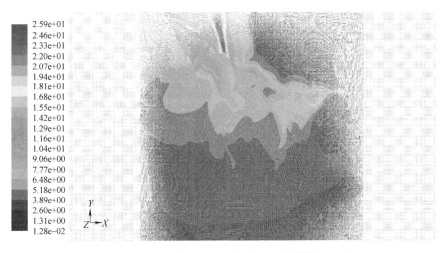

图 4-11　全人为热源 5.0m 高处速度矢量图（m/s）

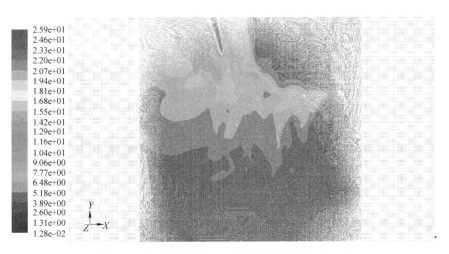

图 4-12　全人为热源 10m 高处速度矢量图（m/s）

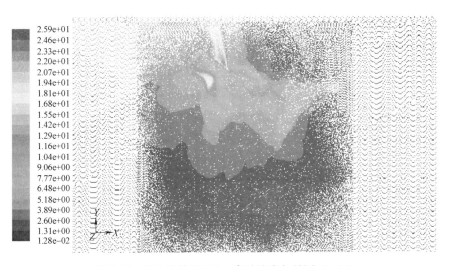

图 4-13　无人为热源 0.2m 高处速度矢量图（m/s）

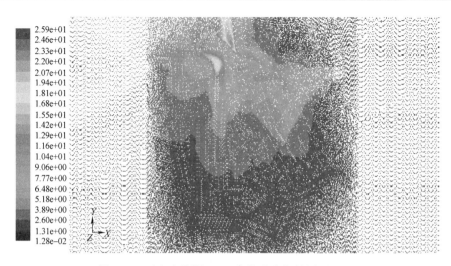

图 4-14　无人为热源 1.5m 高处速度矢量图（m/s）

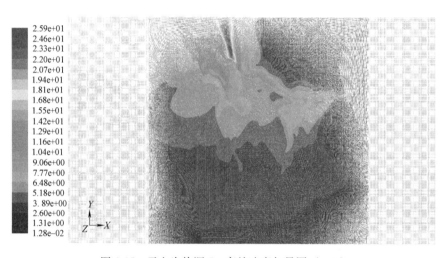

图 4-15　无人为热源 5m 高处速度矢量图（m/s）

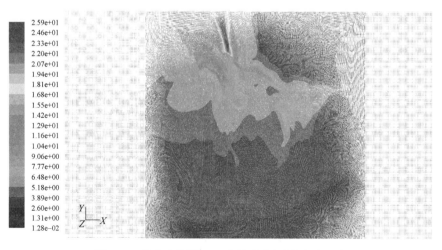

图 4-16　无人为热源 10m 高处速度矢量图（m/s）

2. 各种人为热源存在下（$z=0.2m$、$1.5m$、$5m$、$10m$）温度、压力分布

由图 4-17~图 4-32 中可看出，整个城区的温度分布及变化趋势是较为一致的，无人为热源相对有人为热源时温度变化程度小；在 1.5m 高度处，无任何人为热源时，最高温度为 38℃，平均温度为 36.65℃，最高温度与最低温度相差 8.98℃；全热源时城区的最高温度为 39.85℃，平均温度为 37.95℃，最高温度与最低温度相差 10.84℃，最高及平均温度比无人为热源时分别高出 1.85℃、1.35℃，即单纯的人为热源使贴地大气温度最大升高了 1.85℃，且温度分布从城区到外围呈明显降低现象，这是因为人为释放热的扩散也会受到风力的影响；而压力分布与速度分布存在对应关系，符合伯努利方程。

由图 4-33~图 4-64 可知，无论存在何种人为热源，在距离不同地面高度处的某平面的温度分布规律较为一致，城区的贴地大气温度都会明显地高于周边环境的温度，并呈现逐渐降低趋势，局部会出现温度过高的现象，这是由于城区人口集中导致人为释放废热量也较集中，某些局部区域人为热源可能叠加，并且不同区域温度也会受到风力的影响，同时说明周围农田缓解了城区的热效应，起到降温作用；而随着离地面的距离的增大，整个区域的温度都逐渐增高，这也说明稻田对周围环境有降温作用。通过以上图还可看出，在距离地面 1.5m 高度处，全人为热源时城市的平均温度是 37.95℃，无任何人为热源时的城区平均温度为 36.65℃，无空调热源时的城区平均温度是 36.79℃，无新陈代谢热时的平均温度是 37.61℃，无工业热源时的平均温度是 37.67℃，无交通热源时的城区平均温度是 37.68℃，

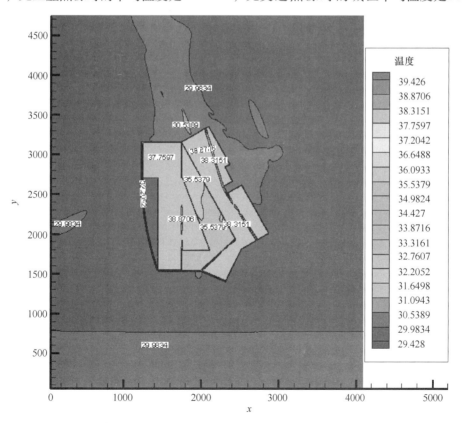

图 4-17　全人为热源的 0.2m 高处温度云图（℃）

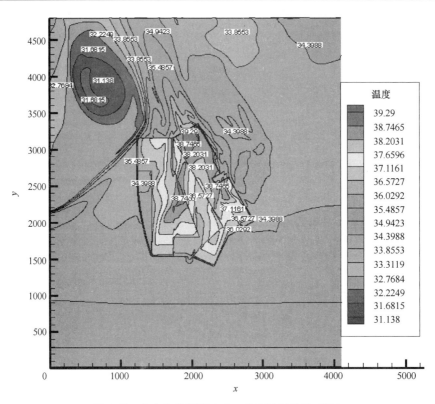

图 4-18　全人为热源的 1.5m 高处温度云图（℃）

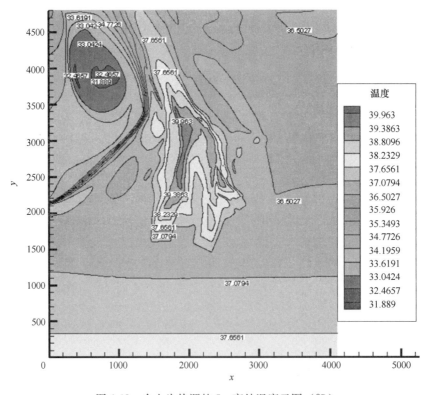

图 4-19　全人为热源的 5m 高处温度云图（℃）

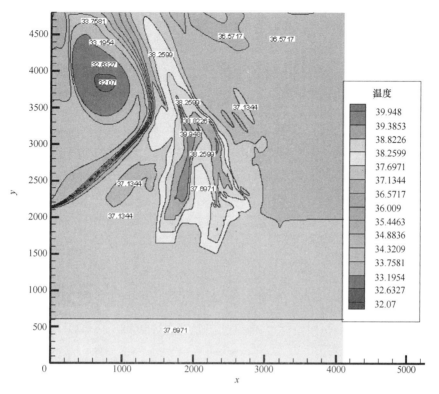

图 4-20　全人为热源的 10m 高处温度云图（℃）

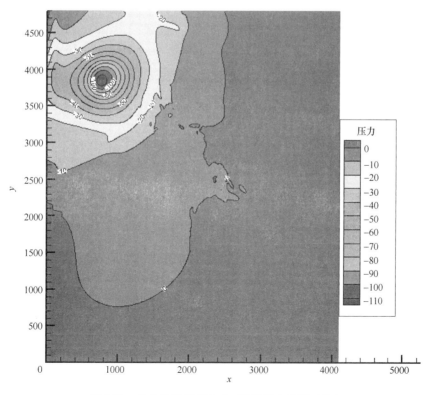

图 4-21　全人为热源的 0.2m 高处压力云图（Pa）

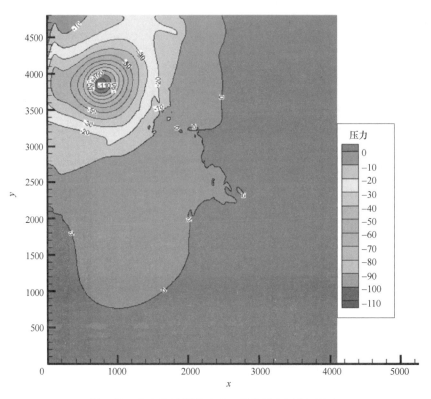

图 4-22　全人为热源的 1.5m 高处压力云图（Pa）

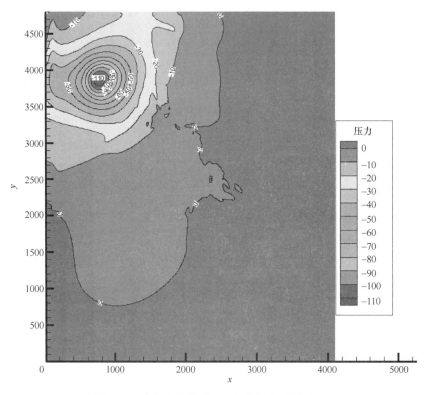

图 4-23　全人为热源的 5m 高处压力云图（Pa）

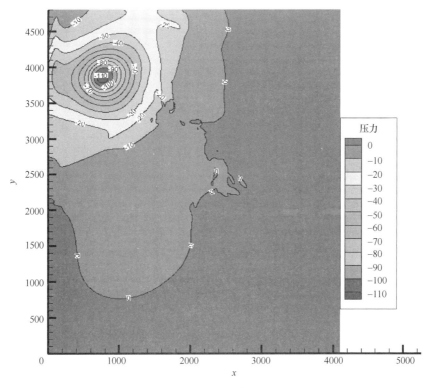

图 4-24　全人为热源的 10m 高处压力云图（Pa）

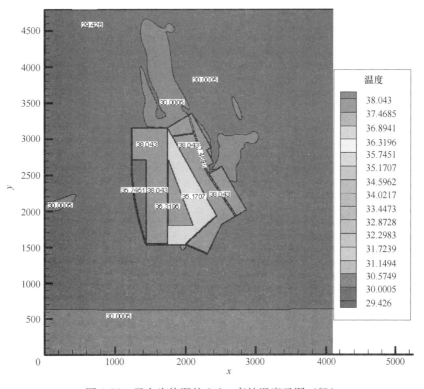

图 4-25　无人为热源的 0.2m 高处温度云图（℃）

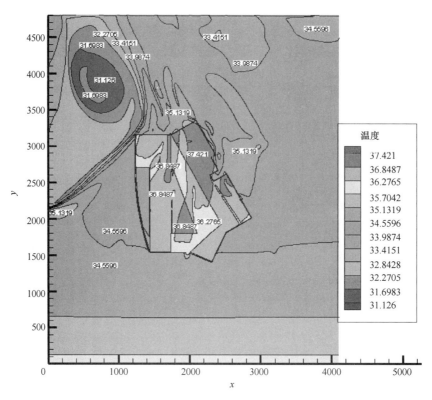

图 4-26　无人为热源的 1.5m 高处温度云图（℃）

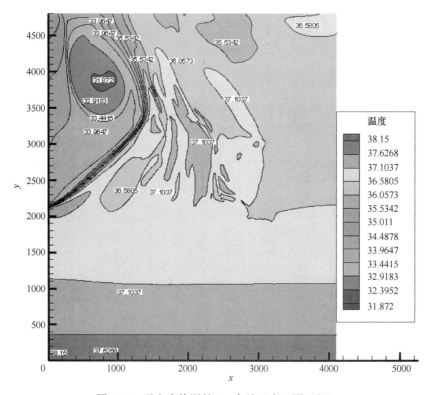

图 4-27　无人为热源的 5m 高处温度云图（℃）

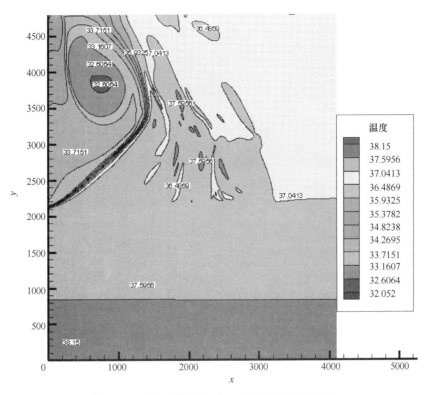

图 4-28 无人为热源的 10m 高处温度云图（℃）

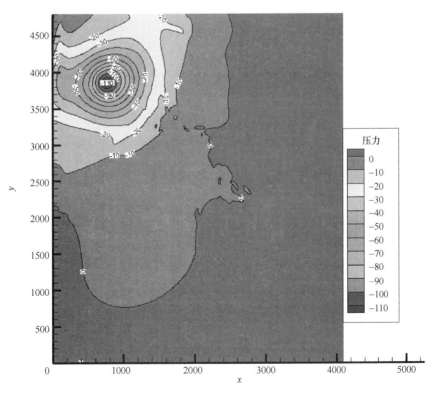

图 4-29 无人为热源的 0.2m 高处压力云图（Pa）

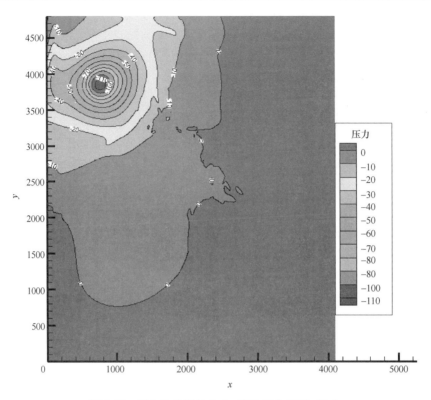

图 4-30　无人为热源的 1.5m 高处压力云图（Pa）

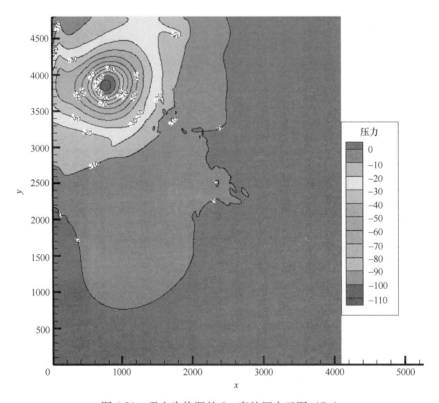

图 4-31　无人为热源的 5m 高处压力云图（Pa）

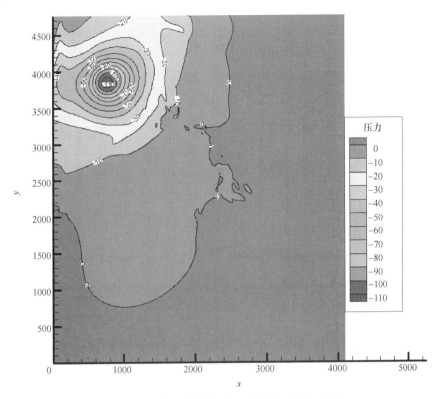

图 4-32　无人为热源的 10m 高处压力云图（Pa）

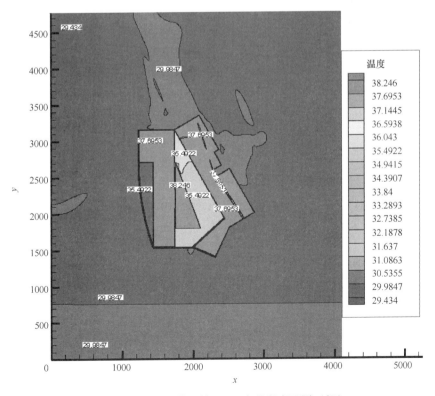

图 4-33　无空调热源的 0.2m 高处温度云图（℃）

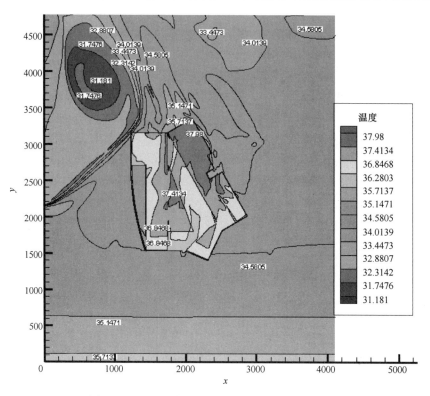

图 4-34　无空调热源的 1.5m 高处温度云图（℃）

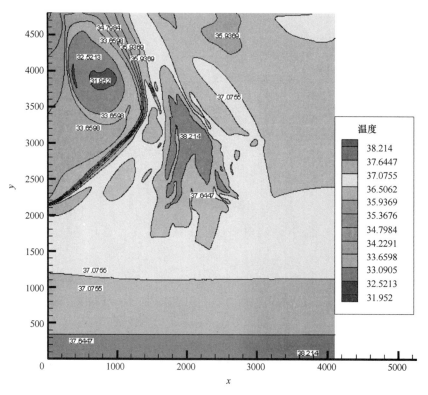

图 4-35　无空调热源的 5m 高处温度云图（℃）

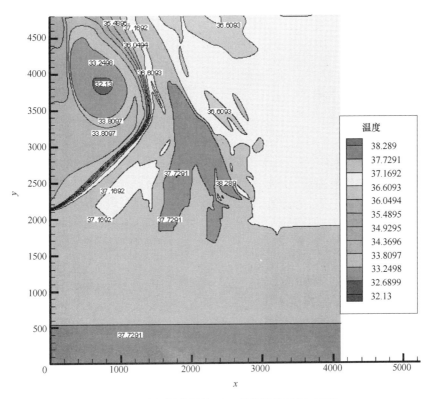

图 4-36　无空调热源的 10m 高处温度云图（℃）

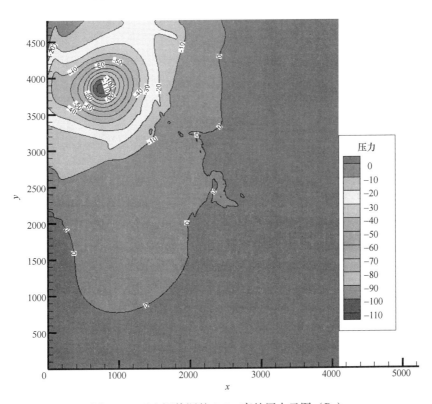

图 4-37　无空调热源的 0.2m 高处压力云图（Pa）

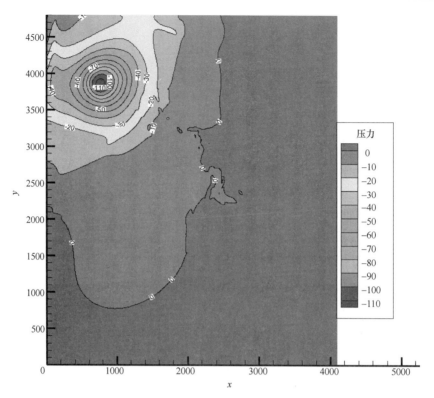

图 4-38　无空调热源的 1.5m 高处压力云图（Pa）

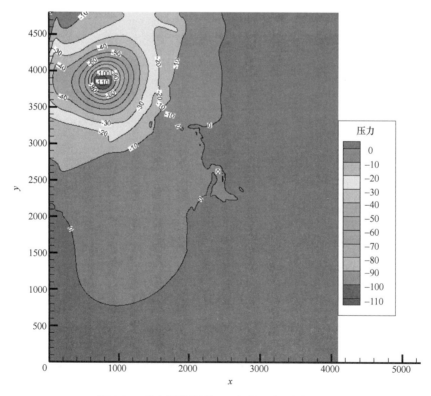

图 4-39　无空调热源的 5m 高处压力云图（Pa）

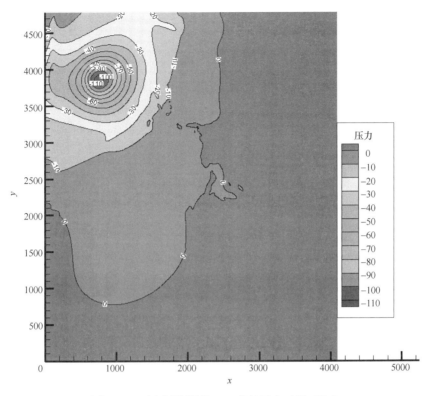

图 4-40　无空调热源的 10m 高处压力云图（Pa）

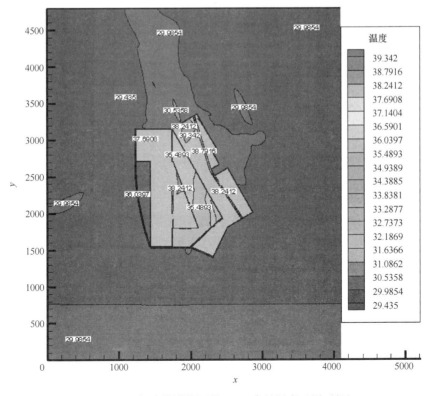

图 4-41　无新陈代谢热源的 0.2m 高处温度云图（℃）

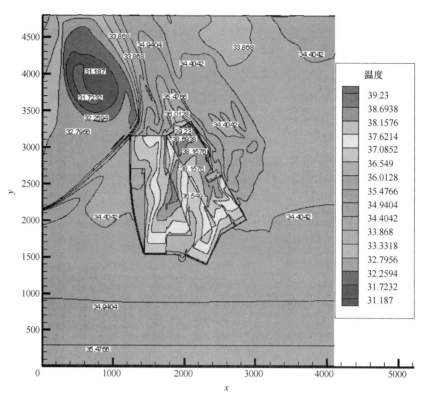

图 4-42　无新陈代谢热源的 1.5m 高处温度云图（℃）

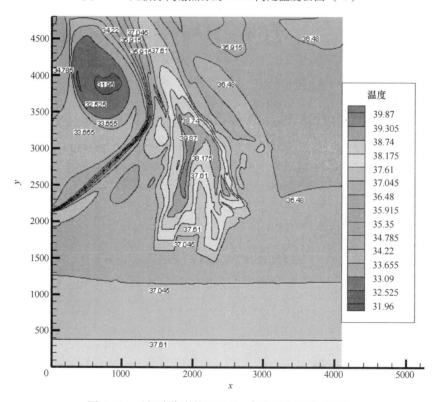

图 4-43　无新陈代谢热源的 5m 高处温度云图（℃）

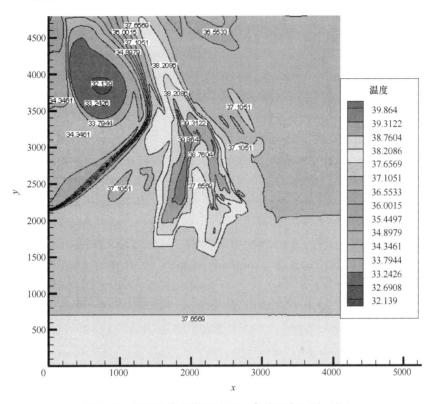

图 4-44 无新陈代谢热源的 10m 高处温度云图（℃）

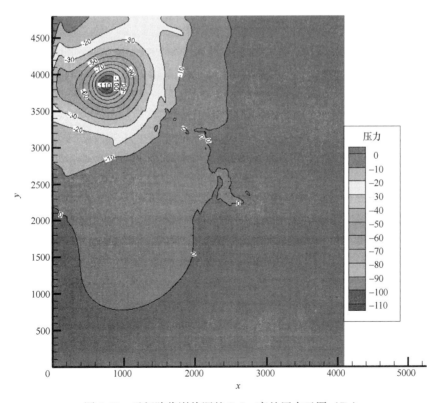

图 4-45 无新陈代谢热源的 0.2m 高处压力云图（Pa）

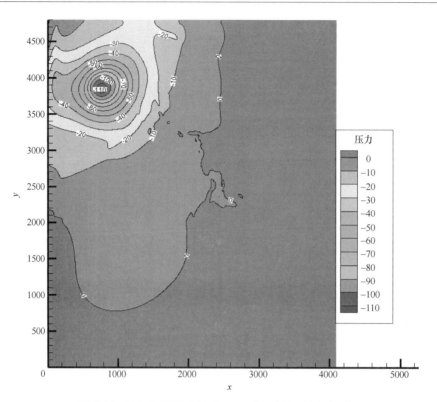

图 4-46　无新陈代谢热源的 1.5m 高处压力云图（Pa）

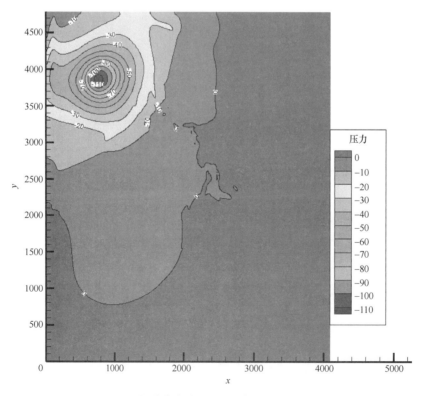

图 4-47　无新陈代谢热源的 5m 高处压力云图（Pa）

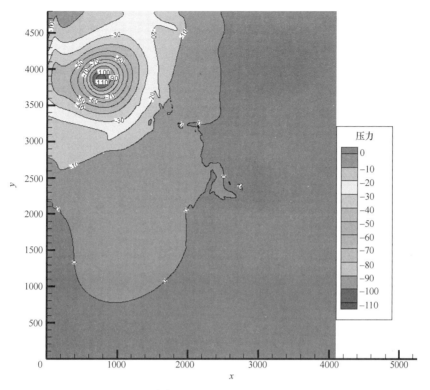

图 4-48　无新陈代谢热源的 10m 高处压力云图（Pa）

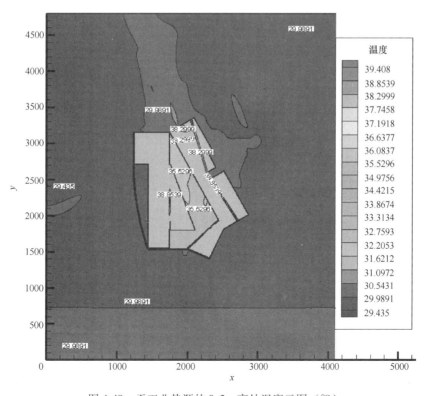

图 4-49　无工业热源的 0.2m 高处温度云图（℃）

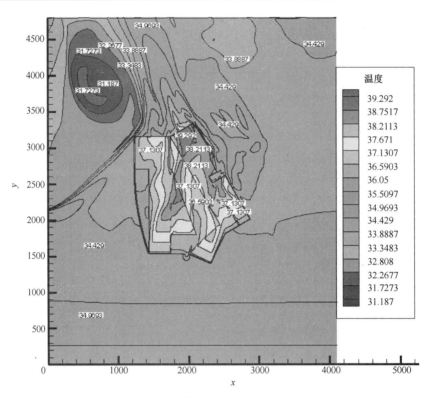

图 4-50 无工业热源的 1.5m 高处温度云图（℃）

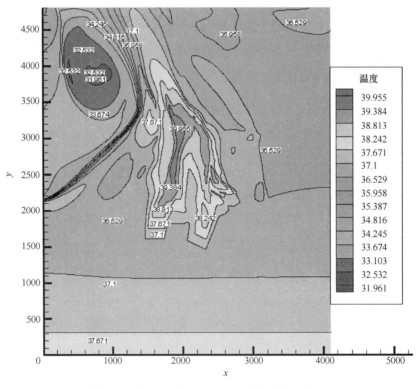

图 4-51 无工业热源的 5m 高处温度云图（℃）

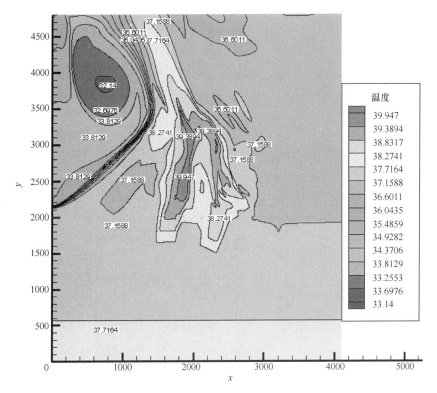

图 4-52　无工业热源的 10m 高处温度云图（℃）

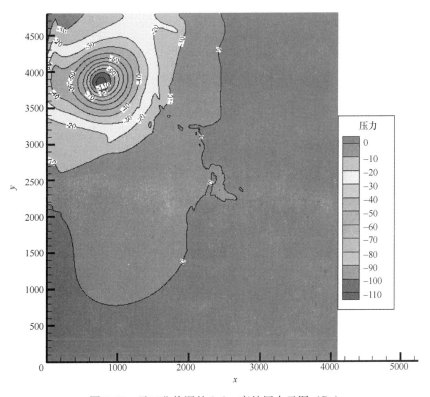

图 4-53　无工业热源的 0.2m 高处压力云图（Pa）

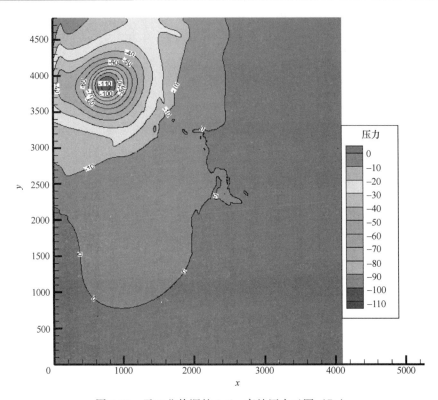

图 4-54　无工业热源的 1.5m 高处压力云图（Pa）

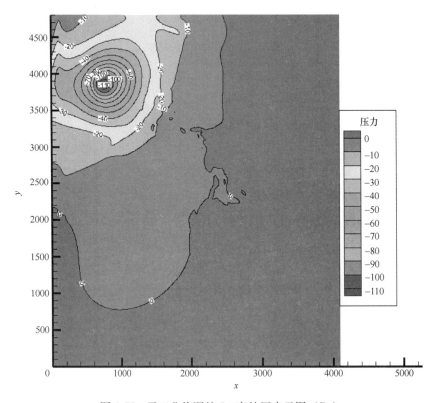

图 4-55　无工业热源的 5m 高处压力云图（Pa）

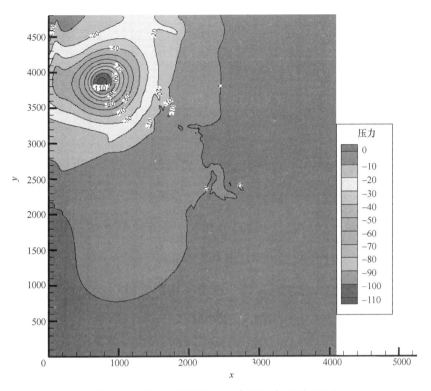

图 4-56　无工业热源的 10m 高处压力云图（Pa）

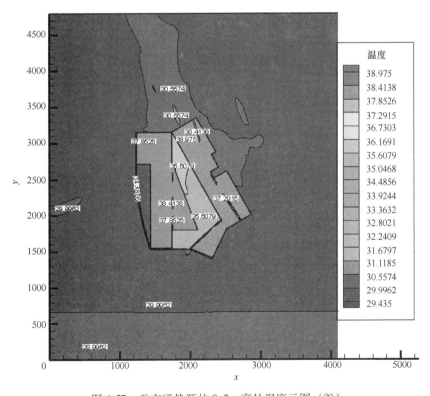

图 4-57　无交通热源的 0.2m 高处温度云图（℃）

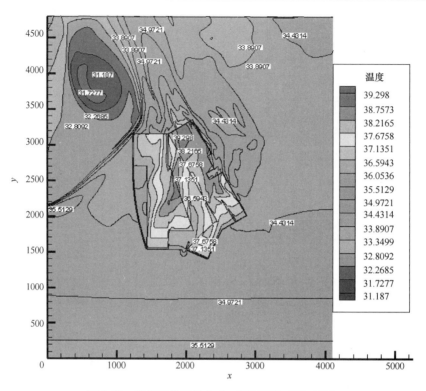

图 4-58　无交通热源的 1.5m 高处温度云图（℃）

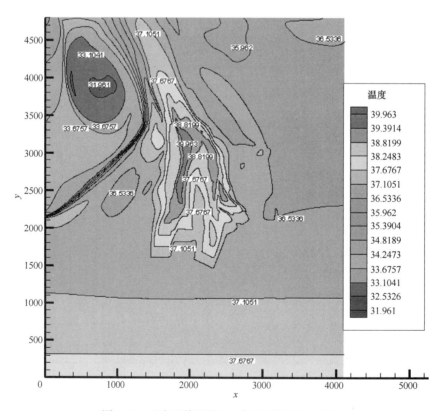

图 4-59　无交通热源的 5m 高处温度云图（℃）

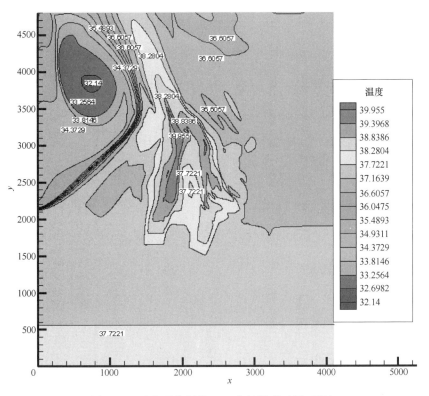

图 4-60　无交通热源的 10m 高处温度云图（℃）

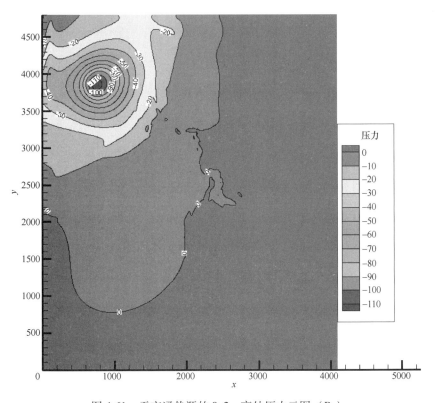

图 4-61　无交通热源的 0.2m 高处压力云图（Pa）

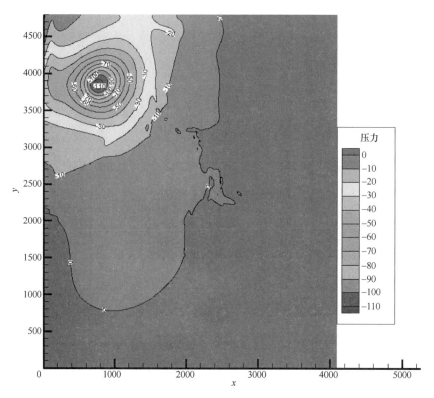

图 4-62 无交通热源的 1.5m 高处压力云图（Pa）

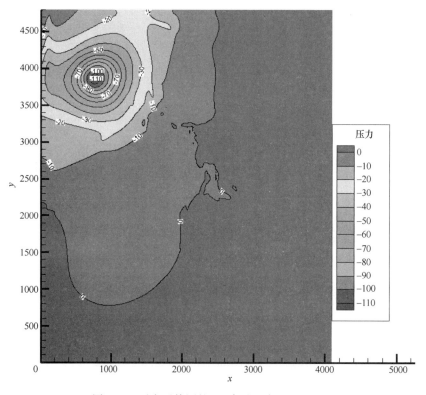

图 4-63 无交通热源的 5m 高处压力云图（Pa）

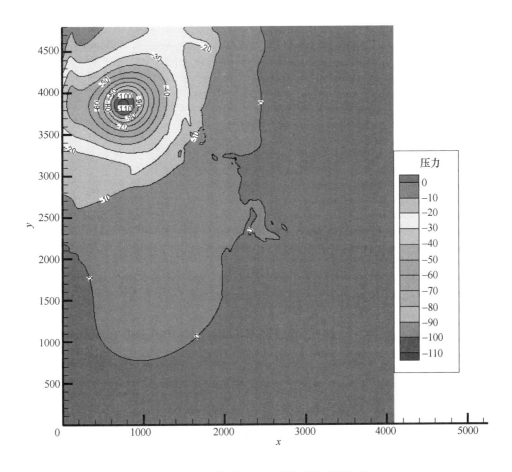

图 4-64　无交通热源的 10m 高处压力云图（Pa）

后面四者比全人为热源时的平均温度分别低 1.16℃、0.34℃、0.28℃、0.27℃，可得出对贴地大气温度影响程度大小的人为热源依次是空调热源、新陈代谢热源、工业热源、交通热源；另外，在没有交通热源时，远离城市区域的枣园路与全人为热源时的平均温度基本是一致的，而市府路、迎宾路和韶山中路与全人为热源时的平均温度也基本一致，可见交通热主要对道路周围环境造成影响，在城市区域道路的交通热效应基本被其他人为热源所覆盖。因此，为缓解夏季主城区的热效应，应该首先从居民的降温方式入手，其次是应该适当控制城市人口数量。

4.4.5　冬季工况模拟结果分析

1. 全人为热源及无人为热源时（$z=0.2$m、1.5m、5m、10m）速度分布

由图 4-65~图 4-72 可知，在建筑群的拐角处，风速达到最大值 11~17m/s，而不同建筑群区域的风速不同，且孔隙率小的速度相对较大，风速在建筑群区域内部比较大，在其他地方逐渐变化，这是由建筑的孔隙率和形状的差异性导致的，并且这些速度分布规律在不同高度处呈现一致性。

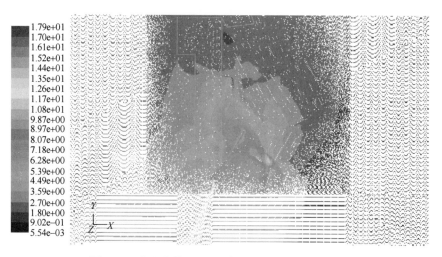

图 4-65　全人为热源 0.2m 高处速度矢量图 （m/s）

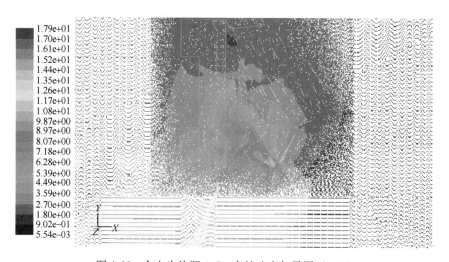

图 4-66　全人为热源 1.5m 高处速度矢量图 （m/s）

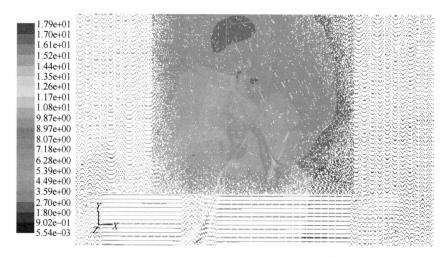

图 4-67　全人为热源 5m 高处速度矢量图 （m/s）

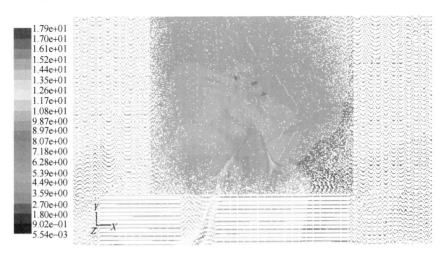

图 4-68　全人为热源 10m 高处速度矢量图（m/s）

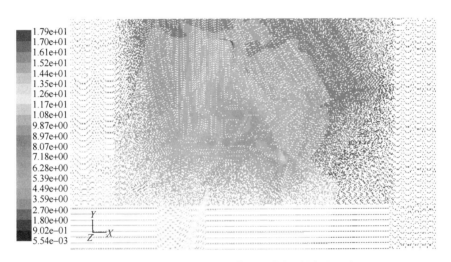

图 4-69　无人为热源 0.2m 高处速度矢量图（m/s）

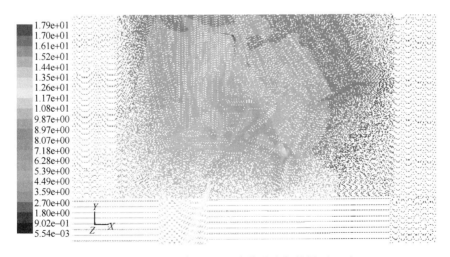

图 4-70　无人为热源 1.5m 高处速度矢量图（m/s）

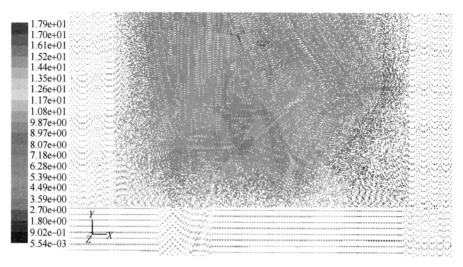

图 4-71　无人为热源 5m 高处速度矢量图 （m/s）

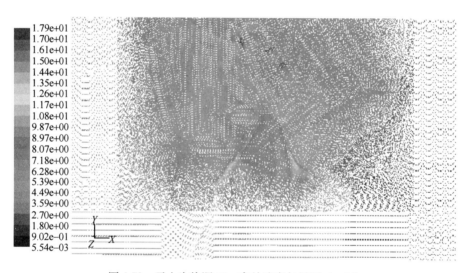

图 4-72　无人为热源 10m 高处速度矢量图 （m/s）

2. 各种人为热源存在下 （$z=0.2m$、$1.5m$、$5m$、$10m$）温度、压力分布

由图 4-73～图 4-88 可看出，无论是否存在人为热源，整个城市区域的温度分布及变化趋势大体是一致的，但无人为热源时主城区的温度更低，相对有人为热源时城区温度的变化程度较大；无任何人为热源时，主城区的最高温度为 2.487℃，平均温度为 -0.0088℃，最高温度与最低温度相差 4.99℃；全热源时城区的最高温度为 3.735℃，平均温度为 -0.0088℃，最高温度与最低温度相差 6.24℃，最高及平均温度比无人为热源时分别高出 1.25℃、0℃，即单纯的人为释放热使贴地大气温度最大升高了 1.25℃，而由于空调的冷效应使得人为热的总体效应程度较小。但温度分布从城区到外围呈明显升高现象，这是因为冬季农田的温度高于大气温度，对周围环境有加热作用，同时人为释放热的扩散受到风力影响；而压力分布与速度分布存在对应关系，符合伯努利方程。

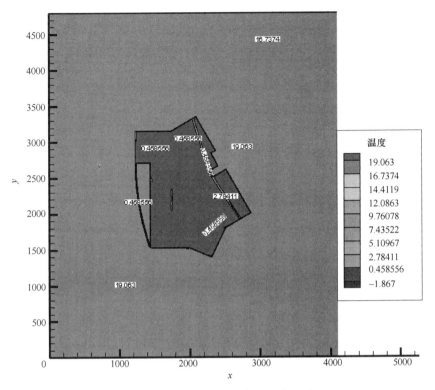

图 4-73   全人为热源的 0.2m 高处温度云图（℃）

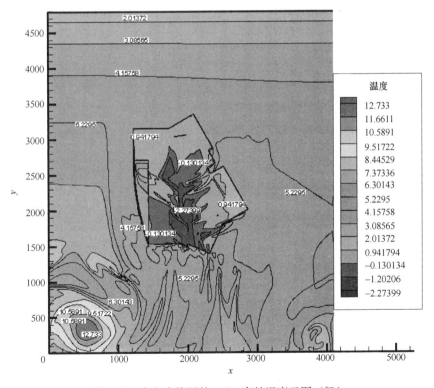

图 4-74   全人为热源的 1.5m 高处温度云图（℃）

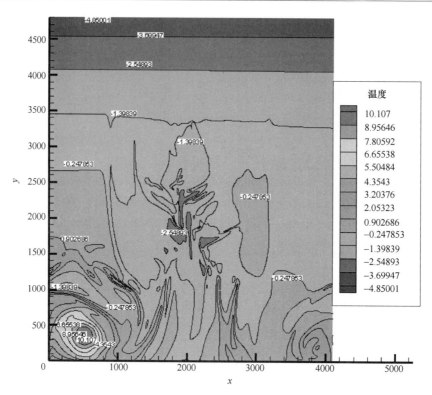

图 4-75　全人为热源的 5m 高处温度云图（℃）

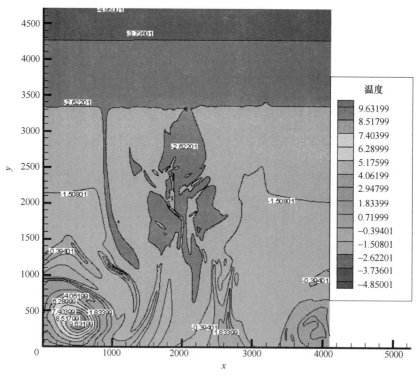

图 4-76　全人为热源的 10m 高处温度云图（℃）

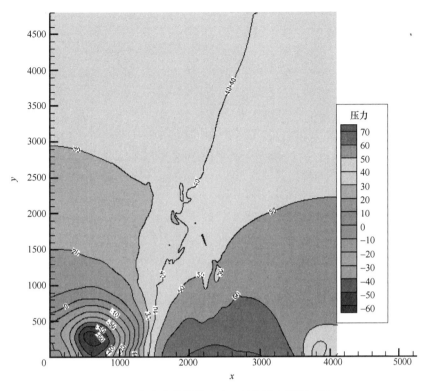

图 4-77　全人为热源的 0.2m 高处压力云图（Pa）

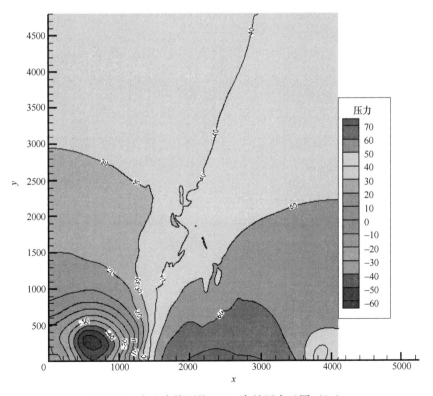

图 4-78　全人为热源的 1.5m 高处压力云图（Pa）

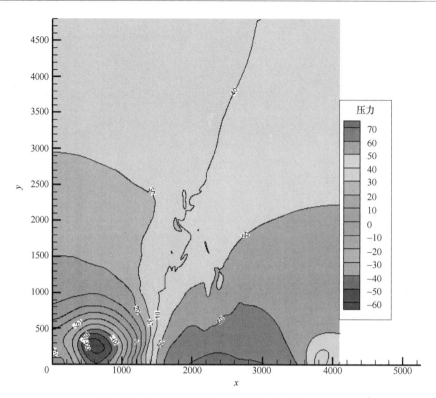

图 4-79　全人为热源的 5m 高处压力云图（Pa）

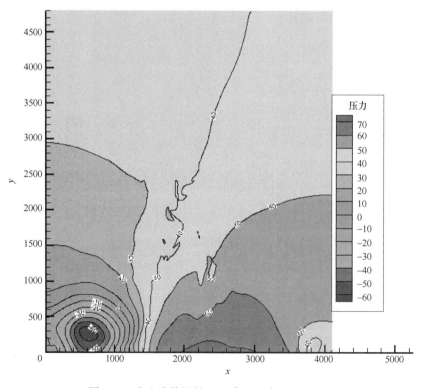

图 4-80　全人为热源的 10m 高处压力云图（Pa）

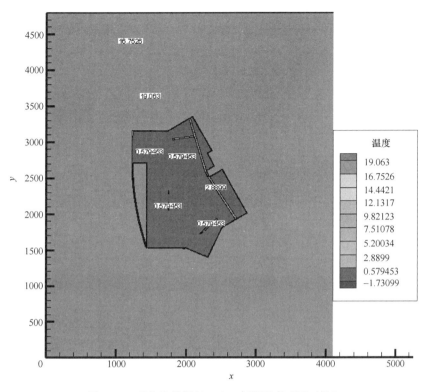

图 4-81　无人为热源的 0.2m 高处温度云图（℃）

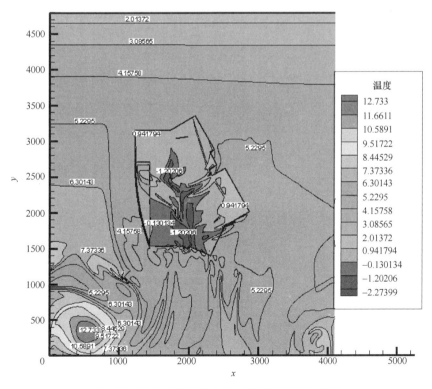

图 4-82　无人为热源的 1.5m 高处温度云图（℃）

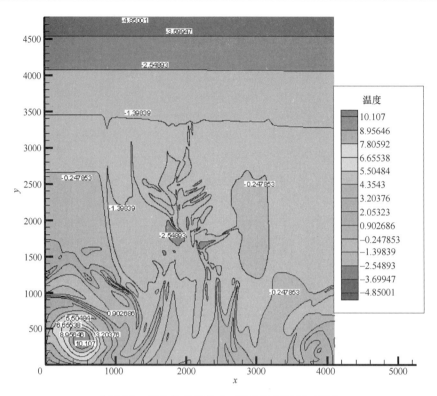

图 4-83　无人为热源的 5m 高处温度云图（℃）

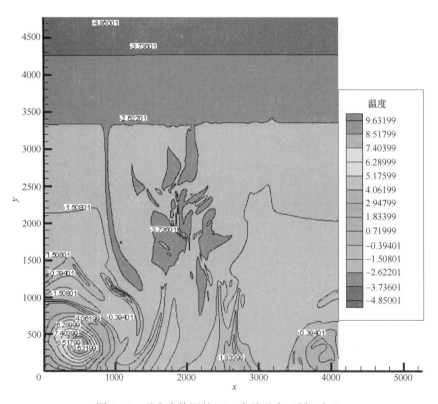

图 4-84　无人为热源的 10m 高处温度云图（℃）

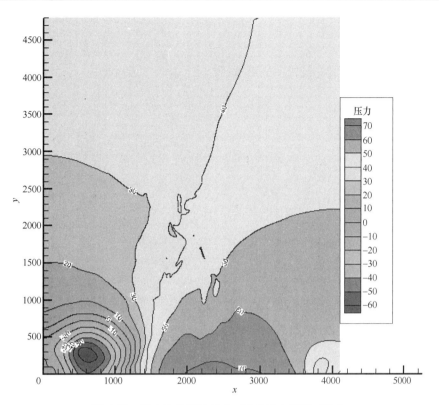

图 4-85　无人为热源的 0.2m 高处压力云图（Pa）

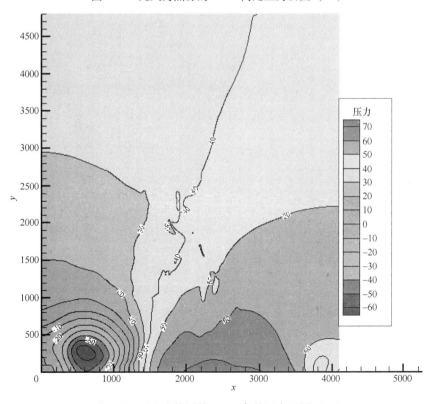

图 4-86　无人为热源的 1.5m 高处压力云图（Pa）

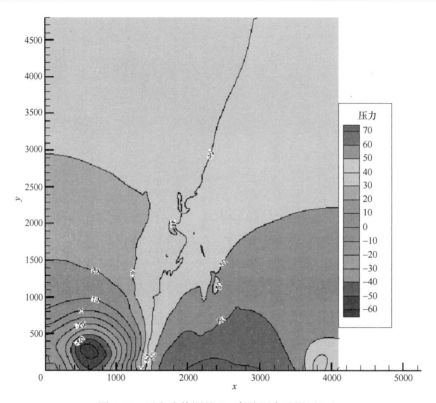

图 4-87　无人为热源的 5m 高处压力云图（Pa）

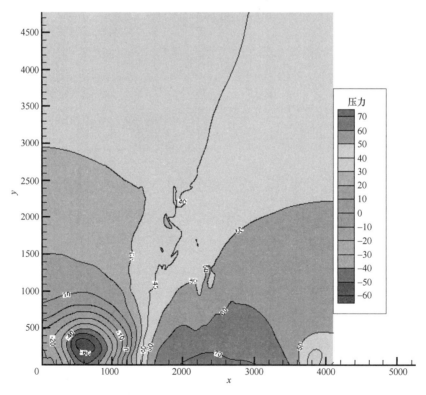

图 4-88　无人为热源的 10m 高处压力云图（Pa）

由图 4-89~图 4-120 可知，无论存在何种人为热，在距离不同地面高度处的某平面的温度分布规律较为一致，城区的贴地大气温度都会明显低于周边环境的温度，并呈现逐渐升高趋势，局部温度较低，这是由于城区人口集中冬季空调取暖导致冷量释放所致，并且不同区域温度也会受到风力的影响，同时说明了周围农田城区对附近环境的加热效应；而随离地面的距离的增大，整个区域的温度都逐渐降低，这也说明稻田对周围环境有升温作用。通过以上图还可看出，在距离地面 1.5m 高度处，无论存在何种人为热源，城区的贴地大气温度都会明显低于周边环境的温度，并呈现逐渐升高趋势，这是因为城市区域内部会有大量的人为废热，使主城区的贴地大气温度有所升高，而周围农田也会对其周围环境起到加热作用，并且大于人为热的作用；通过以上图可看出，全人为热源时城市的平均温度是 -0.0088℃，无任何人为热源时的城区平均温度为 -0.0088℃，无空调热源时的城区平均温度是 0.6155℃，无新陈代谢热源时的平均温度是 -0.009℃，无工业热源时的平均温度是 -0.009℃，无交通热源时的城区平均温度是 -0.00884℃，后面四者比全人为热源时的平均温度分别低 -0.6243℃、0.0002℃、0.0002℃、0.00004℃，同时结合温度分布图所示的不同温度区域大小的不同，可以得出对贴地大气温度影响程度大小的人为热源依次是空调热源、人类新陈代谢热源、工业热源、交通热源，并且空调热源对主城区的环境起到冷却作用，而其他人为热源对环境起加热效应，二者的效应程度基本相同；另外在没有交通热源时，远离城市区域的枣园路与全人为热源时的平均温度基本是一致的，而市府路、迎宾路和韶山中路与全

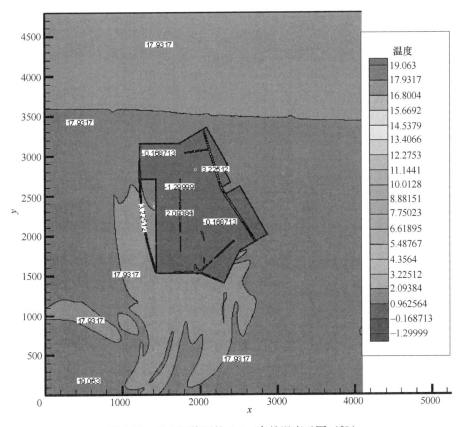

图 4-89　无空调热源的 0.2m 高处温度云图（℃）

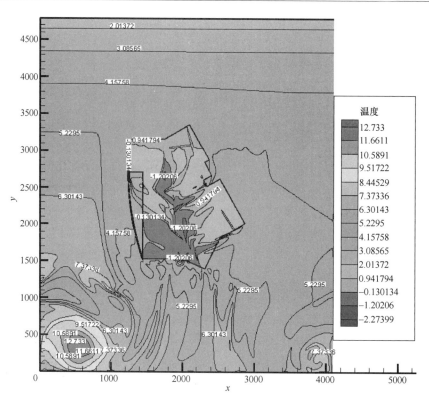

图 4-90　无空调热源的 1.5m 高处温度云图（℃）

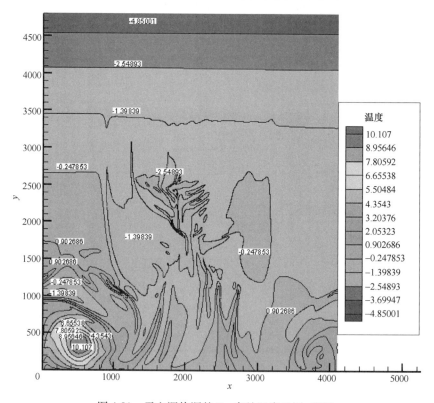

图 4-91　无空调热源的 5m 高处温度云图（℃）

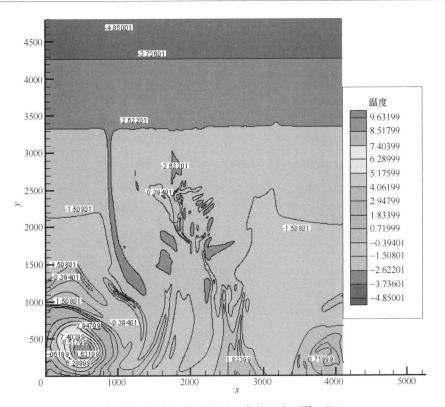

图 4-92　无空调热源的 10m 高处温度云图（℃）

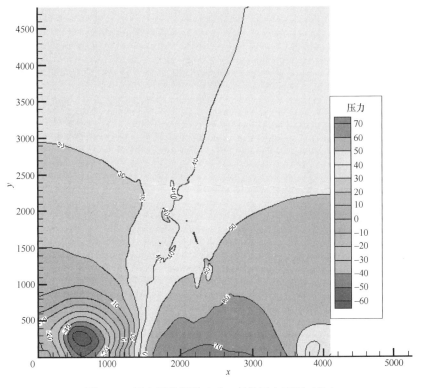

图 4-93　无空调热源的 0.2m 高处压力云图（Pa）

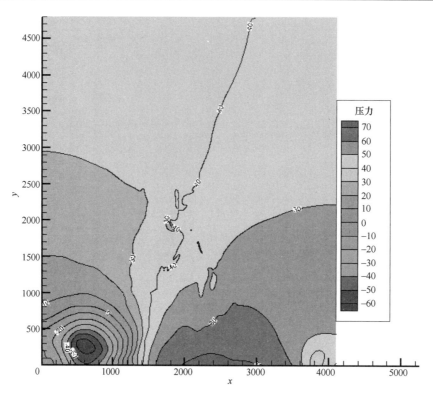

图 4-94　无空调热源的 1.5m 高处压力云图（Pa）

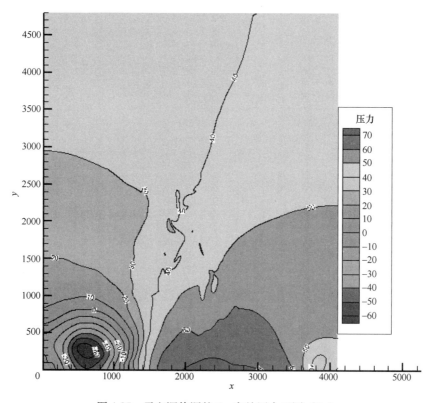

图 4-95　无空调热源的 5m 高处压力云图（Pa）

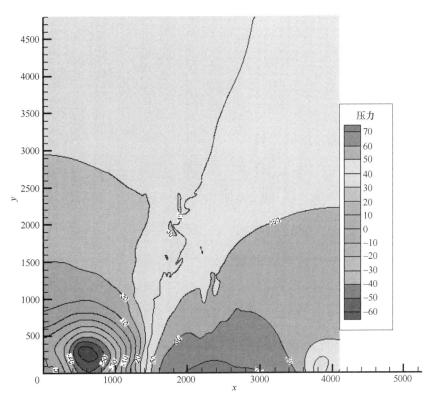

图 4-96　无空调热源的 10m 高处压力云图（Pa）

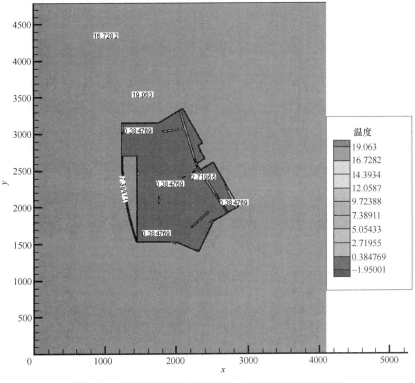

图 4-97　无新陈代谢热源的 0.2m 高处温度云图（℃）

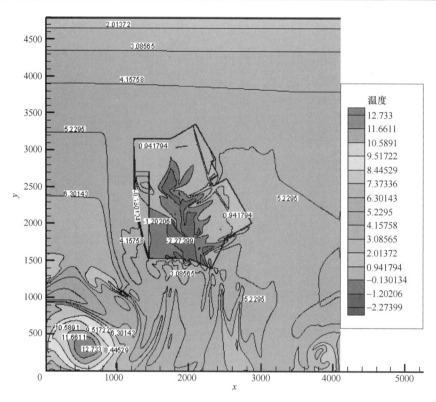

图 4-98　无新陈代谢热源的 1.5m 高处温度云图 （℃）

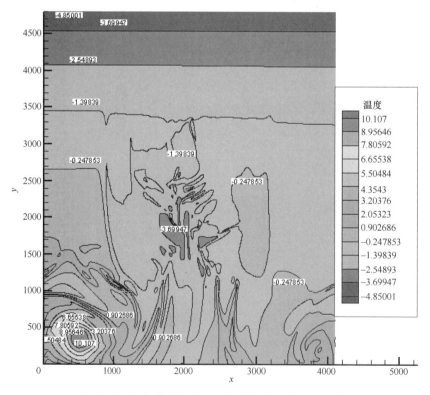

图 4-99　无新陈代谢热源的 5m 高处温度云图 （℃）

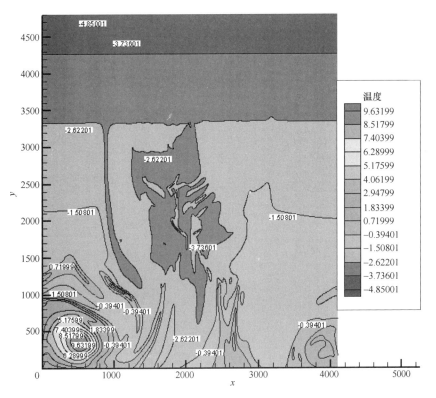

图 4-100 无新陈代谢热源的 10m 高处温度云图 （℃）

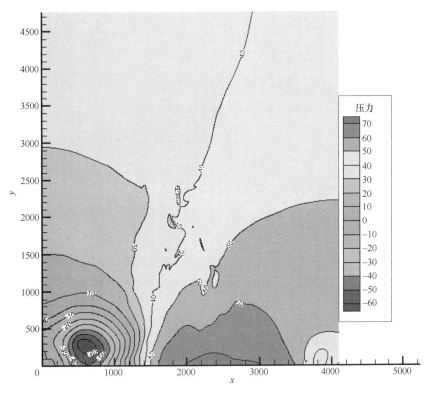

图 4-101 无新陈代谢热源的 0.2m 高处云压力云图 （Pa）

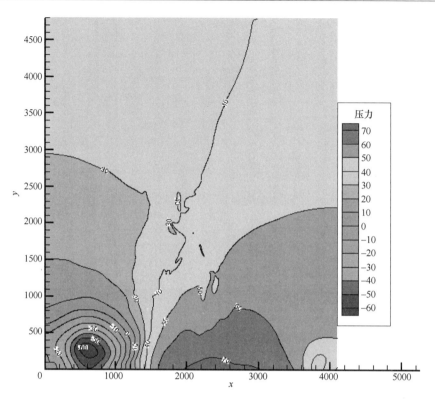

图 4-102　无新陈代谢热源的 1.5m 高处云压力云图（Pa）

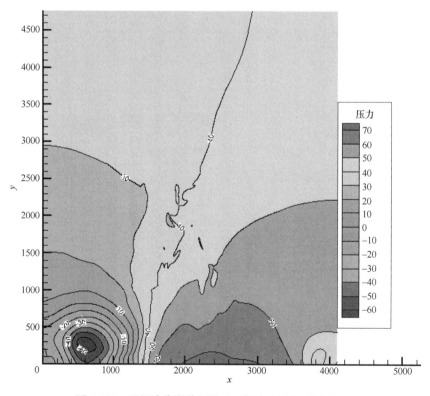

图 4-103　无新陈代谢热源的 5m 高处云压力云图（Pa）

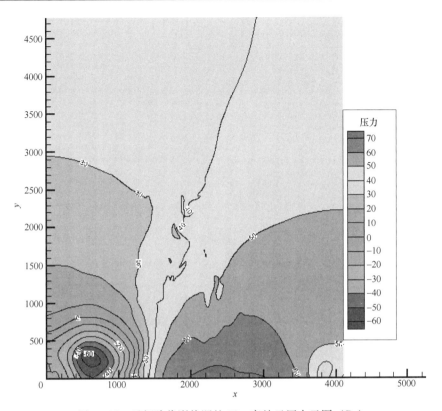

图 4-104　无新陈代谢热源的 10m 高处云压力云图（Pa）

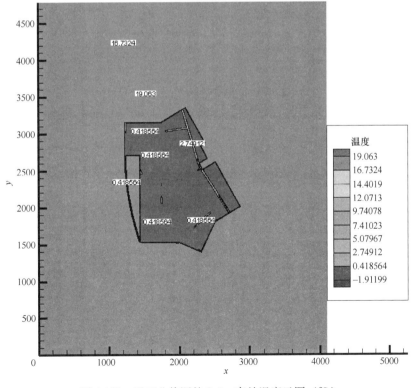

图 4-105　无工业热源的 0.2m 高处温度云图（℃）

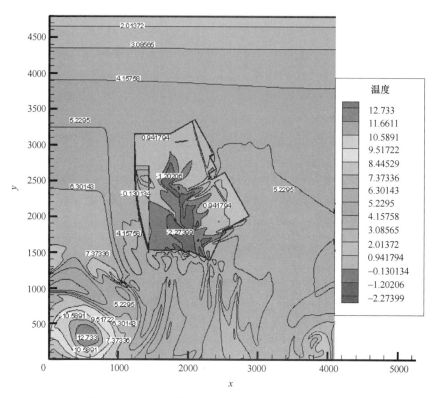

图 4-106　无工业热源的 1.5m 高处温度云图（℃）

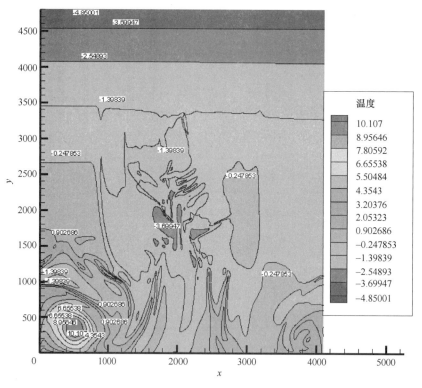

图 4-107　无工业热源的 5m 高处温度云图（℃）

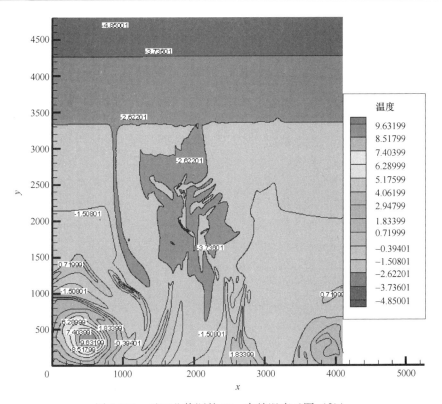

图 4-108　无工业热源的 10m 高处温度云图（℃）

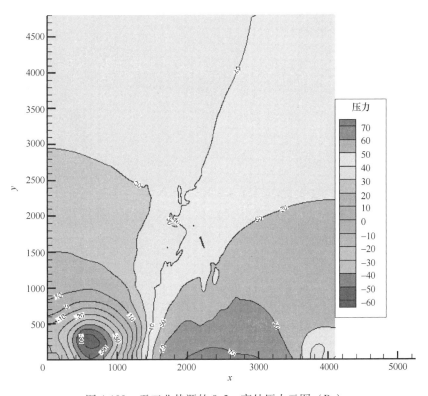

图 4-109　无工业热源的 0.2m 高处压力云图（Pa）

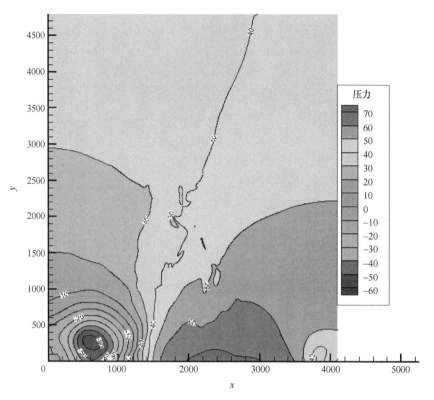

图 4-110   无工业热源的 1.5m 高处压力云图（Pa）

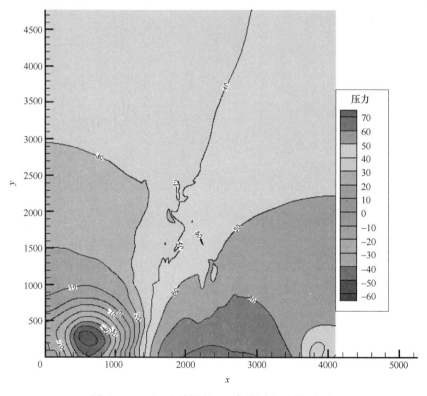

图 4-111   无工业热源的 5m 高处压力云图（Pa）

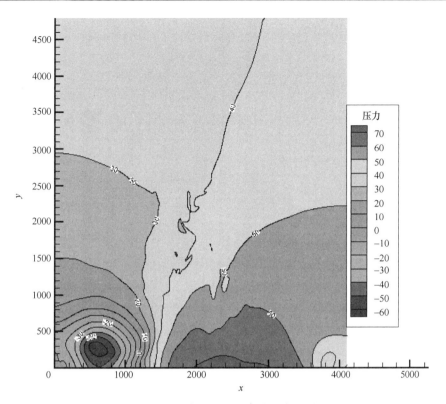

图 4-112　无工业热源的 10m 高处压力云图（Pa）

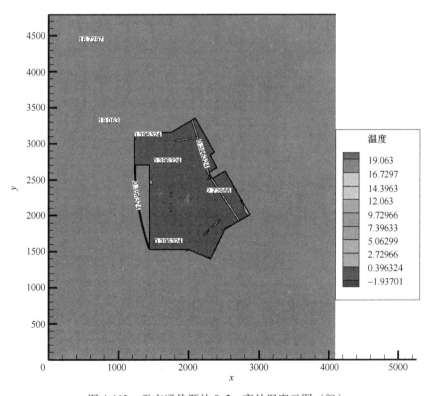

图 4-113　无交通热源的 0.2m 高处温度云图（℃）

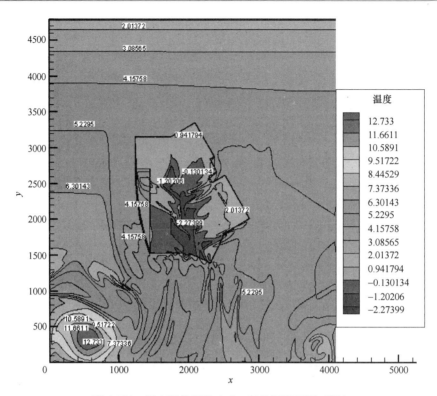

图 4-114　无交通热源的 1.5m 高处温度云图（℃）

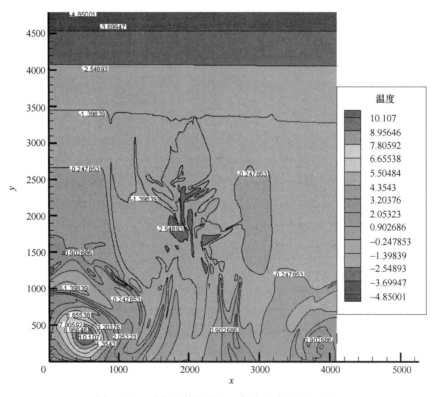

图 4-115　无交通热源的 5m 高处温度云图（℃）

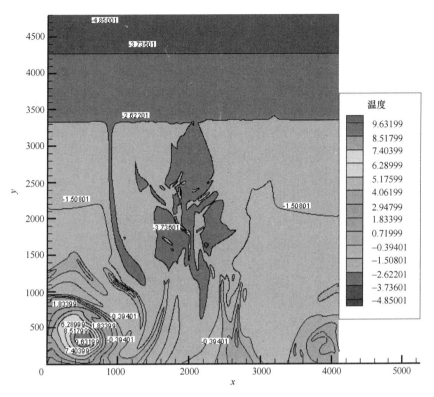

图 4-116　无交通热源的 10m 高处温度云图（℃）

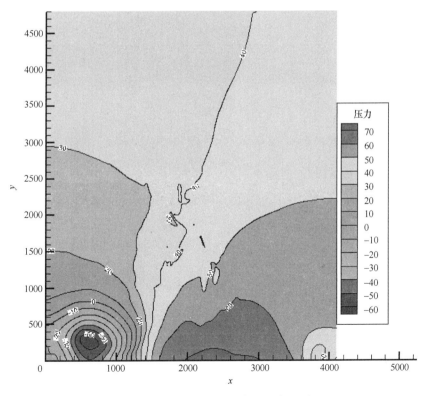

图 4-117　无交通热源的 0.2m 高处压力云图（Pa）

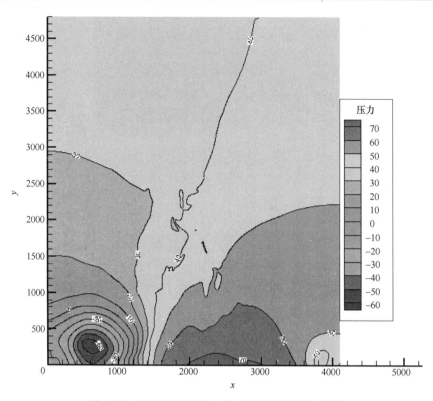

图 4-118　无交通热源的 1.5m 高处压力云图（Pa）

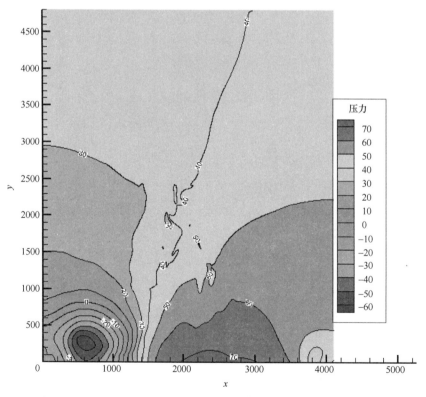

图 4-119　无交通热源的 5m 高处压力云图（Pa）

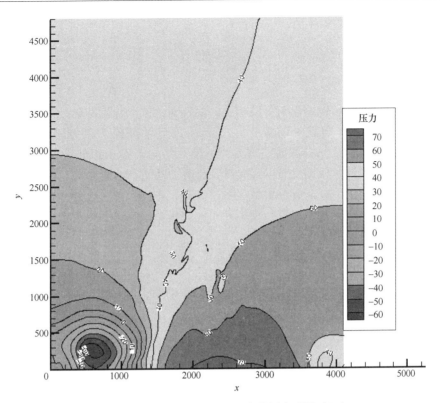

图 4-120　无交通热源的 10m 高处压力云图（Pa）

人为热源时的平均温度也基本一致，可见交通热源主要对路面周围的环境造成影响，且在城市区域道路的交通热效应基本被其他人为热源所覆盖。因此，空调热源对冬季环境起到冷却效应，而人为释放热对冬季的环境起到了加热作用，一定程度能够上导致暖冬效应，为解决该问题，应该主要考虑改善居民的取暖方式，提高能源使用效率。

本章利用 Gambit 对韶山市城区进行建模并通过 Fluent 软件分别对冬季、夏季的全人为热源、无人为热源、无空调热源、无人类新陈代谢热源、无工业热源、无交通热源几种情况下的城区热环境进行模拟，得出如下结论：

1）整个城区的温度分布及变化趋势是较为一致的，无人为热源比有人为热源时温度变化程度弱，说明大量的人为热源对该地区的贴地大气热环境有不可忽视的影响。

2）夏季时，对主城区存在不同人为热源情况下的模拟出的热环境进行分析对比，并计算各个最高温度及平均温度进行对比，得出对贴地大气温度影响程度大小的人为热源依次是生活空调热源、新陈代谢热源、工业热源、交通热源，且农田对周围起到冷却效应；冬季时，得出对贴地大气温度影响程度大小的人为热源依次是空调热源、新陈代谢热源、工业热源、交通热源，空调对环境起到冷却效应，农田为大气环境加入能量，起到加热效应。

3）无论冬夏季，在没有交通热源时，远离城市区域的枣园路与全人为热源时的温度状况基本是一致的，并且市府路、迎宾路和韶山中路与全人为热源时的平均温度也基本一致，可见交通热源主要对路面周围的环境造成影响，且在城市区域道路的交通热效应基本被其他人为热源所覆盖。

4.5 本章小结

人为释放废热对大气环境的影响日益增强，而针对不同人为热源对具体建筑区群域热环境影响的研究并不多，本章首先以多孔连续流体传热学理论为基础，通过 AutoCAD 和 Gambit 建立韶山市城区火车站社区的物理模型，然后结合对韶山市的人口、车流量及典型时段的用电量的调查统计，根据大量的经验理论计算方法进行合理计算，得出该区域的不同人为热源强度。然后利用 Fluent 软件对城区冬季和夏季不同人为热源的存在对区域大气热环境产生的影响及其影响程度的不同进行模拟和研究分析，研究结果可为缓解城市热效应提供参考。通过模拟研究得出如下结论：

1）建筑群区域热环境的模拟研究引用多孔介质模型。通过对多孔介质基础理论进行研究，得出适用于本章需要研究的建筑群区域的方法；若对具体单个建筑物进行逐个建模必须要做大量的前期建模工作，所以考虑将建筑群区域简化，即将多孔介质理论基础应用到建筑群区域模型的建立中，将城市区域作为多孔介质连续流体来进行研究，那么边界条件的设置也结合多孔介质理论来确定，如渗透率和孔隙率等。

2）通过模拟研究得出不同人为热因素对室外热环境的不同程度影响，为对其所致的冷热效应的合理缓解提供参考。考虑将人为热源进行分为人类新陈代谢热源、生活热源（空调热源）、工业热源、交通热源，并通过 Fluent 对韶山市城区的冬夏季节在不同人类热源存在情况下的热环境进行模拟研究；结果显示，不同人为热源对该区域的热环境有不同程度的影响。在该模型条件下，夏季情况下，无空调热源时、无新陈代谢热源时、无工业热源时、无交通热源时的城区平均温度、全人为热源时的平均温度分别低 $1.16℃$、$0.34℃$、$0.28℃$、$0.27℃$，故可得出对贴地大气温度影响程度大小的人为热源依次是空调热源、新陈代谢热源、工业热源、交通热源；冬季情况下，无空调热源时、无新陈代谢热源时、无工业热源时、无交通热源时的城区平均温度、全人为热源时的平均温度分别低 $-0.6243℃$、$0.0002℃$、$0.0002℃$、$0.00004℃$（后面的三个数据实为 $0℃$），并结合不同情况下城区不同温度分布区域的不同，可得出对贴地大气温度影响程度大小的人为热源依次是空调热源、新陈代谢热源、工业热源、交通热源，并且空调导致的是冷热效应，而其他人为热导致热效应。

3）车辆排热主要对路面周围环境产生影响。在没有交通热源时，远离城市区域的枣园路与全人为热源时的平均温度基本是一致的，而市府路、迎宾路和韶山中路与全人为热源时的平均温度也基本一致，可见交通热源主要对道路周围环境造成影响，交通排热效应远小于其他人为热源对城市区域的交通道路路面热环境的影响，影响程度大小与其他人为热源强度和道路所处位置都有关系。因此，为缓解由于人类生产生活所产生大量废热对周围环境造成的热效应时，应该考虑改变居民的降温或取暖方式，提高能源利用效率。

4）农田类植被在冬夏季对空气有不同的加热和冷却效应。在夏季时，城市区域的温度分布是从内部向外部逐渐降低，且在迎风处的建筑群区域温度明显高于背风区域的温度，这说明农田会对周围大气环境有降温效应，人为释放热也会顺着风向向下游扩散，所以城区温度分布受到风向风速及建筑物的阻挡情况的影响；在冬季时，城区的温度分布状况从内部向外部逐渐升高，且在迎风处的建筑群区域温度明显低于背风区域的温度，这说明农田对周围大气环境有加热作用，人为释放热也会顺着风向向下游扩散，所以城区温度分布同样受到风向风速及建筑物阻挡情况的影响。

由于人力及时间等条件限制等，对书中所涉及的相关因素、需要的基础计算数据等进行实际详细的测量和调查不太多，如交通热源强度的计算中所需要的车流量涉及具体多条交通道路的不同时期的车流量，生活热源的计算需要统计是否空调期的具体住户或小区的用电量等，这需要大量的统计数据。但是，更多的研究可以同相关领域协同或协作进行，例如关于交通工具排放 SO_2、NO_x 等已有一些软件工具可以利用，今后的工作是可以采用协同方法来完成。

对建筑群区域的渗透率的精确性和孔隙率还有待进一步研究。受到计算机条件的限制，本书研究的较为庞大对象设为各向同性的多孔介质模型，而实际上随着空气在建筑群区域的前后流动状态的改变，渗透率也相应变化，即该区域实质是各向异性介质，所以主方向的渗透率也是有待于深入探讨研究；孔隙率是根据卫星图得出的一个平均值，而还需要进一步分析实际模拟中如何处理不同的建筑间距才能得到最优解，这样的多孔模型建筑环境模拟领域的应用也才更具潜力。本章主要结果采用多孔介质分析方法得到，可以与第 3 章所介绍的有关方法配合使用。

参 考 文 献

[1] Schlichting H，Gersten K. Boundary-Layer Theory ［M］. New York：McGraw-Hill，1979.

[2] Rumer R R，Drinker P A. Resistance to Laminar Flow Through Porous Media ［J］. Journal of the Hydraulics Division，1966，92：155-163.

[3] 何晓凤，蒋维楣，陈燕，等. 人为热源对城市边界层结构影响的数值模拟研究 ［J］. 地球物理学报，2007，50（1）.

[4] 陆燕，王勤耕，翟一然，等. 长江三角洲城市群人为热排放特征研究 ［J］. 中国环境科学，2014，34（2）.

[5] Fanger P O. Thermal comfort：analysis and applications in environmental engineering ［J］. Thermal Comfort Analysis & Applications in Environmental Engineering，1972.

[6] 陈曦，王咏薇. 2001 年至 2009 年中国分省人为热通量的计算和分析 ［C］. 中国气象学会年会，2011.

[7] 赵炎. 住宅小区室外热环境的实测与模拟 ［D］. 重庆：重庆大学，2008.

[8] 占俊杰，丹利. 广州地区人为热释放的日变化和年际变化估算 ［J］. 气候与环境研究，2014，19（6）：726-734.

[9] Tang L，Nikolopoulou M，Zhang N. Bioclimatic design of historic villages in central-western regions of China ［J］. Energy and Buildings，2014，70：271-278.

[10] 贝尔. 多孔介质流体动力学 ［M］. 陈崇希，译. 北京：中国建筑工业出版社，1983.

[11] Hu C H，Wang F. Using a CFD approach for the study of street-level winds in a built-up area ［J］. Building and Environment. 2005，40（5）：617-631.

[12] 高云飞，程建军，王珍吾. 理想风水格局村落的生态物理环境计算机分析 ［J］. 建筑科学，2007，23（6）：19-23.

[13] 蒋维楣，陈燕. 人为热对城市边界层结构影响研究 ［J］. 大气科学，2007，31（1）：37-47.

[14] 刘元坤. 多孔介质模型在大空间建筑气流组织模拟中的应用研究 ［D］. 长沙：湖南大学，2011.

第 5 章

韶山市可再生能源需求与应用规划简介

5.1 需求概况

正如本书绪论及前几章的介绍，韶山是毛主席的故乡，是国家可持续发展实验区、全国重要革命纪念地、国家风景名胜区。全市面积 210.11km², 其中林地面积 91.61km²，耕地面积 60.28km²，园地面积 7.08km²，水域面积 14.22km²。2016 年底前行政区划为 4 乡 3 镇，61 个行政村，全市人口 10.44 万人，总户数 3.1468 万户，其中农村人口 8.58 万人，农村户数 2.35 万户。

韶山红色旅游资源丰富，地缘优势突出，交通条件较好，具有较好的生态条件，可再生资源恢复能力较强，环境状况较好，为生态城市建设提供了良好的物质基础。

经过"十一五""十二五"及当前的发展，韶山经济结构调整已取得一定成效，人民生活水平得到进一步提高，科技进步取得显著成就。但是韶山还面临着一些问题和挑战：城镇化水平达到一定程度，但产业基础仍然薄弱，财政增收困难，建设资金不足和城市基础设施建设滞后，难以形成有效支撑等。因此要把韶山建设成为经济发展、政治民主、科教进步、文化繁荣、社会和谐、生活殷实、环境优美的小康市，进而建设成爱国主义教育的示范基地、率先实现全面小康的示范基地、建设社会主义现代化新农村的示范基地、旅游产业发展的示范基地和城乡人民率先致富的示范基地，在生态城市建设方面，可再生能源合理利用是关键环节。

5.1.1 可再生能源建筑应用面临的机遇

1）国家各部门大力支持发展可再生能源。国务院、国家发改委、财政部、住房和城乡建设部等都在制定各项政策推进可再生能源的应用和发展。特别是财政部、住房和城乡建设部为推动可再生能源在建筑中的应用，联合下发了一系列文件，提供政策、资金、技术等方面的支持。

2）《中华人民共和国可再生能源法》《中华人民共和国节约能源法》《民用建筑节能条例》《可再生能源中长期发展规划》《可再生能源发展"十一五"规划》等法律法规，对可再生能源建筑应用做出了明确规定。国务院印发的《节能减排综合性工作方案》明确要求"大力发展可再生能源""推进风能、太阳能、地热能、水电、沼气、生物质能利用以及可再生能源与建筑一体化的研究、开发和应用"。

3）湖南省政府、韶山市政府高度重视可再生能源的开发与应用工作。对在湖南省、韶山市建筑中全面推广太阳能和浅层地能应用提出了具体要求，从国土资源、规划、环保部门，到建筑物的设计、施工、验收等各个环节，层层落实责任，并对于应用可再生能源的建设项目给予税费方面的支持。

5.1.2　可再生能源建筑应用工作现状

可再生能源包括太阳能、地热能、风能、水能、生物质能等自然界可以不断再生，能够永久利用的资源。随着可再生能源建筑应用技术日趋成熟，韶山市太阳能热水器、地源热泵技术得到推广应用。《民用建筑太阳能热水系统应用技术规范》（GB 50364—2005）、《地源热泵系统工程技术规范》（GB 50366—2005）等一批技术标准规范颁布实施，为可再生能源建筑应用提供了良好技术保障。韶山市目前可再生能源建筑应用已经具有一定规模，主要集中在地下水源热泵系统、土壤源热泵系统和太阳能热水系统以及沼气生物质热能转换几个方面。现已应用地源热泵供暖系统 20 万 m^2；已应用太阳能光热建筑面积 5.558 万 m^2，太阳能光伏发电 10.813 万 kW/h；沼气入户率为 26.46%，全市农村沼气建设"一池三改"率达 65%。

韶山市可再生能源应用工作取得了一定的成绩，但总体上看，可再生能源占建筑用能的比例还不够理想，其主要原因为：一是政策措施不配套，缺乏有力的法规政策支持和有效的经济激励政策；二是技术标准不完善，推广应用难度大；三是可再生能源产品质量水平和技术集成度低，难以适应与建筑一体化发展的要求；四是宣传力度不够，全社会节能环保意识不强，可再生能源建筑一体化应用的市场拉动机制尚未形成等。

5.1.3　可再生能源建筑应用发展潜力

韶山市目前正处在工业化和城镇化加快发展阶段，能源供求矛盾日益突出。建设领域是能源消耗较大的领域，建筑能耗占总能耗的 45%[1]，随着城镇化发展和人民生活水平的提高，建筑使用能耗将会快速增长，这一比例还将加大，建筑节能形势严峻。相对于目前应用的建筑来看，可再生能源建筑应用潜力巨大，因而采取有力措施，加快可再生能源建筑应用步伐，迅速提高可再生能源在建筑用能中的比例，促进建筑节能快速健康发展显得尤为重要和紧迫。

韶山市可再生资源丰富，主要有太阳能、地热能和生物质资源等。全年日照 1717h 以上，秸秆薪柴总资源量约 32.6 万 t，而韶山市地处夏热冬冷地区，没有城市集中供暖，随着生活水平的提高，人们对于环境舒适性要求也越来越高，因而韶山出现了三个月的供暖期，锅炉已经被禁止使用，新增的建筑面积需要供暖，因而可再生能源建筑应用潜力巨大。采取有力措施，加快可再生能源建筑应用步伐，迅速提高可再生能源如光热技术、光伏技术及地热空调技术等在建筑用能中的比例，促进建筑节能快速健康发展显得尤为重要和紧迫。

5.2　整体规划简介

为顺利完成可再生能源的推广应用，韶山市制定了《韶山市可再生能源建筑应用发展规划（2011—2015）》韶政办发 ［2010］35 号，主要包括以下四个方面：

（1）节能减排规划目标　分为近期规划（2011—2013 年）和中长期规划（2014—2015 年）两个阶段实施。

（2）推广太阳能技术利用工程　2011—2015 年，新增推广太阳能应用技术，实现太阳能供热面积 50 万 m²，并重点保证所有中小学和所有乡镇卫生院供热系统的改造。

（3）推广浅层地热资源应用技术工程　2011—2015 年，在宾馆、文艺馆等商用及公用建筑供冷供热工程中重点推广浅层地热资源应用技术，使全市新增地源热泵应用面积达 20 万 m²，至 2015 年地热资源利用面积总量达 40 万 m²。

（4）普及推广生物质能利用工程　2011—2015 年，全市实现生物质能锅炉供热系统应用面积达到 15 万 m²，并使农村沼气入户率达到 40.5%，让 3.5 万以上农村居民用上清洁的沼气能源，基本实现生活能源自给。

5.2.1　中小学校可再生能源应用规划

韶山市中小学现有生活热水系统多为燃煤锅炉，此类热水锅炉存在着诸多问题，达不到环保要求，如：①大量消耗能源、严重挤占学校经费；②占用建筑面积，影响学校整体规划；③安全性差、不易操作。

韶山市决定在全市所有中小学推广太阳能热水系统。其可再生能源建筑总面积达 16 万 m²，总投资为 1800 万元。待项目全部建成投入使用后，将能为全市 10400 名在校师生提供生活热水。

5.2.2　卫生医院可再生能源应用规划

相对于其他建筑来说，卫生医院对热水的需求更高，且不同的科室对热水供应也有不同的需求。通过分析，韶山市大部分卫生医院对热水的需求有以下特点：需求时间段不同；热水供应要求高，需保证热水系统安全、可靠、稳定、舒适、噪声小等要求；用水点距离远而且分散；用水点多、用水量差异大。

在此次可再生能源建筑应用规划中，全市所有乡镇卫生医院太阳能热水系统应用建筑面积达 5.4 万 m²，总投资为 450 万元。

5.2.3　其他建筑可再生能源应用发展规划

酒店等典型建筑的空调、热水是酒店能耗的重要组成部分，由于酒店的服务特点，决定了酒店空调及热水系统基本上要保持全年 24h 不间断的运行，导致空调及热水能耗占酒店总能耗的 50% 以上。

为此，结合韶山市的实际情况，全市计划在酒店和部分安置区采用浅层土壤源热泵，建筑面积达 18 万 m²。届时，可实现供冷量 7834kW，供热量 6186kW。

5.2.4　韶山市可再生能源建筑应用发展规划（2011—2015）

能源是人类生产和生活必需的基本保障，是现代社会国民经济发展的重要基础。可再生能源是指从自然界直接获取的、可连续再生、永续利用的能源，包括太阳能、风能、水能、生物质能、地热能、海洋能等非化石能源。开发利用可再生能源，对增加能源供应，保障能源安全，保护环境具有重要作用，是建设资源节约型、环境友好型社会和实现可持续发展的重要战略措施。为有效开发利用韶山市可再生能源，促进可再生能源建筑应用发展，增加建筑用能供给，优化能耗结构，提高能源利用效率。根据《中华人民共和国可再生能源法》《中华人民共和国节约能源法》《民用建筑节能条例》等法律法规和住建部《可再生能源中长期发展规划》，以及国家、省节能减排工作要求，并结合韶山市实际情况，特制定韶山市可再生能源建筑应用发展规划。

1. 规划的指导思想和原则

（1）指导思想　以党中央的指示精神为指导，牢固树立科学发展、和谐发展的工作思路，全力贯彻落实国家、省、市节能减排要求，以节约能源、保护环境、调整建筑用能结构为目的，以太阳能、水源地源热泵应用为重点，以示范项目为载体，以可再生能源技术单位为支撑，强化政策支持，加大科技创新，积极发展可再生能源产业，着力提升可再生能源推广和应用技术水平，提高可再生能源在建筑中的应用比例，促进资源节约型、环境友好型、社会和谐型城乡建设，努力实现城乡建设的可持续发展。

（2）基本原则及重点

1）坚持市场导向、法制规范和政府引导相结合。充分发挥市场机制在节能和可再生能源领域的基础性作用，强化企业节能和开发利用可再生能源的内在动力，完善技术开发应用和产业化的市场运作。针对能源安全、环境保护等方面的市场失灵状况，加强法制规范和政府的政策引导。完善节能法规体系建设，强化执法力度，增强全民节能意识，形成合理用能的激励和约束机制。

2）坚持市场化和产业化发展相结合。加快节能和可再生能源的市场体系建设，以市场化促进产业化。发展技术市场和人才市场，进一步提高技术资源、人力资源的市场配置程度。用市场机制促进产、学、研结合，加快能源新技术研究开发和产业化步伐。整顿和规范节能和可再生能源产品的市场经济秩序。按市场经济要求，组织实施重点项目。

3）坚持能源结构调整与产业结构调整相结合。紧紧围绕经济结构战略性调整的主线，加快能源结构调整，实行多能互补，促进终端用能结构优化，促进能源资源合理配置，促进能源利用效率和经济效益提高。

2. 可再生能源建筑应用发展目标

（1）节能减排规划目标　近期规划为 2011—2013 年，规划期内新增可再生能源建筑应用可替代一次性能源 15000t 标准煤，减少二氧化碳 35000t；中期规划为 2014—2015 年，规划期内新增可再生能源建筑应用可替代一次性能源 23000t 标准煤，减少二氧化碳排放 58000t。

（2）推广太阳能技术利用工程　2011—2013 年全市新建建筑太阳能热水应用比例达到 20%以上，近期内累计建筑应用面积 30 万 m^2；中期 2014—2015 年全市新建建筑太阳能热水应用比例达到 25%以上，中期内累计建筑应用面积 50 万 m^2。并重点保证中小学和乡镇卫生院供热系统的改造。

（3）推广浅层地热资源应用技术工程　2011—2013 年，在宾馆、文艺馆等商用及公用建筑供冷供热工程中重点推广浅层地热资源应用技术，使全市新增地源热泵应用面积达 20 万 m^2，2014—2015 年地热资源利用面积总量达 40 万 m^2。

（4）普及推广生物质能利用工程　2011—2013 年，全市实现生物质能锅炉供热系统应用面积达到 10 万 m^2 并使农村沼气入户率达到 35%，2014—2015 生物质能应用面积达到 15 万 m^2，沼气入户率达到 40.5%，让 3.5 万以上农村居民用上清洁的沼气能源，基本实现生活能源自给。

3. 保障措施

（1）贯彻落实政策法规

1）加快立法步伐，研究出台《韶山市可再生能源建筑应用项目管理办法》韶政办函

[2011] 12号、《韶山市可再生能源建筑应用专项资金管理办法》韶财政联发 [2011] 01号，制定可再生能源建筑应用标准规范，从建筑区域规划、建筑工程立项、建筑结构设计、绿色建筑施工、竣工验收、房屋销售、维护管理、既有建筑节能改造等各环节进行规范引导。及时出台相关鼓励政策和实施办法，鼓励实施建筑可再生能源利用，有效扶持建筑可再生能源应用的企业和研究单位，确保建筑可再生能源应用的科研、推广。

2) 设立可再生能源建筑应用专项资金。支持太阳能和浅层地能沼气等可再生能源建筑应用的推广示范。除配套支持国家、省级可再生能源建筑应用示范工程外，同时在税收、信贷等方面给予最大限度的支持。

（2）加强组织领导管理　加强可再生能源建筑应用工作的组织领导，根据韶山市可再生能源应用工作的具体情况，成立可再生能源应用工作领导小组（韶政办函 [2011] 17号），将可再生能源建筑应用工作纳入各级政府议事日程，建立健全可再生能源建筑应用管理机构，充分发挥现有建筑节能管理机构的作用，具体负责可再生能源建筑应用工作，制定本地区可再生能源建筑应用规划以及具体实施方案，及时总结经验进行推广。发挥各职能部门作用，明确责任，密切配合，深入推动可再生能源建筑应用工作。

（3）培育产业链发展　整合企业生产制造、房地产开发、设计、施工企业等资源，建立配套齐全的产品链，培植形成一批生产规模大、产品品种全、质量水平高的太阳能热利用、地源热泵等方面的可再生能源建筑应用产业基地。建立以本市本土企业为核心的团队，增强韶山市可再生能源建筑利用的综合实力，促进可再生能源在韶山市的产业化发展。

（4）建立考核评价机制

1) 加强对可再生能源建筑应用项目建设的监督管理，建立可再生能源建筑应用的监管体系和考核评价体系。

2) 成立可再生能源建筑应用领导组织机构，对可再生能源的利用进行监管，组织专家对已完成的可再生能源应用项目进行审查和评价。符合节能标准的，予以奖励和公示。不符合节能标准的要限期予以改正并进行处罚。

3) 建立可再生能源利用项目备案制度。对于可再生能源应用项目，建设单位应当先进行可行性研究，并将项目可行性研究报告提交市建设局，经评估合理的工程项目，方可进行建设。对于不合理的项目，评估机构向项目申报单位提出整改建议，由项目申报单位按照评估机构的建议调整项目节能改造技术后，重新申请。

4) 项目完成后，由相关单位组织项目工程质量和资金使用情况的验收，形成验收合格报告并向市建设工程质量管理部门和建筑节能管理部门备案。验收不合格的，按照验收意见进行整改后，重新组织验收。

（5）完善政府监管机构　逐步完善政府监管机构，在可再生能源建筑应用领导小组下，增设政策制定处、技术咨询处、项目管理处、能源检测处四个部门。部门的具体职能如下：

1) 政策制定处：协调各部门进行可再生能源建筑应用管理办公室组织机构建设，做好典型测算，为政府出台相关法规提供科学依据，制定相应的可再生能源应用政策措施、培育产业发展、协调产业配套、组织可再生能源培训学习以及推广宣传等工作。

2) 技术咨询处：为科学合理地利用可再生能源提供技术支持，推动可再生能源应用相关标准的贯彻和执行，并根据韶山市可再生能源利用的实际情况，编制适合韶山市使用的设计、施工、验收标准、规程、工法、图集等。并对具体项目组织专家论证，指导可再生能源科学合理发展。

3) 项目管理处：主要的任务是加强可再生能源应用项目的质量管理，在项目的设计、施工、监理、验收等环节，依据国家法律法规和工程强制性标准加强监督检查和指导，对不符合现行标准或不能实现项目预期节能目标的要责令整改，保证示范项目的实施质量。

4) 能效检测处：对可再生能源应用项目进行能效检测，为项目验收提供依据，同时对项目的运行进行跟踪管理，确保项目可靠、高效运行。

(6) 加强技术研发，引进技术人才

1) 采取多种层次，多种途径，多种方式，确保所应用技术达到国内的领先水平。解放思想，与时俱进，改善人才的成长环境，形成尊重知识，尊重人才的氛围。

2) 支持可再生能源建筑应用技术研究，鼓励在推进可再生能源建筑应用中优先采用先进技术、先进设备、先进工艺和先进管理方式。随着工作的开展，会遇到各种各样的技术问题需要解决。只有不断地培养基础人才，不断地开展研究，才能不断地推进此项工作的开展。

3) 随着可再生能源建筑应用工作的推进，需要大批的设计、施工、运行管理等相关技术人员，要根据需要，及时地组织各种级别、各个类型的相关技术培训，满足建筑行业中各个环节的技术力量需求。

(7) 大力宣传推广

1) 不断提高人们对能源状况的忧患意识和应用可再生能源重要意义的认识，广泛深入、持久地开展可再生能源建筑应用的宣传，通过形式多样的宣传教育活动，营造社会各界广泛参与，人人支持的良好舆论氛围。

2) 对示范项目的运作模式、技术应用、运行管理等成功经验也要积极宣传，扩大影响，引导技术及产品发展方向。

3) 培育能源服务市场，加快建立合同能源管理、能源审计、节能改造与融资等多层次、多元化的建筑节能服务体系；充分发挥舆论的导向与监督作用。

显然，韶山市的可再生能源应用涉及诸多方面，这里的介绍也仅涉及"十一五"、"十二五"期间当地部分规划体系方面的工作。从能源的角度来看有生物质能、浅层地热能、太阳能（光伏与热）等典型形式；从应用需求来看，主要涉及空调（降温与供暖需求）与生活热水等方面。实际上，合理的规划包含许多环节，本章只是简单地介绍了当时当地的人们对可再生能源的一种需求期望。如何做好规划，包括可再生能源应用规划是一个复杂的课题。在笔者看来，结合当地资源条件，基于资源条件及环境容量（历史与现实，某些产业如水稻种植应当是数千年自然选择与适应的结果）的可持续的产业发展模式与人口规模，基于可持续产业模式、人口规模的学校、医院设置以及建筑与社区规划，与可再生能源应用规划紧密相关，有许多值得深入研究的地方。合理的规划一定是"现实支持"与"未来诉求"之间的合理寻优，如何避免系统热力学浪费，是一个典型的社会系统热力学优化的问题。笔者这里举一个关于典型动物体型大小的例子，实际上一些食草动物往往有很大（某种相对关系）的体型，例如大象与牛，因为在自然选择过程（行动相对较慢）中选择并适应了植物类食物，由于该类食物营养相对较低，则需要有体型较大的消化系统（例如胃，就像锅炉一般通过生化反应完成能量转换）和排泄系统，才能吸收和转化这类营养较低的食物；而狮子老虎等肉食性动物，因自然选择过程（行动迅速）并适应了肉类食物（营养相对较高），其胃的生化反应能力也很强，效率也较高，因而体型相对较小（就像传热系数大的换热器需要的换热面积相对较小一样），这是一个典型的系统有限时间热力学问题。人或动物实际上也是一个热力学系统（也可称为能量系统），建筑、街区同样也是某种热力学或能量系统。韶山市的未来规划亦然，即要把握好其自身的自然与现实支持条件，环境约束与未来诉求之间的合理关系。

参 考 文 献

［1］牛建宏．建筑——最大能耗"黑洞"／建筑相关能耗已占全社会能耗 46%［J］．中国经济周刊，2007（41）：16-23．

［2］吴玉富．中国建筑节能现状与趋势调研分析［J］．低碳世界，2017（17）：151-152．

第 6 章

湖南省可再生能源应用评价——
地表水地源热泵系统

考虑到韶山市的实际地理位置及未来发展规划的需求（参见第 5 章），本章首先评价水源热泵的可行性。相较全国的情况，湖南省是地表水资源相对丰富的地区，韶山仅是湖南省一个很小的区域，故本章首先分析湖南省水资源，但相关方法及结果对韶山是有指导意义的（必须注意，韶山市采用地表水地源热泵系统时应充分谨慎）。尽管我国资源丰富，由于我国人口较多，人均占有量低，随着建筑能耗的日益增长，大量能源的消耗，空调系统的普遍使用，更进一步加剧了我国能源紧张的形势，也导致了污染问题以及温室效应的出现。水体作为一种新的可再生能源，应用到空调系统在一定程度上可以缓解以上问题。因此，推广地表水源热泵（全称为地表水地源热泵系统，简称地表水源热泵系统）是十分有必要的，但是在推广过程中，不同地区需要针对该地区气候、地理条件以及水体情况各方面因素，不同的水域水体运用合理的水源热泵系统，这是本章对包括韶山在内的湖南省地表水源热泵适用性问题开展讨论的目的。特别是以地表水作为低位热源，不但会受到地理、气候条件的限制，还需要充分考虑该地区的水文地质情况。资料数据的完整、准确程度，在某种程度上影响热泵技术的发展和推广。目前的研究，大多局限在一个实际工程的适用性以及可行性研究，其理论评价方法各不相同，导致增加了其推广的难度。

6.1 地表水地源热泵系统可行性评价概述

一般来说，应用地表水源热泵系统需要考察水体各参数指标。水温影响机组性能，水量及取水深度影响机组运行工况稳定性，不同的水质对热泵机组换热器具有不同的腐蚀性及工艺要求。本章通过调查湖南省各地区水文、水质、气象资料，以及在冬季最不利情况下论证水体各参数指标变化关系，分析冬季各个地区水体指标在湖南省的不同特点，并对影响水源热泵系统适用性的主要指标进行分析研究，拟定一套科学合理的评价体系，对湖南地区的水体进行适用性评价，为实际工程提供一定的理论基础，对地表水源热泵的推广起积极的作用。

从国内外应用情况来看，地表水源热泵系统的应用大多集中在公共建筑，例如大型办公楼、酒店、学校等一般都位于地表水资源比较充足的地区。目前，我国也只是对地表水源热泵系统的地下水和土壤源做了相应研究和评价。无论国内还是国外，地源热泵中地表水源地源热泵的应用起步较晚，近年才逐渐得到推广，工程应用和技术的研究尚不成熟。近年来，国内外对地表水源热泵的研究主要有以下几个方面：

（1）取水水源　水资源是地表水源热泵系统应用最重要的组成部分，水资源的研究包括水温、水质、水量等，许多学者对水源的水温、水质做了大量调查研究。水温是影响机组性能的主要因素，水质是影响系统和设备工艺的主要因素，尤其目前我国地表水体在不同程度上受到污染，对于系统水质会导致结垢、管道堵塞以及腐蚀等问题。参考文献［1］系统分析了水体和气候的关系，并进行相关可行性研究，为湖南地区地表水源热泵的推广提供理论基础。参考文献［2，3］对通常存在的三种水质分别进行了详细的水质分析，找出了相应离子的作用机制，提出了相应的水处理方法。

（2）系统的排水对环境的影响　无论开式系统还是闭式系统，经过系统换热后排出的水会使自然水体水温产生变化，即夏季会使水温升高，冬季则使水温降低。参考文献［4］分别从水质、水生物、富营养程度三个方面，对尾水对水环境是否会产生热污染做了详细分析。参考文献［5］针对地表水源热泵系统可能引起的热污染做了研究，同时提出了相应的处理措施。

（3）气候条件　由于水体稳定性较高，受气候条件影响较小，因而对这方面的研究不多，只有参考文献［3］对湖南地区的气候做了一些阐述。此处考察气候的目的主要是考虑冬季是否需要供暖以及夏季是否需要制冷。

（4）对环境的影响　传统空调系统通常将冷却塔作为冷源，该冷源散热时直接将热量排放到环境中，加剧了城市热岛效应，但地表水源热泵可以缓解这一效应[6,7]。

（5）系统的节能与经济效益　由于地表水源热泵系统具有节能效率高，运行费用低等特点，使得地表水源热泵迅速推广。在对热泵制热、制冷性能系数等方面的研究基础上，参考文献［8］详细论述了水源热泵的节能效率，同时在实际工程上应用和分析研究。参考文献［10］对数据资料进行了统计，并分析了我国102个城市的地表水源热泵系统的发展前景。参考文献［9，10］对该系统进行了经济、环保效益的分析。

（6）技术方面　主要是取水排水工艺的技术改进，例如考虑冬季结冰情况，不同的水温和水质采用不同的进出水方式，对水质带来的管道堵塞、结垢、腐蚀采取不同的处理方法，以及设计方案的选择等问题。参考文献［11］针对不同的水质、水温对机组的影响，提出了不同的进水方式。

在国外，热泵技术发展、应用的较早，其中在欧洲、日本及北美发展最快。在20世纪50年代初，英国皇家音乐厅的联邦工业研究所和苏黎世以河水作为城市冷热源在热泵系统中应用[12]；近年来，法国、瑞典、荷兰、奥地利等国家的热泵技术在政府的大力支持推广下快速发展[13]。20世纪80年代，日本推广应用了许多水源热泵集中供冷、供热系统，都是以地表水、污水和工业废水作为冷热源[14]。美国cornell大学建立的供冷系统以湖底层的湖水作为冷热源，减少了87%以上的校园空调能耗，每年节省2亿多度电，同时大大降低了温室气体的排放，取得了卓越的节能环保效益[15]。加拿大能源公司以安大略湖83m深的低温湖水作为冷源，建立了当前最大的区域空调系统，该系统建成后提供空调冷负荷，节省了75%的空调能耗，大大减少了CFC制冷剂的使用和温室气体的排放[16]。

在国内，水源热泵系统的应用主要集中在南方地区。例如在湖南省湘潭市，通过对人工湖进行分析将其作为冷热源，选用地表水源热泵系统供冷、供热，该工程于2004年夏季建成，为市政大楼与湘潭大剧院供冷，之后，湘潭市广电中心、市政协大厦等先后加入该系统，使其成为一个较大规模的区域冷热源系统，并且运行稳定。湖南郴州市，东江明珠大酒店，以江水作为冷热源，应用江水源热泵空调系统为酒店供热、供冷。广东东莞，正半山大酒店，以附近的江湖水作为冷热源，以湖水水源热泵与离心机的组合方式作为空调系统的方案。天津市奥林匹克体育中心的体育场采用了地表水及地热水进行供冷、供热以及全年供应热水。

然而，地表水源热泵系统也出现了许多失败的案例，失败原因通常有以下几方面：①没有充分了解水域水体水温，盲目应用该系统，系统运行一段时间后进水温度超过了38℃，导致系统无法正常运行。②没有充分考虑当地气温与水温之间的关系，例如在温和地区，不论是冬季还是夏季，对冷热量需求不高，气温与水温相差不大，从而导致水源热泵系统在该地区应用节能效果不明显。③对于某些地区冬季过于寒冷，水温较低，甚至结冰，导致水源热泵效率低，从全寿命周期来看，不一定适合该系统。地表水源热泵系统有适用性要求，工程前期需要对可能采用的水源进行分析评定，对地表水源热泵的适用性做具体的评价，防止盲目采用，也为今后地表水源热泵在工程上的应用提供理论研究基础。

根据以上国内外研究情况来看，对水源热泵系统的水资源的认识存在一定的问题[13]，主要体现为：

1）基础水文数据不全，资料缺乏。大多数地区的水文资料都有一定的保密性，从而加大了对水体水文情况了解的难度，在某种程度上需要到现场测定。但工程上往往得不到准确的取水点各参数指标的全年变化情况。同时由于专业的差异，现有水文站测得的水文数据大多是水体表面的参数，尤其是湖水、水库等水体，得到的数据与工程设计的要求有偏差。因而，现有的工程大多都是在已有的数据基础上进行估算，或者在某个实际工程上进行测量计算。

2）关于水源热泵的研究，主要集中在地下水源方面的技术研究上。我国热泵的应用较其他国家晚，地表水源热泵系统的技术研究起步更晚，目前只是在南方水资源比较充足的地区应用。进一步深入研究地表水源热泵系统包括水体特性在内的共性，对地表水地源热泵系统有积极的意义。

针对以上问题，本章的主要内容包括收集各地区典型水系的水文、气象资料，以及在冬季现场测试；运用层次分析法（确定权重）、模糊数学（确定隶属度）以及专家咨询法（确定各评价指标因素重要性顺序），考察湖南省各地区水体并进行模糊综合评价，包括综合分析数据资料，同时结合现场测试资料，分析冬季湖南省等南方地区气温和水温的关系，建立相关的函数关系式，根据相对容易获得的气温，计算湖南省地区水温，解决冬季水温数据获取困难的问题。

6.2 湖南省水资源基市特征

本节主要是通过对湖南省各地区水域水体各项指标分析总结，对水体是否适用于地表水源热泵进行研究分析，对地区水系进行综合评价，建立可靠、合理、科学的评价理论系统，为今后湖南省地表水源热泵应用、推广提供理论依据。在对湖南省地表水源热泵进行评价时，首先需要了解湖南省水资源、气候、水文方面的特征。下面简要介绍该方面的特征[18]。

6.2.1 湖南省水资源特征

湖南省占地面积约为 21 万 km²，其占地面积以长江流域为主体，长江流域占总面积的 97.6%，珠江流域占总面积的 2.4%。分别从东、南、西三面汇入洞庭湖的水系有湘、资、沅、澧以及汨罗江、新墙河等，同时由城陵矶注入长江。

2012 年，湖南省年平均降水量约为 1700mm，比多年平均偏多 16.7%；地表水资源量 1981 亿 m³，比多年平均偏多 17.8%；地下水资源量 410.3 亿 m³。全省水资源总量大约有 2000 亿 m³，属丰水年份。

全省入境总水量 1129 亿 m³，比多年平均偏少 18.0%，其中长江三口 653.4 亿 m³，比多年平均偏少 29.2%；出境总水量 2934 亿 m³，接近多年平均值 2937 亿 m³，其中城陵矶水文站实测出境水量 2860 亿 m³。

全省在年末，大中小蓄水工程蓄水总量约为 230 亿 m³，比上年末增加约为 67 亿 m³；全省年供水量总量和各部门实际用水总量均为 328.8 亿 m³，用水净消耗量 137.3 亿 m³。

全省水质监测评价河长 7330.8km，Ⅱ~Ⅲ类水质河长：全年为 6998.5km，占总评价河长的 95.5%；汛期为 7067km，占总评价河长的 96.4%；非汛期为 6780.4km，占总评价河长的 92.5%

由以上湖南省水资源情况分析总结可知，湖南省水资源丰富并且非常适合应用地表水源热泵系统。

6.2.2 水域水质特征

1. 总体水质状况

根据近年来湖南省水资源公报公布的信息，湖南省水质监测站有 192 个，监测的河长有 7330.8km。氨氮、石油类、总磷、五日生化需氧量、溶解氧、高锰酸钾盐指数等为水体的主要污染物。各水期水质状况如下：

全年期：Ⅱ类河长为 4714.9km，占 64.3%；Ⅲ类河长约为 2300km，占 31.2%；Ⅳ类水质河长为 288.3km，占 3.9%；Ⅴ类水质河长为 44km，占 0.6%。

汛期：Ⅱ类水质河长为 4400.9km，占 60%；Ⅲ类水质河长为 2666.1km，占 36.4%；Ⅳ类水质河长为 249.7km，占 3.4%；Ⅴ类水质河长为 14.1km，占 0.2%。

非汛期：Ⅱ类水质河长为 4482.8km，占 61.2%；Ⅲ类水质河长为 2297.6km，占 31.3%；Ⅳ类水质河长为 507.7km，占 6.9%；Ⅴ类水质河长为 42.7km，占 0.6%。

2. 主要水系水质状况

湘江：Ⅱ、Ⅲ类水质在全年期为 94.3%，汛期为 93.1%，非汛期为 91.1%。水质较差的河段为：湘江干流衡阳大浦段；涟水娄底和湘乡城区段；捞刀河、浏渭河、郴水、蒸水和沩水下游河段。氨氮、溶解氧、总磷、石油类等为主要污染。

资水：Ⅱ、Ⅲ类水质占评价河长的比例，全年期和汛期均为 91.2%，非汛期为 100%。水质较差河段为：支流邵水东城区段。主要污染项目为石油类、氨氮等。

沅江：Ⅱ、Ⅲ类水质在全年期为 97.5%，汛期为 99.7%，非汛期为 95.3%。水质较差的河段为：太平溪怀化城区段、沅江支流万溶江乾洲段、沅江干流省界河段。主要污染项目为总磷、氨氮等。

澧水：在全年期、汛期和非汛期，澧水干流和支流溇水、溧水水质均达到Ⅱ~Ⅲ类，水质情况较好。

洞庭湖区河流：全年期、汛期和非汛期，占评价河长的比例主要是Ⅱ、Ⅲ类水质，均达到Ⅱ~Ⅲ类标准，水质情况较好。

珠江流域河流：长乐水省界段水质为Ⅱ~Ⅲ类较差的河段。主要污染项目为挥发酚、溶解氧等。

3. 省界河流水质状况

监测评价的省界河段有17个，水质为Ⅱ类的有10个，Ⅲ类的有5个，Ⅳ类的有2个；劣于Ⅲ类水质标准的河段为2个。

广西与湖南交界：湘江绿埠头和恭城垒坪河段水质均为Ⅱ类。

江西与湖南交界：萍水金鱼石河段水质为Ⅲ类，粟水塘坊河段为Ⅱ类。

贵州与湖南交界：舞水鱼市和渠水流团河段水质均为Ⅱ类，清水江金紫河段水质为Ⅳ类，主要污染项目为总磷。

重庆与湖南交界：酉水石堤河段水质为Ⅱ类。

重庆、贵州与湖南交界：西乡河茶洞河段水质为Ⅱ类。

湖北与湖南交界：溇水淋溪河、卷桥水库和格子河铁炉镇河段水质均为Ⅱ类；虎渡河黄山头闸、界溪河和藕池和藕池口河段水质均为Ⅲ类。

湖南与广东交界：舞水岑水水质为Ⅲ类；长乐水明星桥河段水质为Ⅳ类、主要污染项目为挥发酚、溶解氧等。

6.2.3 水量分布情况

水源热泵机组对水体水量的要求是：水量充足，供水稳定。水量充足并不仅仅是单纯的河流流量大小以及湖泊、水库的水体容量多少的问题，而是水体不但能满足建筑物所需负荷要求，还能满足换热温差的要求。取水量的大小通常涉及水体热承载能力的问题，它会直接影响到机组运行的稳定性，地表水源热泵系统应用中有关水体热承载能力的研究国内外较少。因此，充足的水量才能保证机组的正常运行，将水量这一因素作为指标进行评价是十分必要的。下面为收集的2007~2012年湖南省水文年报资料，并一一进行评价。图6-1和图6-2所示为湖南省近几年地表水水资源分布情况。

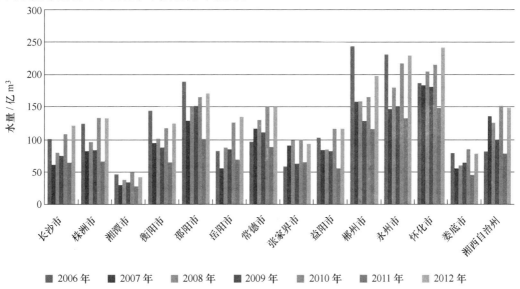

图6-1 湖南省地表水水量逐年变化图（行政分区）

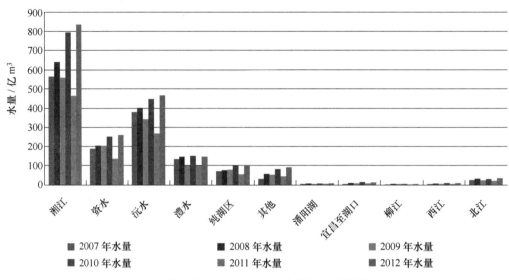

图 6-2　湖南省地表水水量逐年变化图（流域分区）

根据图 6-1、图 6-2 可知湖南省各个地区的地表水资源量（其中地表水资源量可以根据行政分区和流域分区）。综上，湖南省各地区水系资源丰富，适合地表水水源热泵应用及推广。

6.2.4　气候特征

通常影响机组运行性能的主要因素有：照度、气温、降雨量、湿度和风速等。地表水源热泵的应用需要考虑气候情况，这是因为我国地域辽阔，南北气候差异明显，各地区对冷热量的需求不同，对热泵系统的设计也不同，因此需要充分了解我国的气候特点。

考虑到上述情况，在《民用建筑热工设计规范》（GB 50176—2016）中，我国可以划分成 5 个典型气候区，其供暖、供冷情况见表 6-1。

表 6-1　热工分区及空调供冷热形式

热工分区	供暖、供冷情况
严寒地区	供暖、一般不考虑供冷
寒冷地区	供暖、只有部分地区考虑供冷
夏热冬冷地区	供暖、供冷
夏热冬暖地区	供冷
温和地区	部分地区供暖、通常不供冷

不同气候地区水系水温存在一些差异，我国主要水系分布情况以及是否适合采用地表水源热泵系统，见表 6-2。

表 6-2　典型气候分区地表水源热泵适用情况

气候分区名称	包含的水系	流经城市及周边城市	地表水源热泵适用情况
严寒地区	辽河水系 松花江水系	沈阳，鞍山，抚顺，本溪 哈尔滨，吉林，齐齐哈尔，佳木斯	不适合
寒冷地区	黄河水系 海河水系	银川，兰州，开封，郑州，济南 北京，天津	可以应用，但使用水源热泵受到极大的限制

（续）

气候分区名称	包含的水系	流经城市及周边城市	地表水源热泵适用情况
夏热冬冷地区	长江水系 淮河水系	重庆，长沙，武汉，南京，上海 徐州，连云港，蚌埠	非常适合，通查考虑水质处理工艺
夏热冬暖地区 温和地区	珠江水系 滇池	广州，汕头，南宁 昆明	属单工况运行，节能率不高，不适合

由上表可知，夏热冬冷地区比较适合推广应用地表水源热泵系统。湖南、湖北都属于夏热冬冷地区，许多学者针对地表水源热泵系统的应用，对该地区气候做了许多相关课题研究。湖南地区和湖北地区，气候差异性较小，其相关评价指标参数的差异性很小，对于该地区，各个气候指标隶属度评价一般较为适合应用地表水源热泵系统。

6.3　湖南省地表水地源热泵系统可行性评价方法

本节有三个核心内容：①如何建立科学合理的地表水源热泵适用性评价体系；②如何对各个评价指标进行量化评价；③如何根据所收集到的资料系统分析每个指标的全年动态分析。采用的方法有系统工程、模糊理论及层次分析法（AHP）等。

6.3.1　系统工程

1978年，钱学森作为我国系统论创始人提出：系统工程是一种科学方法，它对所有系统都具有意义。一般来说，它是通过对系统的规划、研究、制造、实验以及使用等几个方面进行管理的一种科学方法。

方法论作为系统工程中的主要思想，通过合理地运用该理论的思想、方法以及各种准则来处理系统问题。而在实际问题处理过程中，作为具有代表性的霍尔三维结构理论，1969年由A·D霍尔提出，它是由时间维、逻辑维以及知识维组成的一种立体空间结构理论。在这里采用逻辑维，运用系统工程方法解决问题一般分为七个步骤[18]：

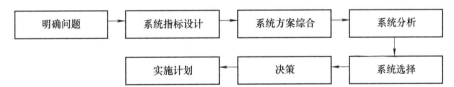

在以上基础上建立地表水源热泵适用性这一复杂的评价体系，首先需要明确问题，该评价体系涉及的方面多，属于一个复杂多目标的决策问题。因此需要将问题进行分析设计，按照各因素性质和功能进行指标设计，形成一套可行的评价方案。参考文献[19]提出的最大树方法分别从问题的影响因素、性质以及功能上进行系统分析，使目标问题条理化、层次性。

在这里应用最大树方法将目标进行分解，其分解原则有：①将目标一层层分解，直到可以进行量度；②根据目标性质进行分类，把同一类目标放在同一目标子集中，如图6-3所示。

6.3.2 模糊层次分析法

1. 层次分析法（AHP）

（1）层次分析法简介 在 20 世纪 70 年代中期，层次分析法（AHP）由美国运筹学家托马斯·塞蒂提出。它是一种定性和定量相结合的分析方法，具有系统化、层次化等特点。在复杂的决策问题的处理方法上，它具有实用性、有效性等特点，因而受到广泛关注。

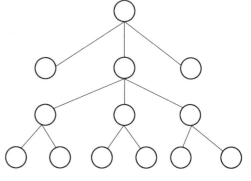

图 6-3 树的图示

通过对各个评价指标整个评价系统中的影响程度分析，从而在解决问题上具有条理化与层次化。建立一个具有层次结构模型，同时将各个评价指标两两比较和标度，从而获得一个能够体现评价指标重要程度的标度值，建立关于评价系统的判断矩阵，该矩阵能够直接反映评价指标对上层指标因素的重要程度与次序，从而可以确定权重向量。

（2）基本步骤

2. 传统层次分析法存在的问题及改进方法

（1）模糊层次分析法[20]的选用

1）传统层次分析法存在的问题。从前述可以知道，传统层次分析法主要是用来计算该层次的评价指标对上一层次的各评价指标的权重值，确定评价指标相关的重要程度，为之后的综合评价提供评价基础。建立的判断矩阵是否科学、合理直接影响到目标的评价效果，是 AHP 的重要环节。通过对该方法的深入分析与研究，可以发现传统层次分析法存在的一些问题。

2）对判断矩阵进行检验一致性问题。当对判断矩阵检验一致性时，需要求出该矩阵的最大特征根。当矩阵的阶数较大时，计算的工程量工作量大。

3）如果判断矩阵达不到一致性时，则需要经过多次调整矩阵元素，检验、重复着调整与检验，直到使其满足一致性，调整的工程量也颇为巨大。

4）CR<0.1 作为检验矩阵一致性的标准，有待于进一步检验。

由于上述问题的存在，因此应用模糊一致矩阵这一概念，可以使目标处理更加科学、准确和简便。

（2）模糊层次分析法具有的优点

1）在参考文献［21］中，通过应用定理（2-3）或定理（2-4）来检验矩阵的一致性，比传统层次分析法检验矩阵一致性简便许多。

2）其调整矩阵不一致用到的方法可以很快调整矩阵的元素，使矩阵很快使模糊不一致矩阵具有一致性，解决了关于传统矩阵检验、调整重复性检验工作。

3）将参考文献［21］中定理（2-3）或定理（2-4）作为判断矩阵一致性的评判标准，这样比传统方法层次分析法中检验一致性标准更加科学合理、准确可靠。

（3）基本步骤 同传统的层次分析法分析步骤相比，模糊层次分析法的步骤基本不变，仅有两点不同：

1）同传统层次分析法中构造的比较矩阵相比，在模糊层次分析法中是构造模糊一致判断矩阵。

2）同根据判断矩阵计算的权重值相比，求解的各评价指标的权重值解法不同。

下面介绍模糊一致矩阵的定义及其性质。

（4）模糊一致矩阵及有关概念

定义：设矩阵 $R = (r_{ij})_{n \times n}$，如果有：$0 \leqslant r_{ij} \leqslant 1$，$(i = 1, 2, \cdots, n, j = 1, 2, \cdots, n)$，则该矩阵为模糊矩阵。

定义：如果模糊矩阵 $R = (r_{ij})_{n \times n}$ 中：$r_{ij} + r_{ji} = 1$，$(i = 1, 2, \cdots, n, j = 1, 2, \cdots, n)$，则该矩阵为模糊互补矩阵。

定义：如果模糊矩阵 $R = (r_{ij})_{n \times n}$ 中：i, j, k 有 $r_{ij} = r_{ik} - r_{jk} + 0.5$，则该矩阵为模糊一致矩阵。

（5）性质条件

1）
$$r_{ij} = 0.5, \quad i = j \tag{6-1}$$

2）
$$r_{ij} = 1 - r_{ji}, \quad i, j = 1, 2, \cdots, n \tag{6-2}$$

3）
$$r_{ij} = r_{ik} - r_{jk} + 0.5, \quad i, j, k = 1, 2, \cdots, n \tag{6-3}$$

（6）矩阵的建立 若一目标元素 B_1 以及与 B_1 具有影响关系的下一层次中的各指标元素，如 C_1，C_2，C_3，$\cdots$，C_n，需要对该层次中的各种评价指标进行两两比较其重要程度。则矩阵形式见表6-3。

表6-3 判断矩阵形式

B_1	C_1	C_2	$\cdots$	C_4
C_1	r_{11}	r_{12}	$\cdots$	r_{1n}
C_2	r_{21}	r_{22}	$\cdots$	r_{2n}
$\vdots$	$\vdots$	$\vdots$	$\vdots$	$\vdots$
C_n	r_{n1}	r_{n2}	$\cdots$	r_{nn}

表6-3中各个指标所进行的比较标度可根据下面的标度表（表6-4）进行确定，其中在确定时，是建立在专家咨询评价的基础上确定的，这样得出的比较矩阵更加真实可靠。

表6-4 标度表

标度	定义	说 明
0.5	同等重要	两元素对比同等重要
0.6	稍微重要	两元素对比，其中某一元素相比，稍微重要
0.7	明显重要	两元素对比，其中某一元素相比，明显重要
0.8	重要得多	两元素对比，其中某一元素相比，重要得多
0.9	极端重要	两元素对比，其中某一元素相比，极端重要
0.1、0.2、0.3、0.4	反比较	若元素 c_i 与元素 a_j 对比出的 r_{ij}，则元素 c_j 与元素 c_i 对比得到的判断为 $r_{ji} = 1 - r_{ij}$

根据上述标度表，对评价指标进行两两比较，可以建立如下模糊判断矩阵形式：

$$R = \begin{pmatrix} r_{11} & r_{12} & \cdots & r_{in} \\ r_{21} & r_{22} & \cdots & r_{2n} \\ \vdots & \vdots & \vdots & \vdots \\ r_{n1} & r_{n2} & \cdots & r_{nn} \end{pmatrix} \tag{6-4}$$

得到判断矩阵后，就可以求出各评价指标权重值。其中根据参考文献［22］对模糊层次分析法进一步优化，可以依据公式：

$$W_i = \frac{1}{n} - \frac{1}{2a} + \frac{1}{na} \sum_{k=1}^{n} r_{ik}$$

式中，$a \geq \dfrac{n-1}{2}$，从而依次求出不同评价指标的权重值 W_n。

6.3.3 模糊理论及综合评价

基于模糊数学理论的隶属度理论，模糊综合评价将定性评价与定量评价实现转换，也就是在处理实际问题中，对受到多种复杂的因素影响的目标问题进行一个整体、系统的综合性评价。

对于地表水源热泵的适用性，其影响因素较多，且有很多因素有不确定性，如水温、水质等因素，很难用一个准确的数字去度量该地区地表水源热泵适用性，因此，根据模糊评价理论可以对地表水源热泵适用性进行系统性综合评价，从而解决这一模糊、难以量化的非确定性问题。因而，用模糊综合评价可以对其适用性做出较合理的评价。

（1）多层次模糊综合评价原理

1）评价模型的选择以及评价的步骤方法。考虑到多种复杂因素影响，并且各因素具有层次的区分，因此对该目标进行评价需要运用多层次模糊综合评价方法。这样得出的评价结果更加合理、科学，更加可靠。具体评价步骤如下。

2）建立评价目标集 A，次级目标集 B，二级目标集 C：

$$A = (A_1, A_2, \cdots, A_n) \tag{6-5}$$

式中，A_2，$\cdots$，A_n 为所对应的评价等级，例如常用的优，良，中，差。

$$A = (B_1, B_2, \cdots, B_m) \tag{6-6}$$

式中，B_1，B_2，$\cdots$，B_m 为准则层 1 中的各评价影响因素。

3）根据层次分析法计算次级目标权重的集合 W^I：

$W^I = (W_1^I, W_2^I, \cdots, W_m^I)$，且满足条件 $0 \leq W_m^I \leq 1$，$\sum_{i=1}^{m} W_i^I = 1$，$(i = 1, 2, \cdots, m)$

4）各子目标 B_i 受各指标 C_1，C_2，$\cdots$，C_k 的影响，则指标集 C_i 为

$$B_i = (C_1, C_2, \cdots, C_k)(i = 1, 2, \cdots, m) \tag{6-7}$$

5）再次根据层次分析法确定各指标 C_i 的权重分配集 W_i^{II}：

$$W_i^{II} = (W_1^{II}, W_2^{II}, \cdots, W_k^{II})(i = 1, 2, \cdots, m) \tag{6-8}$$

6）请若干专家对各指标通过投票进行评价（对于定量指标可根据隶属函数确定），得到评价矩阵 R：

$$R = \begin{pmatrix} r_{11} & r_{12} & \cdots & r_{1n} \\ r_{21} & r_{22} & \cdots & r_{2n} \\ \vdots & \vdots & \vdots & \vdots \\ r_{k1} & r_{k2} & \cdots & r_{kn} \end{pmatrix} \tag{6-9}$$

7）求出各次级评价目标的综合评价向量 B_i：

$$C_i = W_i^{II} \cdot R_{Bi}(i = 1, 2, \cdots, m) \tag{6-10}$$

8）形成子目标评价矩阵 $R_B = (C_1, C_2, \cdots, C_m)^T$。

9）求总目标评价向量 A：

$$A = W_i^I \cdot R_B \tag{6-11}$$

10）确定最大隶属度，得出评价结果。

这是二级综合评价基本方法步骤，同样根据该评价方法可以对具有三级、四级和更多级的多决策目标问题进行模糊综合评价。

本书主要采用了二级综合评价模型，并结合专家评分来进行评价体系的系统综合性模糊评判。

（2）评价中模糊算子的选择[25-27]　在上述所述公式中，"·"是模糊数学中一种模糊算子构成的合成运算，下面简要介绍几种模糊算子中常用的计算模型：

1）模型（∧，∨）。根据 $B = A \cdot R$，其计算结果为：

$$B = (a_1, a_2, \cdots, a_n) \cdot \begin{pmatrix} r_{11} & r_{12} & \cdots & r_{1m} \\ r_{21} & r_{22} & \cdots & r_{2m} \\ \vdots & \vdots & \vdots & \vdots \\ r_{n1} & r_{n2} & \cdots & r_{nm} \end{pmatrix} = (b_1, b_2, \cdots, b_m) \tag{6-12}$$

B 中第 i 个元素 b_i 可以根据下式计算

$$b_i = \bigvee_{i=1}^{n} (a_i \wedge r_{ij}) \qquad j = 1, 2, \cdots, m \tag{6-13}$$

这种方法是通过取小、取大两种运算完成，称为模型（∧，∨）。

2）模型（·，∨）。模型中·表示普通乘法运算，∨表示取大运算，B 中第 i 个元素 b_i 的计算式为

$$b_i = \bigvee_{i=1}^{n} (a_i \times r_{ij}) \qquad j = 1, 2, \cdots, m \tag{6-14}$$

该模型的优点是可较好地反映因素评价结果的重要程度，本书评价选用该模型进行计算。

这里主要介绍了建立评价系统所用到的理论以及方法，如系统工程方法、模糊理论、层次分析法以及统计学理论。建立评价体系主要是在系统工程与模糊理论的基础上分析确定的，首先，在建立过程中需要分析确定影响地表水源热泵系统性能的影响因素，然后选择合适的评价指标，从而使得湖南省地表水源热泵系统适用性评价体系这一复杂的多目标决策问题具有清晰的层次结构；层次分析法用来确定目标中各个因素的权重，使得目标中的各因素间的重要程度量化，问题更清晰明了。统计学理论用来分析所收集到的各指标的数据，找出其中对应关系以及特点，继而得出科学合理的结论依据。本书最终是评价水域水体是否适合采用地表水源热泵系统，利用模糊综合评价方法对地表水源热泵适用性这一多目标、多因

素、难以量化的复杂问题做出科学合理的评价。

6.4 地表水地源热泵系统实用性综合评价

6.4.1 地表水源热泵评价体系的建立

评价系统的建立是对水体是否适用于热泵系统进行评价的前提，这是评价的理论基础。针对湖南省水系水体特征，某一地区是否适用地表水源热泵系统，还需要一个科学、合理、切实的评价体系去衡量。在评价体系中，影响水源热泵机组的主要影响因素有水资源相关特征，比如水温、水量、水质以及水深等指标因素。其次还需要考虑气象中影响热泵性能和水体结构的主要参数。如何将这些影响指标综合起来考虑，就需要建立一个合理、科学及准确可靠的评价体系。

有关评价体系建立的研究，参考文献［24］详细阐述了有关水源热泵评价体系的研究，作为地表水源热泵的应用推广，目前国家还只是针对地下水源热泵的适用性，而地表水的评价体系的研究很少。国内外，大多是对某一具体性能的研究以及工程上的可行性分析，导致评价具有局限性。近几年，关于地表水源热泵适用性相关评价研究较少。

要建立一个合理的、科学的评价体系，一方面要考虑如何选取合适的评价指标，另一方面考虑到地表水源热泵系统是影响因子较多，具有多层次性，同时各层次又相互影响的复杂系统，建立评价体系应具有科学、完整、可比、层次、可操作、独立以及主导性等。

6.4.2 评价体系的建立及指标的选取

针对地表水源热泵在湖南地区的适用性，要确定一个合理、科学的评价方案。要知道地表水源热泵系统在湖南地区是否适用，首先需要对湖南省各个地区的水域水体进行评价，从而确定该水域是否适用。有必要考察影响进入水源热泵机组的源水各个影响因子。

下面采用层次分析法对目标进行分解，建立准则层1、准则层2。主要影响地表水源热泵适用性的有水资源、地区气候特征、水域规模等。水资源中水体水温、水量、水质及水深等因素，地区气候特征中太阳照度、气温、降雨量、湿度、风速等因素，水域规模大小都影响系统的适用性。水体对系统有直接影响，主要因素有水温、水量、水质等。确定评价因素，运用模糊综合评价法，对评价体系进行模糊评价确定适用性。

1. 影响机组性能各指标分析

本书主要从地表水源热泵适用性角度出发，对湖南省不同地区的水域水体和气候进行评价，确定该地区水系是否适合地表水源热泵系统。因此，湖南省地表水源热泵适用性评价可以从两个方面分别考虑：水资源方面、气候方面。其中水资源是影响地表水源热泵机组以及系统运行能效的重要指标，气候是影响水体各指标参数，间接对地表水源热泵产生影响，因而气候相对水资源是次级重要指标。下面分别进行详细分析。

（1）水资源方面（B_1）　可以利用的冷热源有：江河、库、湖、海水及污水等。本书主要研究调查江河、库、湖等常用的水体资源。水的热容量大，具有较优良的传热性能，夏季水体温度一般低于空气温度，冬季水体温度高于空气温度等优点，从而成为水源热泵中较理想的低位冷热源。我国江河众多，地表水资源量较为丰富，因此有较大的发展空间。总的来说，为满足系统要求，水源应保证水体中水温适中，水质良好，水量充足，供水稳定等方面的要求。下面从水温、水质、水量、水深等四个方面分别进行论述。

1）水温（C_1）。

① 热泵机组对取水温度的要求。水源热泵是以水作为低位冷热源，取水水温直接影响机组性能，因而水温是考虑的关键因素，它的高低直接影响系统运行性能的好坏和能量的耗损，因此需要充分了解水温特点及分布情况。通常来说，在对水源热泵系统设计时，水体水温在冬季应当满足 12~22℃，在夏季应满足 18~30℃。而根据美国制冷学会 ARI320 标准规定，对于开式系统，水体水温满足 5~38℃ 时可以采用水源热泵系统，水源水温在 12~22℃时，此时的系统运行能效比是最好的。因此，通常情况下，水源热泵系统对水温的要求范围有：夏季 18~30℃（略低于空气）；冬季 12~22℃（略高于空气）。

② 水温特点。不同水域的水体结构存在差异性，导致了不同水体具有不同的水体特性以及分布规律，充分了解水温特性以及分布规律，有助于设计时取水口、取水深度的确定，有利于系统的节能。要了解水温特性，首先需要了解水温与空气温度之间存在的关系，这是因为水温对周围环境具有调节作用，而环境中气候、气温的变化也会反过来影响水温。因而，需要考虑水体表面的蒸发、汽化热作用以及太阳辐射等因素影响。作为流动水体（比如江、河等），水体水温有以下特点：垂直方向上，很少有分层现象；一般在沿程中水体水温存在变化差异，同地下水温相比，地表水全年温度变化幅度较大。非流动水体水温有以下特点：水体表层水温变化滞后于气温变化；垂直方向上，有明显的分层现象，水体的水温变化幅度相对河流的变化幅度较小，同时随着水体水深不断增加，受到的太阳辐射、大气影响逐渐减小，水温逐渐趋于稳定。国外学者在有关流动水体水温的课题研究较少，而在湖泊、水库等非流动水体水温的课题研究较多，如 Xingfang，Heinz G. Stefan 采用一维数值模拟垂直水温分布模型对位于美国北部的 Thrush 湖与 little Rock 湖进行寒冷气候下水温在垂直方向分布规律及同一深度不同时间的变化规律[25]的分析；Marcus Ekholm 和 Mikael Wahlsten 建立了湖水水体水温模型，针对湖水中的热交换、季节气候变化以及风速如何影响水温等问题做了详细阐述和分析论证[26]。

③ 我国地表水的水温特点。我国大多是建立在江河、水库、湖泊等冷热源上，对水体温度进行研究，如欧辉明对百色水库水温进行了预测分析，通过类比法与经验公式法两种方法，同时计算分析水库中下泄低温水体沿程的一些变化情况。卞俊杰、陈峰两人针对三峡库区蓄水后的水温的变化做了分析总结，对其负面影响提出了相关建议。同时，也有学者对一些流动水体做了相关课题研究，如蒲灵、李克锋等人对某一河流的水体温度变化规律做了研究分析，得出了该河流从源头到下游水温呈一种递增趋势等规律。田向平在珠江口伶仃洋实验分析，分别做了冬夏两季水温分布规律的研究。总之，目前我国由于有关江河、湖泊、水库等水体温度的数据缺乏，在应用地表水源热泵系统时仍需查阅当地的水文资料以及实际测量分析进行可行性分析。

2）水质（C_2）。

① 热泵机组对水质的要求。工程项目上，水源热泵机组对水质要求有以下几点：水质适宜、清澈、没有腐蚀性、不会滋生微生物或生物，不会造成机组结垢以及阻塞现象，进而影响机组的正常运行和使用寿命。在闭式系统中，通常是把地表水换热器直接放入水中，地表水并没有直接与机组接触进行热交换，因此该系统大大降低了对水质的要求；而在开式系统中，由于机组换热器是直接与水体接触进行热交换，需要考虑上诉出现的问题以及处理，

因此对水质要求较为严格。目前，我国换热器的主要材料一般抗腐蚀能力强，可用于开式系统；而闭式系统对水质的要求较低，一般采用碳钢材料即可。

根据换热器材质的要求规定，水体中主要对机组产生影响的因素有以下几方面：

A. 腐蚀性——水中具有腐蚀性的因素：Cl^-、CO_2、SO_4^{2-}、pH 值过低，Cu^+，NH_4^+。作为一种腐蚀性离子，水中 Cl^- 在一定程度上会催化碳的腐蚀[27]，例如不锈钢等金属。水中游离的 CO_2 具有腐蚀结垢作用，其反应原理见下式：$H_2O+CO_2 \rightarrow H^+ + HCO_3^- \rightarrow 2H^+ + CO_3^{2-}$，$H^+ + OH^- \rightarrow H_2O$，$Ca^{2+} + HCO_3^- + OH^- \rightarrow H_2O + CaCO_3$，$Ca^{2+} + CO_3^{2-} \rightarrow CaCO_3$，其中 CO_3^{2-} 浓度随着水温升高而增加，因此水温越高，越容易结垢。水体中 CO_2 溶解程度越大，导致氧化及对某种金属管道腐蚀性越强[28]。水体中 SO_4^{2-} 溶解程度在某一方面与对水泥腐蚀作用程度成正比关系；pH 值过低也会与金属发生化学反应造成机组腐蚀。水中 Cu^+ 会对碳钢、铝等金属造成点蚀，因此碳钢设备的换热器必须控制 Cu^+ 的浓度，一般控制在小于 0.1mg/L。水中 NH_4^+ 对铜有腐蚀作用，而空调系统机组的换热器大多是以铜为材料，因而水体中 NH_4^+ 作为主要分析指标。

B. 结垢——造成结垢的几个因素：Ca^{2+}、Mg^{2+}，pH 值过高等。当水中的 Ca^{2+}、Mg^{2+} 含量较高时，在换热面上，容易析出沉积、结垢，导致热导率降低，影响换热效果，从而影响机组运行性能，然而 Ca^{2+} 在水中起到抑制腐蚀的作用，因此，在正常运行处理时，水中 Ca^{2+} 不可低于一定数量，通常要求其浓度不低于 30mg/L[29]；而在 pH 值过高的环境情况下时，结垢的程度会增加。

C. 管道阻塞——造成管道堵塞的因素：含沙量、浊度、细菌、微生物。造成管道、机组和阀门的堵塞、损耗主要原因是因为水体中含沙量较高导致的，水体中的含沙量还会影响系统的正常运行和使用寿命。通常情况下，造成系统沉积、管道腐蚀、堵塞也会是因为水体中的浊度较高导致的，因此，水体浊度高低是评价水质好坏的标准之一。而有害细菌及微生物，可能会造成水流不畅和管道阻塞等情况出现。而有的水体可能存在含氮化合物，造成水体的富营养化，这也会造成管道的堵塞情况发生。

D. 其他影响因素——矿化度。在水体中矿化度是重要指标之一，在这里，适用于水源热泵的通常是淡水以及弱咸水。大多数情况下，水体的矿化度大于 1 g/L 时，就表明水体的矿化度较高，而其中含盐量较高的原因主要是水体中 Ca^{2+}、Mg^{2+}、Na^+、K^+、Cl^-、SO_4^{2-} 等离子含量，所以矿化度往往较高，进而对金属有腐蚀性，影响机组运行。水体中的矿化度较高还会对生态环境造成影响。

综上所述，水质中影响机组的因素及相关含量限值见表6-5。

表 6-5　水质中影响机组的因素及相关含量限值

序号	水质指标	单位	允许值
1	含沙量	mg/L	<10
2	浊度	NTU	<6.5
3	矿化度	mg/L	<350
4	pH 值		6.5~8.5
5	Ca^{2+}、Mg^{2+}	mg/L	30~200

（续）

序号	水质指标	单位	允许值
6	Cl^-	mg/L	<100
7	SO_4^{2-}	mg/L	<200
8	Cu^+	mg/L	<0.1
9	游离 CO_2		
10	Fe^{2+}	mg/L	<0.5
11	悬浮物	mg/L	≤10
12	NH_4^+	mg/L	<0.1
13	H_2S	mg/L	<0.5

② 水质分级。对水体水质评级是为了更好地根据地区水质情况来选择对应的水处理设备，同时确定进水方式。

根据以上机组对水质的要求总结分析，可以将水质分为以下三级：

Ⅰ级——水体的水质较好，其中水体的各项指标大多数达到了要求，因而水质无须处理可以直接进入机组。

Ⅱ级——水体的水质一般，其中可以根据某些含量大小程度进行分类，可以分为两类：a 类，水体只需简单的处理就可直接进入机组，例如水体中含沙量较大时，只需用除沙设备除沙后达到要求含量即可进入机组；b 类，当水体中所含杂质较多时，可在中间加入换热器，以保护板式换热器不受磨损。

Ⅲ级——水体的水质较差，这里主要是指水处理工艺复杂，代价高的水体，例如水体中含有对机组有腐蚀性的离子浓度较高时，即大部分指标含量都已远远超出规定的值，对该水体处理的成本高，这样就达不到环保、节能的要求，这样的水体通常不宜作为水源。目前工程应用中，造成管道与设备的阻塞、结垢都不是主要问题，主要问题是造成设备腐蚀的离子。所以，在选择水源进行水质分析时，主要是看水体是否有腐蚀性的离子，然后看其含量是否超标，如果超标（即第Ⅲ级水质）则不宜作为系统的水源。通常在选择水源时，尽量选取可以直接进水的方式即开式系统，以减少项目工程的初投资，还可以充分利用水体温度从而使得换热性能最佳。水质评级后就要对水质进行评价。

3）取水水量（C_3）。众所周知，水源热泵机组对水体水量的要求是：水量充足，供水稳定。水量充足并不仅仅是单纯的河流流量大小和湖泊、水库的水体容量多少的问题，而是水体不但能满足建筑物所需负荷要求，还能满足换热温差的要求。取水量的大小通常涉及水体热承载能力的问题，它会直接影响机组运行的稳定性，地表水源热泵系统应用中有关水体热承载能力的研究目前在国内外较少。参考文献［30］对湖体的热承载能力做了较为详细的研究。

4）水深（C_4）。在地表水源热泵应用中，通常取水水深是该地区水体受环境影响程度小，温度波动较小的稳态水温层的水深。这样，机组不会因为取水点水体温度变化较大而导致系统运行一开一关的情况出现，选取适当的水深以保证机组的稳定运行。研究表明，水体深度一般要大于4m才可以保证系统的正常稳定运行。

（2）气候方面（B_2）　通常影响机组运行性能的主要因素有：照度、气温、降雨量、湿度以及风速等。我国地域广大，从而进行了气候分区，不同地区由于气候原因，对空调系统的要求也不同，因此需要充分了解我国的气候特点。

影响建筑的空调能耗的主要气象因素有：太阳照度、室外气温、降雨量、空气湿度及风速等。全年日照是否充足，会直接影响气温的高低。空气的相对湿度也会影响气温。影响冷、热负荷的因素中，风速这一指标因素作用是不应被忽视的，比如冷风渗透耗热量在北方冬季地区是不能被忽视的[31]。从热泵机制上看，系统的能效比在某种程度上受到室外气候变化影响。在夏季，当室外气温上升时，机组制冷性能会下降，机组所消耗功率也会随之增大，这里涉及气温与水温的比较问题，夏季如果水温高于气温，这时机组已不具备节能优势。水体温度与空气温度相比，冬季如果室外气温低于水温，如果两者之间的差值越大，机组的节能优势就会越明显；夏季如果室外气温高于水温，其差值越大，机组就越节能。因此，充分考虑气温与水温之间的关系是十分必要的。

综上所述，将分析后的各个影响指标进行总结，见表6-6。

表6-6 评价系统评价层次性划分

目标层	准则层1	准则层2
湖南省地表水源热泵适用性 A	水资源 B_1	水温 C_1
		水量 C_2
		水质 C_3
		水深 C_4
	气候 B_2	太阳照度 C_5
		气温 C_6
		降雨量 C_7
		湿度 C_8
		风速 C_9

根据以上各评价指标分析同时结合专家投票评判，对各评价指标与水源热泵适用性之间关系的重要性进行排序：

1）水资源：水温 C_1>水量 C_2>水质 C_3>水深 C_4

2）气候条件：太阳照度 C_5>气温 C_6>降雨量 C_7>湿度 C_8>风速 C_9

2. 评价系统的建立

前面对评价问题做了大量分析，确定了目标问题以及次级评价指标关系。如图6-4所示。

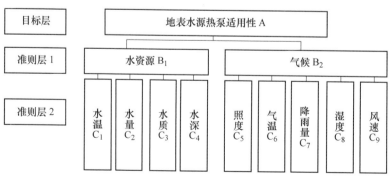

图6-4 水源热泵适用性评价指标体系

3. 评价方法

在多目标问题分析过程中，权重直接量化反映了各个评价层中各指标之间的重要程度关系，是影响系统综合评价结果的因素之一。

本书通过专家调查与层次分析法相结合的方法来确定各个评价指标的权重值，克服了在进行专家调查中主观因素带来的评价偏差。

从评价体系框架图上，要对目标层进行综合评价，虚线分别对准则层 1 和准则层 2 进行综合评价，就可以根据上述章节进行多级评价，这里应用二级模糊综合评价。首先，要得出目标层 A 的评价等级，须对准则层 1 中 2 个评价指标 B1 与 B2 进行模糊评价。其次，要得出准则层 1 中 2 个评价指标评价，须先对准则层 2 中多个评价指标进行评价。这样分层次地进行评价，求得所需的结果。

应用模糊综合评价，需要求得目标评价的权重 W 以及隶属度 R。这里，各个评价指标的权重采用模糊层次分析法，而隶属度根据模糊理论进行定性评价或者定量评价。

（1）权重的确定　在前面详细介绍了评价系统的建立以及各个指标选取分析，从而得到该评价体系的组成，分别有目标层、准则层 1 和准则层 2。因此，要想得到目标评价，首先需要确定准则层中各个指标的权重，在上一章中介绍的权重计算方法，采用模糊层次分析法对各指标进行权重计算，从而反映出其重要程度性。

这里，首先采取专家投票评判，确定准则层中指标之间的重要性，根据标度表确定各个指标对应的重要标度，从而建立相应的模糊判断矩阵，计算权重系数，表 6-7 ~ 表 6-9 为各个准则层指标的标度表。

表 6-7　准则层 1 中各评价指标标度表

A	B_1	B_2
B_1	0.5	0.8
B_2	0.2	0.5

表 6-8　准则层 $2B_1$ 中各评价指标标度表

B_1	C_1	C_2	C_3	C_4
C_1	0.5	0.6	0.8	0.9
C_2	0.4	0.5	0.7	0.8
C_3	0.2	0.3	0.5	0.6
C_n	0.1	0.2	0.4	0.5

表 6-9　准则层 $2B_2$ 中各评价指标标度表

B_2	C_5	C_6	C_7	C_8	C_9
C_5	0.5	0.6	0.7	0.8	0.9
C_6	0.4	0.5	0.6	0.7	0.8
C_7	0.3	0.4	0.5	0.6	0.7
C_8	0.2	0.3	0.4	0.5	0.6
C_9	0.1	0.2	0.3	0.4	0.5

由表 6-7 ~ 表 6-9 可以得出对应的模糊判断矩阵：

$$R_1 = \begin{pmatrix} 0.5 & 0.8 \\ 0.2 & 0.5 \end{pmatrix}; \quad R_2 = \begin{pmatrix} 0.5 & 0.6 & 0.8 & 0.9 \\ 0.4 & 0.5 & 0.7 & 0.8 \\ 0.2 & 0.3 & 0.5 & 0.6 \\ 0.1 & 0.2 & 0.4 & 0.5 \end{pmatrix}; \quad R_3 = \begin{pmatrix} 0.5 & 0.6 & 0.7 & 0.8 & 0.9 \\ 0.4 & 0.5 & 0.6 & 0.7 & 0.8 \\ 0.3 & 0.4 & 0.5 & 0.6 & 0.7 \\ 0.2 & 0.3 & 0.4 & 0.5 & 0.6 \\ 0.1 & 0.2 & 0.3 & 0.4 & 0.5 \end{pmatrix}$$

得到判断矩阵后，就可以求出各评价指标权重值。

根据参考文献 [23] 可以依据公式：

$$W_i = \frac{1}{n} - \frac{1}{2a} + \frac{1}{na} \sum_{k=1}^{n} r_{ik}$$

其中，$a \geq \dfrac{n-1}{2}$，其取值应符合实际，适当合理。从而依次求出不同评价指标的权重值 W_n。计算结果见表 6-10。

表 6-10　湖南省地表水源热泵适用性评价系统各指标权重值

准则层 1	水资源 B1 W_1^I				气候条件 B2 W_1^I				
权重	0.71429				0.28571				
准则层 2	水温 W_1^{II}	水量 W_2^{II}	水质 W_3^{II}	水深 W_{41}^{II}	照度 W_5^{II}	气温 W_6^{II}	降水量 W_7^{II}	湿度 W_8^{II}	风速 W_9^{II}
权重 W	0.299	0.274	0.226	0.201	0.343	0.271	0.2	0.129	0.057
权重归一化	0.299	0.274	0.226	0.201	0.343	0.271	0.2	0.129	0.057

（2）隶属函数及隶属度的确定　上一节介绍了权重的求解，进一步要确定目标评价等级，还需知道评价指标的隶属度。在实际问题中处理模糊概念时，评价指标的隶属度函数的选取是否适当是十分重要的。选择合理的隶属度函数，会让评价结果准确性更高、更可靠，否则会偏离实际，从而影响评价结果。一些文献介绍了多种常用的隶属函数，这里根据实际评价情况做出相应修正。

下面介绍不同的评价指标的隶属函数的选取。

水温隶属函数及隶属度的求解：通常来说，在设计水源热泵系统时，水体水温在冬季应当满足 12 ~ 22℃，在夏季应满足 18 ~ 30℃。而根据美国制冷学会 ARI320 标准规定，对于开式系统，水体水温满足 5 ~ 38℃时可以采用水源热泵系统，而水源水在 12 ~ 22℃时，此时的系统运行能效比是最好的。可以应用参考文献 [20] 降半梯形分布与升半梯形分布隶属函数结合，来确定隶属函数及隶属度。

夏季：
$$\mu(x) = \begin{cases} 0 & (x < 5) \\ \dfrac{x-5}{18-5} & (5 \leqslant x \leqslant 18) \\ 1 & (18 \leqslant x \leqslant 30) \end{cases} \tag{6-15}$$

冬季：
$$\mu(x) = \begin{cases} 0 & (x < 5) \\ \dfrac{x-5}{12-5} & (5 \leqslant x \leqslant 12) \\ 1 & (x \geqslant 12) \end{cases} \tag{6-16}$$

以上 2 个隶属函数可以很好地反映不同水体水温对水源热泵 COP 的影响，可以很好地反映设计标准中，夏季水温 18~30℃、冬季水温 12~22℃ 的最优工况，以及水体在 5~38℃ 适用范围。这一评价方式可以很贴切地反映真实评价，因此选用该隶属函数求取隶属度是真实可靠的。

这里首先针对地表水源热泵系统的特点，系统分析了影响系统适用性各个因素，采用系统工程理论方法中多决策分析法建立了评价体系框架，并在传统层次分析法计算权重的基础上采用了改进的方法，使得权重的计算更加科学合理符合实际。对于评价指标中的定量因素应用模糊理论确定了其指标的隶属函数，从而可以根据调查收集的数据以及测试数据进行量化分析，为今后水系适用性评价应用建立了理论基础。

6.5　湖南省水域测试分析及评价应用

上述章节针对评价方法分别介绍了理论基础（系统工程、层次分析法、模糊理论），建立了评价体系框架以及各指标因素的分析，并且计算评价体系中各评价指标的权重值和隶属度评价。接下来，要做出适用性评价，需要对水域地区做相关的水文、气象调查，以及数据的收集，必要时应对水域各指标进行实时测试以作为论证基础。

先后前往怀化、湘潭地区对当地典型水域进行实际测量，以及到当地水文局、水利局、气象局、自来水公司、污水处理厂进行调查以及数据收集。以下详细介绍不同地区水域测试以及调查数据结果分析，同时根据实测水温数据得到湖南地区冬季气温与水温之间相互变化关系，总结分析湖南地区水系冬季水温特点，提出相应结论。根据南方地区气候分区特点，猜想其他南方省域地区水系冬季水温是否具有同样特点，并在湖北黄石地区磁湖水域进行实测水温进行验证猜想，为今后南方地区水系冬季水温应用分析提供了数据与理论基础。

6.5.1　测试意义及目的

水源热泵的应用是以水为低位冷热源，所以取水水温是首要考虑的关键因素，它的高低直接关系到系统运行效果的好坏和能量的消耗，因此要充分了解水温特点及分布情况。通常情况下，水源热泵系统对水温的要求范围有：夏季 18~30℃（略低于空气）；冬季 12~22℃（略高于空气）。系统的水源要求在夏季最热时期的平均水温应在 28℃ 以下，冬季最冷月平均水温在 10℃ 以上。应根据冬季和夏季时期水体的调查资料或实测温度进行分析设计，水温资料宜参考近 5 年数据或直接监测获得。

现在水温资料可应用于地表水源热泵系统较少，一般工程都是采用实测进行参考，测量方法以及数据存在可靠性质疑，数据处理分析方面没有一项准确性评价。此次调查测试对测试点选取、测量工具以及测量时间在具有权威专家的讨论下拟定，数据的可靠性以及真实性具有很大的价值，此次调查测试数据对湖南地区地表水源热泵适用性评价提供了强有力的理论与实际支撑，也为实际工程提供了理论依据，使其具有可靠的实用性。

6.5.2　测试所需要的设备仪器及校订

1. 仪器设备

1）温度记录仪。型号 L93-4+两台，编号 31114250 与 3111425，杭州路格科技有限公司生产，每台仪器标配 4 个传感器。

2）热线式风速计。TES-1341一台，泰式电子工业股份有限公司生产。

3）标尺，定位线，干湿球温度计，温度计。

2. 仪器性能

（1）温度记录仪

测量范围：-40~100℃。测量精度：-0.2~+0.2℃。

传感器：高精度NTC，精度0.1℃。

（2）热线式风速计

干球温度：范围：-10~60℃。精度：-0.5~+0.5℃。分辨率：0.1℃。

湿球温度：范围：5~60℃。精度：-0.5~+0.5℃。分辨率：0.1℃。

相对湿度：范围：10~95%。精度：30%~95%；-3%~+3%；10~30%；-5%~+5%。分辨率：0.1。

（3）温度记录仪标定　采用冰水混合物对温度记录仪进行标定，将1号温度记录仪与2号温度记录仪探头放入同一冰水混合物中，温度显示器上温度稳定10min，进行数据读取（单位：℃），见表6-11。

表6-11　温度记录仪各探头冰点标定值　　　　　　　　　　　　（单位：℃）

	1#	2#	3#	4#
1号温度记录仪	0.2	0.1	0.2	0.1
2号温度记录仪	0.1	0.1	0	-0.1

6.5.3　测试方法及方案介绍

1. 怀化舞水河测试点地理位置及测试方案

（1）怀化市舞水河水域测试点地理位置及水域信息　怀化舞水河水域特征：舞水一桥下舞水河为湖南的一条河流，流经怀化。作为沅水较长的支流之一，舞水全长444km。测试点位置位于舞水一桥下，河宽约100m，如图6-5所示。

图6-5　怀化市舞水河水域一桥测试点地理位置示意图

（2）测试方案　测试点选用 2 个位置，一处水深正好 4m 位置 A，一处水深超过 4m 且据 A 处大约 5.7m 位置 B（取一定距离以避免两个测试点互相干扰，导致误差），如图 6-6 所示。

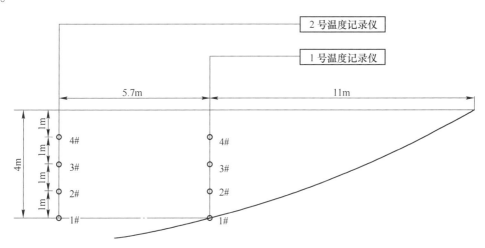

图 6-6　测试仪器布置示意图

图 6-6 所示的两个测量点的线上，每隔 1m 布置一个探头，分别测 4m、3m、2m 及 1m 处水温。图 6-7 是水温测试相关图片。

图 6-7　怀化市舞水河水域水温测点布置现场

（3）测试数据处理

1）水体分层温度和室外空气干湿球温度的逐时变化情况如图 6-8、图 6-9 所示。

2）水体分层温度逐时变化情况如图 6-10、图 6-11 所示。

3）水体分层温度温差逐时变化情况如图 6-12、图 6-13 所示。

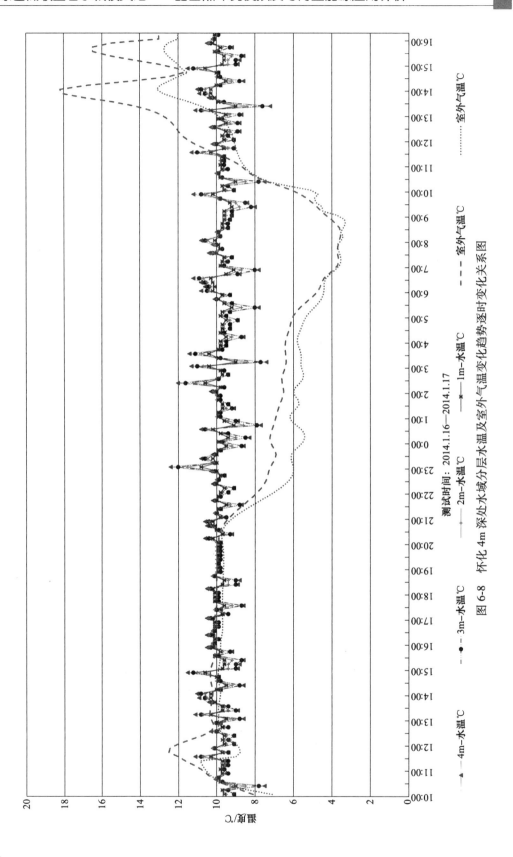

图 6-8　怀化 4m 深处水域分层水温及室外气温变化趋势逐时变化关系图

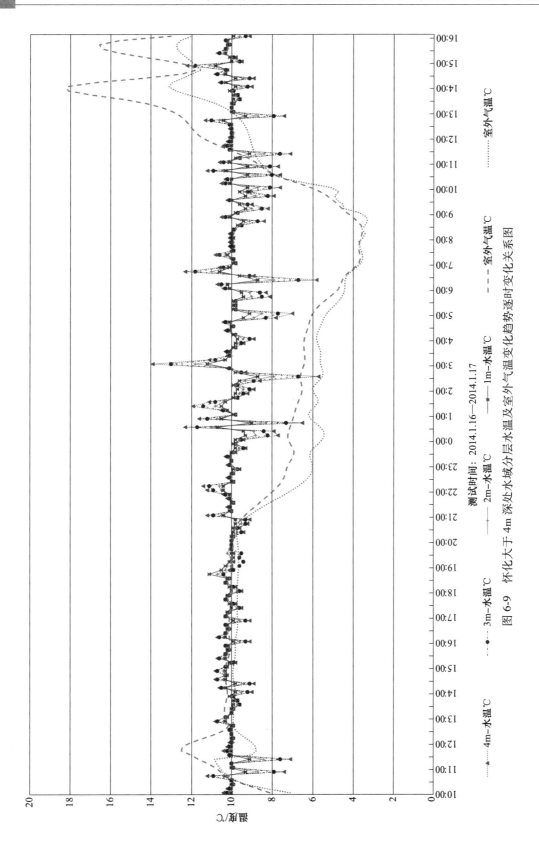

图 6-9 怀化大于 4m 深处水域分层水温及室外气温逐时变化关系图

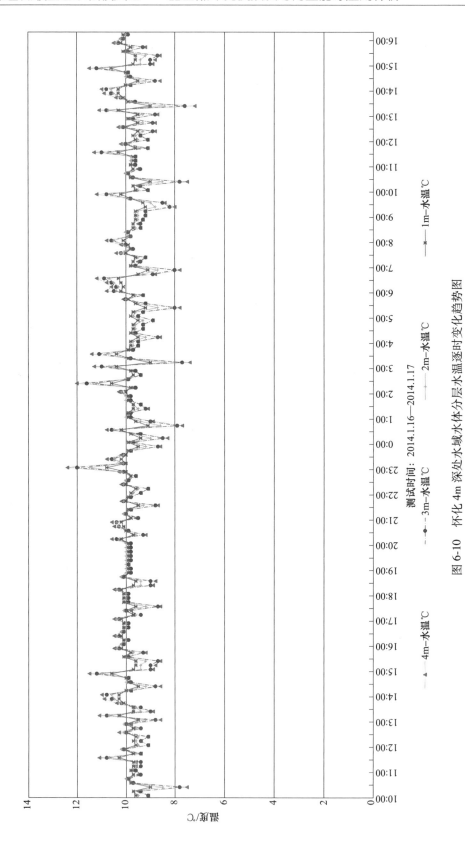

图 6-10 怀化 4m 深处水域水体分层水温逐时变化趋势图

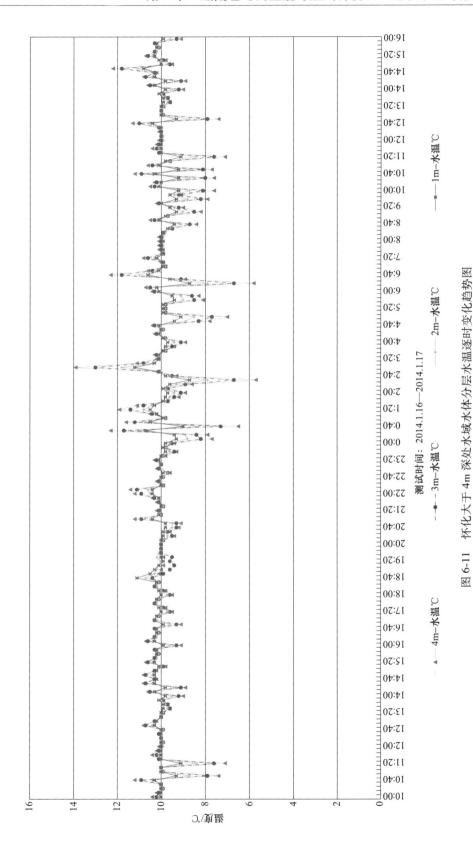

图 6-11　怀化大于 4m 深处水域水体分层水温逐时变化趋势图

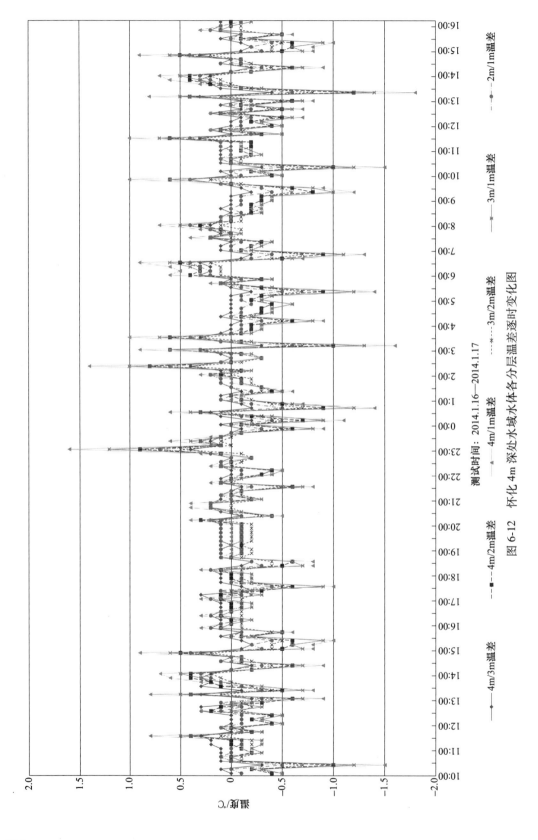

测试时间：2014.1.16—2014.1.17

图 6-12 怀化 4m 深处水域水体各分层温差逐时变化图

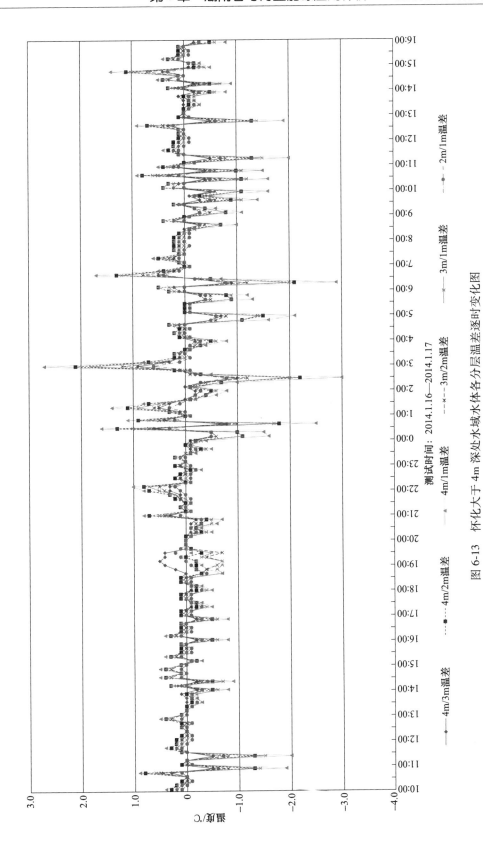

图 6-13　怀化大于 4m 深处水域水体各分层温差逐时变化图

2. 湘潭市湘江测试点地理位置及测试方案

（1）湘潭市湘江水域测试点地理位置及水域信息 湘潭市湘江水域特征：作为长江最重要的支流之一，湘江干流全长 856km，流域面积 9.46 万 km²，是湖南省最大的河流，沿途汇入支流有 1300 多条，潇水、舂陵水、耒水、洣水、蒸水、涟水等作为湘江的主要支流。多年平均入湖水量 713 亿 m³。测试点两岸距离总长在 430m 左右，如图 6-14 所示。

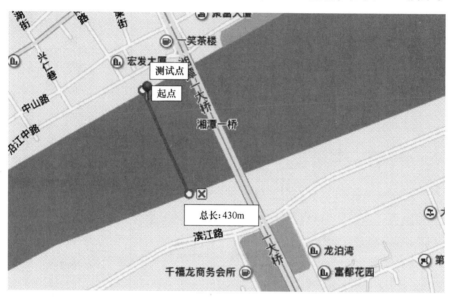

图 6-14 湘潭市湘江水域测试点地理位置示意图

（2）测试方案 测试地点为湘潭市湘江十八总轮渡码头，测试方案如下：

一个测试点布置温度探头 8 个。测试的内容有测试点 0.5m、2m、4m、6m、8m 及 10m 的水温，以及水面以上 2m 干、湿球温度等参数，如图 6-15 所示。

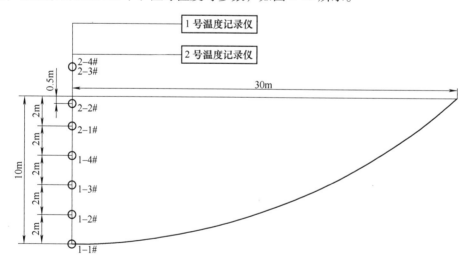

图 6-15 测试仪器布置示意图

水温测试图片如 6-16 所示。

图 6-16   湘潭市湘江水域水温测点布置现场

（3）测试数据处理

1）水体分层温度和室外空气干湿球温度的逐时变化情况如图 6-17 所示。

2）水体分层温度逐时变化情况如图 6-18 所示。

3）水体分层温度温差逐时变化情况如图 6-19～图 6-21 所示。

6.5.4   典型邻省水域水文、气象测试

湖北省黄石市磁湖水域测试点地理位置及测试方案如下：

1. 黄石市磁湖水域测试点地理位置及水域信息

黄石磁湖水域水系特征：磁湖的面积规模大小约为 $10km^2$，平均水深为 1.75m。总长为 38.5km。测试点距离对岸总长为 760m 左右，如图 6-22 所示。

2. 测试方案

测试地点为湖北省黄石市磁湖水域，测试方案如下：

选用一个测试点，该测试点设置 4 个温度探头，分别测量垂直方向 1m、2m、3m 及 4m 等 4 个分层水温。

现场水温测试图片如图 6-23 所示。

1）水体分层温度和室外空气干湿球温度的逐时变化情况如图 6-24 所示。

2）水体分层温度逐时变化情况如图 6-25 所示。

3）水体分层温度温差逐时变化情况如图 6-26 所示。

6.5.5   测试数据处理及分析

1. 不同地区分层水温与室外空气温度之间的数据处理

测试地点、时间及天气情况：

1）怀化舞水河水域测试时间：2014.1.16—2014.1.17。16 日测试天气阴天，微风；17 日测试天气晴天，微风。

2）湘潭湘江水域测试时间：2014.1.22—2014.1.23。22 日测试天气晴天，微风；23 日测试天气晴天，微风。

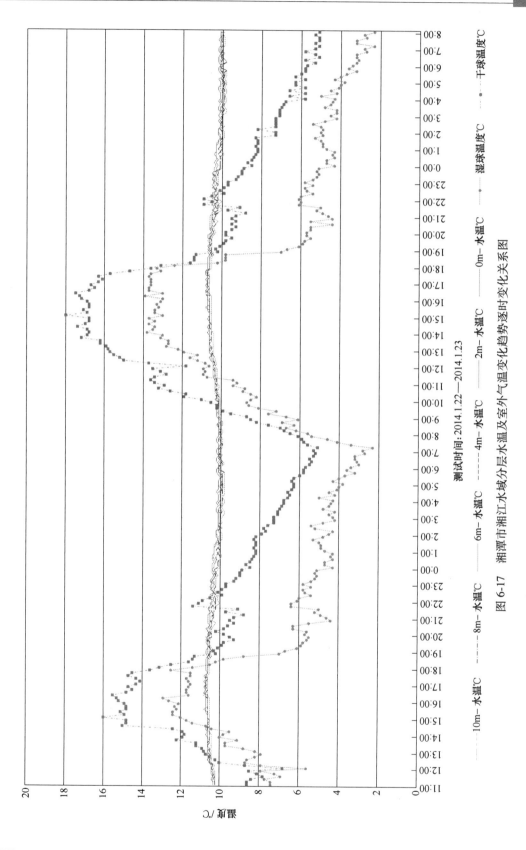

图 6-17　湘潭市湘江水域分层水温及室外气温变化趋势逐时变化关系图

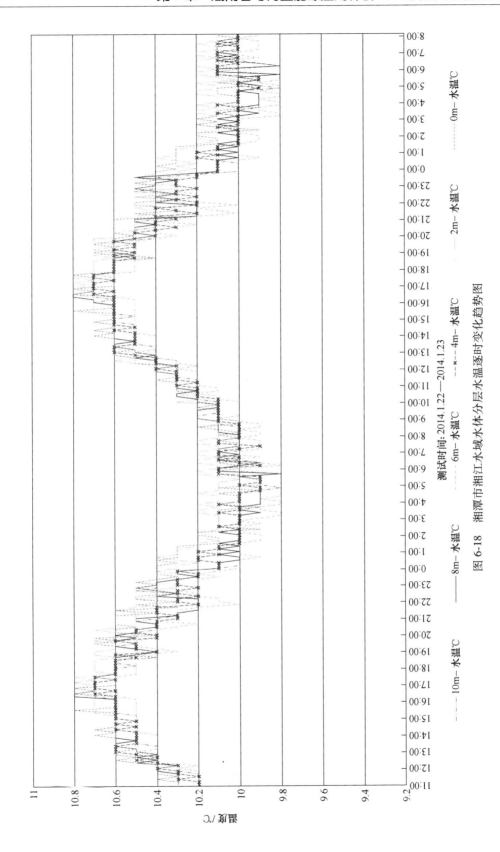

图6-18　湘潭市湘江水域水体分层水温逐时变化趋势图

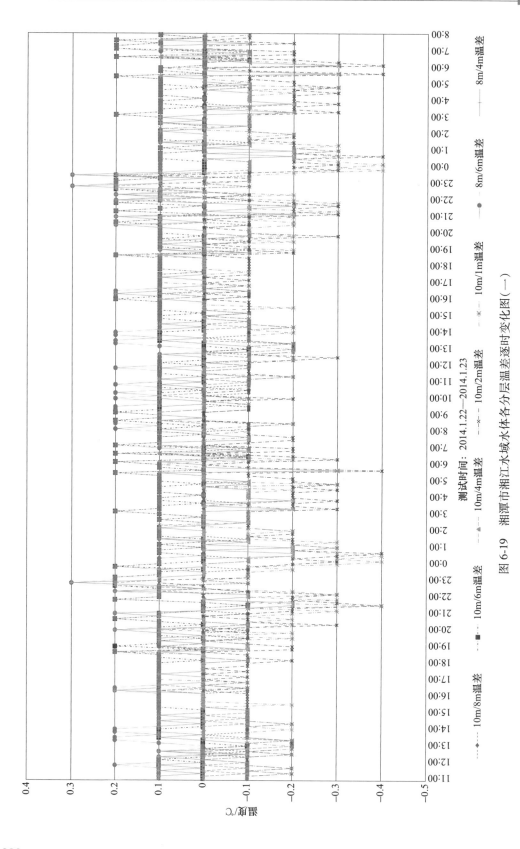

图 6-19 湘潭市湘江水域水体各分层温差逐时变化图（一）

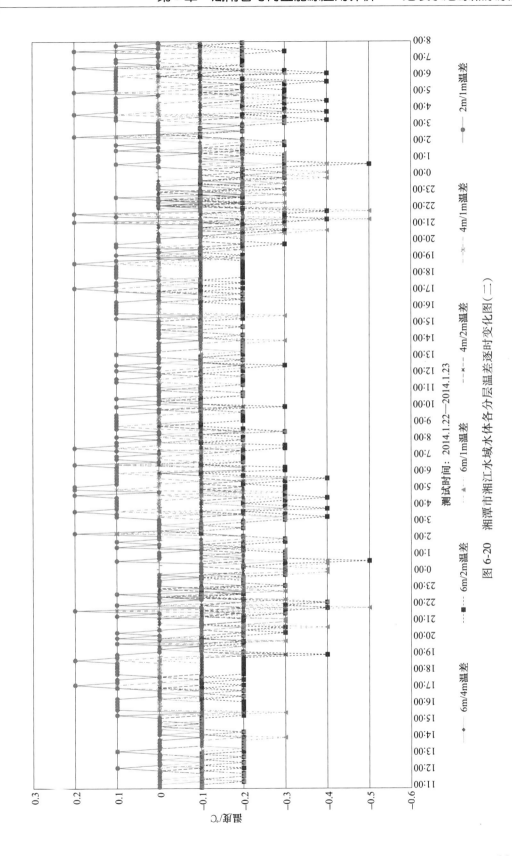

图 6-20　湘潭市湘江水域水体各分层温差逐时变化图（二）

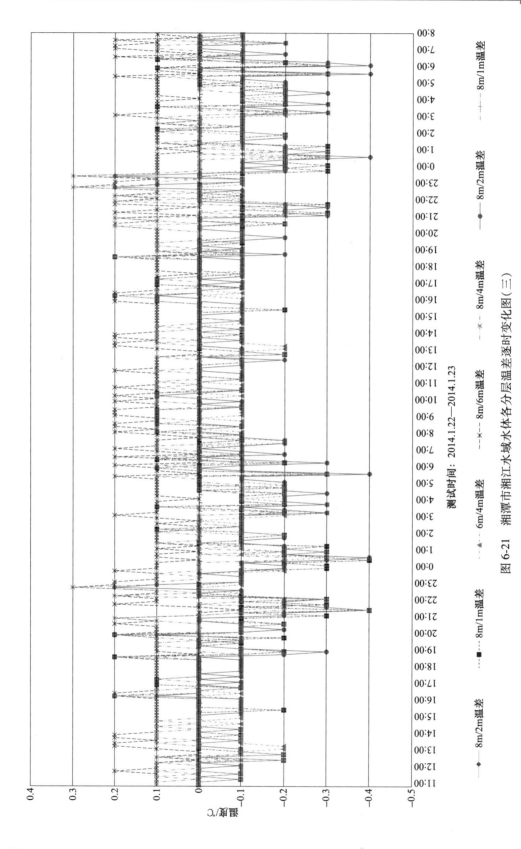

测试时间：2014.1.22—2014.1.23

图6-21 湘潭市湘江水域水体各分层温差逐时变化图（三）

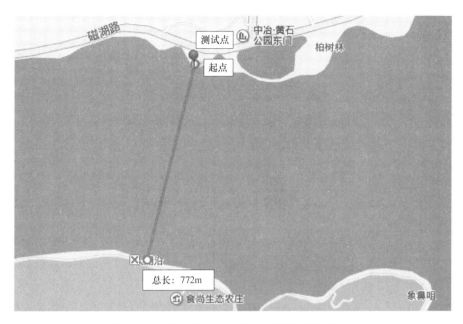

图 6-22 黄石市磁湖水域测试点地理位置示意图

图 6-23 黄石市磁湖水温测试点布置现场

3）黄石磁湖水域测试时间：2014.2.7—2014.2.8。在 7 日黄石地区遇强冷空气，天气小雪，阴天，微风；8 日天气雨夹雪，微风。

在 2014 年 1 月、2 月，分别在湖南怀化舞水河水域、湘潭湘江水域以及湖北黄石磁湖水域进行 36~48h 以上不间断测试记录，数据记录 10min 自动记录一次。测试时间选定在全年最冷月 1 月和 2 月出现极端天气时间段进行。

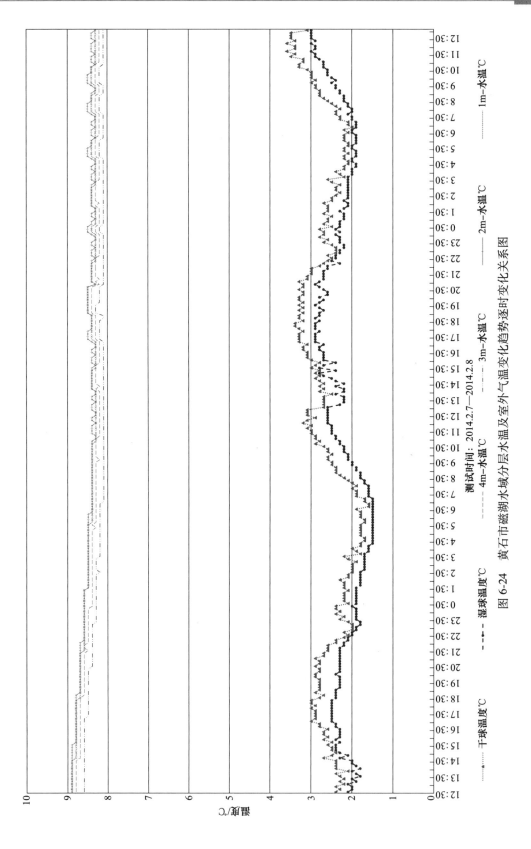

图 6-24 黄石市磁湖水域分层水温及室外气温变化趋势逐时变化关系图

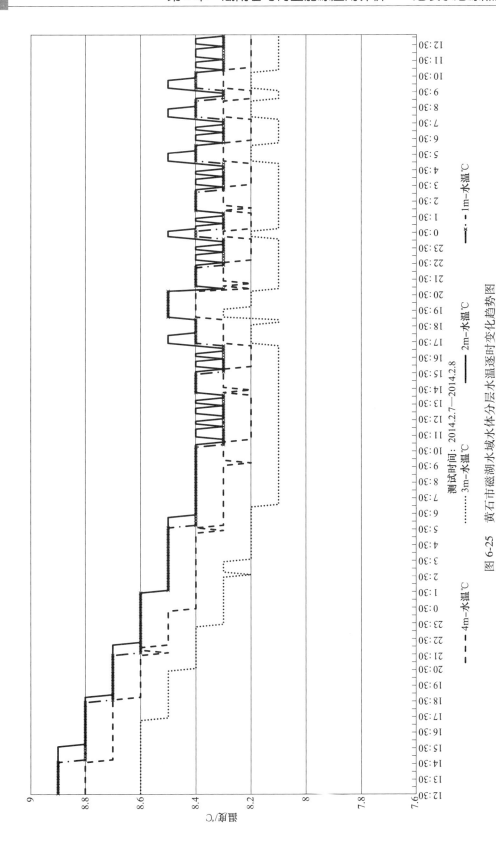

图 6-25　黄石市磁湖水域水体分层水温逐时变化趋势图

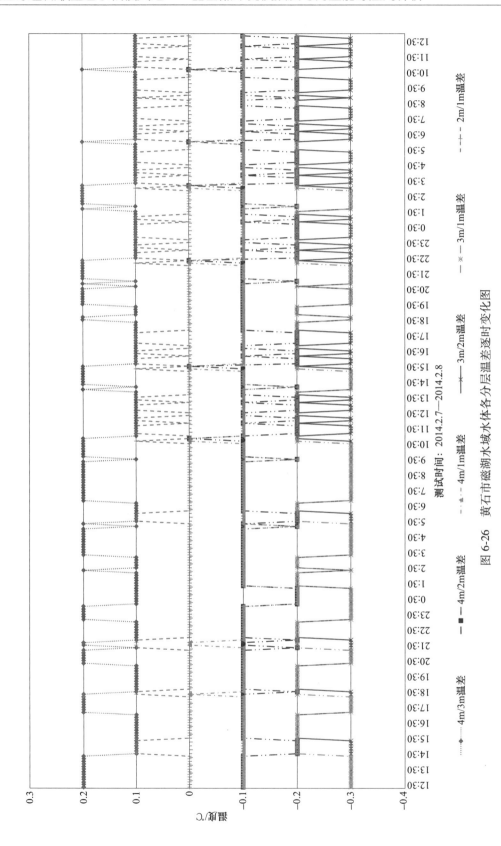

图 6-26　黄石市磁湖水域水体各分层温差逐时变化图

1）冬季湖南与湖北地区不同水系分层水温和室外空气干湿球温度逐时变化结果分析：

由以上各图所示的水体分层温度随时间变化情况可以看出：

冬季地表水水体温度较低，从三个地区测试结果对照，可以看到不同地区水体分层温度非常稳定，波动幅度不大。怀化舞水河水域水温波动稍微较其他地区大些，基本稳定在10℃左右；湘潭湘江水域水体分层水温非常稳定，波动幅度较空气温度变化幅度小很多，基本稳定在10℃左右；黄石磁湖水域水体分层水温非常稳定，波动幅度较空气温度变化幅度小很多，基本稳定在8~9℃。

只有怀化地区测试的各层水体温度变化幅度较大，而且各层变化具有同步性，稳定性较湘潭、黄石地区测试的结果差。

三个地区水域测试点水体温度参数稳定性远远大于空气温度参数稳定性。

由于水体温度变化远小于空气温度的变化，具有较高的稳定性。水体作为热泵热源和空调冷源，由于水体的高稳定性这一特性，使得系统机组的运行更加可靠、稳定；系统更加高效、经济。不会导致传统热泵的除霜、制热不稳定等难以解决的问题出现。地表水源热泵以地表水作为冷热源，随着气候的变化，水温相比空气变化幅度较小，其常年具有较高的稳定性。同传统冷热源相比，由于水的比热容大，具有较好的传热性能，因此地源热泵系统性能是最好的。

2）冬季湖南与湖北地区不同水系水体分层温度逐时变化结果分析。

由以上各图所示的水体分层温度随时间变化情况可以看出：

怀化水域水体温度变化具有同步性，而湘江水域和黄石磁湖水域水体温度在不同分层上具有一定延迟性。

测试点水域水体分层温度有一定分层现象，但温差相对较小。

测试点水域水体各分层温度受大气环境影响，但影响幅度相对较小，且水温与大气温度变化趋势相同。

3）冬季湖南与湖北地区不同水系水体分层温度温差逐时变化处理分析。

从三个地区的水体温差测试结果可以看出冬季水温出现分层不明显，水体分层温差差异很小，其中怀化地区分层水体温差相差几乎在0.5℃左右，只有极个别的时刻温差较大，这与该水域面积有关，由于水域规模较小，其水下温层受水面影响程度大，其波动性大，而在湘潭以及黄石地区，其水域规模较大，水体面积较大，其不同深度温度分层稳定性较大，其最大温差一般都在0.2~0.3℃。

2. 结果分析

在最冷月12月到2月所测量的三个地区数据表明，水体在垂直方向上水温具有一定的分层现象，然而冬季的水体分层温差比较小。

通常，水体表层温度比水体底层温度要高些，其在垂直方向具有一定的温度分层现象。许多学者做过关于水体温度分层特征的研究，都证实了水体表层温度变化幅度较大，而水体越深其温度越稳定，变化不大这一论点。这是由于在太阳光直接照射过程中，水体表层温度因为吸收太阳的辐射热而导致了水体温度快速升高，又因为作为一种不良导体，水具有比热容大的特性，这就是处于中下层的水体温度变化缓慢的缘故。一般来说水越深，其水体温度变化幅度就越小，通常水底温度会比水面温度要低一些。考虑到不同地区水系的在不同季节，日照强度、日照时间不同以及水体结构不同，水层温差变化情况就变得非常复杂。

参考文献［32］研究表明水体表层与水体底层温差最大出现在 3~10 月，其最大温差达到 9℃以上，而最小温差一般出现在 11~2 月，其温差较小，趋近于 0。通常早晨的气温比水温低，但是随着太阳不断向水体表层输入辐射热，从而导致了水表层温度升高，但是由于水的比热性的特点没有气温的上升幅度大，慢慢随时间推移气温又高于水温了。与此同时，水表层与水底层温差就会急剧增大。因此，太阳的照度越大以及照射时间越长，这种温差就会越大。

冬季极端天气的出现，水温表层温度将不一定高于水体底层温度，这是因为气温急剧降温变化，而水具有很好的比热性和导热性，同空气温度下降幅度变化相比，水体表层的温度的下降会有一定的延迟性，导致水体水温大于空气气温，因此水体底层温度下降更加缓慢，这就是造成水体底层温度高于水体表层温度的特殊情况，一般是气候的极端天气的时候出现，极端天气来临的第一天的情况通常类似，在寒潮来临的第二、三天以后会逐渐变化降温。

因此，综上可知，冬季水温分层现象不明显，垂直方向可以忽略分层温差带给机组的影响，水面水体温度与水下温度差异很小，可以看作相同。相反，夏季水面温度与水下温度差异相对较大，取水口深度宜取在垂直方向上温差变化较小的稳态温度层，以确保机组不会一开一关影响机组性能。

6.5.6 调查数据的处理及分析

1. 冬季水体垂直分布水温计算

（1）影响自然水温的因素 江河、湖泊、水库等水体表层温度的变化，是水体表面与环境进行复杂的热力交换过程。水体吸收的热量有：太阳辐射、大气辐射热量；水体散热有：向环境散热，主要散热形式有蒸发散热、对流散热和辐射散热三种形式。水体温度之所以会升高，是因为水体吸收的辐射热量大于总散热量，同理，水体温度的降低是因为吸收的热量小于散热量。因此，水温的变化主要是受太阳辐射的影响，其次也会受到水体的散热影响。

太阳辐射进入地球，一部分辐射热量会被环境中空气所吸收，使空气温度升高；另一部分辐射热量会进入水面（或陆面）被水体表层所吸收，进而使水体温度升高。这里太阳辐射是空气和水体的同一热源，同时两者在吸收太阳辐射热量大小有着正比关系，即环境吸收的太阳辐射热量增大，水体表层吸收的太阳辐射热量也会随之增大。同时，空气还以辐射与换热形式作用于水体，影响水体表层温度的变化。

水体表层的散热对水温的影响主要是由于水体表层蒸发散热使水体表层温度降低。水体表层温度、湿度、平均风速等是影响水体蒸发的主要因素。

空气中的湿度越大，水体表层的水分子越不容易散发到空气中，水体蒸发速度就越小，而当空气中水蒸气完全饱和时，从水体表层散发出去的水分子会重新吸收回到表层，这时水体表层的蒸发散热作用将会停止。所以，空气中湿度在某种程度上会抑制水体的蒸发散热，而在其他影响参数不变的情况下，空气中湿度与水体温度之间存在正比关系。

风速对水体表层的蒸发散热影响也很显著，水体表层的风速大小会影响水与大气的紊动扩散的强度。风速越大，水体中的水分子扩散越快，蒸发散热作用就会越剧烈，在其他影响参数不变的情况下，风速越大，水体温度会出现下降趋势。

影响水体蒸发散热的因素还有许多，例如大气压、水质、水体与空气温差大小等，这些因素影响通常可以忽略。

（2）水温计算的经验公式　水温的计算通常有两种方法：一是通过水文气象观测站测定水域水体温度和气象资料，这种方法最为可靠，同时需要耗费大量人力、物力以及观测时间；二是经验公式计算。经验公式大体分两种类型：①在热力平衡理论和热力平衡方程式的基础上，把水体温度作为热力平衡方程式中一个分项，通过求得热力平衡方程式中其他各分项值后，再通过方程式计算出水体温度。这种方法，计算过程复杂，同时其他分项（如太阳辐射、蒸发散热系数等）数值不易准确获得，所以在实际中，热力平衡方程式计算水体温度的方法没有被广泛应用。②通过对实测的数据资料进行分析，建立水体表层与气温变化的回归方程和回归曲线，进而求取水体温度。这种方法由于没有考虑其他影响因素，其中计算误差会比较大，因此适用范围受到限制。

对实际测量的数据资料分析，水体温度与大气温度有着十分密切的关系，通过建立水温与气温关系公式，不仅能够直接反映气温对水温的影响，同时还反映了太阳辐射的作用。下面采用参考文献［38］介绍的一种经验公式，来计算地表水水体表层温度。这个公式是在研究水体温度与大气温度以及其他影响因素的关系基础上建立的一个能够切实符合实际、计算简便的经验公式，通过与实测资料相比较，所得的计算相对误差均在 5% 以下，证明了该公式计算的水温是真实、可靠的。

下式为计算水体表层温度的经验公式，该式为本书参照的经验公式。

$$T_W = (2.82 + 0.82T_0) \frac{(1 + r^2)^{0.435}}{(1 + 0.31W_{150}^2)^{0.056}} \tag{6-17}$$

式中，T_W 为水体温度（℃）；T_0 为水体表面以上 1.5m 高度处的气温（℃）；r 为水体表面以上 1.5m 高度处的相对湿度；W_{150} 为水体表面以上 1.5m 高度处的平均风速（m/s）；$r = d/db$；d 为空气含湿量［g/kg（干空气）］；db 为饱和空气含湿量［g/（kg（干空气）］。

该公式对气温的适用范围：$T_0 \geq 0$；对湿度与风速的适用范围不限。本书将根据 DEST II 软件生成的气象数据以及水文、气象局所收集到的数据资料，采用该公式来计算水体温度。

（3）冬季水体水温计算数据结果及结果分析

1）根据上述经验公式计算出三个地区水体水温，三个地区水体温度与室外温度在 12 月 1 日~2 月 28 日的变化关系如图 6-27 所示。

2）怀化舞水河近 14 年（2000—2013 年）月平均变化如图 6-28 所示。

结果分析：

1）怀化、长沙以及黄石三个地区的气温很大程度上是一致的，三个地区温差相差不大，而且逐日变化很大程度上是相同的。根据经验公式计算得出的水温结果与实际测量所得的数据误差均在 5% 以内，证明利用该公式计算水温是可靠的。

2）从上述图表分析可知，水温变化与气温变化存在密切关系，通过上述经验公式所建立的两者之间的相关关系，不但能够直观反映气温变化对水体温度变化的影响，同时还体现了太阳辐射的作用。

3）由图 6-28 可以看出，近 14 年怀化地区水温全年变化波动相对稳定，最大平均水温与最低平均水温都在 30℃ 与 5℃ 左右。

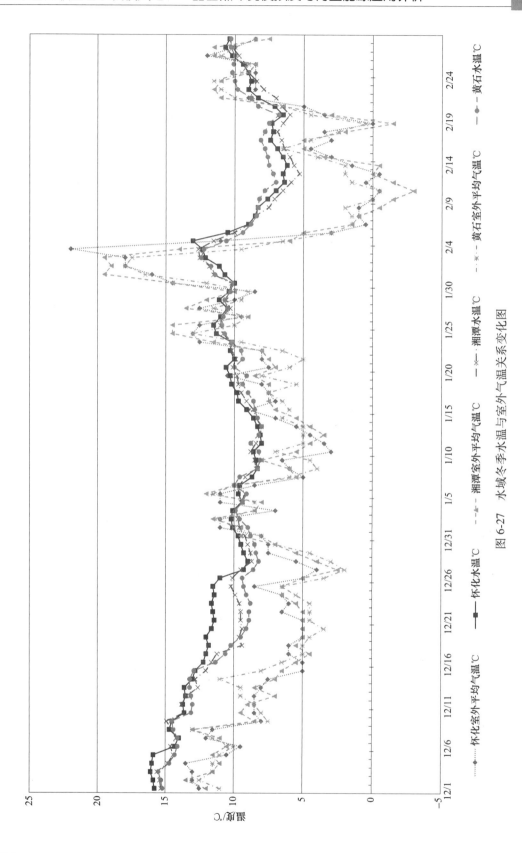

图 6-27　水域冬季水温与室外气温关系变化图

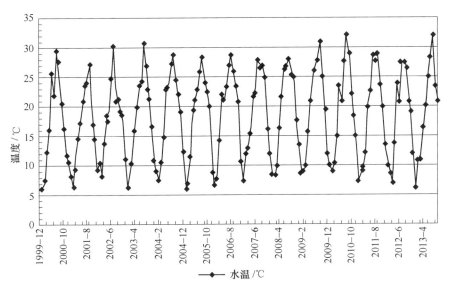

图 6-28　怀化市舞水河近 14 年水体水温逐月变化趋势图

2. 湖南省冬季室外气温与水体温度函数关系的提出

根据前面的结果分析，可以知道水温与气温之间存在密切的关系，在某种程度上，水温与气温存在一定的同步性，尽管气温变化幅度大，水温变化幅度相对较小，但两者变化的趋势是一致的。同时气温、水温变化都可以说是环境之间经过复杂变化后的综合体现。由于水的热容量大和传热性能较优，水温变化存在一定的延迟性。

根据系统平衡的理论，将环境与水体看作一个系统，当环境各因素不变同时系统达到平衡，水温不改变，这时气温存在某一平衡值 $\bar{t}_n$。而当环境发生变化时，相互之间影响因素发生改变，经过复杂的变化过程，这是气温的变化，水体温度会相应发生改变。气温变化得越剧烈，水温变化同样剧烈。考虑到水体温度变化存在一定的延迟性，因此水温会在室外温度变化累计影响下发生变化。根据以上分析，建立冬季室外气温与水温简单的函数关系：

$$T_{n+1} = T_n + a_1(t_n - \bar{t}_n) + a_2(t_{n-1} - \bar{t}_{n-1}) + a_3(t_{n-2} - \bar{t}_{n-2}) + \cdots + a_n(t_1 - \bar{t}_1) \quad (6\text{-}18)$$

式中，T_n 为该月第 n 天的水体温度（℃）；t_n 为该月第 n 天的室外温度（℃）；$\bar{t}_n$ 为该月第 n 天维持水体温度平衡的室外温度（℃），可取近 3~5 日气温平均值；a 为各项系数，根据地区水系及气候特点调整。

根据上述公式，以冬季怀化、湘潭和黄石地区水温测试结果以及当月室外气温值，建立对应的函数关系。考虑到 $\bar{t}_n$ 涉及的因素太广，这里简单地以近三天室外气温平均值代替。如下分别为各地区气温与水温之间的关系公式：

怀化、湘潭：

$$T_{n+1} = T_n + 0.47 \times (t_n - \bar{t}_n) + 0.09 \times (t_{n-1} - \bar{t}_{n-1}) + 0.05 \times (t_{n-2} - \bar{t}_{n-2});$$

$$T_{n-1} = T_n - 0.97 \times (t_{n-1} - \bar{t}_{n-1}) - 0.25 \times (t_{n-2} - \bar{t}_{n-2}) - 0.05 \times (t_{n-3} - \bar{t}_{n-3});$$

黄石：

$$T_{n+1} = T_n + 0.37 \times (t_n - \bar{t}_n) + 0.29 \times (t_{n-1} - \bar{t}_{n-1}) + 0.25 \times (t_{n-2} - \bar{t}_{n-2});$$

$$T_{n-1} = T_n - 0.67 \times (t_{n-1} - \bar{t}_{n-1}) - 0.25 \times (t_{n-2} - \bar{t}_{n-2}) - 0.05 \times (t_{n-3} - \bar{t}_{n-3});$$

根据上述公式以及各地区实测值进行预测计算，计算结果如图 6-29~图 6-31 所示。

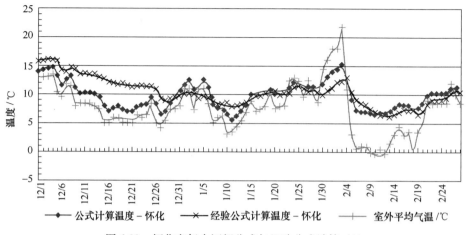

图 6-29　怀化市舞水河新公式与经验公式计算对比

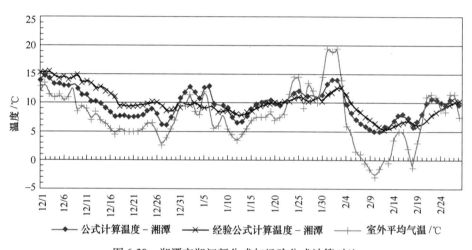

图 6-30　湘潭市湘江新公式与经验公式计算对比

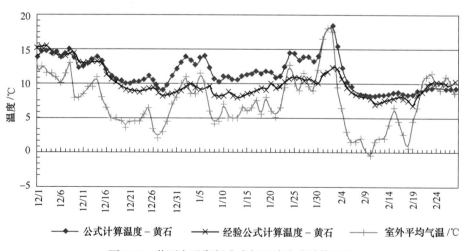

图 6-31　黄石市磁湖新公式与经验公式计算对比

从上图可知：

1）经验公式（6-17）计算的水温值与本书建立的水温公式（6-18）具有较大的拟合程度，只有几天会有较大的温度差。

2）本书所建立的水温公式（6-18）与环境温度具有一致的同步性，同时其变化增幅具有相对的延迟效应，一般是 2~3 天的延迟。

综上所述，可以得出的结论有：

1）水温计算公式（6-18）与经验公式（6-17）相比，计算出的水温是准确可靠的，但该公式中 $\bar{t}_n$、a 等参数值的获取，需要结合不同地区深入研究分析，综合气温及水温的具体关系确定准确的 $\bar{t}_n$ 以及各项系数。

2）本书所建立的公式比经验公式更能反映与室外气温之间的关系，一方面它体现了室外气温的变化情况，符合实际情况。另一方面也体现了水体本身的热稳定性，所具有的一定滞后效应，恰恰与实际情况更贴切。

3）环境中空气与水体都可以看作是不同的流体，在环境复杂变化的过程中，由于空气与水体自身的特性，导致了水体与空气之间温度变化差异，但在某一程度上，两者都是经过环境复杂的变化作用下的结果，因此空气与水体之间温度变化具有相关联系，本书建立的公式能够很好反映两者之间的变化关系，同时也能反映自身的比热容大小及热导性等传热性能参数的差异，两者传热特性都受到太阳照度的作用与影响。

根据本书新建模型与经验公式以及各地区实测值进行计算，考虑到冬季特性，上面 2 个图可以变为下图（图 6-32、图 6-33），可以更好地观察冬季气温和水温的关系。

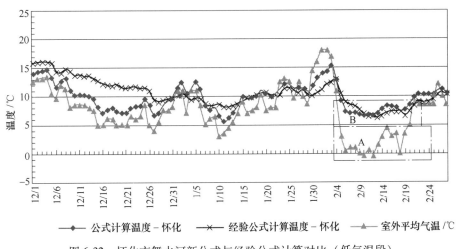

图 6-32　怀化市舞水河新公式与经验公式计算对比（低气温段）

从实测与模型比较结果分析可知，由水温模型得出的冬季最低水温日与实测选取的最低水温日不同，这是方法一致性推演应用的结果；新建水温模型计算的怀化日平均温度分别为 9.7℃、9.7℃，实测值为 9.7℃、9.8℃，湘潭日平均温度分别为 10℃、10℃，实测值为 10.2℃、10.3℃，误差小于 2℃（未高于参考文献［11］所提供的结果），在工程上是可以接受的；且当气温变化幅度较大时，新建立水温模型所计算的水温与大气温度的一致同步性较为吻合，其变化增幅也具有相对延迟效应，与实际相符，所提出的可反映水体与大地、空

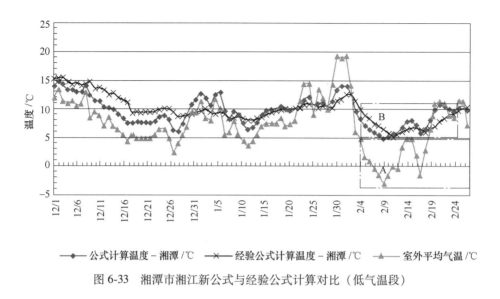

图 6-33　湘潭市湘江新公式与经验公式计算对比（低气温段）

气及太阳换热的综合换热特性的系数 a 综合了各方面影响因素，因此本书方法具有合理性，表明新建模型预测本地区冬季气温最低时段内的水体水温是可行的。

3. 水源热泵系统设计冬季参考水温

考虑到水源热泵系统应用设计的需要，提出了水源热泵系统设计冬季参考水温的概念，即冬季最不利条件下（气温最低时段内）所对应的水体温度。

图 6-32 中 A 为冬季气温最低时段，B 为其对应的水体温度，从中可以看出，湘潭和怀化水源热泵系统设计冬季参考水温，其值见表 6-12。

表 6-12　水源热泵系统设计冬季参考水温

地点	水源热泵设计冬季参考水温/℃	气温低于3℃的大致持续时间/天
湘潭	5.3~7.5	12
怀化	6.2~7.6	11

考虑到现有的气象、水文参数无法直接为水源热泵系统的设计提供参照，本书通过对怀化、湘潭和黄石地区冬季水温进行实测，并结合水温、气温的变化关系及气象资料进行研究分析，得出如下结论：

1）本节提出了一种通过确定系数 a 来得出冬季最不利水温的简化方法，a 为可反映水体与大地、空气及太阳换热的综合热交换特性的系数，与地理位置、季节（时段）、太阳辐射、温湿度、水体深度、水量、河床形状等因素有关，随时间变化，但在一定时间段内可认为是常数；结合实测及与相关文献进行对比，验证了该方法的合理性。研究表明，本书方法较好地体现了水温和气温的变化关系，所提供的方法能够通过较少的参数测量与分析比较方便、快捷地找到水温和气温的变化关系，本书通过典型河流、库湖所得到的相关公式用来预测冬季最低气温时段内的水体水温具有可行性。特别要指出的是本书所指出的公式及其系数在地理气候差异大的场合不宜直接使用，应通过类似或其他更合适的途径获取，但本书提供了一个相对简便的途径。

2）通过现场实测和理论分析得出一种简易工程应用冬季参考水温获取的方法，仅需了解气温特性就可得出冬季参考水温，适用于除突变影响因素存在的大多数情况，操作性强、测量参数少，相对可靠且成本较低，方便于工程应用；特别是由于目前气象部门会定期发布一周到半月的气温预报参数，本书所提供的方法可以充分利用这些信息，有助于热泵系统设计相关水温参数的获取。

3）考虑到水源热泵系统应用设计的需要，提出了水源热泵系统设计冬季参考水温的概念，根据水温和气温的变化关系，可以找出冬季设计参考水温。考虑到湖南地区冬季水源热泵系统设计的实际需要，给出湘潭、怀化地区水源热泵系统设计冬季参考水温：5.3～7.5℃、6.2～7.6℃，为水源热泵系统的应用设计提供参考。

4）为确保热泵机组的安全运行，应对水源的最低水温进行评估，避免蒸发器出现冻结危险；所以本书方法对湖南地区的水源热泵系统设计中确定冬季参考水温有理论和实际意义，同时对其他地区有借鉴价值。

因此，上述公式是以湖南省等南方地区冬季水温稳定分层现象小的特点作为前提，在误差允许的情况下，冬季水面下温度是近似相等的。实际中，由于气温测量系统在全世界范围内已经很完善，获得气温数据比获得水温数据要相对容易得多，因而根据气温推算估算冬季南方地区水温，在很大程度上解决了水温这一数据难以获取的问题。因此，本节所建立的关于计算水温的方法为今后地表水源热泵推广研究具有积极意义。

4. 水域水体水质分析

水文数据的收集及处理：确定水质评价指标后，接下来需要了解调查水域水体的水质状况及指标的含量。分别前往怀化及湘潭等地区做相关水文调查，在政府有关部门的协助下，与当地的水文、水利及气象局、自来水公司以及污水处理厂等部门领导协商并收集了近几年水文、气象资料。处理结果如图 6-34～图 6-36 所示。

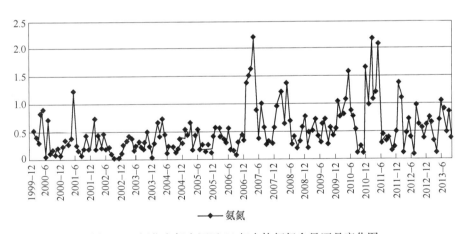

图6-34　怀化市舞水河近14年水体氨氮含量逐月变化图

图 6-34～图 6-36 中分析可以看出，怀化水体水质总体上超范围的指标有浊度（主要是藻类）、氨氮，其他腐蚀离子在控制标准内，可定为Ⅱ级 b 类。由于氨氮对铜有腐蚀性，可以重点采用对氨氮有惰性作用的材质制作换热器。

同理根据收集的数据对湘潭、黄石地区水质进行划分，分类见表6-13。

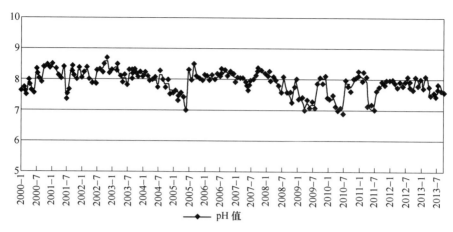

图 6-35　怀化市舞水河近 14 年水体 pH 值逐月变化图

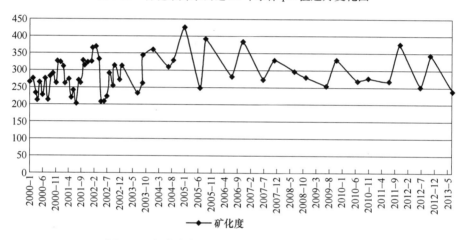

图 6-36　怀化市舞水河近 14 年水体矿化度变化图

表 6-13　水质类别分类

地　　区	水质类别
怀化	Ⅱ级 b 类
湘潭	Ⅱ级 a 类
黄石	Ⅱ级 a 类

　　本节主要介绍了怀化、湘潭和黄石地区的水体测试，三个地区近几年水文、水质以及气象数据资料调查收集的处理分析，根据处理的数据结果分析，总结出了湖南省冬季水体温度分层不明显，其水体温差差异性很小，可以看作是相等的。同时根据实测水温数据得到湖南地区冬季气温与水温之间相互变化关系，总结分析湖南地区水系冬季水温特点，提出相应结论。根据南方地区气候分区特点，猜想其他南方省域地区水系冬季水温是否具有同样特点，并在湖北黄石地区磁湖水域实测水温进行验证，为今后南方地区水系冬季水温应用分析提供了数据与理论基础。还分析了不同地区近几年水质中影响水源热泵的指标含量，建立了水质等级方位，确定了水质对应的水质等级。为评价体系提供了数据依据，下面将介绍评价体系的计算和结果分析。

6.6 湖南省及邻近地表水源热泵适用性综合评价

6.6.1 水温评价

在对地表水源热泵适用性进行综合评价前，首先，对水域水体进行水温评价。最后，将评价得到的水温隶属度放到评价体系中进行综合评价。

系统的设计应根据水体冬季和夏季的调查资料以及实测温度进行，水温资料宜参考近5年数据或直接监测获得，进而对水域水温做出评价。

本书中的水温评价是针对地表水源热泵机组的性能而言的，主要考察水域水温对机组性能的影响。对不同地区水域全年水温变化进行处理分析及预测，利用本书评价方法进行水温评价，可以确定当地水域水体水温对地表水源热泵评价的适宜性。

1. 评价的一般步骤

1）收集水体的水文资料。对于湖南省各地区水文资料，以当地的水文资料为主，必要时进行当地水体测试，进行数据处理分析及预测统计。

2）分析水文资料，找出水体中的主要水温指标，再根据热泵机组的性能特点进行水温评价。

3）统计水温变化日平均数，通过水温资料及预测，确定最冷月与最热月的日平均数。

4）根据前述的隶属函数，处理最冷月与最热月日平均水温，进行隶属度的确定。

2. 水体评价应用

下面分别以湖南地区（夏热冬冷地区）的怀化市舞水河、湘潭市湘江及湖北地区黄石市磁湖水域水体为例，分别说明水温评价的过程。

（1）怀化市舞水河水域水温评价　根据前面章节数据处理，可以得出怀化市舞水河水域日平均水温为9.5℃。将该地区水体水域日平均温度带入水温隶属函数冬季公式中可以得出：该日水体水温的隶属度为0.64。

（2）湘潭市湘江水域水温评价　同上，可以得出湘潭市湘江水域该日水体水温为10.5℃，隶属度为0.75。

（3）黄石市磁湖水域水温评价　同上，可以得出黄石市磁湖水域该日水体水温为8.5℃，隶属度为0.5。

以上为实验数据隶属度分析，下面运用统计原理，根据前面计算出来的三个地区的最冷月的逐日水体水温，统计每个地区每天的水温所求得的隶属度，再进行均值求出该地区冬季平均水温隶属度。

得出以上各地区的水温数据后，可以根据前面介绍的冬季水温隶属度公式求出每一天的隶属度，即三个地区水体的水温隶属度在12月1日~2月28日的变化关系如图6-37所示。

从变化关系中可以看到，12月初到12月中旬，各地区其隶属度为1，此时水体水温是机组性能的最优运行工况的水温，然而12月中旬，随着三个地区冬季水温每日变化，其各地区隶属度变化趋势与对应地区气温变化趋势有惊人的相似。

可以得出水温隶属度在一定程度上反映了水体与机组性能的关系，并且其变化与实际相符合，因此，根据水温的隶属度评价是可靠的。三个地区水温隶属度见表6-14。

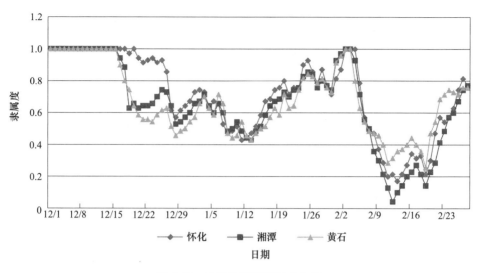

图 6-37   冬季隶属度逐日变化图

表 6-14   测试地区隶属度

	怀化	湘潭	黄石
隶属度	0.71	0.66	0.67

6.6.2   水质评价

1. 评价标准的选择

要想建立合适可靠的水质评价标准，首先需要对地区水系水质主要影响机组性能的指标进行评价分析，确定其隶属度评价。目前，关于水质标准规范有几个，水质级别划分与隶属度评价划分见表 6-15。

表 6-15   水质级别划分与隶属度评价划分

水质级别	说明	进水方式	水质状况	隶属评价
Ⅰ级	大部分指标不超标	直接进机组	好	0.8~1
Ⅱ级 a 类	部分非腐蚀性离子及其他指标超标	经过处理后直接进机组	较好	0.6~0.8
Ⅱ级 b 类	部分腐蚀性离子超标	中间加板式换热器	较好	0.3~0.6
Ⅲ级	腐蚀性离子较多且大部分超标	水处理代价高	差	0~0.3

2. 评价方法

根据对应的水质评价等级，分别对不同等级水质进行隶属度量化，如 Ⅰ 级水质隶属度为 0.8~1，Ⅱ 级 a 类隶属度为 0.6~0.7，Ⅱ 级 b 类隶属度为 0.3~0.6，Ⅲ 级隶属度为 0~0.3。其中重点对浊度、含沙量及藻类等对机组影响因素较大的因子进行隶属度大小选取。

3. 评价一般步骤

1）收集水体的水文资料。对于湖南省各地区水文资料，以当地的水文资料为主，必要时进行当地水体测试，进行数据处理分析及预测统计。

2）分析水文资料，找出水体中的主要水质指标，在根据热泵机组的工艺情况所需要的水质要求进行评价。

3）统计近几年该水域变化年平均数，通过水质资料及预测，确定最冷月的水质状况。

4）根据前述的隶属函数，处理最冷月年平均水温，确定隶属度。

4. 水质评价举例

根据表 6-15，对怀化、湘潭及黄石三个地区水质进行评价，从前面所确定的地区水质类别进行区域隶属度评价。隶属度见表 6-16。

表 6-16　三个地区水质类别及隶属度

地　　区	水质类别	隶属度
怀化	Ⅱ级 b 类	0.4
湘潭	Ⅱ级 a 类	0.7
黄石	Ⅱ级 a 类	0.7

6.6.3　水量评价

根据图 6-1 和图 6-2 可以知道湖南省各个地区的地表水资源量（其中地表水资源量可以根据行政分区和流域分区），比较柱形图水量可知，近几年湘江水域地表水水量是最充足的，然而怀化地区所属地区尽管地表水资源量高，但舞水河所属流域水量相对较少。同理，可以查得黄石地区磁湖水域水量较为充足，因此，湘江、舞水河以及磁湖水域对应的隶属度评价为 0.9、0.7 和 0.9。

6.6.4　气候特征评价

通常影响机组运行性能的主要因素有：照度、气温、降雨量、湿度以及风速等。地表水源热泵的应用需要考虑气候方面情况，这是因为我国地域辽阔，南北气候差异明显，各地区对冷热量的需求也不同，对热泵系统的设计也不同，因此需要充分了解我国的气候特点。

由前述可知，夏热冬冷地区是比较适合推广应用水源热泵系统的，湖南、湖北都属于夏热冬冷地区，许多学者针对水源热泵系统的应用，对该地区气候做了许多相关课题研究。湖南地区同湖北地区，气候差异性较小，其相关评价指标参数的差异性很小，对于该地区，各个气候指标隶属度评价一般较为适合应用水源热泵系统。怀化、湘潭及黄石地区中太阳照度、气温、降雨量、湿度及风速各项指标隶属度分别为 0.7、0.8、0.75、0.75 及 0.7。

6.6.5　地表水源热泵适用性评价

1. 评价方法

在前面已根据层次分析法及模糊综合评价法建立了适用性评价体系，本章主要对该评价体系在具体水域中的应用进行研究。上述章节已经计算评价系统中各指标的权重值以及相应的隶属度，这里根据上面章节讲述的评价体系的二级综合评价方法，进行湖南省地表水源热泵适用性综合评价。本书采用了多级模糊综合评判的方法，在各个地区具体水域，对地表水源热泵适用性做出评价。

2. 评价标准

确定评价方法后，就要对各评价指标进行等级的评价，本评价体系分为 3 个准则层。首先，需要建立尺度集，本书采用 4 级标度，$V = \{v1\quad v2\quad v3\}$ 对应等级：优、良、中、差；其中确定各指标的分值（即各层指标的隶属度），最后可以汇总地表水源热泵适用性的分值，对应适用性等级（非常适用、适用、一般适用、不适用）。

3. 评价体系中各指标隶属度的确定

本书评价体系中，评价因素有水温、水质、水量、水深、照度、气温、降雨量、湿度、风速。前面分别详细分析了各指标、权重值以及隶属度的确定，考虑主要影响机组性能的水体因素水温，对其进行量化确定隶属度。其他影响因素从其他方面进行分析确定隶属度；进而对各个影响因素的隶属度进行隶属度评级，这里确定评价等级的隶属度关系函数，其评价等级为：优、良、中、差，评分见表6-17。

表6-17　湖南省水源热泵适用性评价评级表

目标层	准则层1	准则层2	评价等级			
			优	良	中	差
湖南省水源热泵适用性评价 A	水资源 B$_1$	水温隶属度				
		水量隶属度				
		水质隶属度				
		水深隶属度				
	气候条件 B$_2$	太阳照度隶属度				
		气温隶属度				
		降雨量隶属度				
		湿度隶属度				
		风速隶属度				

这里根据评价等级来确定个评价级别的隶属函数：

$$当为优时：\mu(x) = \begin{cases} 0 & 0 \leq x < 0.6 \\ \dfrac{x-0.6}{0.25} & 0.6 \leq x \leq 0.85 \\ 1 & 0.85 < x \leq 1 \end{cases} \tag{6-19}$$

$$当为良时：\mu(x) = \begin{cases} \dfrac{x}{0.75} & x < 0.75 \\ 1 & 0.75 \leq x \leq 0.85 \\ \dfrac{1-x}{0.15} & 0.85 < x \leq 1 \end{cases} \tag{6-20}$$

$$当为中时：\mu(x) = \begin{cases} \dfrac{x}{0.6} & x < 0.6 \\ 1 & 0.6 \leq x \leq 0.75 \\ \dfrac{1-x}{0.25} & 0.75 < x \leq 1 \end{cases} \tag{6-21}$$

$$当为差时：\mu(x) = \begin{cases} 1 & x < 0.6 \\ \dfrac{1-x}{0.4} & 0.6 \leq x \leq 1 \end{cases} \tag{6-22}$$

6.6.6　怀化、湘潭及黄石地区适用性综合评价

怀化水域评价见表6-18~表6-20。

怀化各指标的隶属度见表6-18。

表 6-18　怀化市舞水河水域各评价指标隶属度

目标层	准则层 1	准则层 2	隶属度
湖南省水源热泵适用性评价 A	水资源 B_1	水温	0.71
		水量	0.7
		水质	0.75
		水深	0.65
	气候条件 B_2	太阳照度	0.7
		气温	0.8
		降雨量	0.75
		湿度	0.75
		风速	0.7

根据上表各指标的隶属度，带入上述公式中确定每个评价等级的隶属函数，计算结果见表 6-19。

表 6-19　怀化市舞水河水域各评价指标评级隶属度

目标层	准则层 1	准则层 2	评价等级			
			优	良	中	差
湖南省水源热泵适用性评价 A	水资源 B_1	水温隶属度	0.44	0.946667	1	0.725
		水量隶属度	0.4	0.933333	1	0.75
		水质隶属度	0.6	1	1	0.625
		水深隶属度	0.2	0.866667	1	0.875
	气候条件 B_2	太阳照度隶属度	0.4	0.933333	1	0.75
		气温隶属度	0.8	1	0.8	0.5
		降雨量隶属度	0.6	1	1	0.625
		湿度隶属度	0.6	1	1	0.625
		风速隶属度	0.4	0.933333	1	0.75

确定了各评价指标的隶属度后对每一项进行归一化的隶属度，结果见表 6-20。

表 6-20　怀化市舞水河水域各评价指标评级隶属度归一化

目标层	准则层 1	准则层 2	评价等级			
			优	良	中	差
湖南省水源热泵适用性评价 A	水资源 B_1	水温隶属度	0.14140	0.30423	0.32137	0.23299
		水量隶属度	0.12973	0.30270	0.32432	0.24324
		水质隶属度	0.18605	0.31008	0.31008	0.19380
		水深隶属度	0.06799	0.29462	0.33994	0.29745
	气候条件 B_2	太阳照度隶属度	0.12973	0.30270	0.32432	0.24324
		气温隶属度	0.25806	0.32258	0.25806	0.16129
		降雨量隶属度	0.18605	0.31008	0.31008	0.19380
		湿度隶属度	0.18605	0.31008	0.31008	0.19380
		风速隶属度	0.12973	0.30270	0.32432	0.24324

同理，求出湘潭及黄石地区的各评价指标隶属度以及评价隶属度。

湘潭水域评价见表6-21、表6-22。

表6-21 湘潭市湘江水域各评价指标隶属度

目标层	准则层1	准则层2	隶属度
湖南省水源热泵适用性评价 A	水资源 B₁	水温	0.66
		水量	0.9
		水质	0.7
		水深	0.9
	气候条件 B₂	太阳照度	0.7
		气温	0.8
		降雨量	0.75
		湿度	0.75
		风速	0.7

表6-22 湘潭市湘江水域各评价指标评级隶属度

目标层	准则层1	准则层2	评价等级			
			优	良	中	差
湖南省水源热泵适用性评价 A	水资源 B₁	水温隶属度	0.24	0.88	1	0.85
		水量隶属度	1	0.666667	0.4	0.25
		水质隶属度	0.4	0.933333	1	0.75
		水深隶属度	1	0.666667	0.4	0.25
	气候条件 B₂	太阳照度隶属度	0.4	0.933333	1	0.75
		气温隶属度	0.8	1	0.8	0.5
		降雨量隶属度	0.6	1	1	0.625
		湿度隶属度	0.6	1	1	0.625
		风速隶属度	0.4	0.933333	1	0.75

确定了各评价指标的隶属度后对每一项进行归一化的隶属度，结果见表6-23。

表6-23 湘潭市湘江水域各评价指标评级隶属度归一化

目标层	准则层1	准则层2	评价等级			
			优	良	中	差
湖南省水源热泵适用性评价 A	水资源 B₁	水温隶属度	0.08081	0.29630	0.33670	0.28620
		水量隶属度	0.43165	0.28777	0.17266	0.10791
		水质隶属度	0.12973	0.30270	0.32432	0.24324
		水深隶属度	0.43165	0.28777	0.17266	0.10791
	气候条件 B₂	太阳照度隶属度	0.12973	0.30270	0.32432	0.24324
		气温隶属度	0.25806	0.32258	0.25806	0.16129
		降雨量隶属度	0.18605	0.31008	0.31008	0.19380
		湿度隶属度	0.18605	0.31008	0.31008	0.19380
		风速隶属度	0.12973	0.30270	0.32432	0.24324

黄石水域评价见表 6-24~表 6-26。

表 6-24 黄石市磁湖水域各评价指标隶属度

目标层	准则层 1	准则层 2	隶属度
湖南省水源热泵适用性评价 A	水资源 B₁	水温	0.67
		水量	0.9
		水质	0.7
		水深	0.9
	气候条件 B₂	太阳照度	0.7
		气温	0.8
		降雨量	0.75
		湿度	0.75
		风速	0.7

表 6-25 黄石市磁湖水域各评价指标评级隶属度

目标层	准则层 1	准则层 2	评价等级			
			优	良	中	差
湖南省水源热泵适用性评价 A	水资源 B₁	水温隶属度	0.28	0.893333	1	0.825
		水量隶属度	1	0.666667	0.4	0.25
		水质隶属度	0.4	0.933333	1	0.75
		水深隶属度	1	0.666667	0.4	0.25
	气候条件 B₂	太阳照度隶属度	0.4	0.933333	1	0.75
		气温隶属度	0.8	1	0.8	0.5
		降雨量隶属度	0.6	1	1	0.625
		湿度隶属度	0.6	1	1	0.625
		风速隶属度	0.4	0.933333	1	0.75

确定了各评价指标的隶属度后对每一项进行归一化的隶属度，结果见表 6-26。

表 6-26 湘潭市湘江水域各评价指标评级隶属度归一化

目标层	准则层 1	准则层 2	评价等级			
			优	良	中	差
湖南省水源热泵适用性评价 A	水资源 B₁	水温隶属度	0.09339	0.29794	0.33352	0.27515
		水量隶属度	0.43165	0.28777	0.17266	0.10791
		水质隶属度	0.12973	0.30270	0.32432	0.24324
		水深隶属度	0.43165	0.28777	0.17266	0.10791
	气候条件 B₂	太阳照度隶属度	0.12973	0.30270	0.32432	0.24324
		气温隶属度	0.25806	0.32258	0.25806	0.16129
		降雨量隶属度	0.18605	0.31008	0.31008	0.19380
		湿度隶属度	0.18605	0.31008	0.31008	0.19380
		风速隶属度	0.12973	0.30270	0.32432	0.24324

1. 一级模糊综合评价

以水资源 B_1 为例，其中根据前面所得出的各指标的权重：

$$W_1 = (0.7143, 0.2857)$$
$$W_1^{II} = (0.2988, 0.2743, 0.2256, 0.2012)$$
$$W_2^{II} = (0.3429, 0.2714, 0.20, 0.1286, 0.0571)$$

其准则层2中所对应的判断矩阵为：

怀化：

$$R_{B1} = \begin{pmatrix} 0.14140 & 0.30423 & 0.32137 & 0.23299 \\ 0.12973 & 0.30270 & 0.32432 & 0.24324 \\ 0.18605 & 0.31008 & 0.31008 & 0.19380 \\ 0.06799 & 0.29462 & 0.33994 & 0.29745 \end{pmatrix}$$

$$R_{B2} = \begin{pmatrix} 0.12973 & 0.30270 & 0.32432 & 0.24324 \\ 0.25806 & 0.32258 & 0.25806 & 0.16129 \\ 0.18605 & 0.31008 & 0.31008 & 0.19380 \\ 0.18605 & 0.31008 & 0.31008 & 0.19380 \\ 0.12973 & 0.30270 & 0.32432 & 0.24324 \end{pmatrix}$$

因此 $B_1 = W_1^{II} \cdot R_{B1} = (0.13350, 0.30320, 0.32337, 0.23993)$。

同理，$B_2 = W_2^{II} \cdot R_{B2} = (0.18307, 0.31052, 0.30166, 0.20475)$。

2. 二级模糊综合评价

根据上述结果，可知准则层1的判断矩阵为：

$$R_B = \begin{pmatrix} 0.13350 & 0.30320 & 0.32337 & 0.23993 \\ 0.18307 & 0.31052 & 0.30166 & 0.20475 \end{pmatrix}$$

从而可以得出：

$$A_{怀化} = W^I \cdot R_B = (0.14766, 0.30529, 0.31717, 0.22988)。$$

同理依次得出湘潭与黄石的评价隶属度：

湘潭：$A_{湘潭} = (0.2371, 0.2985, 0.26897, 0.19544)$。

黄石：$A_{黄石} = (0.23978, 0.29885, 0.26829, 0.19308)$。

根据上述结果以及最大隶属度原则，可以确定对应在评价等级上的隶属度。评价隶属度结果见表6-27。

表6-27　地表水源热泵适用性评价结果

地区	最大隶属度	适用等级
怀化	0.31717	一般
湘潭	0.2985	适用
黄石	0.29885	适用

从表中可以看出，三个地区中湘潭与黄石测试地区水系关于水源热泵适用等级是最优的，其次怀化地区测试水系适用性一般。因为湘潭与黄石地区调查水域面积较大，水量充足，水深较深，怀化舞水河较湘潭与黄石地区水域面积小，水量相对较少，水深只是刚好能满足取水要求，即使其水温隶属度是最好的，适用性也只是一般，湘潭与黄石水域较为适合用于水源热泵取水的源水。

6.7 本章小结

本章内容主要是对怀化、湘潭以及黄石地区水系进行评价以及确定其地表水源热泵适用性评价等级，即怀化舞水河、湘潭湘江以及黄石磁湖地区水系评价等级分别为一般、适用及适用。其次本书还通过收集当地水文、气象资料，简要介绍了湖南省各个地区水资源分布情况以及水质等级的分布情况。进而对评价系统各个指标进行相关的阐述和评价。最后通过模糊综合评价方法对湖南省水源热泵适用性进行评价并区分等级。以及通过对实际测量得到的指标数据总结分析，并与前面学者所做的相关研究对比论证，得出冬季湖南水系水温分布特点以及适用情况相关结论。如此，湖南省各个地区水系是否适合应用水源热泵系统就更加清晰明确了。

近年来，作为一种新型的热泵系统，由于地表水源热泵具有节能、环保、高效等优点，同时我国的地表水源较为丰富，其推广应用得到快速的发展。但是由于我国国情，尽管地大物博，地理环境区域化，应用地表水源热泵时，需要考虑地表水体的地理分布、水文以及气象条件等，对地区进行可行性研究时需要考虑的指标因素较多并且复杂，同时由于水源热泵作为近年来新兴起来的空调系统，工程应用上存在盲目性，一定程度上其推广应用受到限制；同时由于水资源的匮乏，如何合理运用地表水源热泵系统相关技术，对各地区水系进行系统研究与规划是十分必要的。本章就是针对湖南省水系资源分布情况，进行湖南省水源热泵适用性研究与评价。本章主要的成果有以下几点：

1）通过水源热泵机组对源水的工艺要求以及运行特点，利用模糊数学理论建立了湖南省水源热泵适用性评价体系。

2）在对评价体系中各个指标确定隶属评价，定量分析评价时，结合模糊数学中经验公式以及与实际中的规律建立了对应的隶属函数，以确定隶属评价值。

3）通过前往怀化、湘潭，在住建局的帮助下在水文局、自来水公司以及气象局收集相关水文、气象资料，同时在该地区典型水域进行测试得到相关评价指标参数数据。经过分析总结，得出湖南省冬季地区不同水域的水文分布特点以及共同点。

4）通过怀化、湘潭及黄石地区水文、气象资料和现场测试数据分析，可以得出湖南省等南方地区冬季水体水温垂直方向上分层明显，温差相对较小这一结论。在地表水源热泵推广应用上，取水深度应根据夏季水温特点来确定。

5）由于目前气象资料获取容易，水温数据不完善，本书建立了气温与水温的函数关系式，可以根据该关系式由气温求得水温，解决了目前获取水温资料不全以及工程上只依据几天数据进行可行性分析带来的不可靠等问题。

6）根据南方地区气候分区特点，猜想其他南方地区水系冬季水温是否具有同样特点，并在湖北黄石地区磁湖水域实测水温进行验证，为今后南方地区水系冬季水温应用分析提供了一定数据与理论基础。因此，在地表水源热泵应用推广上具有积极意义。

本章主要对可再生能源资源侧进行评价，实际上，在如何合理利用可再生能源方案确定时，考虑用户侧或使用侧的用能结构特点十分关键。特别是对于包括水源、土壤源及太阳能等在内的分布式能源站的设计与建设，考虑用能侧（即用户侧或使用侧）的时空结构分布特征对分布式能源站的容量规模是必不可少的环节。本书的下一章会结合光伏予以适当的阐述。

参 考 文 献

［1］ 刘婷婷，彭建国，张国强，等．水源热泵在湖南地区推广的可行性探讨［J］．机电信息．2006（05）：40-42.

［2］ 郑萍，康待民．关于水源热泵技术的应用探讨［J］．制冷与空调（四川），2006（3）．

［3］ 周睿．地表水源热泵若干常见问题分析［J］．黑龙江纺织，2008（4）．

［4］ 黄向阳，周健，刘月红，等．地表水源热泵系统尾水对水环境影响分析［J］．水科学与工程技术，2009（1）．

［5］ 宋应乾，马宏权，范蕊，等．地表水源热泵系统的水体热污染问题分析［J］．建筑热能通风空调，2011，30（3）．

［6］ 龙贞．简析地源热泵空调对环境的影响［J］．制冷，2008（2）：35-37.

［7］ 沈彤，庄春龙，赵广健，等．水源热泵机组的节能效果及环境影响分析［J］．后勤工程学院学报，2009（1）．

［8］ 高伟．地表水水源热泵系统节能问题及适用性研究［D］．重庆：重庆大学，2010.

［9］ 吴荣华，张承虎，孙德兴，等．江河湖海地表水源热泵系统节能与环境评价［J］．哈尔滨工业大学学报，2008，40（2）：226-229.

［10］ 陈晓．地表水源热泵系统的运行特性与运行优化研究［D］．长沙：湖南大学，2006.

［11］ 蒙建东，张承虎，孙德兴．开式地表水源热泵系统工程实践若干问题探讨［J］．节能技术，2008，26（2）．

［12］ Tim P，Joyce W S. Lake-source cooling［J］. ASHRAE Journal，2002，44（4）：37-39.

［13］ JARN Ltd. A new river water source heat pump project Japan Air Conditioning［J］. Heating & Refrigeration News. 1996-08-25.

［14］ Davey T. Deep lake water cooling a matter of degrees［J］. Environmental Science Engineering，2003（9）：121-133.

［15］ 李鸿吉．模糊数学基础及实用算法［M］．北京：科学出版社，2005.

［16］ 贺仲雄．模糊数学及其应用［M］．天津：天津科学技术出版社，1983.

［17］ 夏绍玮，杨家本，杨振斌．系统工程概论［M］．北京：清华大学出版社，1995

［18］ 湖南省水文公众信息网，水资源公报［EB/OL］http://www.hnsw.com.cn/tabid/210/Default.aspx.

［19］ 杨纶标，高英仪．模糊数学原理及应用［M］．广州：华南理工大学出版社，2006.

［20］ 吴望名．应用模糊数学［D］．北京：北京师范大学出版社，1985.

［21］ 张吉军．模糊层次分析法（FAHP）［J］．模糊系统与数学，2006，14（2）．

［22］ 兰继斌，徐扬．模糊层次分析法权重研究［J］．系统工程理论与实践，2006（01）．

［23］ 王宗军．综合评价的方法、问题及其研究趋势［J］．管理科学学报，1998，1（1）．

［24］ 刘文彬．模糊综合评价系统研究与实现．［D］．天津：河北工业大学，2003.

［25］ 刘清慧，那辉，李学萍，等．浅析规划环境影响评价指标体系的构建［J］．黑龙江环境通报，2008，32（1）：79-81.

［26］ XING F，Heinz G，Stenfan. Long-term lake water temperature and ice cover simulations/measurements［J］. cold Regions Science and Technology，1996（24）：289-300.

［27］ 刘洋，吴洁．层次分析法在应用中的几个问题［J］．温州大学学报．2002（4），67-72.

［28］ 梁灵君，王树谦，王慧勇，等．区域水资源安全评价研究初探［J］．东北水利水电，2006（4），12-14.

［29］ 张兵，崔福义．斜发沸石对氨氮的去除效果及其再生试验研究［J］．中国给水排水 2008（23）：85-88.

［30］ 李文融，曾坚．循环冷却水处理手册［M］．天津：天津科学技术出版社，1991.

［31］ 张铨．水层温差对钓鱼的影响［J］．侃经纶技．2008（14）．

［32］ 白振营．一个计算湖泊（水库）自然水温的新公式［J］．水文，1999（3）29-32.

第 7 章

韶山市可再生能源应用评价
——光伏驱动冷热源系统

本章以湖南（包括韶山）为对象，重点考察光伏发电系统合理利用的可行性，结合湖南省及韶山市实际情况，对光伏发电系统建筑与城市应用的合理性开展评价工作，以期为光伏系统合理应用提供理论上的指导。鉴于光伏发电产业链的相关环节，其生产过程也涉及能耗和污染物的排放与治理以及相应的成本投入，光伏发电作为重要的可再生能源技术手段或措施，如何才能实现优化设计是一个重要的问题。正如本书绪论中所介绍的，是随机决定一个多大容量即多少 MW 的光伏发电站，还是简单根据用户的需求直接叠加以决定光伏系统容量的方法来确定光伏电站的规模。本章即从热力学的角度出发，以分布式光伏发电系统和空气源热泵系统为对象，探索其综合设计方案及耦合运行的模式，分析其热力学行为特征，评价其适用性，最终为此类系统模式的应用提供一套实用的热力学研究、设计及评价方法。

7.1 光伏电池及建筑冷热源基本理论

7.1.1 太阳能光伏电池的基本原理

尽管光伏电池采用的技术、生产工艺、结构材料等都不尽相同，但其基本原理则是类似的。光伏电池的制作是基于半导体材料的光生伏特效应（简称光伏效应）。法国科学家 Becqurel 在 1839 年发现，利用可见光照射半导体材料后半导体材料的不同部位之间可以产生一定的电位差，这就是光生伏特效应。1954 年，美国贝尔实验室成功地制造出第一块具有使用价值的单晶硅 P-N 结型太阳能光伏电池[1]。随后，拉开了人类研究光伏电池应用光伏电池的序幕。

要了解光伏效应，首先要了解半导体材料的特性分类。正常情况下，一个硅原子周围围绕有四个负电荷的电子，从而保持电荷平衡。当把少量杂质元素例如磷元素掺入到硅晶体中后，部分硅原子被杂质磷原子取代。磷原子外层有五个带负电荷的电子，其中四个电子可以与周围的硅原子形成共价键，剩余的一个电子几乎不受束缚，变成了自由电子。此时，这种掺了杂质的硅晶体就成了电子含量较高的半导体。由于自由电子的运动，使其也具有一定的导电性。此类半导体称为 N 型（Negative）半导体，如图 7-1 所示。其中正电荷表示硅原子，负电荷表示电子，黑色负电荷表示多余的磷自由电子。

当把少量杂质硼元素掺入到硅晶体中后，部分硅原子被杂质原子取代硼原子外层的三个电子与周围的硅原子形成共价键，同时硅原子会产生一个"空穴"。这个空穴很不稳定，很容易吸附电子来填充中和。这类半导体称为 P 型（Positive）半导体，如图 7-2 所示。其中正电荷表示硅原子，负电荷表示电子，黑色表示空穴。

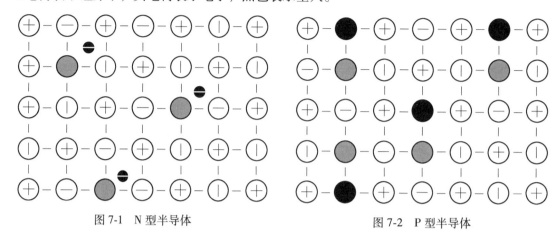

图7-1　N型半导体　　　　　　　　　　图7-2　P型半导体

在一块完整的硅片上，利用不同的工艺掺杂不同的元素，使硅片的一边形成N型半导体，另一边形成P型半导体，这两种半导体的交界面附近的区域称为PN结，交界面称为冶金结界面。P型半导体和N型半导体结合后，由于N型区内多自由电子而P型区内多空穴，从而形成了电势差。

当硅半导体晶片受到光照射后，N型区中的自由电子往P型区移动，P型区中的空穴向N型区移动，于是便形成了从N型区流向P型区的电流。若此时在P型和N型区外层分别焊接上金属导线连通外部负载，负载电路中便会有电流通过，如图7-3所示。

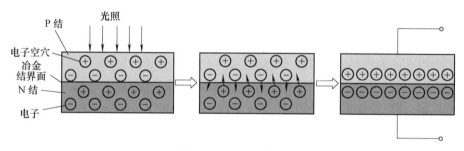

图7-3　光伏发电原理

7.1.2　光伏电池的基本分类

光伏电池可以根据发明制造及更新的年代、制造材料和结构类型的不同进行分类，具体分类如下：

1. 按年代划分

随着技术的改进和发展，太阳能光伏电池到目前为止已经发展了三代[2]。

（1）第一代光伏电池　第一代光伏电池始于1954年的美国贝尔实验室，以单晶硅/多晶硅/GaAs光伏电池为代表。基于当时的技术条件和生产水平，最初问世的第一代光伏电池光电转换效率并不高，只有4.5%左右。而如今，生产工艺和技术条件都已经得到了巨大的革新。因而，即使是仍然采用第一代光伏电池的技术理念，光伏电池的转化效率最大已经可以达到24.7%（单晶硅）[3]。

（2）第二代光伏电池　第二代光伏电池开始于20世纪80年代，以薄膜非晶硅光伏电池为代表。与第一代的单晶硅或多晶硅等晶体硅光伏电池相比较，薄膜非晶硅光伏电池厚度不足其1/100，成本低廉，便于大面积制造。但同时，薄膜非晶硅光伏电池的光伏转化效率普遍较低，一般不超过15%[4]。

（3）第三代光伏电池　第三代光伏电池由澳大利亚学者Maartin提出。虽然其依然基于薄膜光伏电池技术，但是目前在此基础上已经展开了新的概念设计和实验研究。此类光伏电池的主要代表有叠结电池（tandem cells）、热载流子电池（hot carrier cells）、多带隙电池（multiband cells）以及thermo-photovoltaic cells。此类光伏电池综合了第一代光伏电池高效率和第二代光伏电池低成本的特点，其最终效率将达到第一代/第二代光伏电池2倍甚至3倍以上。

2. 按材料划分

太阳能光伏电池的制作需要用到以下材料：减少反射的镀膜材料、薄膜用衬底材料、用来产生光伏效应的半导体材料、用来导引电流的电极与导线材料以及光伏电池组件的封装材料等。其中用来产生光伏效应的半导体材料有元素半导体、化合物半导体和各种固体溶体。从半导体材料使用的形态来看，有晶片、薄膜、外延片[5]。从而可以根据光伏电池的制作材料将其划分为几大类：单晶硅电池[6]、多晶硅电池[7]、非晶硅电池[8]、多元化合物薄膜太阳能电池[9]、有机化合物太阳能电池[10]、敏化纳米晶太阳能电池[11]、聚合物太阳能电池[12]。

3. 按结构形式划分

光伏电池可以按照不同PN结的结构划分为同质结、异质结和肖特基太阳能电池。

同质结是由同一种半导体材料连接形成的PN结。用同质结构成的太阳能电池称为同质结太阳能电池，如硅太阳能电池、砷化镓太阳能电池等[13]。

异质结是指由不同种半导体材料之间的接触所形成的PN结。用异质结构形成的太阳能电池称为异质结太阳能电池，如C-Si电池、Poly-Si太阳能电池等[14]。

肖特基结是一种简单交界结，由金属和半导体构成。采用此类结构的太阳能电池称为肖特基太阳能电池，如石墨烯/P-CdTe太阳能电池等[15]。

7.1.3　常见的光伏电池

光伏电池根据材料和结构的不同可以分为很多种类，但是目前最常见、最常用、技术最成熟的则是硅系列光伏电池，包括单晶硅光伏电池、多晶硅光伏电池、非晶硅薄膜光伏电池。

1. 单晶硅光伏电池

以高纯单晶硅棒为原材料的单晶硅太阳能电池（图7-4），是开发最早和最快同时也是目前技术最为成熟的一种太阳能电池。最早于1954年由美国贝尔实验室试制成功，当时其转化效率只有4.5%。随着技术的进步，单晶硅光伏电池在朝着超薄、高效发展。目前，单晶硅光伏电池的实验室转换效率最高可以达到24.7%[3]，实际商用效率可以达到18%，是各类太阳能电池中转换效率最高的。

单晶硅光伏电池多以P型单晶硅片为基片。在制作单晶硅光伏电池过程中，首先是制作表面绒面结构，其

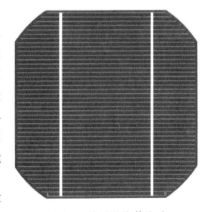

图7-4　单晶硅光伏电池

次采用常压化学气相沉积或热氧化工艺将 SiO_2 或 TiO_2 薄膜镀在表面作为减反膜。由此可见，单晶硅光伏电池的制作工艺相对复杂烦琐，导致单晶硅光伏电池的制作成本较高且不易降低。单晶硅电池的各类物理性能包括光学、电学以及力学性能较为稳定，电池的颜色通常为黑色或深色。

2. 多晶硅光伏电池

多晶硅是单晶硅的一种形态，是由单晶硅聚集而成。在制作多晶硅光伏电池的时候，不需要将原料高纯硅拉成单晶，直接可以熔化后浇铸成正方形的硅锭，然后再像制作加工单晶硅一样切片（图 7-5）。从多晶硅光伏电池的表面可以看出来，多晶硅光伏电池板是由大量不同大小结晶区组成的，每个结晶区域内光电转换机理同单晶硅电池一样。但是，多晶硅片是由大小不同、方向不同的单晶体组成，在晶体界面处光电转换很容易受到干扰，造成多晶硅光伏电池的转换效率相对

图 7-5　多晶硅光伏电池

较低。目前，多晶硅光伏电池的实验室转换效率可以达到 20%，实际商用效率多为 12%~14%。

虽然，多晶硅光伏电池转换效率不如单晶硅光伏电池，但是制作工程相对简单。不需要复杂的工艺做减反膜，一般只需要用氮化硅即可。同时，多晶硅光伏电池多为正方片，在做成组件时拥有很好的填充率。因此，多晶硅光伏电池的生产成本较低，生产规模也较大，目前市场占有率最高。尽管多晶硅在力学、电学以及光学性能上都不如单晶硅光伏电池，但其性能足够稳定，因此仍然可用于光伏电站的建设以及作为光伏建筑的主要材料。

3. 薄膜光伏电池

薄膜光伏电池（图 7-6）主要有硅基类薄膜光伏电池和非硅基类薄膜光伏电池。

非晶硅薄膜光伏电池以非晶体半导体为光电效应的发生材料，以特种塑料、玻璃、不锈钢、陶瓷等为衬底，是目前环保性能最好的光伏电池[16]。相较于晶硅类光伏电池，非晶硅薄膜光伏电池有独特的优点，如：其光吸收系数高，开路电压高，质量轻，制作工艺简单，制作周期短，成本低，很适合做大规模量产[17]。但是，非晶硅薄膜光伏电池也有一个很大的缺点，即光效率衰减严重，性能不稳定。因而，

图 7-6　薄膜光伏电池

目前较为稳定的非晶硅薄膜光伏电池效率最高只有 9.5%[18]。

多晶硅薄膜光伏电池以多晶硅薄膜作为光伏电池的激发层，这种多晶硅薄膜可以生长在

成本低廉的衬底材料上。这样可以在保证光伏电池稳定性和高性能的同时，大幅减少材料用量，有效降低生产制作成本。现在，多晶硅薄膜光伏电池的转化效率已经与单晶硅光伏电池的转化效率很接近了。例如，日本三菱公司生产的多晶硅薄膜光伏电池光电效率可以达到16.5%，德国弗莱堡生产的多晶硅光伏电池转化效率更是达到了19%[19]。

7.1.4　光伏电池的基本特性

1. 光伏电池的伏安特性

图 7-7 所示是光伏电池在一定的光照和温度条件下的电流、电压输出特性曲线，即伏安（U-I）特性曲线[20]。在一般的应用中，通常用 4 个指标来表征光伏电池的输出性能，即光伏电池的填充因子 FF，光伏电池的光电转化效率 η，以及图 7-7 中的光伏电池的开路电压 U_{OC} 和光伏电池的短路电流 I_{SC}。

图 7-7 中 U 表示光伏电池的输出电压，I 表示光伏电池的输出电流，P_{max} 表示光伏电池的最大输出功率，I_{Pmax} 表示光伏电池最大功率点的输出电流，U_{Pmax} 表示光伏电池最大功率点的输出电压。

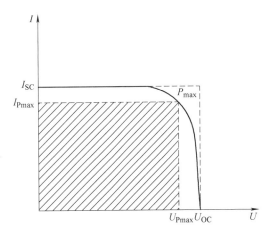

图 7-7　光伏电池伏安特性曲线

1）光伏电池的开路电压 U_{OC} 是指将光伏电池回路中的负载断开后光伏电池两端的电压。

2）光伏电池的短路电流 I_{SC} 是指将光伏电池的两端短路后流经光伏电池的电流。

3）实际使用时，光伏电池由于制造工艺的问题使光伏电池内部漏电电流增加，因此又引入了填充因子 FF 的概念来表征光伏电池的输出特性。如式（7-1）所示，填充因子定义为光伏电池的最大输出功率 P_{max} 与光伏电池短路电流 I_{SC} 和光伏电池开路电压 U_{OC} 乘积的比。填充因子是一个无量纲的量，是衡量电池性能的一个重要指标。对于填充因子为 1 的光伏电池则被视为具有最理想的电池特性。光伏电池的填充因子根据制造工艺的不同，一般在 0.7~0.8 的范围。

$$FF = \frac{P_{max}}{I_{SC} U_{OC}} \tag{7-1}$$

4）光伏电池的光电转化效率 η 是另一个用来衡量光伏电池性能的重要参数，它是指照射在光伏电池上的光能转换成电能的大小。对于同一块光伏电池来说，回路中负载的大小，环境中光照和温度条件的变化都会影响其输出功率，从而导致光伏电池的转换效率也在发生变化。为了统一标准，通常在太阳能辐射强度为 1000W/m²、大气质量为 AM1.5、环境温度为 25℃ 的条件下测试光伏电池的转换效率，并以此工况下的光伏电池转换效率作为光伏电池出厂的公称转化效率。

2. 光伏电池的温度特性

图 7-8 所示是光伏电池在一定光照条件下的温度特性曲线[20]。从图中可以看出，温度对光伏电池的影响较大，温度的升高使得光伏电池的开路电压 U_{OC} 降低，同时短路电流略微升高，最终造成光伏电池的输出功率降低。

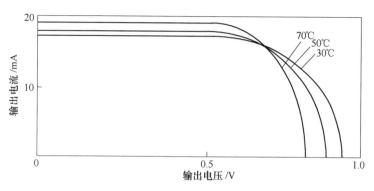

图 7-8　光伏电池温度特性曲线

3. 光伏电池的光照特性

图 7-9 所示是光伏电池在一定光照条件下的光照强度特性曲线[21]。从图中可以看出，光照的提高使得光伏电池的开路电压 U_{oc} 略微升高，同时短路电流急剧提高，从而造成光伏电池的输出功率升高。

4. 光伏电池的等效电路

由于光伏电池可以近似地看作是一个电流源，结合光伏电池的原理，可以用图 7-10 来表示光伏电池的等效电路。

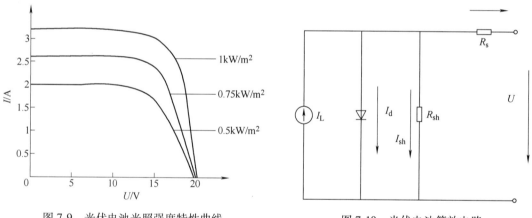

图 7-9　光伏电池光照强度特性曲线　　　　图 7-10　光伏电池等效电路

在图 7-10 中，R_s 和 R_{sh} 代表光伏电池等效电路中的串联等效电阻和内部并联等效电阻。串联等效电阻 R_s 主要是由光伏电池板材料的电阻、电极接触电阻、光伏电池板薄层的电阻以及电极本身的电阻构成。并联等效电阻 R_{sh} 主要是由于材料内部漏电形成的电阻，也称为漏电电阻。从等效电路可知，光伏电池受到光照之后产生了光生电流 I_L，一部分光生电流流经二极管 I_d，一部分光生电流由于材料漏电形成漏电电流 I_{sh}，即流经并联等效电阻的电流，另一部分则供给负载，形成输出电流 I。

由上述描述，可以得到如下方程：

$$I = I_L - I_d - I_{sh} \tag{7-2}$$

式中，I 表示光伏电池的输出电流（A）；I_L 表示光伏电池的光生电流（A）；I_d 表示流经二极管的电流（A）；I_{sh} 表示流经并联等效电阻的电流（A）。

对于流经二极管的电流 I_d 有如下的关系：

$$I_d = I_0\left\{\text{EXP}\left[\frac{q(U + IR_s)}{K_1 KT_{PV}}\right] - 1\right\} \tag{7-3}$$

式中，I_0 表示二极管反向饱和电流（A）；U 表示光伏电池输出电压（V）；q 表示电子电荷，为 1.60×10^{-19}C；R_s 表示串联等效电阻（Ω）；K_1 表示二极管 P-N 结的理想因子；K 表示玻耳兹曼常数，为 1.38×10^{-23}J/K；T_{PV} 表示光伏电池绝对温度（K）。

对于流经并联等效电阻的电流 I_{sh} 有如下的关系：

$$I_{sh} = \frac{U + IR_s}{R_{sh}} \tag{7-4}$$

式中，R_{sh} 表示并联等效电阻（Ω）。

联立式（7-2）、式（7-3）和式（7-4），可以得到用于描述光伏电池伏安特性的输出电流方程：

$$I = I_L - I_0\left\{\text{EXP}\left[\frac{q(U + IR_s)}{K_1 KT_{PV}}\right] - 1\right\} - \frac{U + IR_s}{R_{sh}} \tag{7-5}$$

7.1.5　太阳能光伏发电系统的基本概念

1. 太阳能光伏发电系统的基本组成

太阳能光伏发电系统的基本组成是相似的，具体有以下几个主要部件：

（1）光伏电池板　太阳能光伏电池板是光伏发电系统必不可少的核心组件，其作用是将太阳能转化为电能，其性能参数的高低往往决定了一套光伏发电系统的优劣。

（2）光伏控制器　光伏控制器一方面主要用来控制光伏电池板输出到蓄电池或负载端的电流和电压。太阳能光伏电池输出的电流和电压并不是恒定的，其受环境与负载电阻影响很大。此时，如果不加以调制直接输出到蓄电池或负载端，会造成两个不利的后果：光伏电池并不能工作在最大功率点，因而输出功率也不是最高的，造成光伏发电系统能量利用率整体低下；蓄电池或负载端工作在不稳定的压流环境下，会减少其寿命和工作效能。通过光伏控制器的调制作用，光伏电池可以为蓄电池或负载提供平稳、快速、高效和高质的电能，并减少充电过程中的损耗，保护蓄电池或负载避免发生过充的现象。另一方面，光伏控制器可以阻止系统电路中蓄电池组反向对光伏电池板充电，从而造成光伏电池板的损坏。

（3）蓄电池组　蓄电池组的作用主要有两个：一是将太阳能光伏电池发出的直流电经过光伏控制器调制后直接储存起来，这样负载可以在没有日照或日照量过小时，利用蓄电池储存的电能工作；二是将光伏电池发出的直流电先储存在蓄电池组中，可以起到一定的缓冲作用，相比光伏电池直接输出的直流电，显然蓄电池组输出的电流更加稳定、高效和高质。

（4）DC-AC 逆变器　DC-AC 逆变器的作用就是将蓄电池组储存的直流电转换为交流电然后供负载端使用。

不同的太阳能光伏发电系统根据大小和用途有所不同，其中光伏控制器、蓄电池组和DC-AC 逆变器并不是必需的。例如，对于一种小型应用的光伏路灯来说，其内部便不需要DC-AC 逆变器，光伏电池输出电能经过光伏控制器调制后储存在蓄电池中，然后直接供给路灯使用。而对于家用的中小型光伏发电系统来说，DC-AC 逆变器是必不可少的组件。

2. 太阳能光伏发电系统的种类

按照不同的分类方式，太阳能光伏发电系统可以分成不同的种类。

（1）按系统规模分类　按照系统规模划分，太阳能光伏发电系统可以分为微型系统、中小型系统和大型系统。

微型系统主要应用在一些电子产品上。例如太阳能电子计算器、太阳能电子手表等。这种系统的电路组成最为简单，只由光伏电池板、整流二极管、微型蓄电池（非必备组件）和负载组成。

中小型系统主要应用在家庭、交通道路、无人监控及一些特殊领域。例如，家庭使用的光伏发电系统、交通信号灯、宇航事业等。这种系统配备较为完整的电路组件。

大型系统主要是指大型的光伏发电电站。这种系统除了上述的四个基本的组件外，还配有更多的控制监控系统，系统组成更为复杂。

（2）按系统工作模式分类　对于中小型以上规模的太阳能光伏发电系统，还可以根据系统的工作模式分成独立供电型太阳能光伏发电系统和并网型太阳能光伏发电系统。

1）独立供电型太阳能光伏发电系统。独立供电型太阳能光伏发电系统主要由太阳能光伏电池板、光伏控制器、蓄电池组和逆变器（非必需的组件）构成。其系统结构图如图7-11所示。

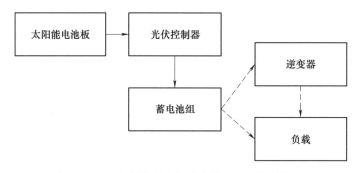

图 7-11　独立供电型太阳能光伏发电系统结构图

独立供电型太阳能光伏发电系统多用于城市电网无法到达的山区和偏远贫困农村。可以有效解决这些地区的居民生活用电以及通信用电。

2）并网型太阳能光伏发电系统。并网型太阳能光伏发电系统主要由太阳能光伏电池板、光伏控制器、蓄电池组（非必要组件）和逆变器构成。其系统结构图如图7-12所示。

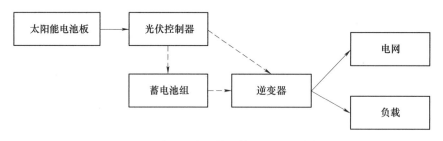

图 7-12　并网型太阳能光伏发电系统结构图

与独立型太阳能光伏发电系统相比，并网型系统蓄电池组可有可无，而逆变器是必需的。没有配备蓄电池组的称为不可调度式并网光伏发电系统。这种情况下，太阳能光伏电池板输出的电能经过光伏控制器调制后，直接送到了并网逆变器，由逆变器将直流电转化为与城市电网同频同相的交流电，输送至城市电网或者交流用电负载。此种系统如果在光伏电池板无输出电能的情况下（如阴雨天气、夜晚等），无法向电网或交流用电负载供电，对环境的依赖程度很大。配备有蓄电池组的称为可调度式并网光伏发电系统。太阳能光伏电池板输出的电能经过控制器调制后，首先输送到蓄电池组中，储存在蓄电池组中的直流电再经过逆变器转化为与城市电网同频同相的交流电，输送至城市电网或者交流用电负载。相比于不可调度式的系统，可调度式系统对环境依赖度较小，即使在极端环境下依然可以维持一定时间的电力并网输出或交流用电负载输出。同时，由于逆变器转换的是蓄电池组中储存的直流电，比光伏电池板直接输出的直流电更加稳定、纯净和高效，从而提高了逆变器的逆变效率和输出电能质量。

7.1.6　建筑冷热源系统的基本分析方法

目前，针对建筑冷热源系统的研究主要有两大类方法：能量分析方法和㶲分析方法，它们具有各自的特点和应用范围。

1. 能量和能量分析方法

能量是一个众所周知的物理概念，是质量的时空分布变化程度的度量，其大小表征了物理系统做功的本领。能量守恒定律即热力学第一定律是自然界中最基本的物理学定律之一，它符合时间平移对称性的特点，它阐明在孤立系统中，能量不会凭空消失，只会从一种形式转换成另一种形式，从一个物体传递到另一个物体。

能量分析方法的基础是能量守恒定律。它的研究对象是能量的数量特征，关注点在于能量的数量特征在能量转换、传递和利用过程中的变化情况。能量分析方法常以能效指标作为系统效能评价的判断依据，具有直观、简洁而又具体的特点。因而，其在建筑冷热源系统的研究分析中始终占据着重要的主导地位。但是，能量分析方法也有着十分明显的缺点：

1）能量分析的方法建立在能量守恒的基础上，这一特点使得在一些能量损失较少的过程中采用能量分析方法很有可能难以获得准确的或理想的分析结果。因此，使用能量分析的方法不能对系统内部各个环节的用能情况进行深入的了解和分析，也就是说能量分析的方法一般只能应用在系统的输入和输出端口。

2）能量分析方法不能有效区分能量组成各部分中数量相同而形式不同的能量。实际上，不同形式的能量其利用率和利用形式是不相同的，而这些是无法在能量分析方法中体现出来的，从而会造成很多误解。

2. 㶲和㶲分析方法

1824 年，法国工程师 Carnot 发表了论文"论火的动力"，自此为热力学第二定律奠定了基础。随后，Tait 在 1868 年第一次提出了能量"可用性"（Availability）的概念，并在 Carnot 的基础上将热量分成了有效和无效两部分。1873 年，Gibbs 推导出了一个用于计算封闭系统的内能㶲的公式。1875 年，Maxwell 提出了一种用来表征系统可用能的方法，即处于某一状态的物质系统在经过可逆变化后与环境达到了平衡状态时所做的净功。1898 年，Stodola 又推导出了稳流工质的技术功的计算公式。在以后的几十年里，㶲的概念并未得到应有重视，直到 20 世纪 50 年代，南斯拉夫学者 Rant 提出了㶲的概念[22]，首次将能量的可利用部分定义为㶲（Exergy），不可用部分定义为炕（Anergy）。㶲和炕的总和便是能量的总数量。㶲与能量具有相同的单位[23]，表示为：在特定的环境基准下，理论上能够最大限度转换为"可无限转换能量"的那部分能量。能量的㶲值越高，则其有用的部分越多，因而㶲可以反映能量的品质。在实际情况下，根据熵增原理，㶲在能量流动的过程中是不断减少的，从而㶲损失不断地增加。因此，㶲在能量传递过程中并不是守恒的，也就是说能量的品质在能量传递过程中不断地降低和损耗。

基于此，㶲分析方法比能量分析方法更科学、更深入、更全面。它综合考虑了能量的量与质，能够同时将不同形式、不同数量和不同质量的能量统一到相同的尺度下面，即做功能力，从而使得所有形式的能量有了可比性。

相比较于传统的能量分析方法，㶲分析方法的优势具体体现在如下几个方面：

1）通过㶲分析的方法，可以对系统中每一个能量传递环节进行分析和评估，并计算出相应的㶲效率，以此作为评估评价标准。

2）可以根据上述的分析结果，找到系统中㶲损失较大的环节，分析其产生的原因，并有针对性地提出改进性意见和措施。

3）可以得到能量系统的热力学极限，以及耗能结构，㶲损的分布和㶲流的去向，从而为系统的改进优化提供参考。

前面对太阳能光伏的基本理论以及建筑冷热源系统的基本理论进行了阐述。从太阳能光伏电池的基本原理、太阳能光伏电池的分类、典型的太阳能光伏电池特征、太阳能光伏电池的基本特性、太阳能光伏发电系统的基本概念五个方面入手对太阳能光伏的基本理论进行了阐述。对建筑冷热源系统的概念和建筑冷热源系统的分析研究方法两个方面进行了介绍。为下面的研究工作提供了理论支持和技术准备。

7.2　分布式光伏与建筑冷热源耦合系统

目前，在各国对太阳能以及建筑冷热源系统的综合利用的投入不断加大的同时，取得了一定的节能效益，也暴露出一些问题：

（1）在民用建筑领域　冷热源设备具有不同的制冷（热）量规格，如常见的有1.5匹以下的单冷式空调机，3匹以下的分体式冷暖两用型空调机等。这些不同规格的冷热源设备按照实际功率折算后可以划分1~3kW级别、3~5kW级别和5kW以上级别。而这些冷热源设备在使用时并不进行如此分类，直接并联在城市电网中，并依赖于城市电网。市电网属于高品质电能，其要求全年都具有较高的稳定性。而对于部分冷热源设备，例如3kW以下级别的热泵空调装置，其用电负荷具有季节冲击性的特点。将各种冷热源设备直接接入城市电网这种简单盲目的做法将会对城市电网带来巨大的影响，加大了电网的监测和调控的难度，增加了供电和用电成本的同时，也加重了对环境的破坏。另一方面，当并联的冷热源设备或其他负载过多时，尤其是在用电高峰期，城市电网往往因为用电负荷过大而采取分区分时限电的方式，严重影响了用户的正常生活和工作。

（2）在工业用建筑领域　由于建筑面积、建筑围护结构形式、建筑高度层次以及建筑不同的当阳面受到的太阳辐射强度不同、能够实现持续性光电的时间也不同的影响，加上不同的光电装置的发电量和发电效率不一致，最终导致光伏发电的电能品质不同，从而传统的光伏发电和应用模式不能直接套用在建筑领域中，加大了光伏技术在建筑领域的应用难度，阻碍了光伏建筑一体化技术的发展。

从建筑结构的角度来看，由于同一座建筑物具有不同的当阳面，同时不同层次的建筑所受的太阳辐射强度也有所不同；其次，在建筑物周围空地设置的光伏发电装置具有更大的受光面和更好的采光质量，因而在单位面积下其具有更高的发电效率和发电量[24]。不同区域、不同发电装置发出电能品质不一样，这些不同品质的电能又不易直接联合使用，如此便为采用分布式光伏发电的理念提供了可能性[25]。

从建筑冷热源的角度来看，可以将目前常见的冷热源设备划分为三类，见表7-1。

表 7-1　建筑冷热源设备功率分级

	功率/kW	用途范围	示例
Ⅰ类	1.0~3.0	家用空调空气能热泵	家用窗式、分体式空调器 家用空气能热水器
Ⅱ类	3.0~5.0	家用中央空调 民用热泵系统	户式中央空调系统 公共场所热水系统
Ⅲ类	5.0 以上	工业、民用中央空调装置 热泵系统装置	大中型中央空调系统 公共场所及工业热水系统

从表7-1中可以看到，在民用建筑领域中，冷热源设备一般分布在5kW以下。这部分设备的用电负荷具有明显的季节冲击性的特点。而目前，这些设备采用市电网直接供电，其对城市电网的稳定性和安全性冲击较大，不仅加大了电网监控难度，增加了供电和用电的成本，也给环境带来了巨大的压力。另一方面，这些冷热源设备大规模地直接使用市电网，在用电高峰期会造成区域性用电负荷过载，使得有关部门不得不采取分区、分时供电的方法来缓解用电压力，严重影响了正常的工作和休息。考虑到太阳能这种能源同样具有季节性、不稳定性的特点，可以利用太阳能为民用建筑领域中的冷热源设备供电。

从市场来看，在家用空调领域，用户对3kW以下级别的冷热源设备系统采用太阳光电驱动具有较大的兴趣和较高的接受度。而且，现在已经完成了3kW级别的光电独立驱动冷热源设备示范案例。从实际运行情况来看，系统运行效果较好，同时可操作性也较高。因此，利用分布式光电源驱动建筑冷热源设备具有很大的市场潜力。

这样来看，将分布式光伏发电系统同建筑冷热源设备有机地结合起来，可以有效利用太阳能，减少环境污染的同时，又可以充分保证城市电网的稳定性和安全性，还可以减少城市电网用电负荷，达到一定的电力调峰作用。因此，分布式光伏与冷热源耦合系统是一种值得研究和发展的系统。

7.2.1　分布式光伏与建筑冷热源耦合系统的基本组成

1. 分布式光伏与建筑冷热源耦合系统各部分结构

本章所探讨的分布式光伏与冷热源耦合系统，由以下系统或组件构成：太阳能电池板、蓄（供）电系统、DC-AC逆变器、优先控制器，下面对其进行具体说明：

（1）太阳能电池板　本章引入了分布式电源的理念，可以完全根据实际的建筑围护结构和太阳能电池板铺设情况，来确定太阳能的发电品质并确定太阳能电池板的连接方式。

如图7-13a所示：光电池板9可均匀布置在第一至八区域，网格处即为铺设在建筑外围护结构上的光电池板9，光电池板9系统结构示意图如图7-15所示。对于第一区域1，其受太阳辐射强度以及持续时间一致，因此可以将该区域的所有太阳能电池板串并联在一起作为一个分布式电源。

如图 7-13b 所示：对于第二区域 3 和第四区域 5，分别属于建筑物的第一层和第二层，由于第二层有阳台，对第一层起到一定的遮阳作用，因而一二层前视面受太阳辐射强度以及持续时间不一致，所以每一层单独作为一个分布电源。而第三区域 4 是第二层阳台区域，第五区域 6 是坡屋面，当阳面不同，所受太阳辐射强度也不同，都要单独设置为分布电源。

同样，在图 7-13c 和图 7-13d 中，第六区域 8、第七区域 7 和第八区域 2 都应该设置为分布电源。按照不同的区域划分，设置好太阳能电池板的连接方式之后，不同的分布电源再同各自相对应的 DC-DC 变换器连接。

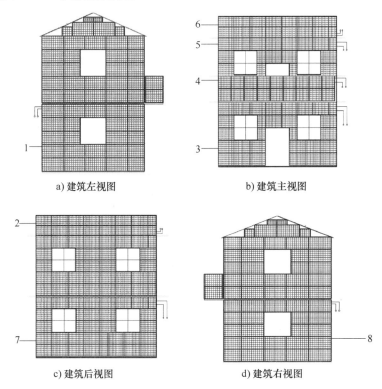

a) 建筑左视图 b) 建筑主视图

c) 建筑后视图 d) 建筑右视图

图 7-13　建筑物透视图

图 7-14 所示是布置在建筑空地的一种形式的太阳能发电装置示意图。其设置在建筑物周围的空地处。该装置的结构较为简单和任意，可以根据建筑空地的实际面积等因素，选择不同的结构形式，例如，可以智能地旋转跟踪太阳或者简单方便地固定在空地上。其结构形式不在本章探讨内容之内，本章以跟踪式太阳能发电装置为例。由该光伏装置发出的电，同上述一样，经过连接导线送至各自适配的 DC-DC 变换器。

（2）蓄（供）电系统　蓄电系统是该系统中重要的组成部分，具体由 DC-DC 变换器、铅蓄电池组、蓄（供）电控制电路组成。

由图 7-15 可以看出：铺设在不同建筑当阳面和建筑层的光电池板 9 以及不同位置的光伏发电装置与各自配套对应的 DC-DC 变换器 10 串联，各个所述的 DC-DC 变换器 10 各自串联蓄（供）电控制器 11，每个所述的蓄（供）电控制器 11 各自并联有蓄电池组 12，各

个所述的蓄（供）电控制器 11 分别串联有
DC-AC 逆变器 13，每个优先控制器 14 设
有四组端口，每个所述的 DC-AC 逆变器 13
各自与所述的优先控制器 14 的一组输入端
口串联，所述的优先控制器 14 的一组输出
端口与冷热源设备 16 连接，还有两组输入
输出混合端口，用来优先控制器 14 之间的
相互并联和输出至城市电网 15。在该系统
中，由于引入了分布式电源的概念，因而
光电板的组合并不是按照电压、电流和功
率需求进行简单的串联或并联的。因而，
为了得到足够的电压，引入了直流升压电
路，此电路的作用就是将直流电升压到一
定的电压，如 400V 左右。然后再进行逆
变，得到工频 50Hz 的交流电，再供给负载
或并网使用。

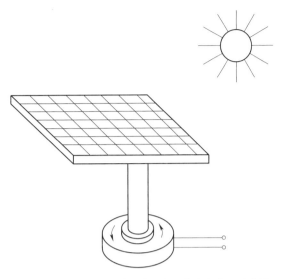

图 7-14　建筑空地一种形式的太阳能发电装置示意图

在该系统中，蓄电系统一方面可以将富裕的光伏电能储存起来，最大限度提高太阳能的
有效利用效率；另一方面又可以作为独立的电源，在无法进行光电转换或光电不足时使用，
或者作为备用应急电源，满足用户紧急需求。

（3）DC-AC 逆变器　由光电池板 9 光伏作用发出的电能和蓄电池组 12 提供的电能都是
直流电，一般是无法直接用于生活和工作的，而且无法同市电网进行并网，此时就需要将直
流电转换为交流电。由图 7-15 可以看出，DC-AC 逆变器 13 串联在蓄（供）电系统和优先控
制器 14 之间，用以将蓄（供）电系统输出的直流电转换成工频 50Hz 的交流电，然后经过

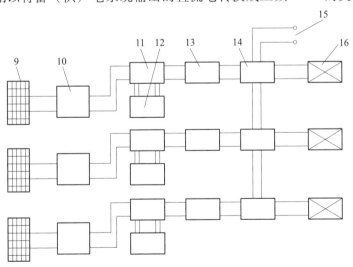

图 7-15　系统示意图

9—光电池板　10—DC-DC 变换器　11—蓄（供）电控制器　12—蓄电池组

13—DC-AC 逆变器　14—优先控制器　15—城市电网　16—冷热源设备

优先控制器选择输出到相应的负载端或者市电网。

（4）优先控制器　如图7-15所示，优先控制器14串联在DC-AC逆变器13之后，优先控制器14之间相互并联。每个优先控制器14都有一组输入端口、一组输出端口，两组输入输出混合端口。其中优先控制器14的输出端口接建筑冷热源设备16，混合端口分别接城市电网15和另一组优先控制器；其他优先控制器的输出端口接入：1.5kW级别的空调装置，3~5kW级别的热泵装置、5kW以上级别的冷热源装置，混合端口用于优先控制器14之间的并联。其主要作用是：判断冷热源设备的用电需求，并优先同蓄（供）电系统提供的电能进行匹配。低品质需求的负载匹配低品质电源，高品质需求则匹配高品质电源或者混合电源，多余的电能则并网使用。

2. 分布式光伏与建筑冷热源耦合系统连接方式

本章所探讨的分布式光伏与建筑冷热源耦合系统按照如下方式进行连接：多组铺设在不同建筑当阳面和建筑层的光电池板9各自配套对应串联有DC-DC变换器10，各个DC-DC变换器10各自串联有蓄（供）电控制器11，每个蓄（供）电控制器11各自并联有蓄电池组12，各个蓄（供）电控制器11分别串联有DC-AC逆变器13，每个优先控制器14设有四组端口，每个DC-AC逆变器13各自与优先控制器14的一组输入端口串联，优先控制器14的一组输出端口与冷热源设备16连接，还有两组输入输出混合端口，用来优先控制器14之间的相互并联和输出至城市电网15。

7.2.2　分布式光伏与建筑冷热源耦合系统运行模式

本章所探讨的系统具有如下三种工作模式：

（1）耦合系统独立工作模式（模式一）　此种模式，一般运行在光照充足的条件下，此时光伏发电系统脱网运行，分布式光伏电源独立供电时就是一个微型的电网系统，如图7-16所示。

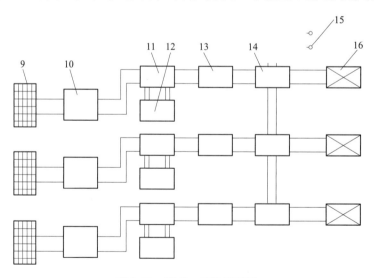

图7-16　模式一系统示意图

9—光电池板　10—DC-DC变换器　11—蓄（供）电控制器　12—蓄电池组

13—DC-AC逆变器　14—优先控制器　15—城市电网　16—冷热源设备

（2）耦合系统脱网工作模式（模式二）　这种模式下，通常是处在阴雨天气或者夜晚，光伏发电无法正常工作，此时只能靠蓄电池组工作为冷热源设备辅助供电，如图7-17所示。

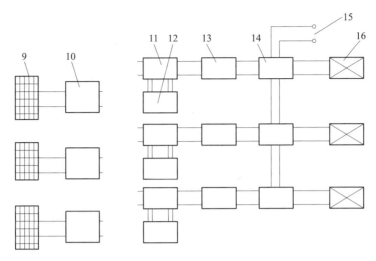

图 7-17　模式二系统示意图

9—光电池板　10—DC-DC变换器　11—蓄（供）电控制器　12—蓄电池组
13—DC-AC逆变器　14—优先控制器　15—城市电网　16—冷热源设备

（3）耦合系统并网工作模式（模式三）　这种模式同模式一类似，工作在较好的光照条件下。光伏发电系统可以发出充足的电能，既可以满足所有的负载，又有富裕的电能给蓄电池充电；当蓄电池组充电完成的时候，又可以并网运行，如图7-18所示。

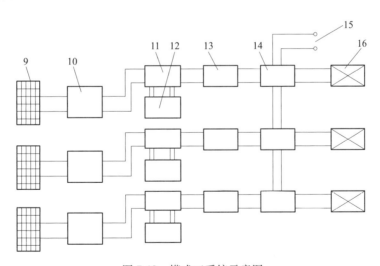

图 7-18　模式三系统示意图

9—光电池板　10—DC-DC变换器　11—蓄（供）电控制器　12—蓄电池组
13—DC-AC逆变器　14—优先控制器　15—城市电网　16—冷热源设备

7.2.3　分布式光伏与建筑冷热源耦合系统特点

本节所探讨的分布式光伏与冷热源耦合系统具有如下几个特点：

1）该系统是根据建筑的外围护结构形式和不同的建筑空地，在不同的当阳面铺设太阳能光电池板，并在不同的建筑空地设置光伏发电装置；然后，不同当阳面、不同建筑层以及不同的光伏发电装置的太阳能光电池板单独连接逆变器，转换成为负载可直接使用的市电。这样，实际上不同当阳面、不同建筑层或不同发电装置的太阳能光电池组便是一个相对独立的分布式电源。最后，由同用户负载连接的优先控制器来判断建筑冷热源设备或其他负载的用电需求，并优先与不同的分布式电源进行匹配，自适应选择不同的分布式电源进行供电驱动。由此，每个独立的分布式电源与负载就构成了一种微型的电网。富余的光电则可以对蓄电池进行充电，以满足应急要求以及晚上无法产生光电时的用电需求。

2）该系统实际上是一种微型的电网系统[26]，采用了分布式电源供电的理念，不仅能够有效解决因为各种物理因素造成的光伏发电品质不同而不便于统一并网的问题以及传统光伏发电系统太阳能利用率不充分的问题，最大限度地利用太阳能这种可再生型能源；同时可以对建筑冷热源设备进行准确分类并智能供电驱动，减小建筑冷热源设备对用电高峰期城市电网的压力，有效缓解社会的能源压力、用电压力和用户的使用费用。

3）该系统成功解决了太阳能发电在建筑中不能批量集中应用的难题，为建筑、光电一体化技术提供了一个良好的发展方向，为建筑绿色节能技术提供了一种新的模式。此项技术的应用可以带来较好的生态效果以及显著的节能效果，在不影响建筑美观的情况下，有效利用建筑围护结构和空间，为建筑冷热源设备或其他负载提供独立的电力支持，在用电高峰期减少建筑冷热源设备对市电网的依赖，起到一定的电力调峰作用。

7.2.4 分布式光伏与建筑冷热源耦合示范实验系统

到目前为止，国内外对分布式光伏发电系统的研究较多，微电网控制的研究已取得一定成果。但是，分布式光伏电源仍然大量用于照明、信号灯系统等，分布式光电同建筑冷热源设备直接耦合的研究尚未开展起来。

作者在前述的系统方案基础上，在湖南大学校园某 8 楼建立了一套分布式光伏与建筑冷热源（热泵）耦合示范系统。该示范系统覆盖的有效建筑面积为 $62.1m^3$，其中空调面积 $44.5m^3$。该示范系统具有 4 个子系统，包括热泵冷凝热回收热水系统、太阳能光热热水系统、太阳能光电辅助驱动热泵系统、冷辐射顶板空调系统。

图 7-19、图 7-20 所示为分布式光伏与建筑冷热源耦合系统。该案例中，太阳能光伏辅助驱动热泵系统由一台分体式空气源热泵空调、10 块 1500mm×800mm 的光电板、一台 10kV 逆变器及配套的 10 台铅蓄电池组成。相关设备参数见表 7-2。

表 7-2 光伏辅助驱动热泵系统设备参数

	光伏板总面积/m^2	12
光伏系统	光伏电池额定效率	13%
	光伏电池总装机量/W	1700
	有效空调面积/m^2	44.5
	额定制冷量/W	7120
空气源热泵空调	额定制冷功率/W	2232
	额定制热量/W	7900
	额定制热功率/W	2240

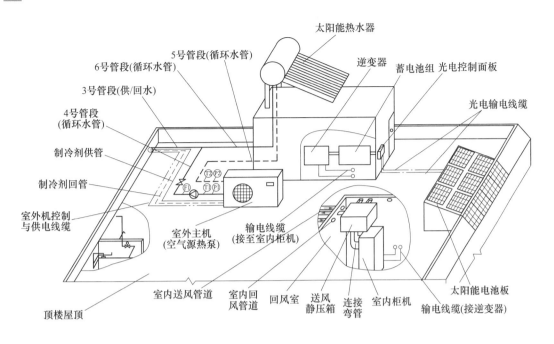

图 7-19　分布式光伏与建筑冷热源耦合示范系统示意图

图 7-20　光伏耦合空气源热泵示范系统

该示范系统位于红叶楼的 8 楼顶楼，顶层围挡部分具有一定的倾斜角度，同时顶层空间较为开阔，因此其中 4 块光电板贴附在顶层围挡南面侧，另外 6 块用三脚架固定在顶层开阔地带。安装时，为了确保光电板的牢固和安全，板与板之间留出 15mm 的间隙。考虑到逆变器和蓄电池对环境的要求，将逆变器和蓄电池组放置在通往顶层的楼梯过道中。由逆变器送出的光电直接供热泵空调机组使用。

这里提出了一种分布式光伏与建筑冷热源耦合系统的方案。该方案第一次将分布式电源的设计理念和建筑冷热源的驱动智能化地耦合在了一起，既利用了建筑围护结构又一定程度上有效减少了建筑冷热源设备对城市电网的冲击，为光伏建筑一体化和绿色建筑节能技术提出了一种崭新的理念形式和技术平台，具有较高的科研和实践价值。随后，以此概念方案为基础改进建立的一套可以正常有效运行的示范实验系统，旨在解决目前研究中存在的第一个问题，即太阳能光伏发电技术应该以什么样的形式加以利用与建筑设备耦合在一起的问题。同时，详细介绍的示范系统也为后续的研究提供了可靠的技术平台。

7.3 光伏发电系统的性能预测模型

前面提出了分布式光伏与建筑冷热源耦合的系统方案，并介绍了基于上述方案改进而成的光伏与空气源热泵空调耦合示范系统，旨在解决太阳能光伏技术与空气源热泵耦合应用的问题。下面将以上述示范系统为主要研究对象，对光伏与空气源热泵耦合系统的热力学行为特征展开相关研究。本章将首先对耦合系统中光伏发电子系统展开研究。

7.3.1 光伏发电系统目前常见的性能预测模型

综合目前已有的研究来看，针对光伏发电性能进行预测的方法大体上可以分为两大类，即直接预测方法和间接预测方法。

直接预测方法在应用时，要收集光伏发电系统大量的历史运行数据，包括光伏发电系统的输出电压、电流、功率、气象参数等，然后利用概率、时间序列、人工智能等方法对这些数据统计分析处理后，建立相应的预测模型。例如参考文献[27]采用了改进型的灰色GM(1，1)模型对光伏发电性能进行了预测。参考文献[28]采用了多元回归分析的方法对光伏发电系统的发电量进行了预测。参考文献[29]则采用了支持向量机的方法对光伏发电性能进行预测。参考文献[30]在光伏发电系统的历史运行数据的基础上，加入了公共天气预报信息，最后利用人工神经网络的方法对光伏发电系统输出性能进行直接预测。参考文献[31]也提出了一种改进型的BP神经网络方法，可以实现对光伏发电系统输出功率的有效直接预测。参考文献[32，33]分别采用马尔科夫链方法对光伏发电系统的输出性能进行了预测。参考文献[34]则融合了遗传算法以及粒子群优化的算法，改进了人工神经网络，也可以实现对光伏发电系统输出性能的直接预测。

直接预测方法在应用时，程序简明，对光伏系统的类型、所处环境和位置等没有特别要求，适用性较强。但为了保证预测的精准度，需要大量的光伏系统历史运行数据。因此，此种方法适合对已经建成并运行的光伏发电系统进行预测。

间接预测方法可以分为两大类：第一种是以光伏发电的物理原理为基础，首先建立光伏发电系统在不同环境参数下的输出性能模型，再结合实际应用中不同的环境参数对光伏发电系统的输出性能进行预测。第二种则是在第一种的基础上进一步扩展，以环境参数为对象建立对环境参数的预测模型，例如对特定地点和时间的光照强度进行预测，然后将光伏发电系统在不同环境参数下的输出性能模型与环境参数的预测模型结合起来，达到对光伏发电系统实际输出性能进行预测的目的。如，参考文献[35]根据发光二极管的物理原理建立了太阳能光伏电池二极管模型（Diode Model），并据此模型提供了一种太阳能光伏电池输出性能的预测法；参考文献[36]利用光伏电池的设计原理，进一步提出了Araujo-Green的预测方法对光伏电池输出性能进行预测；这些都是以光伏发电物理原理为基础建立起来的输出性能预测模型。部分学者还以环境参数为对象建模，从而结合光伏电池输出性能模型对光伏发电系统的输出性能进行预测。例如参考文献[37]利用Hottel辐射模型计算出太阳辐射的强度，然后结合光伏电池的输出性能电子物理模型，对光伏发电系统输出功率进行预测。参考文

[38]同样利用了 Hottel 辐射模型计算出太阳能辐射强度，同时加入了公众天气预报信息，在此基础上，利用适应性 NARX 网络的方法实现对光伏发电系统输出功率的预测。参考文献[39]则分别利用三种不同的人工神经网络方法，包括前馈神经网络、径向基函数神经网络、递归神经网络方法，对太阳辐射强度进行预测，进而可以预测光伏发电系统的输出功率。

间接预测方法利用的是光伏电池的物理原理建立起来的一种预测方法，因此不需要大量的系统运行历史数据，在光伏发电系统建成之前就可以根据采用的光伏组件、当地的气象数据对光伏发电系统的未来输出性能进行预测，可以更好地为光伏发电系统的设计优化提供帮助和指导。但是，间接预测方法在应用时一般并没有考虑光伏发电系统本身的影响，例如光伏阵列的安装角度、当地的云量风速、当地的实际日照时间等因素对光伏发电系统输出性能的影响。因此，利用间接预测方法对已建成光伏发电系统预测时要进行相应的修正。

可见无论是直接预测方法还是间接预测方法，大多数学者的研究都是针对光伏发电系统本身的输出性能，少有学者利用此类方法研究光伏电池或光伏发电系统的最大转换效率这一参数。而在光伏发电系统的建造设计过程中，光伏电池组件的最大转换效率是一个评价系统优劣的至关重要的指标。因此，本章将利用几种常见的直接预测方法对光伏电池的最大转换效率进行研究，并从中找出一种最合适的方法。

7.3.2　灰色模型

灰色模型（GrayModel）基于灰色理论而建立，由中国学者邓聚龙教授首先提出[40]。灰色模型以灰色模块为基础，通过对部分已知信息进行处理，实现对系统未知部分数据的预测，可以用来研究数据量较少、信息匮乏等一系列不确定性问题，用微分拟合法建立模型。灰色模型预测方法的原理简单，所需要的样本数量较少，计算方便。本章将采用 GM（1，2）模型对光伏最大转换效率进行建模和预测。

在灰色模型中，最常用的是 GM(1, 1) 模型，该模型是一种最简单的、只考虑单一变量的灰色模型。其具体建模过程如下[41]。

假设研究对象的原始数据列为非负数列，具体形式如下

$$X^{(0)} = \{X^{(0)}(1), X^{(0)}(2), \cdots, X^{(0)}(n)\} \tag{7-6}$$

经过一阶累加后可以生成一个 1-AGO（Accumulative Generating Operation）数列，即：

$$X^{(1)} = \{X^{(1)}(1), X^{(1)}(2), \cdots, X^{(1)}(n)\} \tag{7-7}$$

其中

$$X^{(1)}(i) = \sum_{k=1}^{i} X^{(0)}(k), \quad i = 1, 2, 3, \cdots, n \tag{7-8}$$

令

$$X^{(0)}(k) + a' X^{(1)}(k) = b' \tag{7-9}$$

式中，a' 为发展系数；b' 为常数项。

则式（7-6）称为 GM(1, 1) 模型的原始形式[41]。

对于生成的 1-AGO 数列，其紧邻数据的均值生成的数列可以表示为：

$$Z^{(1)} = \{Z^{(1)}(2), Z^{(1)}(3), \cdots, Z^{(1)}(n)\} \tag{7-10}$$

其中

$$Z^{(1)}(k) = 0.5[X^{(1)}(k) + X^{(1)}(k-1)], k = 2, 3, \cdots, n \tag{7-11}$$

令

$$X^{(0)}(k) + aZ^{(1)}(k) = b \qquad (7\text{-}12)$$

式中，a 为发展系数；b 为常数项。

则式（7-12）称为 GM（1，1）模型的基本形式[41]。

令

$$\mathring{A} = (a,b)^T \qquad (7\text{-}13)$$

$$Y = [X^{(0)}(2);X^{(0)}(3);\cdots;X^{(0)}(n)]^T \qquad (7\text{-}14)$$

$$B = [-Z^{(1)}(2)1;-Z^{(1)}(3)1;\cdots,-Z^{(1)}(n)1]^T \qquad (7\text{-}15)$$

则 GM（1，1）基本模型的最小二乘估计参数列应当满足[41]

$$\mathring{A} = (B^TB)^{-1}B^TY \qquad (7\text{-}16)$$

同时将式（7-17）

$$\frac{dX^{(1)}}{dt} + aX^{(1)} = b \qquad (7\text{-}17)$$

称为 GM（1，1）基本模型的白化方程或影子方程[41]。

求解式（7-17），可以得到：

$$X^{(1)}(t) = \left(X^{(1)}(1) - \frac{b}{a}\right)e^{-at} + \frac{b}{a} \qquad (7\text{-}18)$$

式（7-18）又称为时间响应函数。

从而 GM（1，1）基本模型的解可以表示为：

$$X^{(1)}(k+1) = \left(X^{(0)}(1) - \frac{b}{a}\right)e^{-ak} + \frac{b}{a} \quad (k=1,2,3,\cdots,n) \qquad (7\text{-}19)$$

还原后可以得到：

$$X^{(0)}(k+1) = X^{(1)}(k+1) - X^{(1)}(k) = \left(X^{(0)}(1) - \frac{b}{a}\right)e^{-ak}(e^{-a} - e^{a})(k=1,2,\cdots,n)$$

$$(7\text{-}20)$$

将 $k=1,2,\cdots,n$ 代入上式，就可以得到初始数据的拟合值，此部分可以用来检验和验证模型的准确性；当 $k>n$ 时，就可得到预测值，从而达到对未知参数现象预测的目的。

从光伏示范系统的实验数据中选出 2012 年 7 月 29 日这一天的 10 组数据进行建模分析。从数据中可以发现，前 240min 光伏最大转换效率是逐渐升高的，随后逐渐减少。因此，可以采用分段建模的方法建立模型，即前 240min 数据和 240min 后的数据分别建立模型。

则原始数据列可以表示为

$$X^{(0)}_{1\text{-}1} = \{3.19\%,7.50\%,9.43\%,8.83\%,11.06\%\} \qquad (7\text{-}21)$$

$$X^{(0)}_{1\text{-}2} = \{10.94\%,10.78\%,10.40\%,7.13\%,3.20\%\} \qquad (7\text{-}22)$$

经过一次累积后的数列为：

$$X^{(1)}_{1\text{-}1} = \{3.19\%,10.69\%,20.12\%,28.95\%,40.01\%\} \qquad (7\text{-}23)$$

$$X^{(1)}_{1\text{-}2} = \{10.94\%,21.72\%,32.12\%,39.24\%,42.45\%\} \qquad (7\text{-}24)$$

数据矩阵 B 和 Y 分别为：

$$Y_{1\text{-}1} = [7.50\%;9.43\%;8.83\%;11.06\%]^T \qquad (7\text{-}25)$$

$$Y_{1\text{-}2} = [10.78\%;10.40\%;7.13\%;3.20\%]^T \qquad (7\text{-}26)$$

$$B_1 = \begin{pmatrix} -6.94\% & 1 \\ -15.40\% & 1 \\ -24.53\% & 1 \\ -34.48\% & 1 \end{pmatrix} B_2 = \begin{pmatrix} -16.33\% & 1 \\ -26.92\% & 1 \\ -35.68\% & 1 \\ -40.85\% & 1 \end{pmatrix} \qquad (7\text{-}27)$$

为了计算求解相关参数，采用 MATLAB 软件。MATLAB 是矩阵实验室（Matrix Laboratory）的英文缩写。MATLAB 软件不仅具有卓越的数值计算能力，而且还提供了更为专业的符号计算、文字处理、可视化建模和实时控制等功能。

相关的程序代码如下：

```
clear
syms a b;%定义
c=[ab]';%灰参数 c
A=[];%原始数据
Ago=cumsum(A);%原始数据一次累加
n=length(A);%原始数据个数
for i=1:(n-1)
C(i)=(Ago(i)+Ago(i+1))/2;%生成累加矩阵
end
Yn=A;%计算待定参数的值
Yn(1)=[];
Yn=Yn';
E=[-C;ones(1,n-1)];
c=inv(E*E')*E*Yn;
c=c';
a=c(1);
b=c(2);
F=[];%预测后续数据
F(1)=A(1);
for i=2:(n+10)
F(i)=(A(1)-b/a)/exp(a*(i-1))+b/a
end
G=[];
G(1)=A(1);
for i=2:(n+10)
G(i)=F(i)-F(i-1);%得到预测出来的数据
end
G
a
b
```

将对应的数据（表 7-4）输入到上述程序中，可以分别得到两个分阶段的原始数列模型参数，见表 7-3。

表 7-3 计算得到的分段 GM（1，1）模型参数

	a	b
前半段	−0.1101	0.0697
后半段	0.2958	0.1673

还原后，原始数据列的计算模型公式如下：

$$X_{1-1}^{(0)}(k+1) = \left[X_{1-1}^{(0)}(1) + 0.6331 \right] e^{0.1101k} - 0.6331 \quad (k = 1,2,\cdots,n) \tag{7-28}$$

$$X_{1-2}^{(0)}(k+1) = \left[X_{1-2}^{(0)}(1) - 0.5656 \right] e^{-0.2958k} + 0.5656 \quad (k = 1,2,\cdots,n) \tag{7-29}$$

表 7-4 是相关的实验数据以及对比分析结果。

表 7-4 光伏电池 GM（1，1）模型示范系统验证对比分析

时间/min	光照/(W/m²)	环境温度/K	η_{max} 计算值	η_{max} 测试值	相对误差
0	193	301.4	3.19%	3.19%	0
60	420	303.9	7.74%	7.50%	3.2%
120	588	306.4	8.64%	9.43%	8.38%
180	779	306.4	9.64%	8.83%	9.17%
240	756	307.6	10.76%	11.06%	2.71%
平均值	—	—	—	—	4.69%
300	770	309.9	10.94%	10.94%	0
360	740	309.3	11.69%	10.78%	8.44%
420	580	307.6	8.69%	10.40%	16.44%
480	560	309.0	6.47%	7.13%	9.26%
540	484	308.4	4.81%	3.20%	50%
平均值	—	—	—	—	16.83%

通过表 7-4 可以看到，利用灰色 GM（1，1）模型来模拟预测光伏电池最大转换效率时，上半段模型的相对误差最大为 9.17%，平均值为 4.69%；下半段模型的相对误差最大为 50%，平均值为 16.83%。而且，可以看到灰色 GM（1，1）模型是一种时间序列模型，不能体现出光伏电池的最大转换效率随一天环境参数变化的趋势。

7.3.3 多元回归分析模型

回归分析法是在分析客观事物数量依存关系（即自变量与因变量相关关系）的基础上，建立变量之间的关系方程（即回归方程），可以广泛用于研究各类物理现象之间的相互影响度和关联性[42]。对于一个实际的客观现象来说，其现象的变化并非只是一个因素引起的，往往受到多重因素的影响。因此，为了研究多个影响因素对客观现象的影响，更准确地预测现象之间的数量扰动，就需要建立基于多个变量的回归分析模型（即多元回归模型）。

多元回归分析是根据大量的已有数据，经过统计后建立经验公式再用来预测未知数据的一种统计方法[43]。例如统计一个城市每年的 GDP、企业数量和人口数量的数据，可以利用此数据通过多元回归分析的方法建立由企业数量和人口数量预测城市 GDP 的经验公式模型。通过对多元回归分析模型的深入讨论，还可以进一步论证几个指标对目标变量的影响程度和

模型本身的合理性。

回归分析的一般步骤是：首先取得自变量和因变量的数据，这些数据可以是实验获得也可以通过观察记录获得；然后根据这些数据确定经验公式的类型，比如二次曲线模型或指数模型等，建立相应的数学模型；再用这些数据进行数值拟合；最后对拟合的公式进行对比分析，确定误差范围或精度。

定义公式：

$$Y = BX + N \tag{7-30}$$

为多元线性回归模型的矩阵形式，Y 表示因变量数列矩阵，X 表示自变量数列矩阵，B 表示自变量系数矩阵，N 表示随机误差项。

其中

$$Y = (y_1, y_2, \cdots, y_n)^T \tag{7-31}$$

$$B = (B_1, B_2, \cdots, B_n)^T \tag{7-32}$$

$$X = \begin{pmatrix} 1 & x_{11} & x_{12} & \cdots & x_{1n} \\ 1 & x_{21} & x_{22} & \cdots & x_{2n} \\ 1 & x_{31} & x_{32} & \cdots & x_{3n} \\ \vdots & \vdots & \vdots & \vdots & \vdots \\ 1 & x_{n1} & x_{n2} & \cdots & x_{nn} \end{pmatrix} \tag{7-33}$$

$$N = (N_1, N_2, \cdots, N_n)^T \tag{7-34}$$

从而可以解得

$$B = (X^T X)^{-1} X^T Y \tag{7-35}$$

事实上，在实际的应用中，很少有因变量数据和自变量数据之间能够呈简单的线性关系，大多数都呈现明显的非线性关系。因此，为了提高多元回归模型的适用范围，可以优先给定几种特殊的函数变换形式，对变量数据进行不同形式的拟合，最终选用精度最高的模型。

在光伏电池中，光照强度和温度对光伏电池的转换效率影响最大，而且存在明显的非线性关系，因此围绕这两个因素建立光伏发电系统多元非线性回归模型。多元非线性回归模型的关键是用于建立模型的回归函数的选择。不同的回归函数将会影响回归模型最终的精度和使用方便性。本章采用多元二项式的方法对光伏电池的最大转换效率进行模拟。

常见的多元二项式形式主要有四种，即线性型、纯二次型、交叉型和完全型。光伏电池的最大转换效率与光照强度和环境温度不是简单的线性关系，因此，本章主要采用纯二次型、交叉型和完全型三种形式的多元二项式进行回归模拟分析[44]。

纯二次型的多项式形式可以表示为：

$$y = \beta_0 + \beta_1 x_1 + \cdots + \beta_m x_m + \sum_{j=1}^{n} \beta_{jj} x_j^2 \tag{7-36}$$

交叉型的多项式形式可以表示为：

$$y = \beta_0 + \beta_1 x_1 + \cdots + \beta_m x_m + \sum_{1 \leq j \neq k \leq n} \beta_{jk} x_j x_k \tag{7-37}$$

完全型的多项式形式可以表示为：

$$y = \beta_0 + \beta_1 x_1 + \cdots + \beta_m x_m + \sum_{1 \leqslant j,k \leqslant n} \beta_{jk} x_j x_k \tag{7-38}$$

本章多元回归模型所采用的数据取自参考文献［45］，共有 1100 组数据，原始数据见表 7-5。

仍然利用 MATLAB 软件编写程序，部分代码如下：

```
S＝[     ]'; %输入用于分析的光照强度数列
T＝[     ]'; %输入用于分析的环境温度数列
Y＝[ ]'      ; %输入用于分析的最大转换效率数列
X＝[ST];
rstool(X,Y,'quadratic'); %开始回归分析,并可选择不同的回归函数类型
```

选择表 7-5 中的前 44 组数据代入到上述的 MATLAB 程序中，并且选用不同的回归函数模型，可以分别获得不同回归函数模型下的计算结果。

表 7-5 原始数据列

S	T	η	S	T	η	S	T	η	S	T	η	S	T	η
100	253	0.1629	200	253	0.1655	300	253	0.1666	400	253	0.1670	500	253	0.1671
100	263	0.1556	200	263	0.1584	300	263	0.1595	400	263	0.1600	500	263	0.1601
100	273	0.1563	200	273	0.1512	300	273	0.1524	400	273	0.1528	500	273	0.1530
100	283	0.1409	200	283	0.1439	300	283	0.1451	400	283	0.1456	500	283	0.1458
100	293	0.1335	200	293	0.1366	300	293	0.1379	400	293	0.1384	500	293	0.1385
100	303	0.1259	200	303	0.1292	300	303	0.1305	400	303	0.1310	500	303	0.1312
100	313	0.1184	200	313	0.1218	300	313	0.1231	400	313	0.1237	500	313	0.1238
100	323	0.1108	200	323	0.1142	300	323	0.1156	400	323	0.1162	500	323	0.1164
100	333	0.1031	200	333	0.1067	300	333	0.1082	400	333	0.1088	500	333	0.1089
100	343	0.0954	200	343	0.0991	300	343	0.1006	400	343	0.1013	500	343	0.1015
100	353	0.0877	200	353	0.0915	300	353	0.0931	400	353	0.0938	500	353	0.0940
600	253	0.1671	700	253	0.1669	800	253	0.1666	900	253	0.1663	1000	253	0.1659
600	263	0.1600	700	263	0.1598	800	263	0.1595	900	263	0.1592	1000	263	0.1588
600	273	0.1529	700	273	0.1527	800	273	0.1524	900	273	0.1520	1000	273	0.1516
600	283	0.1457	700	283	0.1455	800	283	0.1452	900	283	0.1448	1000	283	0.1444
600	293	0.1384	700	293	0.1382	800	293	0.1379	900	293	0.1375	1000	293	0.1371
600	303	0.1311	700	303	0.1309	800	303	0.1306	900	303	0.1301	1000	303	0.1297
600	313	0.1237	700	313	0.1235	800	313	0.1232	900	313	0.1228	1000	313	0.1223
600	323	0.1163	700	323	0.1161	800	323	0.1157	900	323	0.1153	1000	323	0.1148
600	333	0.1089	700	333	0.1086	800	333	0.1083	900	333	0.1079	1000	333	0.1074
600	343	0.1014	700	343	0.1012	800	343	0.1008	900	343	0.1004	1000	343	0.0999
600	353	0.0939	700	353	0.0937	800	353	0.0933	900	353	0.0929	1000	353	0.0924

纯二次型函数的计算过程如图 7-21 所示。

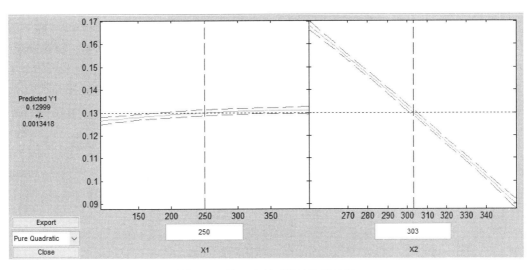

图 7-21 纯二次型函数的计算过程

相应的结果为：

beta

0.3229

3.8982×10^{-5}

-5.7119×10^{-4}

-4.9091×10^{-8}

-2.8846×10^{-7}

rmse

0.0013

交叉型函数的计算过程如图 7-22 所示。

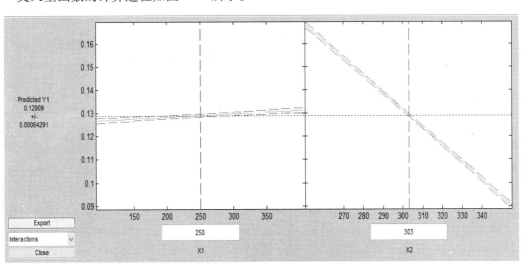

图 7-22 交叉型函数计算过程

相应的结果为：

beta

0.3613

-2.4568×10^{-5}

-7.7818×10^{-4}

1.2873×10^{-7}

rmse

0.0013

完全型函数的计算过程如图 7-23 所示。

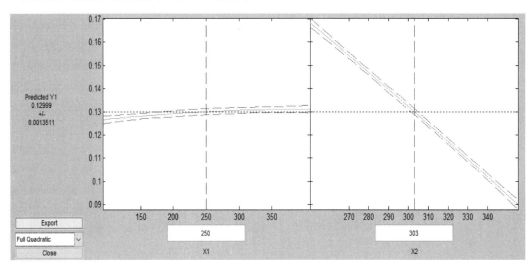

图 7-23　完全型函数计算过程

相应的结果为：

beta

0.3326

-2.2545×10^{-8}

-6.0337×10^{-4}

1.2873×10^{-7}

-4.9091×10^{-8}

-2.8846×10^{-7}

rmse

0.0012

由此可以得到三种形式的回归方程，即

纯二次型的回归方程

$$y = 0.3229 + 3.8982 \times 10^{5} S - 5.7119 \times 10^{-4} T -$$
$$4.9091 \times 10^{-8} S^{2} - 2.8846 \times 10^{-7} T^{2} \tag{7-39}$$

其误差标准差为 0.0013。

交叉型的回归方程

$$y = 0.3613 - 2.4568 \times 10^{-5}S - 7.7818 \times 10^{-4}T + 1.2873 \times 10^{-7}ST \qquad (7\text{-}40)$$

其误差标准差为 0.0013。

完全型的回归方程

$$y = 0.3326 - 2.2545 \times 10^{-8}S - 6.0337 \times 10^{-4}T +$$
$$1.2873 \times 10^{-7}ST - 4.9091 \times 10^{-8}S^2 - 2.8846 \times 10^{-7}T^2 \qquad (7\text{-}41)$$

其误差标准差为 0.0012。

为了验证回归模型的精度，选择另外 10 组数据对其进行检验，检验结果见表 7-6。

表 7-6 回归模型检验结果

S	T	计算数据						
		最大转换效率	纯二次型	相对误差	交叉型	相对误差	完全型	相对误差
600	253	0.1671	0.1656	0.88%	0.1692	1.22%	0.1633	2.30%
700	263	0.1598	0.1560	2.46%	0.1631	2.01%	0.1536	4.04%
600	333	0.1089	0.1064	2.33%	0.1131	3.71%	0.1077	1.09%
700	323	0.1161	0.1115	4.08%	0.1218	4.67%	0.1127	-3.06%
800	273	0.1524	0.1452	4.93%	0.1572	3.08%	0.1431	6.53%
800	313	0.1232	0.1156	6.55%	0.1302	5.40%	0.1163	5.95%
900	283	0.1448	0.1335	8.49%	0.1517	4.53%	0.1317	9.91%
900	303	0.1301	0.1187	9.64%	0.1384	6.01%	0.1186	9.68%
1000	293	0.1371	0.1207	13.62%	0.1464	6.32%	0.1197	14.58%
1000	353	0.0924	0.0752	22.85%	0.1074	13.96%	0.0800	15.51%
平均值				7.58%		5.09%		7.27%

从表 7-6 中可以看出，采用交叉型多项式的多元回归模型具有最好的精度，其模拟计算结果相对误差最大值为 13.96%，平均值为 5.09%。因此，在针对光伏电池最大光伏转换效率进行多元回归分析时，建议优先使用交叉型多项式进行分析模拟。

7.3.4 BP 神经网络模型

美国学者 W. Pitts 和 W. McCulloch[46] 于 1943 年首次提出了人工神经网络（Artificial Neural Network，ANN）的一个原始模型（即 MP 模型），随后神经网络的应用和研究得到了空前的发展。

D. E. Rumelhart 和 J. L. Mcclelland 等人于 1986 年提出了一种新型的分层前馈型神经网络算法。这种算法的输入信息从输入层正向传播到输出层的同时，可以实现误差数据从输出层传播到输入层，并以此作为模型自我修正的依据，因此称之为"反传"（Back Propagation，BP）学习算法。这种算法可以具有多个隐藏层节点，从而能够很好地解决非线性问题，因此 BP 神经网络已经是目前研究最为成熟、应用最为广泛的人工神经网络模型之一[47]。

结合光伏电池最大转换效率与环境参数之间具有典型的非线性关系这一特点，利用人工神经网络可以有效地预测光伏电池在不同环境参数条件下的最大转换效率。下面采用 BP 神经网络来预测光伏电池的最大转换效率。

用于预测光伏电池最大转换效率的 BP 神经网络模型拓扑结构如图 7-24 所示，它由三部分组成，即输入层、隐含层、输出层，其中隐含层为一层。输入层可以将输入的数据映射到隐含层，起到信息传递的作用；隐含层和输出层则对输入的数据信号进行处理，最终形成输出信号，实现对输入数据信号的映射。实际上，隐含层和输出层在对输入数据进行映射处理时，一般都采用非线性的激励函数，因此可以实现对输入层和输出层之间非线性映射关系的高精度预测。

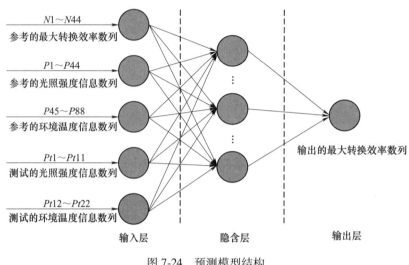

图 7-24　预测模型结构

预测模型的输入变量为参考的最大转换效率数列、参考的光照强度和环境温度信息，测试的光照强度和环境温度信息。本章中，参考的最大转换效率数列选择 44 个量，对应的参考光照强度和环境温度信息也各有 44 个，用于测试的光照强度和环境温度信息各 11 个，因此输入变量共有 5 组 154 个，见表 7-7。

表 7-7　预测模型输入变量

输入变量	变量名称
$N1 \sim N44$	参考的最大转换效率数列
$P1 \sim P44$	参考的光照强度信息
$P45 \sim P88$	参考的环境温度信息
$Pt1 \sim Pt11$	测试的光照强度信息
$Pt12 \sim Pt22$	测试的环境温度信息

由于此模型预测的对应不同光照强度和环境温度信息下的光伏最大转换效率，因此输出变量共有 11 个。

为了提高人工神经网络的精度（图 7-24），可以通过增加隐含层来实现。但是，采用一个隐含层同时增加隐含层神经元个数的方法比直接增加隐含层数量的方法更加简单[48]。1989 年 Heeht—Nielson 就曾经指出对于一个闭合的区间，使用只含有一个隐含层的 BP 神经网络就可以高精度地逼近一个连续函数[49]。因此本章建立的光伏电池最大转换效率的预测模型可以采用单隐含层的结构。在单一隐含层结构下，隐含层中神经元个数会对神经网络的规模和精度产生直接影响。但是隐含层中神经元的个数也并非越多越好。个数太多，使得网络训练学习的时间太长，甚至出现过度拟合的情况；而如果太少则学习和纠错能力都大大降低，导致最终结果误差过大，因此要综合实际情况进行优化选择[50]。目前针对隐含层神经元的选择仍然没有很好的精确解析式来表示，一般可以采用经验公式进行选择[51]。

$$n = \sqrt{n_{input} + n_{output}} + \Delta \tag{7-42}$$

式中，n 为隐含层神经元的个数；n_{input} 和 n_{output} 为输入层和输出层的神经元个数；Δ 为一个常数，通常取 1~10。

在本章的神经网络模型中，光伏发电系统最大转换效率预测模型的输入变量有两组，即光照强度和环境温度，输出变量一组即最大转换效率，因此隐含层神经元的个数可以取（3，12）之间的数字。具体的个数根据试算确定。

与此同时，上述三组变量数据的量纲不同，数量级差别也较大，因此可以根据需要对输入变量和输出变量分别进行归一化的处理。归一化处理可以采用式（7-43）。

$$Y = \frac{X - X_{min}}{X_{max} - X_{min}} \tag{7-43}$$

式中，X_{min} 为输入（出）变量的最小值；X_{max} 为输入（出）变量的最大值。

相应的，还原公式为：

$$X = Y(X_{max} - X_{min}) + X_{min} \tag{7-44}$$

表 7-5 中前 55 组数据和归一化后的数据见表 7-8。

表 7-8　归一化后的数据列

S	T	η	S	T	η	S	T	η	S	T	η	S	T	η
0	0	0.9466	0.25	0	0.9803	0.5	0	0.9934	0.75	0	0.9990	1	0	1.0005
0	0.1	0.8557	0.25	0.1	0.8906	0.5	0.1	0.9045	0.75	0.1	0.9101	1	0.1	0.9117
0	0.2	0.8638	0.25	0.2	0.7999	0.5	0.2	0.8143	0.75	0.2	0.8204	1	0.2	0.8220
0	0.3	0.6704	0.25	0.3	0.7084	0.5	0.3	0.7234	0.75	0.3	0.7297	1	0.3	0.7314
0	0.4	0.5766	0.25	0.4	0.6160	0.5	0.4	0.6317	0.75	0.4	0.6382	1	0.4	0.6401
0	0.5	0.4816	0.25	0.5	0.5229	0.5	0.5	0.5392	0.75	0.5	0.5459	1	0.5	0.5479
0	0.6	0.3865	0.25	0.6	0.4290	0.5	0.6	0.4459	0.75	0.6	0.4529	1	0.6	0.4550
0	0.7	0.2905	0.25	0.7	0.3344	0.5	0.7	0.3520	0.75	0.7	0.3594	1	0.7	0.3615
0	0.8	0.1944	0.25	0.8	0.2394	0.5	0.8	0.2577	0.75	0.8	0.2653	1	0.8	0.2677
0	0.9	0.0971	0.25	0.9	0.1440	0.5	0.9	0.1627	0.75	0.9	0.1709	1	0.9	0.1734
0	1	0.0000	0.25	1	0.0484	0.5	1	0.0679	0.75	1	0.0763	1	1	0.0790

下面，首先利用 MATLAB 软件的神经网络工具箱来试算，取得一个合适的隐含层神经元个数。选择表 7-8 中的 55 组数据作为样本进行训练，其中 15% 的数据作为验证数据用来检验模型的精度和误差，15% 的数据作为测试数据用来检验模型的通用性（具体数据组别由 MATLAB 函数随机确定）。在此次试算过程中，分别设定隐含层神经元个数为 3、6、9、12。由于前面已经对输入、输出层的变量进行了归一化处理，使得其输入、输出变量的值都在（0，1）的范围之内，因而选用 sigmod 函数作为隐含层的传递函数，同时在试算过程中优先选用 trainlm 作为训练函数。其他形式的训练函数将在下文中进行对比介绍。据此，MATLAB 程序部分代码如下：

P=[ ]';%输入训练样本的列向量

T=[ ]';%输入目标数据的列向量

net=feedforwardnet(n);%创建网络,并设定隐含层神经元个数为 n

net=train(net,P,T);%对网络进行训练

view(net);%显示训练过程

当设定隐含层神经元个数为 3 时,训练曲线如图 7-25 所示。

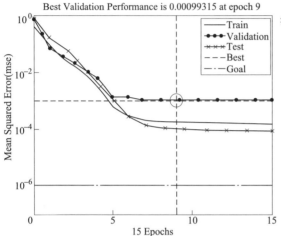

图 7-25 神经元个数为 3 时的 BP 神经网络训练曲线

当设定隐含层神经元个数为 6 时,训练曲线如图 7-26 所示。

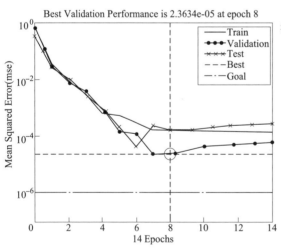

图 7-26 神经元个数为 6 时的 BP 神经网络训练曲线

当设定隐含层神经元个数为 9 时,训练曲线如图 7-27 所示。

当设定隐含层神经元个数为 12 时,训练曲线如图 7-28 所示。

不同隐含层神经元个数情况下,试算出来的验证数据的均方误差见表 7-9。

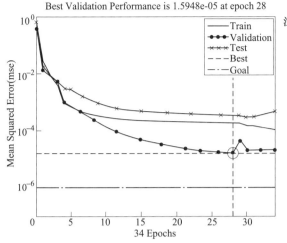

图 7-27　神经元个数为 9 时的 BP 神经网络训练曲线

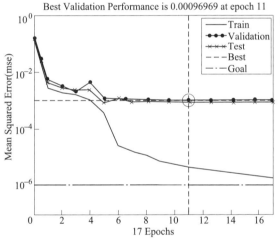

图 7-28　神经元个数为 12 时的 BP 神经网络训练曲线

表 7-9　不同隐含层神经元个数对应的验证数据组均方误差和最大迭代步长

隐含层神经元个数	3	6	9	12
验证数据的均方误差	9.9315×10^{-4}	2.3634×10^{-5}	1.5948×10^{-5}	9.6970×10^{-4}
最大迭代步长	15	14	34	17

由表 7-9 可以看出，当隐含层神经元个数为 9 时，验证数据的均方误差最小，而且相应的计算迭代步长也在可以接受的范围内。因此针对光伏电池最大转换效率的 BP 神经网络预测模型，其单一隐含层神经元个数建议选择为 9 个。

在上述选择隐含层神经元个数的试算过程中，选择了 trainlm 函数作为 BP 神经网络的训练函数，而常用的训练函数有很多种，包括 trainlm 函数、traingd 函数、traingdm 函数、traingdx 函数、trainrp 函数和 traincgf 函数。下面，选择 9 个隐含层神经元，分别采用这 6 种训练函数进行试算对比，从中找出最合适的训练函数。

相应的程序代码为：

```
P=[]';%输入训练样本
T=[]';%输入目标向量
net=feedforwardnet(9);%创建网络
net.trainFcn='traingd';%梯度下降算法(此处更改训练函数类型)
net.trainParam.show=100;
net.trainParam.epochs=100000;%设置神经网络最大循环步数
net.trainParam.goal=0.001;%设置神经网络期望误差最小值
net=train(net,P,T);%对网络进行训练
view(net)
```

计算选择 traingd 函数时的训练曲线如图 7-29 所示。

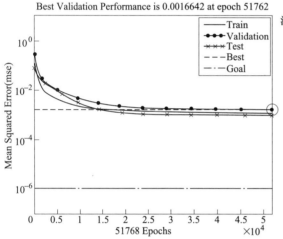

图 7-29 选择 traingd 函数作为训练函数时的 BP 神经网络训练曲线

计算选择 traingdm 函数时的训练曲线如图 7-30 所示。

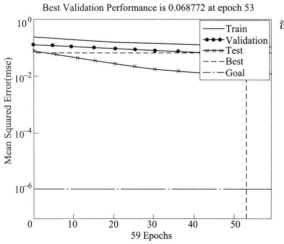

图 7-30 选择 traingdm 函数作为训练函数时的 BP 神经网络训练曲线

计算选择 traingdx 函数时的训练曲线如图 7-31 所示。

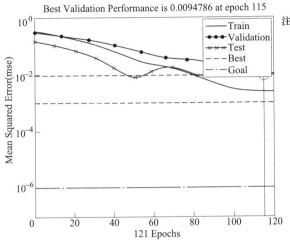

注：Best Validation Performance：最佳验证性能
Mean Squared Error：均方误差
Epochs：指数据中所有的样本都经过一遍计算
Train：训练曲线
Validation：验证曲线
Test：测试曲线
Best：最佳曲线
Goal：目标曲线

图 7-31　选择 traingdx 函数作为训练函数时的 BP 神经网络训练曲线

计算选择 traingrp 函数时的训练曲线如图 7-32 所示。

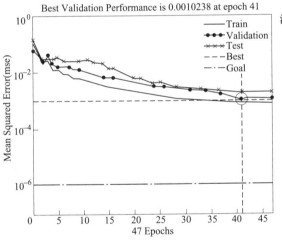

注：Best Validation Performance：最佳验证性能
Mean Squared Error：均方误差
Epochs：指数据中所有的样本都经过一遍计算
Train：训练曲线
Validation：验证曲线
Test：测试曲线
Best：最佳曲线
Goal：目标曲线

图 7-32　选择 traingrp 函数作为训练函数时的 BP 神经网络训练曲线

计算选择 traincgf 函数时的训练曲线如图 7-33 所示。

不同训练函数的情况下，验证数据组的均方误差见表 7-10。

由表 7-10 可以看出在对光伏电池的最大转换效率进行 BP 神经网络模拟时，应该优先选用 trainlm 函数作为模型的训练函数，从而保证较高的精度和快速收敛度。

综上所述，采用的含有单隐含层的 BP 神经网络模型在对光伏电池的最大转换效率进行模拟时，应该设置隐含层神经元个数为 9 个，并优先采用收敛速度快、精度高的 trainlm 函数作为训练函数。

利用该模型，尝试预测在任意环境参数条件下，光伏电池的最大转换效率。相关的程序代码如下：

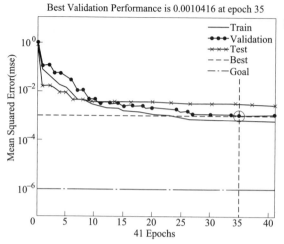

注: Best Validation Performance: 最佳验证性能
Mean Squared Error: 均方误差
Epochs: 指数据中所有的样本都经过一遍计算
Train: 训练曲线
Validation: 验证曲线
Test: 测试曲线
Best: 最佳曲线
Goal: 目标曲线

图 7-33 选择 traincgf 函数作为训练函数时的 BP 神经网络训练曲线

表 7-10 不同训练函数对应的验证数据组均方误差和最大迭代步长

训练函数	trainlm	traingd	traingdm	traingdx	traingrp	traincgf
验证数据的均方误差	1.5948×10^{-5}	1.6642×10^{-3}	6.8772×10^{-2}	9.4786×10^{-3}	1.0248×10^{-3}	1.0416×10^{-3}
最大迭代步长	34	51768	59	121	47	41

P＝[ ]';%输入训练样本

T＝[ ]';%输入目标向量

net＝feedforwardnet(9);%创建网络

net. trainParam. show＝100;

net. trainParam. epochs＝100000;%设置神经网络最大循环步数

net. trainParam. goal＝0.000001;%设置神经网络期望误差最小值

net＝train(net,P,T);%对网络进行训练

Y＝sim(net,P_test);%对训练后的网络进行仿真

Y

A＝T_test-Y;%计算仿真误差

A

从表 7-5 中的后面 55 组数据中选择 10 组，进行归一化后，应用上述的神经网络模型进行计算，得到计算结果数据见表 7-11。

表 7-11 BP 神经网络模型检验数据结果

原始数据列			归一数据列			计算归一数据列	计算原始数据列	相对误差
S	T	N	S	T	N			
600	253	0.1671	0	0	1.1083	0.9359	0.1620	3.15%
700	263	0.1598	0.25	0.1	1.0000	0.8822	0.1577	1.33%
600	333	0.1089	0	0.8	0.2448	0.1910	0.1029	5.8%

（续）

原始数据列			归一数据列			计算归一数据列	计算原始数据列	相对误差
S	T	N	S	T	N			
700	323	0.1161	0.25	0.7	0.3516	0.3335	0.1142	1.66%
800	273	0.1524	0.5	0.2	0.8902	0.8164	0.1525	0.07%
800	313	0.1232	0.5	0.6	0.4570	0.4445	0.1230	0.16%
900	283	0.1448	0.75	0.3	0.7774	0.7295	0.1456	0.55%
900	303	0.1301	0.75	0.5	0.5593	0.5418	0.1307	0.46%
1000	293	0.1371	1	0.4	0.6632	0.6364	0.1404	2.35%
1000	353	0.0924	1	1	0.0000	0.0798	0.0940	1.74%
平均值								1.73%

　　通过表 7-11 可以发现，利用 BP 神经网络可以很好地模拟在任何环境参数条件下光伏电池的最大转换效率，其模拟结果的相对误差最大不超过 5%，平均相对误差为 1.73%，具有很高的精度。

7.3.5　三种模型对比

　　前面采用了三种常用的直接方法预测光伏电池的最大转换效率，三种方法各有特点。其中，灰色模型的方法由于模型本身时间序列特性的限制，并不适用于给定的任意状态参数条件下光伏电池最大转换效率的预测。而交叉回归分析法和 BP 神经网络的方法，适用性较广，可以用来预测任意状态参数条件下的光伏电池最大转换效率。两种模型对同一组数据进行模拟预测后，对比结果见表 7-12。

表 7-12　交叉回归模型与 BP 神经网络模型对比

光照	温度	最大转换效率	模型计算			
			交叉回归	相对误差	BP 神经网络	相对误差
600	253	0.1671	0.1692	1.22%	0.1620	3.15%
700	263	0.1598	0.1631	2.01%	0.1577	1.33%
600	333	0.1089	0.1131	3.71%	0.1029	5.8%
700	323	0.1161	0.1218	4.67%	0.1142	1.66%
800	273	0.1524	0.1572	3.08%	0.1525	0.07%
800	313	0.1232	0.1302	5.40%	0.1230	0.16%
900	283	0.1448	0.1517	4.53%	0.1456	0.55%
900	303	0.1301	0.1384	6.01%	0.1307	0.46%
1000	293	0.1371	0.1464	6.32%	0.1404	2.35%
1000	353	0.0924	0.1074	13.96%	0.0940	1.74%
平均值				5.09%		1.73%

　　从表 7-12 中可以看出，对同一组数据进行预测时，交叉回归模型最大相对误差为 13.96%，最小相对误差为 1.22%，平均相对误差为 5.09%；BP 神经网络模型最大相对误差为 5.8%，最小相对误差为 0.07%，平均相对误差为 1.73%。很显然，BP 神经网络模型的

精度要比交叉回归模型高很多。但是，BP 神经网络模型在实际应用时也有一定的缺陷，不如交叉回归模型方便。交叉回归模型可以用解析式表达出来，即式（7-40），应用时只需要将光照强度和温度参数代入式（7-40），即便是人工手算都可以获得相应的结果。而 BP 神经网络模型每次应用时都必须借助于计算机和专业的计算软件如 MATLAB 等。

但是，需要指出的是，尽管上述的 BP 神经网络模型和交叉回归模型都具有一定的精度和准确度，但是存在一个共同的缺陷，即在以此模型为基础建立更进一步的模型时，过程更为复杂不便于分析。因此寻求一种具有 BP 神经网络模型和交叉回归模型高精度、高准确度优点，同时又方便进一步分析的模型十分必要。

本章首先介绍了常见的光伏发电系统性能预测的直接模型和间接模型，指出了此类模型主要用于研究光伏发电系统整体性能，而鲜有学者利用此类方法研究作为光伏发电系统中重要指标参数的最大光伏转换效率。然后，介绍了三种常见的目前相对完善的直接模型，即灰色模型、交叉回归分析模型和 BP 神经网络模型，以光伏电池最大转换效率为对象建立了相应的模型并进行优化选择。最后，将三种模型的计算结果进行对比，指出了三种模型的优缺点。即灰色模型，相对误差最大，并且由于模型自身限制，不能应用于任意状态参数条件下光伏最大转换效率预测；交叉回归模型，具有解析表达式的形式，应用较为方便，但相对误差波动较大；BP 神经网络模型，相对误差波动小，精度最高，但是应用时必须利用计算机和专业计算软件，应用不方便。

7.4 光伏电池的热力学行为研究

前述章节针对光伏电池的最大转换效率建立了三种直接模型，并分析了三种模型的优劣，指出尽管某些模型本身的精度和准确度已经很高，但是仍然不能有效反映光伏电池的热力学行为特征——光伏电池在不同环境工况下的热力学关系和热力学过程，也不便于进一步建模分析。下面将从热力学的角度以间接方法针对光伏电池的最大转换效率建立模型，以此研究光伏电池的热力学行为特征。

7.4.1 光伏电池热力学行为模型

光伏电池板的非稳态传热过程可近似为一维导热问题。在整个传热过程中，整个电池板的温度变化范围不大，因此可以认为电池板材料的热导率、导温系数和密度是常数。从而整个电池板可以看作是含有前后表面空气边界层的单层均质平壁。光伏电池板结构如图 7-34 所示。

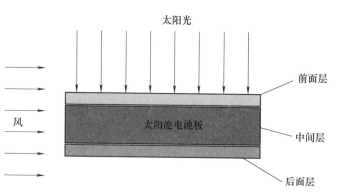

图 7-34　光伏电池板结构示意图

实际使用的太阳能电池板是由多层结构组成的，为了简化分析，基本可以按照图 7-34 所示结构划分为三部分，即前面层、中间层和后面层。前面层主要包括玻璃盖板和减反膜；中间层主要包括 P-N 结构；后面层主要包括背面盖板和硅胶层等。

对一块特定的光伏电池板来说，输入的能量来自于太阳光，输出的能量主要有六部分：光伏电池表面辐射的能量，光伏电池表面散射及透射的能量，光伏电池自身温升吸收的能量，光伏电池与环境换热能量，光伏电池发电量以及光伏电池在使用过程中由于焦耳效应产生的热量。因此，根据能量守恒定律，存在如下等式：

$$\eta_1 AS = Q_1 + Q_{lw1} + Q_{pv} + Q_{pe} + Q_s + Q_2 + Q_{lw2} \tag{7-45}$$

式中，η_1 表示光伏电池板的吸收率；S 表示垂直于光伏电池面板的有效光照强度（考虑了遮光、角度、云量的当量有效光照强度）；A 表示光伏电池面板的有效光照面积；Q_1 表示光伏电池面板前面层与环境的对流换热量；Q_{lw1} 表示光伏电池面板前面层与环境的辐射换热量；Q_{pv} 表示光伏电池板的输出电量；Q_{pe} 表示光伏电池工作时因焦耳效应而产生的热量；Q_s 表示光伏电池板自身由于传导吸热吸收的热量；Q_2 表示光伏电池面板后面层与环境的对流换热量；Q_{lw2} 表示光伏电池面板后面层与环境的辐射换热量。

光伏电池面板前面层与环境的辐射换热量可以通过式（7-46）获得：

$$Q_{lw1} = \varepsilon_1 \sigma (T_f^4 - T_{sky}^4) A \tag{7-46}$$

式中，ε_1 表示光伏电池面板前面层发射率；σ 表示斯忒藩-玻耳兹曼常量。

光伏电池面板前面层与环境的对流换热量可以通过式（7-47）获得：

$$Q_1 = A h_f (T_f - T_0) \tag{7-47}$$

式中，h_f 为光伏电池面板前面层与环境流体（此处为空气）的表面传热系数；T_0 为环境流体的温度（此处为空气）；T_f 为光伏电池面板前面层的温度。

光伏电池面板后面层与环境的对流换热量可以通过式（7-48）获得：

$$Q_2 = A h_b (T_b - T_0) \tag{7-48}$$

式中，h_b 为光伏电池面板后面层与环境流体（此处为空气）的表面传热系数；T_b 为光伏电池面板后面层的温度。

光伏电池面板后面层与环境的辐射换热量可以通过式（7-49）获得：

$$Q_{lw2} = \varepsilon_2 \sigma (T_b^4 - T_{sky}^4) A \tag{7-49}$$

式中，ε_2 为光伏电池面板后面层发射率。

对于固体的光伏板，光伏电池板自身由于传导吸热吸收的热量可以通过式（7-50）获得：

$$Q_s = A d \frac{\lambda}{\alpha} \frac{\partial T_{pv}}{\partial \tau} \tag{7-50}$$

式中，d 为光伏电池面板的厚度；λ 为光伏电池面板总热导率；α 为光伏电池面板总热扩散系数；τ 为时间。

根据前述的光伏电池等效电路图，光伏电池工作时因焦耳效应而产生的热量可以通过式（7-51）获得：

$$Q_{pe} = \frac{(U + IR_s^2)}{R_{sh}} + I^2 R_s + (U + IR_s) I_0 \left\{ \mathrm{EXP} \left[\frac{q(U + IR_s)}{K_1 KT} \right] - 1 \right\} \tag{7-51}$$

光伏电池的输出功率可以通过式（7-52）获得：

$$Q_{pv} = UI \tag{7-52}$$

将式（7-46）~式（7-52）联立代入式（7-45），可以得到式（7-53）：

$$Q_{pv} = (1 - \eta_1 - \eta_2)SA -$$

$$\left[h_f(T_f - T_0) + \varepsilon_1\sigma(T_f^4 - T_{sky}^4) + d\frac{\lambda}{\alpha}\frac{\partial T_{pv}}{\partial \tau} + h_b(T_b - T_0) + \varepsilon_2\sigma(T_b^4 - T_{sky}^4) \right]A$$

$$- \left\{ \frac{(U + IR_s)^2}{R_{sh}} + I^2R_s + (U + IR_s)I_0\left\{ EXP\left[\frac{q(U + IR_s)}{K_1KT} \right] - 1 \right\} \right\} \quad (7-53)$$

由此，得到了太阳硅电池的输出特性及传热特性模型，此模型具有明确的物理意义，可以综合反映太阳硅电池在任意的光照和温度条件下，其输出特性以及传热特性。

7.4.2 光伏电池的热力学行为的无量纲模型

式（7-53）是一个理论模型公式，在利用此模型时也可以通过给定初值的方式，利用数学软件如 MATLAB 或 ORIGIN 等通过一系列的数值计算，得到相关的数据。但是，确定初值所需要的参数获得困难而且计算起来也比较麻烦，因此，可以对上述理论模型进行简化，并且在此基础上，通过做实验，运用量纲分析的方法得到一个经验关联公式。

1. 量纲理论及应用

量纲理论（dimensional analysis）是一种在物理领域中广泛应用的数学建模方法，最早于 20 世纪初提出。量纲理论的基本思想是：在对目标问题有一定了解的前提下，以实验和经验为基础，利用物理定律中量纲齐次性原则来确定各个物理量之间的关系。以物理学量纲齐次性原则和 Buckingham π 定理为基础的量纲分析建模方法是一种初等但高效的方法，具有普遍的适用性。量纲分析法不需要高深的数学方法和专门的物理知识，却可以很容易地得到相应的或类似的结果，而这些结果往往是用其他方法难以得到的。

量纲分析一般分为如下几个步骤：

1）定关系式：在对研究目标已有认识的基础上，确定可能对目标现象产生影响的各个物理量及其相应的关系式。

2）定基本量：从已确定的可能影响目标现象的物理量中选取几个基本物理量作为分析中的基本量纲。

3）定无量纲量：确定了无量纲量的个数后，将各无量纲量以其余各物理量和所选的基本物理量组合的形式表达出来。

4）定无量纲量的参数。

5）写出无量纲关系式。

以相似理论为基础的量纲理论在科学研究领域具有十分重要的地位。对于任何一个物理量，都包含两个方面：①物理量的定义，即物理概念；②物理量的数值，即该物理量与所选定的测量单位的比值。对于一个给定的物理量，物理量的单位和数值是对应的，比如铅球的质量，当测量单位由千克变成吨时，相应的数值也要发生变化。因此，在用数字表示一个物理量时必须同时写出与其相对应的单位。物理量的量纲表示该物理量所归属的种类，反映了该物理量的本质。如果某一物理量的数值与其采用的测量单位无关，则说明该类物理量属于无量纲量。无量纲量本质上是由几个不同物理量所组成的无量纲相似准则或者是同类物理量之间的比值（也称相似简单数群）。

量纲分析法是一种以量纲理论作为基础，以研究过程中所包含物理量的量纲为着手点，运用形式推理的方法来研究问题的方法。该方法的物理本质是用于描述物理现象的数学方程中，各数学变量的量纲要保持一致性。量纲分析法可以用来作为实验原型与计算模型之间是否可以保持相似性的判断依据。当已经知道影响该系统的物理量而不知道各物理量之间具体的变化关系时,可以利用量纲分析法简化所研究的问题。根据量纲的均衡性特点和齐次性特点,最终可以得到几组包含有系统变量的无量纲等式,即所要求的相似性判据。量纲分析方法简单而便于掌握。在运用量纲分析方法研究问题的时候,不需要研究问题内部过程的细节,只要了解该过程遵守哪些基本的物理定律,在所研究的范围内有哪些物理量会对过程的发展和结果产生显著影响。

而应用相似理论来解决问题的前提条件是能够列出用于描述物理现象的数学方程,在存在该数学方程的情况下,对数学方程进行相似变换推导出相似准则,再根据实验数据确定相似准则之间的函数关系。然而,在大多数情况下,研究的对象过于复杂,可能对研究对象产生显著影响的物理量很多,而且物理量之间又不能用简单的数学方程准确表达出来。此时,上述的方程分析方法就没有了用武之地。在这种情况下,如果列出所需要的所有物理量,然后以待求物理量作为因变量,并将该因变量与其他物理量的关系改写成一般的不定函数的形式。接着,再根据量纲理论,求解出因变量与各个自变量之间的关系,经过量纲分析后,进行适当的组合就可以将上述的不确定的函数关系改写成无量纲综合群之间的关系式,也就是准则方程。如果所选用的物理量正确,那么应用量纲分析方法所得到的准则之间的关系式,与前面用方程分析所得到的准则方程应该是一致的。

量纲分析法和方程分析法的基本原理是相同的,因为这两种方法的基础实质是相同的。区别只在于方程分析法以具体(形式)方程为基础,而量纲分析法以一般(不定)方程为基础。

2. 量纲分析法的优缺点

对于一些无量纲量的应用,量纲分析法是一种最为有效的重要方法。通过量纲分析法可以研究一些复杂的问题。量纲分析法方法简单,可以对一些只知道物理现象而无法对这种物理现象进行准确的数学描述的物理问题求解并获得可靠的结果。通过引入量纲分析方法,可以大大地减少物理方程中变量的个数,减少试验的工作量。

量纲分析法也有一定的缺点。由于在应用量纲分析方法的时候,往往并不是以描述该物理现象的数学方程作为主要依据,即往往并不是从所研究物理现象的物理机理入手的,因此量纲分析法所得到的结果可能不一定具有明确的物理意义。这样就造成了量纲分析法存在一定的局限性,即量纲分析只能检验是否错误,而不能确保一定正确。也就是说,对于一个量纲有错误的物理公式,利用量纲分析可以很清楚地判断出其错误的地方,而对于量纲没有错误但是并不正确的物理公式,量纲分析法就无能为力了。此时,要判断物理规律是否正确,就还是需要借助于实验来判断。

3. 基于 π 定理的光伏电池无量纲关联式

光伏电池的发电过程是一个综合复杂的能量传递过程。从式(7-53)可以看出,光伏电池输出功率与环境参数、光伏电池板自身物理特性等具有错综复杂的关系,因此,为了简化模型,可以做出如下假设:

1) 与对流和辐射传热相比,太阳能电池板的温升带来的热量 Q_s 很小,从而可以忽略不计。

2) 假设光伏电池面板前面层温度 T_f,与前面层温度 T_b 相等;光伏电池的温度 T_{pv} 等于光伏板前后面层温度的平均值。根据前人的研究,可以用一个简单的公式来表示光伏电池温度与环境温度之间的关系：

$$T_{PV} = T_0 + \beta S \tag{7-54}$$

式中，β 表示光伏电池的温度修正系数，对于单晶硅电池来说可以设定为 $0.03\mathrm{K} \cdot \mathrm{m}^2/\mathrm{W}$。

3）根据国外学者的研究[53]，空气温度 T_{sky} 可以用式（7-55）表示：

$$T_{sky} = 0.0552T_0^{1.5} \tag{7-55}$$

4）由于太阳能电池位于楼顶，由空气自由冷却，因此可以认为太阳能电池板和空气之间的温度差是对流传热的主要驱动力。基于假设，如果太阳能电池板前后面层的表面传热系数相等，那么根据国外学者的研究[54]，光伏电池板前后面层的表面传热系数可以近似地用式（7-56）得到：

$$h_f = h_b = 1.31\sqrt[3]{T_{PV} - T_0} \tag{7-56}$$

基于上述的假设，光伏电池的模型公式（7-53）可以简化为式（7-57）：

$$P_{out} = \eta_1 SA - 2(1.31\sqrt[3]{\beta S})(\beta S)A - (\varepsilon_f + \varepsilon_b)\sigma\big[(T_0 + \beta S)^4 - (0.0552T_0^{1.5})^4\big]A -$$
$$\left\{\frac{(U + IR_s)^2}{R_{sh}} + (I)^2 R_s + (U + IR_s)I_0\left\{\mathrm{EXP}\left[\frac{q(U + IR_s)}{K_1 K(T_0 + \beta S)}\right] - 1\right\}\right\} \tag{7-57}$$

在式（7-57）中，I_0、R_s、R_{sh} 分别可以由式（7-58）～式（7-60）计算得到[21][22][24]：

$$\frac{I_0}{I_{0,ref}} = \left(\frac{T_0}{T_{ref}}\right)^3 \mathrm{EXP}\left[\frac{E_{g,ref}}{K}\left(\frac{1}{T_{ref}} - \frac{1}{T_0} + 0.000267\frac{T_0 - T_{ref}}{T_0}\right)\right] \tag{7-58}$$

$$\frac{R_s}{R_{s,ref}} = \frac{T_0}{T_{ref}}\left(1 - 0.217\ln\frac{S}{S_{ref}}\right) \tag{7-59}$$

$$\frac{R_{sh}}{R_{sh,ref}} = \frac{S_{ref}}{S} \tag{7-60}$$

式中，$I_{0,ref}$ 为参考环境条件下的二极管反响饱和电流；$E_{g,ref}$ 为参考环境条件下的能级带宽；$R_{s,ref}$ 为参考环境下光伏电池的串联等效电阻；S_{ref} 为参考环境条件下的太阳光照强度；T_{ref} 为参考环境条件下的空气温度；$R_{sh,ref}$ 为参考环境下光伏电池的并联等效电阻。

根据式（7-57）～式（7-60），光伏电池输出功率受 18 个独立参数的影响。这 18 个参数分别是：光伏电池板的太阳能吸收率 η_1；太阳光照强度 S；光伏电池板的面积 A；太阳能电池的温度修正系数 β；参考环境条件下的能级带宽 $E_{g,ref}$；玻耳兹曼常量 K；二极管理想因子 K_1；环境温度 T_0；光伏电池板前后面板的发射率 ε_f 和 ε_b；光伏输出电压 U；电子电荷 q；参考环境温度 T_{ref}；参考环境条件下的有效太阳光照强度 S_{ref}；参考环境条件下的光伏电池二极管反向饱和电流 $I_{0,ref}$；参考环境条件下的光伏电池串联等效电阻 $R_{s,ref}$；参考环境条件下的光伏电池并联等效电阻 $R_{sh,ref}$；斯忒藩-玻耳兹曼常量 σ。

因此，太阳能电池的输出功率可以表示为这 18 个独立参数的函数，即：

$$P_{out} = f(\eta_1, \beta, S, A, T_0, \varepsilon_f, \varepsilon_b, U, q, K_1, T_{ref}, E_{g,ref}, K, S_{ref}, I_{0,ref}, R_{s,ref}, R_{sh,ref}, \sigma) \tag{7-61}$$

引入布金汉理论来分析上述公式。选取 4 个基本量纲，即长度、质量、温度和电流。将有效太阳光照强度 S，环境温度 T_0，光伏电池板面积 A 和光伏输出电压作为重复参数，得到 14 个无量纲量，分别可以定义为：

$$\pi_1 = \frac{P_{\text{out}}}{SA}, \pi_2 = \eta_1, \pi_3 = \varepsilon_{\text{f}}, \pi_4 = \varepsilon_{\text{b}}, \pi_5 = \frac{\sigma T_0^4}{S}, \pi_6 = \frac{qU}{KT_0}, \pi_7 = K_1, \pi_8 = \frac{T_{\text{ref}}}{T_0},$$

$$\pi_9 = \frac{E_{g,\text{ref}}}{KT_0}, \pi_{10} = \frac{S_{\text{ref}}}{S}, \pi_{11} = \frac{UI_{\text{ref}}}{SA}, \pi_{12} = \frac{U^2}{SAR_{s,\text{ref}}}, \pi_{13} = \frac{U^2}{SAR_{sh,\text{ref}}}, \pi_{14} = \frac{\beta S}{T_0} \quad (7\text{-}62)$$

最终，光伏电池的输出功率与 14 个无量纲参数之间存在如下的等式关系：

$$\frac{P_{\text{out}}}{SA} = (\eta_1)^{a1} \left(\frac{R_{sh,\text{ref}}}{R_{s,\text{ref}}}\right)^{a2} \left(\frac{T_{\text{ref}}}{T_0}\right)^{a3} \left(\frac{S_{\text{ref}}}{S}\right)^{a4} \left(\frac{\varepsilon_{\text{f}}\,\varepsilon_{\text{b}}\,\sigma\,T_0^4}{S}\right)^{a5} \left(\frac{qI_{0,\text{ref}}R_{sh,\text{ref}}}{K\,K_1\,T_0}\right)^{a6} \left(\frac{E_{g,\text{ref}}}{KT_{\text{ref}}}\right)^{a7} \left(\frac{\beta S}{T_0}\right)^{a8}$$

$$(7\text{-}63)$$

可以将式（7-63）改写为式（7-64）和式（7-65）：

$$\eta = \frac{P_{\text{out}}}{SA} = \varphi\,(T_0)^{b1}\,(S)^{b2} \quad (7\text{-}64)$$

$$\varphi = (\eta_1)^{a1} \left(\frac{R_{sh,\text{ref}}}{R_{s,\text{ref}}}\right)^{a2} (T_{\text{ref}})^{a3} (S_{\text{ref}})^{a4} (\varepsilon_1\,\varepsilon_2\sigma)^{a5} \left(\frac{qI_{0,\text{ref}}R_{sh,\text{ref}}}{K\,K_1}\right)^{a6} \left(\frac{E_{g,\text{ref}}}{KT_{\text{ref}}}\right)^{a7} (\beta)^{a8} \quad (7\text{-}65)$$

式中，φ 定义为光伏效率系数，对于一块特定的光伏电池板来说，这个系数是个常数；η 定义为光伏电池的光伏发电效率；$b1$ 和 $b2$ 定义为热环境参数系数，是由实验确定的固定值。根据实际的实验来看，当太阳光照强度提高时，光伏电池的最大输出效率上升，当温度提高时光伏电池的最大输出效率下降。因此，这两个系数的边界范围存在如下关系：

$$b1 < 0, b2 > 0 \quad (7\text{-}66)$$

4. 确定关联式的参数

式（7-64）是一个多元非线性的方程式，一般求解此类问题有很多种方法，例如：选点法、平均法、图解法和最小二乘法。因为求解此方程所采用的实验数据较多，下面直接根据实验数据，将式（7-64）改写成多元线性方程式，然后利用 MATLAB 软件编程求解。同时，一边计算一边比较计算结果的误差，对于误差较大数据组将其作为问题数据去除掉，然后重新计算，直到获得理想的结果为止。最后，再对得到的计算结果进行线性相关性的判断和检验，以确定计算结果是否正确。

（1）MATLAB 软件计算原理　MATLAB 中有多个命令可以用来求解多元线性方程，本章采用 regress 命令求解。regress 命令的形式为 B = regress(Y, X, a)，其中 Y 代表因变量的数据矩阵；X 代表自变量的数据矩阵。

$$X = \begin{pmatrix} 1 & X_{11} & \cdots & X_{1n} \\ & \vdots & & \\ 1 & X_{1n} & \cdots & X_{nn} \end{pmatrix} \qquad Y = \begin{pmatrix} Y_1 \\ \vdots \\ Y_n \end{pmatrix}$$

a 表示线性回归的显著性水平（缺省时设定为 0.05）；输出向量 b，bint 为回归系数估计值和它们的置信区间；r，rillt 为残差（向量）及其置信区间；status 是用于检验回归模型的统计量，有三个数值：第一个数值是 R，即相关系数；第二个数值是 F 统计量；第三个数值是与统计量 F 相对应的概率 P。当 P<a 时，说明回归模型假设成立。利用命令 rcoPlot（r, rint）可以画出残差及其置信区间。从而应用 MATLAB 软件可以有效地找出数据之间的关系，并把误差比较大的数据去掉，通过多次计算找到更合适的曲线。

（2）计算过程　首先，对式（7-64）两边取对数，可以得到式（7-67）：

$$\ln(\eta) = \ln(\varphi) + b_1 \ln(T_0) + b_2 \ln(S) \qquad (7\text{-}67)$$

结合表 7-5 中的实验数据，取其中 44 组数据，并按照式（7-67）取对数后，可以得到表 7-13 的数据。

表 7-13　取对数后的实验数据

$\ln(S)$	$\ln(T_0)$	$\ln(\eta)$	$\ln(S)$	$\ln(T_0)$	$\ln(\eta)$	$\ln(S)$	$\ln(T_0)$	$\ln(\eta)$
4.6052	5.5334	−1.8149	5.2983	5.5334	−1.7986	5.7038	5.5334	−1.7923
4.6052	5.5722	−1.8602	5.2983	5.5722	−1.8425	5.7038	5.5722	−1.8356
4.6052	5.6095	−1.8561	5.2983	5.6095	−1.8891	5.7038	5.6095	−1.8815
4.6052	5.6454	−1.9595	5.2983	5.6454	−1.9383	5.7038	5.6454	−1.9301
4.6052	5.6802	−2.0138	5.2983	5.6802	−1.9907	5.7038	5.6802	−1.9816
4.6052	5.7137	−2.0720	5.2983	5.7137	−2.0463	5.7038	5.7137	−2.0363
4.6052	5.7462	−2.1338	5.2983	5.7462	−2.1058	5.7038	5.7462	−2.0948
4.6052	5.7777	−2.2004	5.2983	5.7777	−2.1694	5.7038	5.7777	−2.1572
4.6052	5.8081	−2.2718	5.2983	5.8081	−2.2377	5.7038	5.8081	−2.2242
4.6052	5.8377	−2.3497	5.2983	5.8377	−2.3114	5.7038	5.8377	−2.2965
4.6052	5.8665	−2.4339	5.2983	5.8665	−2.3910	5.7038	5.8665	−2.3743
5.9915	5.5334	−1.7896	5.9915	5.6802	−1.9778	5.9915	5.8081	−2.2186
5.9915	5.5722	−1.8328	5.9915	5.7137	−2.0322	5.9915	5.8377	−2.2900
5.9915	5.6095	−1.8784	5.9915	5.7462	−2.0902	5.9915	5.8665	−2.3671
5.9915	5.6454	−1.9266	5.9915	5.7777	−2.1522			

利用 MATLAB 软件编写程序如下：

```
b1 = [T_{0,1}, T_{0,2}, ……, T_{0,4}]; %此处对应取对数后的 T_0 数据
b2 = [S_{0,1}, S_{0,2}, ……, S_{0,4}]; %此处对应取对数后的 S 数据
y = [η_{0,1}, η, ……, η_{0,4}]; %此处对应取对数后的 η 数据
save date b1b2 y
load date
X = [ones(n,1), b1', b2']
Y = [y']
[b, bint, r, rint, status] = regress(Y, X, 0.05)
rcoplot(r, rint) %画出残差图
```

第一次计算完成后，计算结果的残差图如图 7-35 所示。

从图 7-35 中可以看出，残差点的分布并不是很理想。数据组 3 和数据组 11 的残差值都已经超过了设定的残差范围 0.05。因此，需要删除较大残差的数据组 3 和数据组 11，然后重新进行计算。

删除数据组 3 和数据组 11 后得到的新数据组代入前述程序代码计算，获得第二次计算结果，其残差分布图如图 7-36 所示。

从图 7-36 中可以看出，残差点的分布仍不是很理想，仍有一组数据（数据组 20）的残差分布在残差范围 0.05 之外。因此，需要删除第二次计算所用数据组中的数据组 20，然后

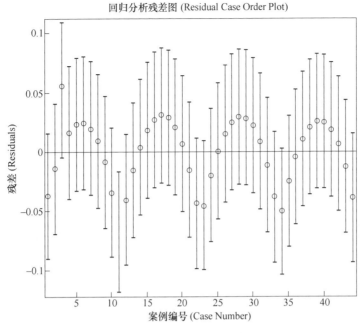

图 7-35　第一次计算结果的残差图

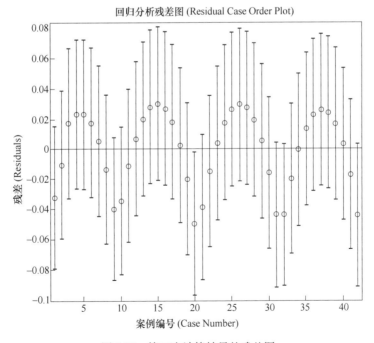

图 7-36　第二次计算结果的残差图

重新进行计算，获得第三次计算结果的残差分布图，如图 7-37 所示。

从图 7-37 中可以看出，残差点的分布更不理想，有三组数据残差分布在残差范围 0.05 之外。因此，需要删除第三次计算所用数据组中的数据组 9、30 和 41，然后重新进行计算，获得第四次计算结果的残差分布图，如图 7-38 所示。

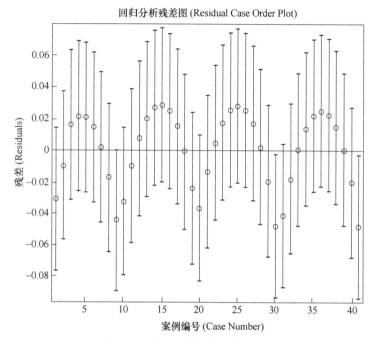

图 7-37　第三次计算结果的残差图

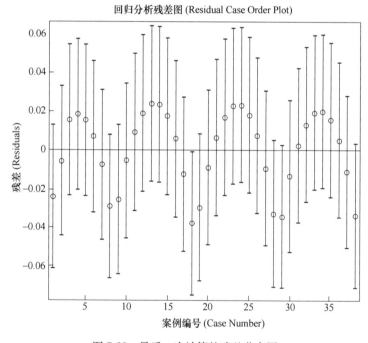

图 7-38　最后一次计算的残差分布图

从图 7-38 中可以看到，所有的残差点均匀地分布在 X 轴两侧，且所有结果的残差均在 0.05 以内，因此，将此次计算结果作为最终计算结果，并对其进行分析。具体的计算结果见表 7-14 和表 7-15。

表 7-14 相关系数 R 评价、F 值检测和 P 值检测的结果

	R	F	P
数值（$\times 10^3$）	0.0010	1.1581	0.0000

表 7-15 φ、$b1$ 和 $b2$ 的结果

	φ	$b1$	$b2$
数值	1.337×10^3	-1.6457	0.0254

由于所采用的数据是光伏电池在不同环境温度以及光照条件下的最大输出功率，因此，可以得到最大光伏转化效率的无量纲公式：

$$\eta_{max} = 1.337 \times 10^3 \times (T_0)^{-1.6457} (S)^{0.0254} \tag{7-68}$$

（3）计算结果常规检验分析 为了检验回归结果的线性关联度，此处引用了三种检验方法：相关系数 R 评价法、F 检测和 P 值检测。具体检测分析结果如下：

1）相关系数 R 评价法。最后一次计算结果的相关系数 $R = 0.0010 \times 10^3$，绝对值在 0.8 ~ 1.0 范围内。因此，可以判断回归自变量与因变量之间具有较强的线性相关性，结果表明所选取的因素与最大输出功率之间具有较强的线性相关性。

2）F 检验法，当 $F > F_{1-a}(k, n-k-1)$ 时则拒绝原假设，即认为因变量 y 与自变量 $b1$，$b2$ 之间显著地有线性相关关系，否则认为因变量与自变量之间线性关系不显著。在最后一次计算结果中，$F = 1.1581 \times 10^3 > F_{1-0.05}(2, 38-2-1) = 3.00$，表明因变量最大输出效率与自变量 $b1$，$b2$ 之间的线性相关关系显著。

3）P 值检验，如 $P < a$（a 为预定显著水平），则说明因变量与自变量之间线性相关关系显著。根据最后一次计算结果，计算出的 $P = 0.0000 \times 10^3 < 0.05$，表明因变量最大输出效率与自变量 b_1，b_2 之间线性相关关系显著。

经过上面三种方法的检验，证明了即将得到的线性回归方程线性化显著；同时根据得到的残差图可以看出各个残差均在 0 附近，因此认为式（7-68）具有一定的准确性。

7.4.3 光伏电池热力学行为无量纲模型实例验证与分析

根据式（7-68），光伏电池最大光电转换效率随着光照强度的增加而增加，随着环境温度的增加而降低。从式（7-68）中各个因素的指数可以明显地看出各个因素对光伏电池最大转换效率的影响强弱关系。图 7-39 反映了光伏电池最大转换效率与太阳光照强度、环境温度之间的关系。

如图 7-39 所示，光照强度对太阳能光伏电池的最大转换效率影响并不显著。从图中可以看出，当环境温度为 273K，光照强度为 $300W/m^2$ 时，光伏电池的最大转换效率 15.13%。同样环境温度下，当光照强度为 $600W/m^2$ 时，光伏电池的最大转换效率 15.40%。由此可见，当光照强度提高一倍时，光伏电池的最大转换效率仅提高了 1.78%。在一样的环境温度条件下，虽然光伏电池的最大光伏转换效率随着光照强度的升高而略有提高，但是变化幅度很小。然而，同样光照强度条件下，环境温度的变化对光伏电池最大转换效率的影响十分巨大。从图中可以看出来，在光照强度同为 $300W/m^2$ 时，环境温度 313K 下的光伏电池最大转换效率为 12.08%，环境温度 293K 下的光伏电池最大转换效率为 13.47%，对比环境温度

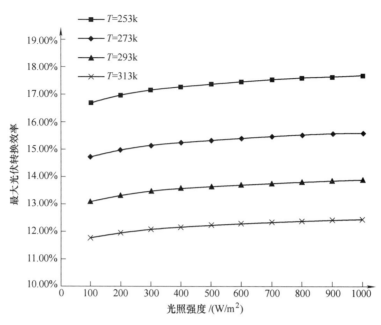

图 7-39　光伏电池最大转换效率与太阳光照强度、环境温度之间的关系

273K 下的最大转换效率 15.13%，环境温度升高 20K，最大转换效率降低了 10.97%；环境温度升高 40K，最大转换效率降低了 20.16%。在光照强度同为 600W/m² 时，环境温度 313K 下的光伏电池最大转换效率为 12.30%，环境温度 293K 下的光伏电池最大转换效率为 13.71%，对比环境温度 273K 下的最大转换效率 15.40%，环境温度升高 20K，最大转换效率降低了 10.28%；环境温度升高 40K，最大转换效率降低了 20.13%。可见温度对光伏电池最大转换效率的影响要比光照强度的影响大得多。而在实际应用中，环境温度变化范围基本上从 253~313K，对光伏电池的实际工作效能有很大的影响。因此，在实际应用中可以据此采取有效的降温措施，减少温度对光伏电池工作效能的影响，从而提高光伏电池的转换效率。

前面根据式（7-68）分析了光伏电池最大转换效率与太阳光照强度、环境温度之间的关系，分析结果表明式（7-68）与实际的物理现象吻合得很好。同时，为了进一步验证模型式（7-68）的准确性，分别做了两种验证分析：

1）在前文中所选用的数据库中，随机再选择 10 组，代入模型式（7-68），比对实际数据值与模型计算值之间的误差。其计算结果如图 7-40 和表 7-16 所示。

2）利用课题组光伏示范系统的相关数据，代入模型式（7-68），并比对实际数据值与模型计算值之间的误差。其计算对比结果见表 7-17。

将表 7-16 中的光照强度和环境温度数据分别代入式（7-68），可以得到相应的光伏电池最大转换效率。通过将计算后得到的光伏电池最大转换效率与原始数据组给出的最大转换效率进行对比分析后发现，两条光伏电池最大转换效率曲线十分接近，几乎重合。其中，实际值与计算值最大的相对误差仍不超过 5%。因此，可以说式（7-68）具有相当高的精度和准确度。

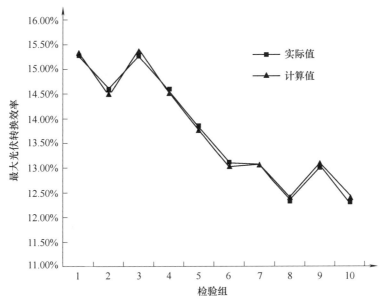

图 7-40　光伏电池无量纲模型准确度分析

表 7-16　光伏电池无量纲模型准确度验证数据

组别	光照强度/（W/m²）	环境温度/K	计算最大转换效率	实际最大转换效率	相对误差
1	500	273	15.33%	15.30%	0.20%
2	500	283	14.45%	14.58%	−0.90%
3	600	273	15.40%	15.28%	0.77%
4	600	283	14.52%	14.57%	−0.35%
5	700	293	13.76%	13.82%	−0.41%
6	700	303	13.02%	13.09%	−0.51%
7	800	303	13.07%	13.06%	0.06%
8	800	313	12.39%	12.32%	0.55%
9	900	303	13.11%	13.01%	0.71%
10	900	313	12.43%	12.28%	1.18%

表 7-17　光伏电池无量纲模型示范系统验证对比分析

时间/min	光照强度/（W/m²）	环境温度/K	η_{max}		ϕ
			计算值	测试值	
0	193	301.4	12.71%	3.19%	0.25
60	420	303.9	12.79%	7.50%	0.59
120	588	306.4	12.73%	9.43%	0.74
180	779	306.4	12.82%	8.88%	0.69
240	756	307.6	12.73%	11.06%	0.87
300	770	309.9	12.58%	10.94%	0.87
360	740	309.3	12.61%	10.78%	0.86
420	580	307.6	12.64%	10.40%	0.82
480	560	309.0	12.54%	7.13%	0.57
540	484	308.4	12.53%	3.20%	0.26
修正系数	—	—	—	—	0.75

为了检验光伏电池最大转换效率无量纲模型及式（7-68）在实际应用中的准确性和适用性，从湖大校园内光伏示范系统的实验数据中选出 2012 年 7 月 29 日一天的数据进行对比分析。表 7-17 是相关的实验数据以及对比分析结果。表 7-17 表明整个实验过程中，光伏电池的最大发电效率实测值有一个明显的变化趋势，即先升高然后再降低。具体来说，在实验开始的前 180min 内，实际系统测试出的光伏电池最大光伏转换效率要比模型计算值小很多。实测的光伏电池最大转换效率最小仅为计算值的 25%，最大为计算值的 69%。在实验过程中的第 180min 到第 240min，测试值随着时间的变化快速上升，并在 240min 时达到峰值；而计算值随着时间的变化而小幅度减小。在此时间段内，计算值的减少量为 0.24%（此为绝对量），测试值的增加量为 2.93%（此为绝对量）。然后，在实验接下来的第 240min 到 540min 时间段，测试值随着时间变化快速下降直到实验结束；计算值则略有升高后降低。整个实验过程中，实测的光伏电池最大转换效率为 11.06%，最小转换效率为 3.19%；计算的光伏电池最大转换效率为 12.82%，最小转换效率为 12.53%。整体来看，通过无量纲公式计算出来的光伏电池最大光伏转换效率始终稳定在 12.7% 左右。模型计算值与实测值存在较大误差，在实际的应用环境中造成这种现象的原因很多，主要有以下几方面：

1）光伏电池板的安装角度和太阳角度的影响。在实际的示范系统应用中，光伏电池板的安装角度是固定不变的，太阳的角度随时间变化，垂直于光伏电池板方向的光照强度与实际测量的水平方向的光照强度不一致。而在模型中用于计算的光照强度是垂直于光伏电池板方向的。因此，在实际应用中需要对模型进行相应的修正。

2）云量、风速和灰尘的影响。在实际环境中，云量、风速和灰尘都是不可控的因素，三者都会对光伏电池板的转换效率产生影响。云量和灰尘会直接影响光伏板垂直方向上的光照强度，从而影响转换效率。风速则会影响光伏电池板表面的表面传热系数，从而影响光伏电池板表面的温度和附近的空气温度，进而影响光伏电池的转换效率。光伏无量纲模型是建立在理想实验室的环境下，光垂直照射、无风、无灰尘遮挡，不受云层云量影响。因此，需要对模型进行相应的修正。

3）实际应用系统中用户侧的负载大小。根据光伏电池的电流电压特性可以知道，光伏电池的输出功率还受到用户侧负载的影响。一般在使用中，通过控制系统尽可能使光伏系统的输出侧负载保持在最大功率点对应的负载大小附近，以此来获得最大的光伏转换输出效率。但是，实际使用中用户侧的负载存在突变因素，造成光伏控制系统的延迟和失效。光伏无量纲模型是在理想状态下，光伏电池的最大转换效率。也就是说，光伏输出侧的负载始终是光伏电池最大输出功率点对应的负载大小。因此，模型与实际的系统应用存在一定的误差，需要进行修正。

4）光伏组件的制造工艺和制造材料的影响。尽管模型针对的是单晶硅光伏电池，实验系统也是单晶硅光伏电池。但是，单晶硅光伏电池的生产工艺和单晶硅材料不尽相同，也会造成最大转换效率的不同。

5）在光伏系统最初开始工作的一段时间和即将结束工作的一段时间内，光伏电池板的自身温度变化较大。此时间段内，因其自身温度变化引起的热量损失是不能忽视的。而无量纲模型考虑的是已经工作一段时间之后，光伏电池板自身温度几乎已经恒定了的情况，此时由于温度变化引起的热量损失是可以忽略的。这也是造成模型计算结果与实验结果误差较大的一个重要原因。

　　此处，根据模型计算值和实验结果给出一个简单的光伏电池应用修正系数 ϕ。长沙市的光伏电池应用修正系数可以设定为 0.75。这个系数是根据表 7-17 中的修正系数，去掉最初的 60min 和最后的 60min 的数据后，相加然后求平均值得到的。

　　本节首先根据太阳能光伏电池的特点，建立了太阳能光伏电池的热力学理论模型。以此理论模型为基础，在经过适当地简化后，利用量纲分析中的 π 定理方法对光伏电池最大光伏转换效率公式进行无量纲分析，在得到了四个无量纲特征数后进行分析。以上述无量纲分析为基础，推导出光伏电池最大转换效率与光照强度和环境温度的关系，最后写出光伏电池最大转换效率的指数乘积式公式。然后，将以前学者的相关实验数据转变成适合多元回归分析的形式，利用 MATLAB 软件编程并进行计算，最终得到多元回归方程的各个系数。计算完成后，根据程序的计算结果，分别采用相关系数 R 法、F 检验法和 P 值检验法对回归结果的线性相关性进行检验分析。分析结果证明上述的无量纲计算方法和计算结果具有一定的准确性及实用性。最后对光伏电池最大转换效率公式的各个因素之间的关系进行说明，并再次利用已有的实验数据对无量纲公式进行验证分析，并给出了实验值与利用公式计算所得值之间的误差。本部分的研究将为下面光伏与空气源热泵耦合系统的热力学建模与研究提供重要的基础。

7.5　光伏与空气源热泵耦合系统的热力学行为研究

　　前面对独立的太阳能光伏电池建立了热力学行为模型，并对其进行了无量纲简化分析，得到了太阳能光伏电池最大光伏转换效率的无量纲公式。本节将在上述研究的基础上，以中南地区的典型代表城市长沙为例，对应用了光伏发电技术的空气源热泵耦合系统的热力学行为进行研究。

7.5.1　中南地区的基本特点

　　近年来，我国中南地区（长江流域）已经逐渐成为经济快速增长的重要地区之一，但是相应的也带来了很大负面影响，如经济的快速发展直接导致了居民用电、工业用电、商业用电等需求暴增，城市电网面临巨大的压力。经济的发展、对资源的爆炸式需求无疑导致这一地区的环境污染问题日趋严峻[60]。目前，我国 75% 的基础能源消耗都来自煤炭，减少对煤炭消耗，减少对火力发电站的依赖已经刻不容缓[56]。与此同时，大气中的污染已经被证实可以发生连锁反应导致更多的环境问题，诸如全球变暖、气候巨变、雾霾和酸雨等，这些都将直接影响人们的健康安全，尤其对儿童的伤害巨大[62]。因此，必须采取一系列有效的措施，尽可能发展和利用绿色环保能源来减少对城市电网的依赖，从而减轻中南地区的环境污染压力。

　　长沙市是湖南省的省会城市，位于中南地区的中部。无论是在气候环境、社会构成、还是经济发展等方面，长沙市都具有很典型的代表性，因此以长沙市作为中南地区的代表城市展开相关研究是可行的。根据我国中央气象局公开的数据，长沙市典型气候年的年总日照小时数是 1636h[62]。按照我国的太阳能资源分布情况来看，长沙市位于太阳能资源三类地区，属于可以利用的地区。根据中国建筑节能标准中的数据，长沙市位于夏热冬冷地区。该地区有着独特的气候特征——冬天冷夏天热、过渡季节短、湿度很高。夏季，该地区历史记录最高气温达到40.6℃；而冬季历史记录最低气温达到-10℃[58]。相对恶劣的自然环境使得该地区的居民普遍具有夏季制冷、冬季采暖的要求，以获得相对舒适的居住环境。大量的通风空调系统在这一地区得以发展应用，尤其是空气源热泵空调系统。在使用空调系统时，该地区还存在一个问题，就是建筑围护结构普遍传热系数较大，建筑能耗高。该地区的建筑能耗高达同等气候条件下发达国家的3倍（目前该地区大部分建筑能耗在120~150W/m²，部分建筑空间达到250W/m²以上），空调季节尤其是夏季，易发生用电负荷过高形成高峰负荷，导致电力供应紧张等。而夏季最炎热的时候又恰恰是太阳能最为丰富的时候，如果采用太阳光伏辅助驱动空调设备运行，这对于中南地区在用电高峰期缓解供电压力可以起到十分重要的作用。因此，大力发展利用替代能源，并将其应用在空气源热泵空调系统上，势必可以减轻城市电网的压力，同时还可以减少这一地区的环境污染。

7.5.2 光伏与空气源热泵耦合系统的热力学行为模型

1. 光伏与空气源热泵耦合系统的㶲模型

如图7-41所示，太阳能量经过光伏电池转换为电能后，流经光伏控制器，储存在蓄电池中，然后经过逆变器逆变后提供给热泵使用。根据㶲的定义，电能可以完全转化为㶲，因此光伏电池的输出㶲就是光伏电池的输出功。从而可以得到如下等式：

$$Ex_{power,PV} = E_{power,PV} \tag{7-69}$$

式中，$Ex_{power,PV}$ 表示光伏电池的输出电力㶲（J）；$E_{power,PV}$ 表示光伏电池的输出功（J）。

图7-41 光伏辅助驱动热泵系统能量流动示意图

对于由蓄电池以及逆变器构成的蓄电逆变系统来说，其输入和输出也是电力㶲，因此可以用式（7-70）和式（7-71）表示：

$$Ex_{input,ele-sys} = E_{input,ele-sys} \tag{7-70}$$

$$Ex_{output,ele-sys} = E_{output,ele-sys} \tag{7-71}$$

式中，$Ex_{input,ele-sys}$ 表示蓄电逆变系统的输入㶲（J）；$E_{input,ele-sys}$ 表示蓄电逆变系统的输入电能（J）；$Ex_{output,ele-sys}$ 表示蓄电逆变系统的输出㶲（J）；$E_{output,ele-sys}$ 表示蓄电逆变系统的输出电能（J）。

蓄电逆变系统的输入电能与输出电能，以及与光伏电池的输出电能存在如下关系：

$$E_{output,ele-sys} = \eta_{sto}\eta_{inv} E_{input,ele-sys} \tag{7-72}$$

$$E_{input,ele-sys} = E_{power,PV} \tag{7-73}$$

式中，η_{sto} 表示蓄电池的效率；η_{inv} 表示逆变器的逆变效率。

联立式（7-69）、式（7-70）、式（7-71）、式（7-72）和式（7-73）可以得到式（7-74）：

$$Ex_{output,ele-sys} = \eta_{sto}\eta_{inv} Ex_{input,ele-sys} = \eta_{sto}\eta_{inv} Ex_{power,PV} \tag{7-74}$$

对于空气源热泵系统来说，其㶲流动过程如图 7-42 所示。

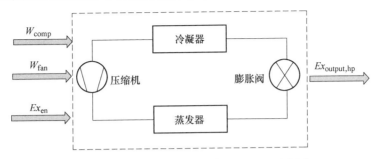

图 7-42　空气源热泵系统的㶲流动过程示意图

从图 7-42 中可以看出，空气源热泵系统的输入㶲包括三个部分：压缩机的输入功 W_{comp}，风机的输入功 W_{fan} 以及环境的输入㶲 Ex_{en}。因此空气源热泵系统的输入㶲可以表示为式（7-75）：

$$Ex_{input,hp} = Ex_{en} + W_{fan} + W_{comp} \tag{7-75}$$

式中，$Ex_{input,hp}$ 表示空气源热泵系统的输入㶲（J）；Ex_{en} 表示环境的输入㶲（J）；W_{fan} 表示风机的输入电能（J）；W_{comp} 表示压缩机的输入电能（J）。

而空气源热泵系统的输出㶲一般是输出到室内环境的冷量㶲或者热量㶲，因此可以根据其运行环境表示为式（7-76）或式（7-77）：

$$Ex_{output,hp} = Ex_c \tag{7-76}$$
$$Ex_{output,hp} = Ex_h \tag{7-77}$$

式中，$Ex_{output,hp}$ 表示空气源热泵系统的输出㶲（J）；Ex_c 表示空气源热泵系统输出到室内环境的冷量㶲（J）；Ex_h 表示空气源热泵系统输出到室内环境的热量㶲（J）。

对于热泵系统来说，一般至少有三种控制运行的方法：

第一种方法，热泵系统的运行根据使用者自身的喜好和生活习惯人为地进行控制。有一些人追求生活质量，对居住环境的热舒适性要求很高。因此，他们往往会选择使用更大功率的热泵系统或者长时间不间断地使用热泵系统。这样的使用方法使得热泵系统在实际的运行过程中，输出的冷量或热量一般要比标准建筑所需要的冷量或者热量高出很多。而另一些人，则在满足一定热舒适需求的条件下更追求节能和省钱。因此，他们会选择使用小功率的热泵系统或者短时间、间歇式地开启使用热泵系统。这样做的结果便是导致热泵系统在实际运行过程中，输出的冷量或热量一般要比标准建筑所需要的冷量或热量低很多。可见，人为控制是一种最简单有效的控制方式。这也提醒我们，在对热泵系统建立热力学模型的时候，要立足于热泵系统的输出参数，即输出的冷量和热量。

第二种方法，热泵系统的运行根据建筑 HV&AC 系统的设计标准来进行控制，称之为半自动控制方式。对于一幢特定类型的建筑，其建议的室内和室外环境参数，包括室内外的温湿度和相对湿度，都已经按照标准给出。室内环境所需要的冷热负荷是根据室内外的建议参数计算得到的。热泵系统也是设定为一直运行直到室内相关参数达到预设的建议值。因此，此类热泵系统的建模，应该立足于建议的室内外环境参数。

第三种方法，热泵系统完全根据室内外实际的环境参数进行动态的调整运行。此种方法是在第二种方法的基础上进一步优化，所有的控制输入参数都将是动态变化的。其对系统设计和控制技术要求很高，这种热泵系统的热力学模型是一种最为复杂的动态同步模型。

为了简化研究过程，选择第一种控制方法作为研究对象。则空气源热泵系统的输出冷量㶲 Ex_c 和热量㶲 Ex_h 可以分别用式（7-78）和式（7-79）计算得到：

$$Ex_c = \left(\frac{T_{en}}{T_c} - 1 \right) Q_c \tag{7-78}$$

$$Ex_h = \left(1 - \frac{T_{en}}{T_h} \right) Q_h \tag{7-79}$$

式中，T_{en} 表示空气源热泵系统所处的室内环境温度（K）；T_c 表示空气源热泵系统的冷媒平均温度（K）；Q_c 表示空气源热泵系统的制冷量（J）；Q_h 表示空气源热泵系统的制热量（J）；T_h 表示空气源热泵系统的热媒平均温度（K）。

根据冷量㶲（热量㶲）的概念，其是指热量相对于环境所能做出的最大有用功，因此可以认为从环境中输入到系统中的㶲 Ex_{en} 是零。可以推导出式（7-80）：

$$Ex_{output,ele-sys} + Ex_{input,e} = Ex_{input,hp} = W_{fan} + W_{comp} \tag{7-80}$$

式中，$Ex_{input,e}$ 表示城市电网输入到空气源热泵系统的电力㶲（J）。

因此，城市电网驱动的空气源热泵系统的㶲效率可以根据式（7-81）计算得到：

$$\eta_{Ex,NG-ASHP} = \frac{Ex_{output,hp}}{Ex_{input,hp}} = \frac{Ex_{output,hp}}{W_{fan} + W_{comp}} \tag{7-81}$$

耦合系统总的㶲效率便可以根据式（7-82）计算得到：

$$\eta_{Ex,PV-ASHP} = \frac{Ex_{output,sys}}{Ex_{input,sys}} = \frac{Ex_{output,hp}}{W_{fan} + W_{comp} - \eta_{sto}\eta_{inv}\eta SA\tau} \tag{7-82}$$

式中，$\eta_{Ex,NG-ASHP}$ 表示城市电网驱动的空气源热泵系统总的㶲效率；$\eta_{Ex,PV-ASHP}$ 表示光伏耦合热泵系统总的㶲效率；$Ex_{output,sys}$ 表示耦合系统的输出㶲（J）；$Ex_{input,sys}$ 表示耦合系统的输入㶲（J）；τ 表示光伏发电系统的工作时间（s）。

式（7-81）在计算过程中并没有将制造光伏电池所消耗的㶲耗考虑在内。对于光伏发电系统来说，假设光伏发电系统的材料制造、运输、搭建以及安装过程的㶲耗是 $Ex_{cons,PV}$，光伏发电系统的生命周期是 N 年，每年光伏发电系统的可工作时间是 H 小时，那么可以得到一个新的计算耦合系统的总㶲效率的公式，即式（7-83）：

$$\eta_{Ex,PV-ASHP} = \frac{Ex_{output,hp}}{W_{fan} + W_{comp} - \eta_{sto}\eta_{inv}(3600 \times \eta SANH - Ex_{cons,PV} P_{des,PV})} \tag{7-83}$$

式中，$Ex_{cons,PV}$ 表示光伏发电系统的材料制造、运输、搭建以及安装过程的㶲耗，可以假设为 5598kW·h/(kW·p)[59]；N 表示光伏发电系统的生命周期（year）；H 表示光伏发电系统每年可以工作的时间数（h/year）；$P_{des,PV}$ 表示光伏发电系统的设计装机容量（kW）。

如果将式（7-82）中的光伏发电转换效率 η 换成在任意环境参数下的最大转换效率 $\eta_{Ex,PV-ASHP(max)}$，便可以得到任意环境条件下耦合系统的最大的总㶲效率，即式（7-84）：

$$\eta_{Ex,PV-ASHP(max)} = \frac{Ex_{output,hp}}{W_{fan} + W_{comp} - \eta_{sto}\eta_{inv}(3600 \times \eta_{max}SANH - Ex_{cons,PV} P_{des,PV})} \tag{7-84}$$

由于式（7-68）中的 η_{max} 是根据实验室条件下获得的数据而推导得到的经验公式，因此在实际现场应用中，应当对其进行适当的修正，最终可以得到式（7-85）：

$$\eta_{\mathrm{Ex,PV-ASHP(max)}} = \frac{Ex_{\mathrm{output,hp}}}{W_{\mathrm{fan}} + W_{\mathrm{comp}} - \eta_{\mathrm{sto}}\eta_{\mathrm{inv}}(3600 \times \phi\eta_{\mathrm{max}}SANH - Ex_{\mathrm{cons,PV}}P_{\mathrm{des,PV}})} \qquad (7-85)$$

式中，ϕ 表示光伏发电系统在现场应用中的修正系数，该修正系数是一个受多种因素影响的函数，包括光伏电池板的安装角度、光伏电池板的安装位置、云量、风速和灰尘覆盖量等。在前面分析中，已经给出了长沙地区的修正系数为 0.75。

2. 光伏与空气源热泵耦合系统的㶲耗成本模型

前面已经建立了光伏与空气源热泵耦合系统的㶲模型。在实际应用中，往往还要考虑经济因素，因此建立相应的㶲耗成本模型，如图 7-43 所示。

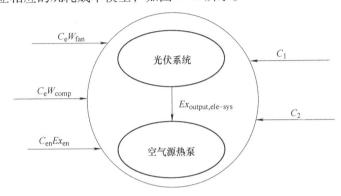

图 7-43　光伏辅助驱动热泵系统的㶲耗成本模型

根据图 7-43 所示的光伏辅助驱动热泵系统的㶲耗成本模型，在该系统的㶲耗成本中存在如下所示的等式关系：

$$Ex_{\mathrm{cons,PV-ASHP(unit)}}\big[\,C_1 + C_2 + C_{\mathrm{en}}\,Ex_{\mathrm{en}} + C_{\mathrm{PV}}\,Ex_{\mathrm{output,ele-sys}} + C_{\mathrm{e}}(W_{\mathrm{fan}} + W_{\mathrm{comp}} - Ex_{\mathrm{output,ele-sys}})\,\big] = Ex_{\mathrm{en}} + W_{\mathrm{fan}} + W_{\mathrm{comp}} - Ex_{\mathrm{output,ele-sys}} \qquad (7-86)$$

式中，$Ex_{\mathrm{cons,PV-ASHP(unit)}}$ 表示光伏耦合系统的单位成本㶲耗（J/元）；C_{PV} 表示光伏系统的单位㶲成本（元/J）；C_{en} 表示单位冷（热）㶲成本（元/J）；C_{e} 表示城市电网的单位㶲成本（元/J）；C_1 表示耦合系统的年度化初始投资成本（元）；C_2 表示耦合系统年度化维护成本（元）。

因此，单位成本的㶲耗可以根据式（7-87）计算得到：

$$Ex_{\mathrm{cons,PV-ASHP(unit)}} = \frac{Ex_{\mathrm{en}} + W_{\mathrm{fan}} + W_{\mathrm{comp}} - Ex_{\mathrm{output,ele-sys}}}{C_1 + C_2 + C_{\mathrm{en}}\,Ex_{\mathrm{en}} + C_{\mathrm{PV}}\,Ex_{\mathrm{output,ele-sys}} + C_{\mathrm{e}}(W_{\mathrm{fan}} + W_{\mathrm{comp}} - Ex_{\mathrm{output,ele-sys}})}$$
$$(7-87)$$

对于式中的年度化初始投资 C_1 可以利用式（7-88）计算得到[59]：

$$C_1 = \left[\,C_{\mathrm{initial}} - S_{\mathrm{v}} \times \frac{1}{(1+i)^N}\,\right] \times \frac{i}{1-(1+i)^{-N}} \qquad (7-88)$$

式中，C_{initial} 表示耦合系统总的初始投资成本（元）；S_{v} 表示生命周期后的剩余经济价值（元）；i 表示银行的利率。

从式（7-86）中，可以看出来单位成本的㶲耗不仅跟系统的总㶲耗值有关系，而且还受到系统运行成本、初始投资成本和维护成本的多重影响。因此，单位成本㶲耗的大小可以综合反映出系统的高品质能量利用情况以及系统的经济情况。

3. 市电驱动热泵系统的㶲耗成本模型

为了对比分析光伏辅助驱动热泵系统的热力学性能，以同样的方法对市电驱动的热泵系统建立了㶲耗成本模型，如图 7-44 所示。

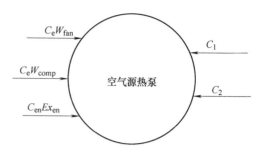

图 7-44 所示为市电驱动热泵空调系统的㶲耗成本模型。与光伏辅助驱动的热泵空调系统㶲耗成本模型相比，少了光伏发电系统的输入㶲。因此，可以根据式（7-87）改写得到市电驱动热泵空调系统的单位成本㶲耗计算公式：

图 7-44 市电驱动热泵空调系统的㶲耗成本模型

$$Ex_{\text{cons,NG-ASHP(unit)}} = \frac{Ex_{\text{en}} + W_{\text{fan}} + W_{\text{comp}}}{C_1 + C_2 + C_{\text{en}} Ex_{\text{en}} + C_e (W_{\text{fan}} + W_{\text{comp}})} \quad (7\text{-}89)$$

7.5.3　光伏与空气源热泵耦合系统的碳排放模型

在分析冷热源系统的热力学性能的同时，对其 CO_2 排放量进行分析，并以此指标作为该系统是否节能环保的考核标准之一。此处，也针对由光伏辅助驱动的热泵系统引入了碳排放计算公式，如式（7-90）所示[61]：

$$M_{\text{C,reduc}} = \left(Q_{\text{PV,annual}} - \frac{E_{\text{cons,PV}} P_{\text{des,PV}}}{N} \right) \times \text{MF} \quad (7\text{-}90)$$

式中，$M_{\text{C,reduc}}$ 表示每年光伏辅助驱动热泵系统的 CO_2 减少排放量；$Q_{\text{PV,annual}}$ 表示光伏辅助驱动热泵系统的每年光伏发电量（$kW \cdot h$）；$E_{\text{cons,PV}}$ 表示单位峰值功率的光伏组件在生产、运输和安装等过程中所消耗的能量值 $[kW \cdot h/(kW \cdot p)]$，此处认为与其所消耗的㶲 $Ex_{\text{cons,PV}}$ 相等；MF 表示 CO_2 排放指数 $[kg/(kW \cdot h)]$，该指数是一个变量，不同国家、不同时期该指数不同，目前我国的 MF 指数可以取 $0.814kg/(kW \cdot h)$。

7.5.4　光伏与空气源热泵耦合系统的热力学行为分析与讨论

1. 光伏与空气源热泵耦合系统的㶲模型分析

初始设定系统的设计寿命 N 是 25 年，长沙地区光伏发电系统每年可以工作的时间是 1600h。根据式（7-81）和式（7-85），利用 2012 年 7 月 24 日的实验数据可以计算出光伏与空气源热泵耦合系统在不同时间点的最大㶲效率，计算和测试结果见表 7-18。

表 7-18　光伏与空气源热泵耦合系统的最大㶲效率

时间	光照强度	环境温度	最大㶲效率 $\eta_{\text{Ex,PV-ASHP(max)}}$		
/min	/(W/m^2)	/K	计算值	测试值	相对误差
0	131	299.7	6.05%	5.95%	3.31%
60	323	302.3	18.59%	17.41%	11.43%
120	128	304.9	17.31%	17.34%	1.30%
180	177	305.1	17.27%	17.41%	1.27%
240	301	307.6	18.15%	18.74%	0.61%
300	268	307.9	19.51%	20.08%	0.48%
360	183	310.7	18.80%	18.99%	1.14%
420	148	308.2	18.50%	18.76%	0.32%
480	110	306.7	19.02%	18.91%	1.84%
540	540	305.5	21.85%	18.36%	28.84%
平均值	—	—	18.39%	18.46%	0.38%

注：表格中的平均值根据系统运行第 60min 到第 480min 的数据计算得到。

从表 7-18 和图 7-45 中可以看到，利用公式计算的光伏与空气源热泵耦合系统的最大
㶲效率在 6.05%~21.85% 变化，实际测得的最大㶲效率在 5.95%~20.08% 变化。具体来看，
在系统运行的前 300min 时间内，计算值首先从 6.05% 升高到 18.59%（60min 时刻），然后
降低至 17.27%（180min 时刻），最后逐渐升高至 19.51%（300min 时刻）。在系统运行的后
240min 时间内，计算值首先从 19.51%（300min 时刻）下降至 18.50%（420min 时刻），然
后又升高至 21.85%（540min 时刻）。而实际的测试值在前 300min 时间段内，除了第 120min
时刻出现了轻微的降低，整体呈现上升的趋势，并且在第 300min 时刻达到了最大值
20.08%。在系统运行的后 240min 时间内，实际的测试值除了第 480min 时刻出现了轻微的
上升，整体上表现为下降趋势。通过式（7-85）的分析可以解释这种现象，按照式（7-85）
提供的计算方法，光伏与空气源热泵耦合系统的最大㶲效率 $\eta_{Ex, PV-ASHP(max)}$ 与光伏发电系统
的最大转换效率 η_{max} 有关。在系统运行的第 540min，光照强度比第 300min 时刻的光照强度
高了一倍，而环境温度却低了 2K 以上。因此，第 540min 时根据模型计算出来的光伏发电系
统最大转化效率要比第 300min 时大很多，光伏与空气源热泵耦合系统的最大㶲效率也要比
第 300min 时大很多。

而根据实际测试的数据看，第 540min 时光伏发电系统的最大转换效率是非常低的，造
成这种情况的原因很多，具体原因已经在前面分析。因此，在第 540min 时，光伏与空气源
热泵耦合系统的最大㶲效率实测值要比计算值低，同时也比第 300min 时的实测值低。

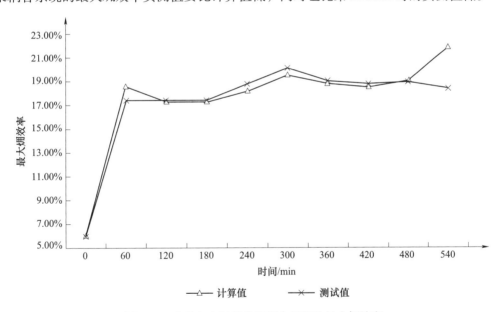

图 7-45　光伏与空气源热泵耦合系统的最大㶲效率

在表 7-18 中，平均值都是根据系统运行第 60min 到 480min 的数据计算得到的，模型计
算值的平均值是 18.39%，实验检测值的平均值是 18.46%。两者非常相近，相对误差仅有
0.38%。因此，可以认为以光伏最大转换效率的无量纲公式为基础建立的光伏与空气源热泵
耦合系统㶲模型是可行的，而且可以为实际的应用提供工程所需要的精度和准确度。

2. 光伏与空气源热泵耦合系统的㶲成本模型分析

为了分析光伏与空气源热泵耦合系统的㶲成本模型，于 2012 年利用红叶楼建成的示范

系统做了一个完整年度的实验。在实验过程中，当室外空气温度达到28℃以上时，开启系统的制冷工况模式；当室外温度低于10℃时，开启系统的制热工况模式。根据2012年的气象数据，长沙当年制冷季节持续102天，采暖季节持续108天。空气源热泵系统每天工作时间统一设定为8h，而光伏系统的实际工作时间则根据实际的太阳光照强度和光照时间。在制冷工况时，将室内温度统一设定为18℃，在制热工况时统一设定为26℃。这样做可以保证热泵压缩机始终在较高的效率段稳定工作，避免热泵系统压缩机因温度变化而频繁起停，便于最后研究分析。

根据2012年的气象数据，可以利用式（7-68）来预测计算光伏与空气源热泵耦合系统不同工况下的光伏发电量，进而再利用式（7-87）和式（7-88）可以计算预测光伏与空气源热泵耦合系统的㶲成本数据。同时，根据实际测量得到的光伏发电量，利用式（7-87）和式（7-88）计算出实际的光伏耦合空气源热泵的㶲成本。两者的具体结果见表7-19。

表7-19 光伏与空气源热泵耦合系统的㶲成本

项　　目	实测值	模型计算值	相对误差
每年制冷电耗（光伏提供）/（kW·h）	475.5	436.0	8.31%
每年制冷电耗（市电提供）/（kW·h）	1397.9	1437.4	—
每年采暖电耗（光伏提供）/（kW·h）	44.4	47.5	6.98%
每年采暖电耗（市电提供）/（kW·h）	1891.0	1887.9	—
用于制冷的单位成本㶲耗/（MJ/元）	2.66	2.70	1.5%
用于采暖的单位成本㶲耗/（MJ/元）	2.92	2.93	0.3%

从表7-19中可以看出，在制冷季节，模型计算出来的光伏发电总量为436kW·h，比实测值475.5kW·h少了39.5kW·h，相对误差达到了8.31%。在采暖季节，模型计算出来的光伏发电总量为47.5kW·h，比实测值44.4kW·h多3.1kW·h，相对误差达到了6.98%。这是由于在计算光伏发电总量时所采用的光伏最大转换效率公式本身存在一定的误差。其本身在计算较短时间内的光伏转换效率时的误差在工程允许范围内，而在进行长期的数据计算时，其误差被累加放大了。本节的研究对象是系统的单位成本㶲耗，如果用于预测计算最大光伏发电量的模型对系统的单位成本㶲耗影响较大，则需要进一步修正。表7-19中，用于制冷的单位成本㶲耗，实测值为2.66MJ/元，模型计算值为2.70MJ/元，两者相对误差仅有1.5%；用于采暖的单位成本㶲耗，实测值为2.92MJ/元，模型计算值为2.93MJ/元，两者相对误差仅有0.3%。可见，最大光伏转化效率模型的误差累积并未对最终系统单位成本㶲耗造成很大的影响，此处可以不做修正。同时，也说明所提出的㶲耗成本模型具有足够的精度和准确度来分析评价光伏与空气源热泵耦合系统的㶲耗性能。

7.5.5 光伏与空气源热泵耦合系统热力学模型的应用

1. 耦合系统最大㶲效率模型的应用

根据前面的论述，光伏与空气源热泵耦合系统的最大㶲效率模型的相对误差不到0.38%，此模型具有足够的精度预测和评价光伏与空气源热泵耦合系统的实际最大㶲效率。因此，利用该模型计算光伏与空气源热泵耦合系统的最大㶲效率值，并将该值与城市电网驱动的空气源热泵系统的最大㶲效率值进行对比分析，具体的数据结果见表7-20。

表 7-20　城市电网驱动空气源热泵系统和光伏与空气源热泵耦合系统的最大㶲效率对比

时间/min	输出㶲/W	输入㶲/W	最大㶲效率 η_{Ex}	
			光伏与空气源热泵耦合系统	城市电网驱动的空气源热泵系统
0	138.8	2334.2	6.05%	6.22%
60	396.9	2279.4	18.59%	17.78%
120	398.2	2296.2	17.31%	17.84%
180	390.3	2241.4	17.27%	17.49%
240	392.1	2092.5	18.15%	17.57%
300	427.0	2126.9	19.51%	19.13%
360	424.9	2237.5	18.80%	19.04%
420	423.0	2254.8	18.50%	18.95%
480	440.5	2329.6	19.02%	19.74%
540	427.5	2329.1	21.85%	19.15%
平均值	—	—	18.39%	18.44%

注：光伏与空气源热泵耦合系统的最大㶲效率值是根据式（7-85）计算得到的，城市电网驱动的空气源热泵系统的最大㶲效率值是根据实际测量得到的最大光伏转换效率数据计算得到的。表中，平均值的计算忽略了系统运行前 60min 的数据，只计算从第 60min 到第 480min 的数据。

通过对表 7-20 对比分析可以看出，大部分的光伏与空气源热泵耦合系统最大㶲效率值要比参考系统（即城市电网驱动的空气源热泵系统）的最大㶲效率值低一些（即除了第 240min、300min 和 540min 的数据值）。这一现象可以通过式（7-81）和式（7-85）来解释。如式（7-81）所示，城市电网驱动的空气源热泵系统最大㶲效率主要与环境参数有关。而如式（7-85）所示，光伏与空气源热泵耦合系统的最大㶲效率受到多个因素影响的，包括光伏电池的最大转换效率、光照强度、环境温度、系统的设计生命周期以及系统每年的工作时长。在第 240min 到第 300min，光伏电池的最大转换效率最高，光伏电池发电系统的输出㶲大于建造光伏发电系统所消耗的㶲，因此实际上耦合系统中热泵与风机总的㶲耗要比城市电网驱动的系统中热泵与风机的总㶲耗小，即式（7-85）中的分母部分要小于式（7-81）的分母部分。在相同的环境条件下，两种系统的输出㶲部分是相同的冷量㶲，从而造成第 240min 和第 300min 时刻，光伏与空气源热泵耦合系统的最大㶲效率值比城市电网驱动的空气源热泵系统的最大㶲效率值高。而第 540min，是由于光伏最大转换效率模型本身的误差累积所造成的，在分析和应用中应当对其进行适当修正或剔除。

前面已经提到，当环境一定时，光伏与空气源热泵耦合系统的最大㶲效率受到三类因素的影响，即系统的设计生命周期、光伏电池的最大转换效率以及系统每年的工作时长。因此，有必要对这三类因素是如何影响光伏与空气源热泵耦合系统最大㶲效率的展开分析讨论。

首先探讨系统的设计生命周期对光伏与空气源热泵耦合系统最大㶲效率的影响。在本章之前的分析讨论中，系统的设计生命周期假定为 25 年。图 7-46 所示为不同的系统设计生命周期与光伏与空气源热泵耦合系统最大㶲效率（平均值）之间的关系。

从图 7-46 中可以看出，耦合系统的最大㶲效率（平均值）随着设计生命周期的提高而逐渐增大，这就意味着如果想要获得更大的最大㶲效率值（平均值），应尽可能采取措施提

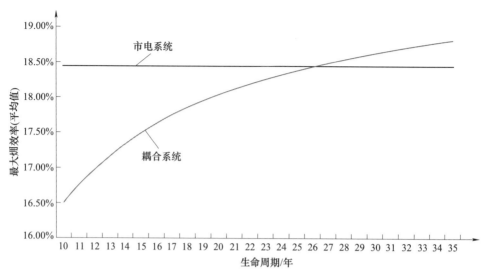

图 7-46 不同系统设计生命周期下耦合系统的最大㶲效率（平均值）

高耦合系统的生命周期。从图中还可以看出，对于城市电网供电的空气源热泵系统，其最大㶲效率（平均值）是一个恒定的值，不随系统生命周期改变而变化。在系统的设计生命周期为 26 年以前，耦合系统的最大㶲效率（平均值）比城市电网供电系统的要低；在 26 年以后，耦合系统的最大㶲效率（平均值）更高。这意味着，如果采取一定的措施使得耦合系统的生命周期提高到 26 年以上，那么从热力学的角度来看，耦合系统将更加节省㶲耗，更有利于节能环保。

下面探讨光伏电池的最大转换效率对光伏与空气源热泵耦合系统最大㶲效率的影响。在本书中，所研究的光伏系统是基于常见的单晶硅光伏电池，如果改变光伏电池的类型，那么用于计算光伏电池最大转换效率的无量纲公式也将发生变化。此处，对于不同类型光伏电池的最大转换效率无量纲公式发生什么样的变化暂时不做讨论，仅给出几组不同的光伏电池最大转换效率来讨论其对光伏与空气源热泵耦合系统最大㶲效率的影响。图 7-47 所示为在不同的光伏电池最大转换效率条件下，光伏与空气源热泵耦合系统最大㶲效率（平均值）随系统生命周期的变化情况。

从图 7-47 中可以看出，耦合系统的最大㶲效率（平均值）受光伏组件最大转换效率影响较大。当光伏组件最大转换效率为 0.15，耦合系统设计生命周期为 22 年时，耦合系统的最大㶲效率（平均值）开始高于城市电网供电系统的最大㶲效率（平均值）。而当光伏组件最大转换效率分别提高到 0.20、0.25、0.30 和 0.35 时，耦合系统的设计生命周期可以分别减少至 16 年、13 年、11 年和 9 年。这就意味着采用较高转换效率的光伏组件，可以减少耦合系统的设计生命周期，从而降低使用维护成本。最终，通过合理地选用高效率光伏组件，同时优化设计耦合系统的生命周期，可以大幅提高耦合系统的最大㶲效率（平均值），实现替代传统的城市电网供电系统的目的。而实际上，目前市场上新型单晶硅光伏电池组件的最大转换效率已经可以达到 18%～20%。如果采用此类光伏组件设计建造光伏与空气源热泵耦合系统，耦合系统的设计寿命只需要维持在 16～18 年就可以实现替代传统的城市电网供电空气源热泵系统的目的。而这些，在现有的技术和经济条件下都是可以做到的。

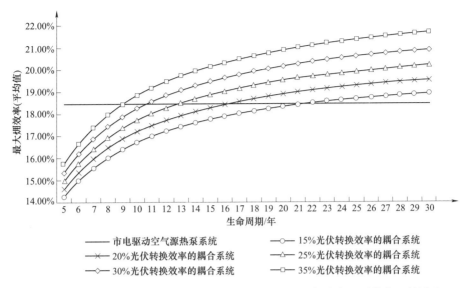

图 7-47　不同光伏最大转换效率对光伏耦合系统的最大㶲效率（平均值）的影响

最后，探讨每年耦合系统工作时间长短对系统的最大㶲效率（平均值）的影响。此处设定耦合系统的光伏组件最大转换效率为 0.15，则不同的年工作时长对耦合系统的最大㶲效率（平均值）的影响如图 7-48 所示。

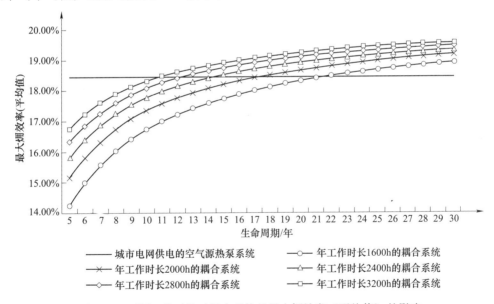

图 7-48　不同工作时长对耦合系统的最大㶲效率（平均值）的影响

从图 7-48 中可以看出，当耦合系统的年工作时长为 1600h，耦合系统设计生命周期为22 年时，耦合系统的最大㶲效率（平均值）开始高于城市电网供电系统的最大㶲效率（平均值）。当耦合系统的年工作时长分别提高到 2000h、2400h、2800h 和 3200h 的时候，耦合系统的设计生命周期可以分别减少至 17 年、14 年、12 年和 11 年。这就意味着在年日照数较高的地区，耦合系统可工作时间得以提高，从而可以减少耦合系统的设计生命周期，降低使用维护成本。最终，一样可以大幅提高耦合系统的最大㶲效率（平均值），实现替代传统的城市电网供电系统的目的。而实际上，本书所研究的对象位于长沙，对于广袤的中南地区来说，整个地区的年日照数从 1400h 到 3000h 不等。在个别日照数较高的地区，以 2400h 为例，该地区采用最大转换效率为 15% 的光伏组件建设光伏与空气源热泵耦合系统，整个耦合系统只要设计生命周期达到 14 年就可以完全替代传统的城市电网供电的空气源热泵系统。而如果结合使用新型更高效率的光伏组件，以 18% 为例，同样是 2400h 的年工作时长，则耦合系统的生命周期可以进一步降低到 12 年。也就是说只要采取相关的技术措施，保证耦合系统的生命周期在 12 年以上，就可以完全替代传统的城市供电空气源热泵系统，这在现有的技术和经济条件下是完全可以实现的。

2. 耦合系统㶲耗成本模型的应用

在前面章节中，针对光伏与空气源热泵耦合系统的最大㶲效率（平均值）模型进行了敏感性分析，通过此模型的分析可以认为只要合理地采用新型高效光伏电池组件并对耦合系统的生命周期进行优化设计，就可以利用此耦合系统取代传统的城市电网供电的空气源热泵系统，达到节能的目的。下面，对光伏与空气源热泵耦合系统的㶲耗经济模型进行分析。需要设计 6 个方案进行对比。方案 1 是采用市电驱动的空气源热泵系统；方案 2 是光伏与空气源热泵耦合系统，其中光伏组件装机量为 1700W；方案 3~6 分别是光伏装机量不同的光伏与空气源热泵耦合系统，分别为 2400W、3200W、4000W 和 4800W。在本章所探讨的㶲耗成本模型中，假设用于夏季制冷和冬季采暖的设备初投资成本是按照负荷比例分配的，并且设定每年用于维护设备的费用是初投资的 3%。相关的数据见表 7-21。

表 7-21 光伏与空气源热泵耦合系统㶲耗成本模型的计算结果

	方案 1	方案 2	方案 3	方案 4	方案 5	方案 6
总初始投资/元	8000	25000	30850	35700	47400	54000
光伏系统的初始投资/元	0	17000	22850	27700	39400	46000
制冷初始投资/元	3680	11500	14191	16422	21804	24840
供暖初始投资/元	4320	13500	16659	19278	25596	29160
制冷年耗电量（光伏提供）/kW·h	0	436	615.5	820.7	1025.9	1231.1
制冷年耗电量（市电提供）/kW·h	1821.3	1385.3	1205.8	1000.6	795.4	590.2
供暖年耗电量（光伏提供）/kW·h	0	47.5	89.5	67.1	89.4	111.8
供暖年耗电量（市电提供）/kW·h	1935.4	1872.0	1887.9	1868.3	1846.0	1823.6
制冷年维护费/元	110.4	345.0	425.7	492.7	654.1	745.2
供暖年维护费/元	129.6	405.0	499.8	578.3	767.9	874.8
制冷年度化费用/元	213.8	668.2	824.6	954.2	1267.0	1443.4
制冷量/GJ	20.92	20.92	20.92	20.92	20.92	20.92
制冷㶲耗/MJ	6556.7	4987.1	4340.8	3602.1	2863.5	2124.9
制冷单位成本㶲耗/（MJ/元）	4.62	2.70	2.20	1.76	1.19	0.84
供暖年度化费用/元	251.0	784.4	968.0	1120.2	1487.3	1694.4
供暖量/GJ	24.57	24.57	24.57	24.57	24.57	24.57
供暖㶲耗/MJ	6967.4	6796.4	6726.0	6645.6	6565.1	6484.6
供暖单位成本㶲耗/（MJ/元）	4.52	2.93	2.60	2.37	1.96	1.78
光伏系统产出比	0	1.71%	1.79%	1.97%	1.73%	1.78%

　　从表 7-21 中可以看出，方案 2 的制冷单位成本㶲耗值是方案 1 的 58.0%。这就意味着，在相同的投资成本下，为了获得同样数量的冷负荷，采用光伏与空气源热泵耦合系统的方案将比采用市电驱动空气源热泵系统的方案更加节省高品质能源。同样的，方案 2 的采暖单位成本㶲耗值也比方案 1 的低很多，只有方案 1 的 64.8%。然而，在同样的方案中，冬季采暖单位成本㶲耗要稍微比夏季制冷单位成本㶲耗高一些。这是因为，在冬季，耦合系统的光伏发电组件提高的电力要比夏季的少很多，因此空气源热泵子系统需要更多地从市电获得电力支撑。需要说明的是，在本章中，所采用的数据来源于长沙市 2012 年的气象数据。长沙市 2012 年属于非典型气象年，冬季阴雨天气的数量明显比典型气象年多，因而造成光伏发电系统可工作的时间也要比典型气象年少。如果在典型气象年，耦合系统的光伏组件将可以提供更多电量，尤其是在冬季供暖季节，此表中的数据也将发生改变。

　　根据前面的模型可知，耦合系统的单位成本㶲耗受三个因素的影响，即耦合系统的设计生命周期、光伏发电量和系统方案设计。

　　首先，探讨耦合系统的设计生命周期对单位成本㶲耗的影响，如图 7-49 所示。

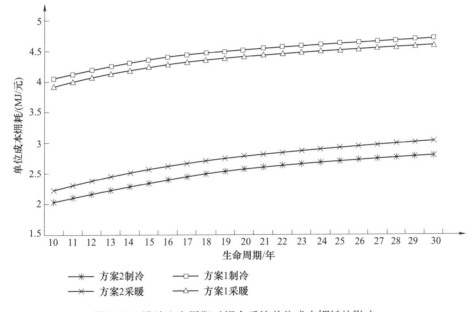

图 7-49　设计生命周期对耦合系统单位成本㶲耗的影响

　　从图 7-49 中可以看出来，当生命周期为 10 年的时候，方案 2 和方案 1 中的单位成本制冷㶲耗分别为 2.03MJ/元和 4.06MJ/元。很显然，如果采用了光伏与空气源热泵耦合系统，单位成本制冷㶲耗可以减少 50%。当生命周期为 30 年的时候，与方案 1 相比较，方案 2 中的单位成本制冷㶲耗减少 1.90MJ/元，相当于单位成本减少了 40.4% 的㶲耗。两个方案中单位成本供暖㶲耗也存在着一样的变化趋势，都是随着生命周期的增大而增加。不管是方案 1 或方案 2，随着系统设计生命周期的增加，单位成本㶲耗也逐渐增加。这意味着，如果系统的生命周期过长，系统的运行反而会耗费更多的高品质能源，这与设定的目标是相悖的。因此，系统的生命周期应当维持在一个合理的范围内。

　　综合对耦合系统㶲效率模型的分析来看，在长沙地区，选用最大转换效率为 13% 左右的单晶硅光伏电池组件建设光伏与空气源热泵耦合系统时，耦合系统的设计生命周期应该在26年。这样与市电驱动的空气源热泵系统相比，耦合系统的单位成本制冷烟耗减少了41.16%，单位成本供暖烟耗减少了35.02%。相当于在全生命周期内，耦合系统将可以节省资金7542.60元人民币。

此外，根据其他学者已有的研究结果[62]，光伏组件每发1000W的电，可以通过一定的措施回收利用5300W的热量用来生产生活热水或者供暖。光伏发电量越多，可供回收的热量也就越多。这样总的能源利用效率进一步得到提升，单位成本的烟耗也将进一步降低。

接下来讨论发电量对耦合系统单位成本烟耗的影响。图7-50和图7-51所示分别是光伏发电量对耦合系统夏季和冬季单位成本烟耗的影响。

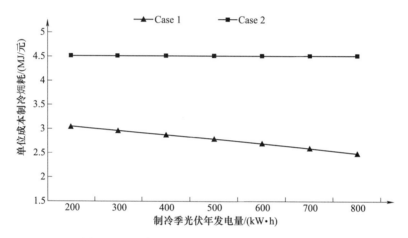

图7-50　光伏发电量对单位成本制冷烟耗的影响

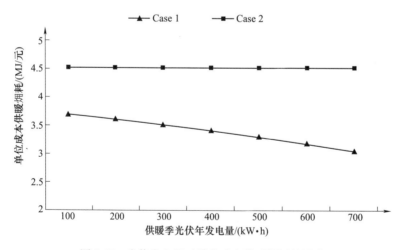

图7-51　光伏发电量对单位成本供暖烟耗的影响

本书所研究的实验系统位于湖南长沙地区，于2012年初建成。生产制造工艺的进步使现在市场所售的光伏发电组件最大转换效率普遍达到了18%~20%。同时中南地区太阳能资源分布较广，个别地区达到3000h左右的年日照数，因此这两方面都促使光伏年发电量可以大幅度提高。从图 7-50 和图 7-51 中可以看出，耦合系统的单位成本烟耗几乎与光伏年发电量成线性变化。光伏年发电量提高 100kWh，单位成本制冷烟耗最高可以减少 4.23%，单位成本采暖烟耗最高可以减少 4.09%。

最后，探讨设计方案对耦合系统单位成本烟耗的影响。从表 7-21 中不难发现，耦合系统中光伏发电组件的装机量越高耦合系统的单位成本烟耗越低。但是，这并代表耦合系统中光伏发电组件的装机容量越高就一定好。为了说明这一问题，此处先引入一个概念，即光伏发电组件的投入产出比。光伏发电组件的投入产出比是指一定装机容量的光伏发电组件最大发电量的经济价值与光伏发电组件本身的初始投资成本之间的比值。从定义上看，光伏发电组件的投入产出比越大表明光伏发电组件可以更早更容易地回收成本。表 7-21 中，通过比较发现方案 4 的投入产出比最大，达到了 1.97%。而光伏发电组件装机容量最高的方案 6，其投入产出比只有 1.78%。很明显，从回收经济成本的角度上看，方案 4 要比方案 6 优势更大。

因此，综合单位成本烟耗和光伏组件的投入产出比两个参数来看，方案 4 是最合适的组合方案，此时耦合系统中光伏发电组件的装机容量是 3200W。这个数值正好是示范系统中所采用的空气源热泵空调系统额定功率的 1.5 倍。事实上，示范系统是建立在一栋 20 世纪 80 年代的老式砖墙结构的建筑顶层。该建筑的建筑材料没有节能保温的效果，建筑外墙等围护结构也没有采取任何保温措施，因而该建筑实际的冷负荷指标是非常高的，达到甚至超过 $160W/m^2$。也就是说示范系统所在房屋的实际的冷负荷在 9600W 左右（房屋的制冷采暖面积为 $60m^2$）。为了满足这么高的冷负荷需求，用于该建筑的空气源热泵空调系统额定功率应当在 3200W 以上（空气源热泵空调系统的 COP 为 3.0 时）。这个数字与前面方案 4 中光伏组件的装机容量 3200W 一致。因此，可以认为如果在建筑中采用光伏耦合空气源热泵空调系统，耦合系统中的光伏发电组件部分的装机容量应该以建筑物实际所需要的空气源热泵系统额定功率为准。

目前，建筑中所采用的典型建筑设备主要有通风空调设备（热泵）、生活热水设备、照明系统、电视音响、计算机通信设备等。在这些建筑设备中，通风空调设备所消耗的能量占建筑总能耗的 75% 以上[5]。根据实验，在普通居民建筑中通风空调设备占用的总能耗甚至可以达到 85% 以上。如果按照传统的观点，采用光伏与空气源热泵耦合系统时，光伏发电组件的装机量应该是所有建筑设备额定功率的总和，如式（7-91）所示。这样的方案尽管简单，但是系统的热力学性能和经济性并不高。因此，以上述的分析为基础，提出了一种新的观点，即在设计光伏与空气源热泵耦合系统时，耦合系统中光伏发电组件的装机容量应当以建筑设备中最大的负荷为基准，可以表示为式（7-92）。

$$P_{des,PV} = \sum_1^n P_j \tag{7-91}$$

$$P_{des,PV} = max(P_1, P_2, \cdots, P_{n-1}, P_n) \tag{7-92}$$

式中，n 为建筑设备的数量；P_j 为不同建筑设备的负荷，例如通风空调设备（热泵）、生活热水设备、照明设备、通信计算机设备等。

7.5.6　耦合系统的碳排放模型分析与讨论

前面已经对耦合系统的热力学模型进行了分析讨论，为了进一步探讨耦合系统的节能环保性，本节将对耦合系统的碳排放进行分析讨论。本章研究了在制冷和采暖季耦合系统的热力学性能，因此本节也暂时只研究在制冷和采暖季耦合系统的碳排放指标。根据前述碳排放模型，可以计算出 6 个对比方案的碳排放指标，见表 7-22。

表 7-22 不同方案的碳排放指标

	方案 1	方案 2	方案 3	方案 4	方案 5	方案 6
每年总的 CO_2 排放减少量/（t/a）	0	0.427	0.603	0.987	1.005	1.206
每年单位成本 CO_2 排放减少量/[×10⁻³t/(a·元)]	0	0.121	0.166	0.273	0.250	0.292

从表 7-22 中可以看出，如果采用光伏与空气源热泵耦合系统，每年制冷和供暖期间可以减少 CO_2 排放量 0.427t。按照光伏与空气源热泵耦合系统 26 年的生命周期来计算，整个生命周期内累计可以减少 11.10t CO_2 排放。如果将经济成本考虑进去，方案 6 在 CO_2 减排上表现最为突出，每年单位成本 CO_2 减排量达到 0.292×10⁻³t；其次是方案 4，每年单位成本 CO_2 减排量达到 0.273×10⁻³t。综合来看，方案 4 是一个最佳选择，该方案不仅拥有最短的经济回收周期，而且拥有很好的热力学性能表现和 CO_2 减排能力。这一结论再次印证了上述用于确定耦合系统中光伏发电组件装机容量的方法是合理可行的。

本部分内容首先介绍了中南地区的基本特点，结合该地区的特点，以前述光伏最大转换效率无量纲模型为基础，针对位于该地区的一套光伏与空气源热泵耦合示范实验系统建立了一系列的热力学模型，包括耦合系统的最大㶲效率模型，耦合系统的㶲耗成本模型，并建立了该耦合系统的碳排放模型。然后，针对上述模型进行了实验验证分析，结果证明上述模型具有较好的精度和实用性。最后，利用上述模型分析比较了不同的系统方案，为中南地区光伏与空气源热泵耦合系统的设计优化提供了一种很好的方法和思路。通过模型分析对比，得到了如下的主要结论：

1）在长沙地区对光伏与空气源热泵耦合系统进行优化设计时，采用了最大光伏转换效率为 0.13 左右的光伏与空气源热泵耦合系统合理的生命周期应当设计为 26 年以上，这样耦合系统相比较传统市电驱动的空气源热泵系统具有更好的热力学性能指标。

2）在设计光伏与空气源热泵耦合系统时，其中光伏发电组件的装机容量应当根据建筑实际所需要的冷负荷来确定。即光伏发电组件的装机容量大约是为了满足建筑实际所需冷负荷所采用的空调系统额定功率的 1.1 倍。

3）相比较传统的市电驱动的空气源热泵系统，耦合系统用于制冷时单位成本消耗高品质能源数量减少 41.16%，用于采暖时减少 35.02%。

4）相比较传统的市电驱动的空气源热泵系统，在全生命周期内（以 26 年计算）耦合系统可以减少运行成本 7542.60 元人民币，减少 CO_2 排放 11.10t。

上述结论不仅证明了在长沙地区采用光伏与空气源热泵耦合系统的可行性和必要性，也证明了本章所建立模型的合理性和准确性。本章建立的模型，并不是单纯地将光伏发电系统和空气源热泵系统简单拼凑组合在一起，重点在于将整个光伏电池组件的建造安装过程也考虑进去，是一种系统设计与热力学分析方法的有机组合。本章的内容必将为将来光伏耦合空气源热泵整体式设计，为今后低碳建筑的建设改造提供指导和参考。

7.6　基于光伏热泵耦合系统热力学行为的城镇光伏可用能力评价

目前，针对一个地区光伏可用能力的评价，大多是先估算以当地可以用来安装光伏电池的土地面积，然后以此作为基础，再根据光伏电池板的额定功率，算出当地可以用来安装光伏发电系统的总装机量，并将此数据作为该地区光伏可用能力的评价指标。在前面章节中，已经证明了光伏发电系统的装机量根据建筑最大冷负荷来确定可以在热力学角度上达到最优。因此，在原有的光伏可用能力评价指标的基础上，再引入一个观点——光伏发电系统装机量根据建筑最大冷负荷来确定，从而形成一套新的光伏可用能力评价指标。通过引入新的光伏可用能力评价指标，一方面可以更加准确合理地评价当地光伏可用能力，可以更加全面地评价光伏建筑的节能性；另一方面可以为微电网的设计提供指导和参考标准。下面以湖南省韶山市为例，验证分析新的评价方法的适用性和实用性。

7.6.1　韶山市基本信息

韶山市的基本信息参见第 2 章。

7.6.2　韶山市主城区建筑分布调查

为了研究韶山市光伏辅助驱动空气源热泵耦合系统的适用性，需要研究韶山市城区主要建筑构成及分布情况，本章采取官方数据与实地调查测量数据相结合的方法对韶山市光伏辅助驱动空气源热泵耦合系统的适用性进行分析评价。其中，韶山市主城区的温度数据根据韶山市气象局提供的 1958—2014 年的气温观测资料获得，韶山市主城区的光照强度、建筑分布、建筑类型等数据则是通过实地调研和测量获得。韶山市主城区的地理位置如图 7-52 所示。

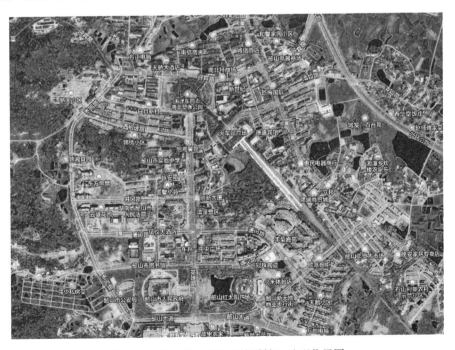

图 7-52　韶山市主城区（清溪镇）地理位置图

韶山市主城区主要以清溪镇所辖区域为主（图 7-52 中标尺所圈中的区域），主城区总周长 6.5km，面积 2.4km²。为了减少工作量，选择了主城区中一块具有代表性的区域进行详细调研。所选区域如图 7-53 中线条所圈中的区域。调研目标区域东西长 0.45km，南北长1.0km，总面积为 0.45km²，占韶山市主城区总面积的 18.75%。区域内建筑类型主要包括政府公用建筑、商业建筑（宾馆、酒店、餐厅、商店）、民用建筑（民居）和文体事业建筑（学校），因此可以很好地代表韶山市主城区的主要建筑类型构成。

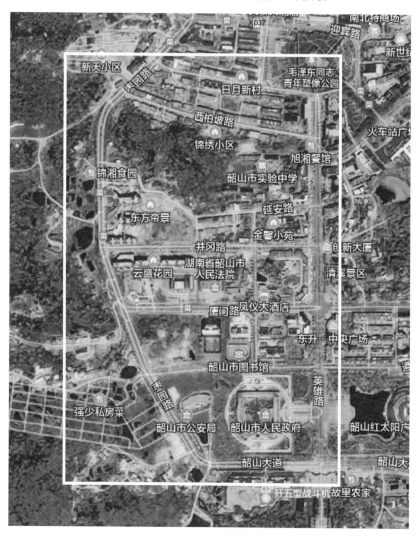

图 7-53　韶山市目标调研区域

经过实地调研，在调研目标区域内，共计调查各类建筑 28 处，合计 44 栋。其中政府公用建筑 10 处，建筑数量 10 栋，包括韶山卫生局 1 栋，就业服务局 1 栋，韶山地税局 1 栋，干部培训中心 1 栋，邮政局 1 栋，光大银行 1 栋，韶山广电局 1 栋，韶山法院 1 栋，韶山检察院 1 栋，韶山人民武装部 1 栋；商业建筑 12 处，建筑数量 12 栋，包括爱琴海餐厅 1 栋，天骄大酒店 1 栋，锦城宾馆 1 栋，姐妹宾馆 1 栋，黄程宾馆 1 栋，沁园春宾馆 1 栋，毛府假日酒店 1 栋，鸿雁酒店 1 栋，金三角茶酒楼 1 栋，车饰洁服务中心 1 栋，华裕宾馆 1 栋，南海渔港 1 栋；民用建筑 4 处，建筑物数量 20 栋，包括卫生局小区 5 栋，花园青年 A 区 5 栋，花园青年 B 区 5 栋，东润家园 5 栋；文体事业建筑 2 处，建筑物 2 栋，包括青少年中心 1 栋，韶山实验中学 1 栋。具体的建筑类型及数量分布见表 7-23 和表 7-24，各类型建筑所占比例如图 7-54 所示。

表 7-23　韶山市调研目标区域内主要建筑类型

建筑类型	调查数量	建筑数	4 层及以下建筑数	4 层以上建筑数
政府公用建筑	10 处	10 栋	7 栋	3 栋
商业建筑	12 处	12 栋	7 栋	4 栋
民用建筑	4 处	20 栋	无	20 栋
文体事业建筑	2 处	2 栋	2 栋	无

表 7-24　韶山市调研目标区域内主要建筑数量分布

建筑名称	层数	栋数	单栋顶层面积	建筑名称	层数	栋数	单栋顶层面积
韶山卫生局	5	1	336m²	黄程宾馆	4	1	440m²
卫生局小区	5	5	456m²	沁园春宾馆	4	1	330m²
爱琴海餐厅	2	1	493m²	毛府假日酒店	5	1	540m²
天骄大酒店	3	1	2272m²	干部培训中心	6	1	472m²
光大银行	2	1	360m²	邮政局	2	1	460m²
就业服务局	4	1	508m²	鸿雁酒店	6	1	646m²
韶山地税局	6	1	630m²	韶山广电	4	1	462m²
锦城宾馆	5	1	230m²	金三角茶酒楼	3	1	99m²
姐妹宾馆	5	1	330m²	韶山法院	7	1	420m²
花园青年 A 区	5	5	192m²	武装部	4	1	504m²
车饰洁服务	2	1	50m²	东润家园	6	5	522m²
花园青年 B 区	5	5	192m²	青少年中心	4	1	944m²
华裕宾馆	4	1	198m²	检察院	4	1	473m²
韶山实验中学	4	1	520m²	南海渔港	2	1	276m²

7.6.3　韶山市主城区不同建筑的光伏可用能力评价

为了全面综合评价韶山市主城区光伏可用能力以及韶山市建筑节能指标，本章在原有光伏可用能力评价的基础上，引入了前面章节的研究成果，即光伏发电系统的装机容量应当根据建筑物最大冷负荷来确定。因此，本章将引入一个新的评价指标，即光伏可用能力评价系数。此处，光伏可用能力评价系数是指在一幢建筑物中，可以用来安装的光伏发电系统最大装机容量与该建筑实际需要的光伏发电系统装机容量之间的比值。具体的计算方法见式（7-93）。

$$\theta = \frac{P_{PV-ava}}{P_{PV-need}} \tag{7-93}$$

式中，θ 为建筑的光伏可用能力评价系数，此系数越大表示建筑的光伏可用能力越大，此类建筑也就越节能；P_{PV-ava} 为建筑区域可以利用的光伏发电量；$P_{PV-need}$ 为建筑区域在最优热力学性能条件下需要的光伏发电量。

$$P_{PV-ava} = \beta \eta_{max} S A_{ava} \qquad (7-94)$$

$$P_{PV-need} = \frac{Q_{build-cold} A_{build} n_{floor}}{EER} \qquad (7-95)$$

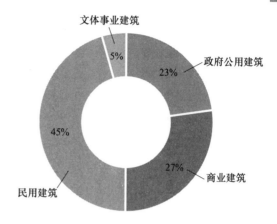

图 7-54　韶山市调研区域内各建筑类型比例

式中，A_{ava} 为可以用来安装光伏电池板的顶层建筑面积；β 为光伏电池板有效面积系数，此系数与光伏电池板的安装角度有关系，此处按照 30° 安装角度取值为 $\frac{\sqrt{3}}{4}$；$Q_{build-cold}$ 为建筑冷负荷指标；A_{build} 为建筑标准层的面积；n_{floor} 为建筑层数；EER 为建筑所采用的热泵系统的能效系数，对于空气源热泵系统来说，一般为 3.0。

从而可以得到：

$$\theta = \frac{P_{PV-ava}}{P_{PV-need}} = \frac{\beta \eta_{max} S A_{ava}}{\dfrac{Q_{build-cold} A_{build} n_{floor}}{EER}} = \frac{\beta \eta_{max} S A_{ava} EER}{Q_{build-cold} A_{build} n_{floor}} \qquad (7-96)$$

对于同一幢建筑来说，可以用来安装光伏电池板的顶层建筑面积 A_{ava} 近似等同于该建筑标准层建筑面积 A_{build}，即

$$A_{ava} = A_{build} \qquad (7-97)$$

从而可以有

$$\theta = \frac{\beta \eta_{max} S EER}{Q_{build-cold} n_{floor}} \qquad (7-98)$$

从式（7-98）中可以看出，建筑物光伏可用能力评价系数 θ 是一个变化的量，其大小与所采用的光伏电池最大转换效率 η_{max}、当地的光照强度 S、光伏电池板安装角度、建筑所采用热泵系统的能效系数 EER 以及建筑物的冷负荷指标 $Q_{build-cold}$ 和建筑物的层数有关系。

由于光伏电池最大转换效率 η_{max} 和当地的光照强度 S 存在一个最大的极限值，而建筑所采用的热泵系统能效系数 EER、建筑物冷负荷指标 $Q_{build-cold}$ 一般都是定值，因此对同一幢建筑物来说，其建筑物光伏可用能力评价系数 θ 也存在一个最大的极限值。

本章以韶山市 2013 年 8 月数据为例，根据实地调查数据，取当月最高光照强度为 933W/m²，日间平均温度为 30.7℃，设定所调查建筑物均采用了能效系数 EER 为 3.0 的热泵空调系统，则每一栋建筑物对应的光伏可用能力评价系数可以根据式（7-98）计算，计算出来的结果见表 7-25。

表 7-25　调查建筑物的光伏可用能力评价系数

建筑名称	层数	冷负荷指标 /（W/m²）	最大光伏可用能力评价系数 θ	建筑名称	层数	冷负荷指标 /（W/m²）	最大光伏可用能力评价系数 θ
韶山卫生局	5	151	0.2098	黄程宾馆	4	114	0.3473
卫生局小区	5	158	0.2005	沁园春宾馆	4	114	0.3473
爱琴海餐厅	2	360	0.2200	毛府假日酒店	5	114	0.2779
天骄大酒店	3	114	0.1467	干部培训中心	6	151	0.1748
光大银行	2	151	0.5244	邮政局	2	151	0.5244
就业服务局	4	151	0.2622	鸿雁酒店	6	114	0.2316
韶山地税局	6	151	0.1748	韶山广电	4	151	0.2622
锦城宾馆	5	114	0.2779	金三角茶酒楼	3	360	0.1467
姐妹宾馆	5	114	0.2779	韶山法院	7	151	0.1498
花园青年 A 区	5	158	0.2005	武装部	4	151	0.2622
车饰洁服务	2	365	0.2170	青少年中心	4	358	0.1106
花园青年 B 区	5	158	0.2005	检察院	4	151	0.2622
华裕宾馆	4	114	0.3473	南海渔港	2	360	0.2200
东润家园	6	158	0.1671	韶山实验中学	4	358	0.1106

如果根据不同的建筑类型进行区分，对表 7-25 整理后可以得到表 7-26。

表 7-26　韶山市不同建筑类型的光伏可用能力评价系数

建筑类型	政府公用建筑	层数	商业建筑	层数	民用建筑	层数	文体事业建筑	层数
光伏可用能力评价系数 θ	0.2098	5	0.2200	2	0.2005	5	0.1106	4
	0.5244	2	0.1467	3	0.2005	5	0.1106	4
	0.2622	4	0.2779	5	0.2005	5	—	—
	0.1748	6	0.2779	5	0.1671	6	—	—
	0.1748	6	0.2170	2	—	—	—	—
	0.5244	2	0.3473	4	—	—	—	—
	0.2622	4	0.3473	4	—	—	—	—
	0.1498	7	0.3473	4	—	—	—	—
	0.2622	4	0.2779	5	—	—	—	—
	0.2622	4	0.2316	6	—	—	—	—
	—	—	0.1467	3	—	—	—	—
	—	—	0.2200	2	—	—	—	—
平均值	0.2807	—	0.2548	—	0.1922	—	0.1864	—

根据表 7-26 中的计算结果可以发现，在各建筑类型中，韶山市光伏可用能力评价系数平均值最大的建筑类型是政府公用建筑，其次分别是民用建筑和文体事业建筑。其中政府公用建筑的光伏可用能力评价系数最大值为 0.5244，最小值为 0.1498，平均值为 0.2807；商业建筑的最大值为 0.3473，最小值为 0.1467，平均值为 0.2548；民用建筑最大值为

0.2005，最小值为 0.1671，平均值为 0.1922；文体事业建筑最大、最小以及平均值均为 0.1106，如图 7-55 所示。

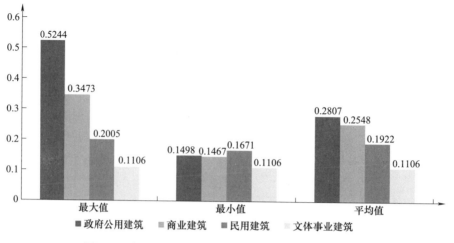

图 7-55　韶山不同建筑类型光伏可用能力评价系数对比

结合图 7-54 分析，在调研区域中，政府公用建筑占总调查建筑物数量的比例为 23%，低于民用建筑的 45% 和商业建筑的 27%；而其光伏可用能力评价系数则反超民用建筑和商业建筑。从平均值来看，政府公用建筑的光伏可用能力评价系数为 0.2807，商业建筑的光伏可用能力评价系数为 0.2548，民用建筑的光伏可用能力评价系数为 0.1922，政府公用建筑的光伏可用能力评价系数是商业建筑的 1.10 倍，民用建筑的 1.46 倍。相应的，商业建筑所占的比例是政府公用建筑的 1.18 倍，民用建筑所占比例是政府公用建筑的 1.96 倍。可见，政府公用建筑和商业建筑的比例虽然不大，但是它们的光伏可用能力评价系数很大，也就意味着这两种类型的建筑在做光伏耦合热泵系统应用时，可以收到更好的节能效果。因此，应当优先对此两种类型的建筑进行节能改造，优先在此类建筑中推广使用光伏耦合热泵系统。

同时，光伏可用能力评价系数还与建筑物的层数有关系。因此，应当针对不同的建筑类型，结合建筑层数对该建筑的光伏可用能力评价系数进行综合分析和评价。如图 7-56 所示，根据调研数据，给出了不同建筑类型 2~7 层不同层数所对应的光伏可用能力评价系数。在图 7-56 中，商业建筑的光伏可用能力评价系数出现了两个拐点。这是由于 3 层及 3 层以下的商业建筑参考类型一般是饭店和商店，4 层及以上则是酒店类，因此在分析商业建筑时应该间断分析比较，即 3 层及 3 层以下单独分析比较，4 层及 4 层以上单独分析比较。基于此，可以对采用了光伏耦合热泵系统的建筑进行节能评价或绿色建筑评估。

按照图 7-57 所示的曲线，在临界线以上的 A 区间表示应用了光伏与空气源热泵耦合系统的建筑具有优秀的节能效果，而在 B 区间则表示该建筑的节能效果较差。当对一栋采用了光伏耦合热泵系统的 4 层政府公用建筑进行评估时，可以查图得到其推荐的光伏可用能力评价系数是 0.2622，因此只有当该建筑实际的光伏可用能力评价系数达到了 0.2622 的时候（即在临界线上），才能认定其达到了节能标准或者达到了绿色建筑的标准。当其实际指标超过了 0.2622 的时候（散点在 A 区间内），意味着该建筑的实际冷负荷指标已经低于了推

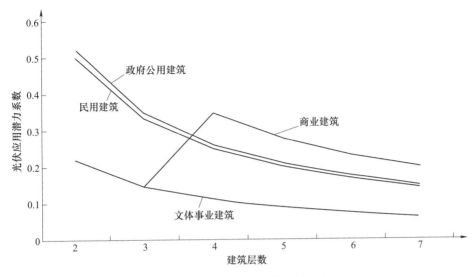

图 7-56　韶山不同层数建筑的光伏可用能力评价系数

荐值，这样就可以体现出该建筑在围护结构节能等方面采取了较好的措施，因此该建筑具有更好的节能性，从而更加贴近绿色建筑的最终标准（即零碳建筑）。同样的道理，其他各类型的建筑都可以得到类似的一张分布评价图，用于对应用了光伏耦合空气源热泵的建筑进行三级评价。

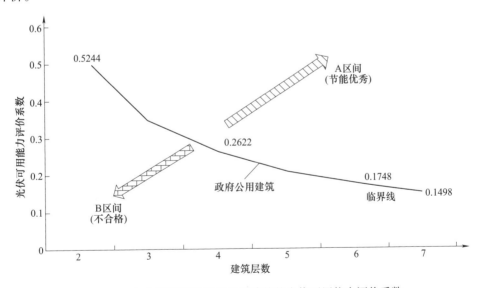

图 7-57　韶山不同层数政府公用建筑的光伏可用能力评价系数

7.6.4　韶山市主城区域总体光伏可用能力评价

在上节中研究了韶山市主城区不同建筑的光伏可用能力评价，基于此可以形成对整个韶山市主城区总体的光伏可用能力评价方法。

针对调查区域的建筑，可以算出该区域可以利用的总的光伏发电总量和该区域在最优热力学性能条件下需要的光伏发电总量，具体计算方法见式（7-99）和式（7-100）。

$$P_{\text{PV-ava,total}} = \sum P_{\text{PV-ava},j}, \, j = 1,2,3\cdots \tag{7-99}$$

$$P_{\text{PV-need,total}} = \sum P_{\text{PV-need},j}, \, j = 1,2,3\cdots \tag{7-100}$$

式中，$P_{\text{PV-ava,total}}$ 表示该区域可以利用的总的光伏发电总量；$P_{\text{PV-need,total}}$ 表示该区域在最优热力学性能条件下需要的光伏发电总量；$P_{\text{PV-ava},j}$ 表示该区域内不同建筑可以利用的光伏发电总量；$P_{\text{PV-need},j}$ 表示该区域内不同建筑在最优热力学性能条件下需要的光伏发电量；j 表示该区域内不同的建筑。

于是可以得到一个用于评价区域总体光伏可用能力评价的指标：

$$\theta_{\text{area}} = \frac{P_{\text{PV-ava,total}}}{P_{\text{PV-need,total}}} \tag{7-101}$$

式中，θ_{area} 为一个区域的光伏可用能力评价系数，此系数越大表示该区域总的光伏可用能力越大，该区域在应用光伏进行节能减排方面越具有优势。

将韶山市调查区域内相关的数据代入到式（7-99）、式（7-100）和式（7-101），可以得到韶山市调查区域可以利用的总的光伏发电总量、该区域在最优热力学性能条件下需要的光伏发电总量以及该区域的光伏可用能力评价系数。具体数值见表 7-27。

表 7-27　韶山调查区域光伏可用能力评价计算结果

	调查区域可以利用的光伏发电总量	最优热力学性能条件下调查区域需要的光伏发电总量	调查区域的光伏可用能力评价系数
计算结果	0.88MW	4.56MW	0.1933

由于所调查区域占整个韶山主城区的 18.75%，根据统计理论，可以换算出整个韶山主城区的可以利用的光伏发电总量以及所需要的光伏发电总量，具体结果见表 7-28 所示。

表 7-28　韶山主城区光伏可用能力评价计算结果

	主城区可以利用的光伏发电总量	最优热力学性能条件下主城区需要的光伏发电总量	主城区的光伏可用能力评价系数
计算结果	4.71MW	24.34MW	0.1933

从表 7-28 的结果可以看出，韶山主城区最大可以利用的光伏发电总量为 4.71MW，如果能够加以利用，相当于为韶山减少了一个 5MW 级别的电站。在上述的计算过程中，用于计算光伏最大转换效率的方法是以长沙地区的光伏最大转换效率无量纲公式计算的，该公式是基于最大光伏效率 13% 左右的光伏电池推导出来的。现在光伏电池的材料和生产工艺得到了进一步的优化提升，市场现有的商业用光伏电池最大光伏转换效率可以达到 18% 左右。因此，实际应用时的光伏可用能力评价系数也会随着发生变化，有必要对其进行敏感性分析。图 7-58 所示是主城区不同光伏效率下可以利用的光伏发电总量的变化情况。

从图 7-58 中可以看出来，当光伏最大转换效率从 13% 提升到 18% 时，韶山主城区的可用光伏发电总量将从 4.71MW 提升到 6.48MW，提升幅度达到 37.58%，将可以为韶山主城区提供所有首层建筑空调冷负荷所需要的电量（6.09MW）；而如果光伏最大转换效率能够进一步提升到 22% 时，韶山主城的可用光伏发电总量也将提升到 7.92MW，提升幅度达到 68.15%，将可为韶山主城区提供所有首层及部分第二层的建筑空调冷负荷所需要的电量。

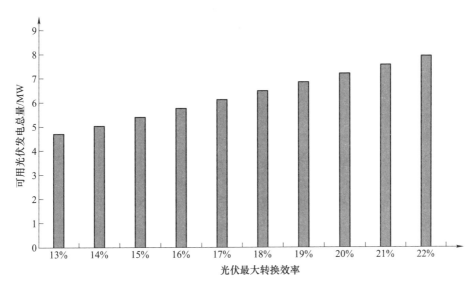

图 7-58　主城区不同光伏最大转换效率下可用光伏发电总量

因此，光伏与空调耦合系统的节能潜力不容小觑。

在表 7-28 中还计算出了韶山主城区的光伏可用能力评价系数为 0.1933。而不同光伏最大转换效率情况下，此系数也将发生变化，如图 7-59 所示。可以看出，光伏可用能力评价系数与光伏最大转换效率成正比例关系。系统所采用的光伏组件最大转换效率越大，则该地区的光伏可用能力系数也就越高，意味着该地区将更加节能，与前面的结论也是一致的。

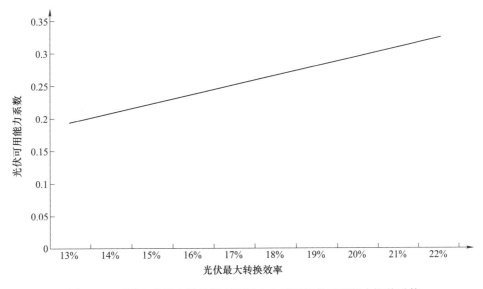

图 7-59　不同光伏最大转换效率下韶山主城区光伏可用能力评价系数

因此，利用光伏可用能力评价系数可以很好地评价一个地区的建筑节能效果和光伏利用情况。采用同样的计算方法还可以算出其他不同城市的光伏可用能力评价系数，从而进行横向的比较，该系数数值越大的城市表明越适宜发展光伏与热泵耦合系统，所带来的节能减排效果也将越明显。本章即以一种光伏与空气源热泵耦合的系统为对象，从热力学角度对该系统进行了研究分析和应用评价，解决了目前相关研究中仍然存在的四个问题。

作为主要研究工作的总结，具体来说，本章的主要内容包括：

1）综合国内外相关的研究文献，对目前学者所做的有关光伏理论和应用研究、热泵理论和应用研究以及二者耦合系统的理论和应用研究工作进行了全面阐述，找到了目前研究中仍然存在的问题。

2）找到目前研究中仍然存在的问题后，提出了分布式光伏辅助驱动空气源热泵系统的概念方案，并在此概念方案的基础上建立了一套合适的实验示范系统。

3）本章首先对光伏电池的发电性能（最大光电转换效率）采用了三种基于数据分析的直接方法进行建模，包括灰色模型、线性回归模型以及 BP 神经网络模型。利用已有学者的数据和实验示范系统的实验数据，对这三种模型进行了研究对比。结果显示，灰色模型相对误差最大，并且由于模型自身限制，不能应用于任意状态参数条件下光伏最大转换效率预测；交叉回归模型具有解析表达式的形式，应用起来较为方便，但相对误差波动较大；BP 神经网络模型相对误差波动小，精度最高，但是应用时必须利用计算机和专业计算软件，应用不方便。由于基于数据分析的直接方法都存在一些问题，本章随后又采用了一种基于光伏电池热力学模型的间接建模方法，并运用了无量纲分析理论，从而建立了精准的光伏电池最大转换效率无量纲模型。该模型具有解析表达式的形式，可以方便准确地用于计算预估任意环境条件参数下光伏电池的最大转换效率。在长沙地区，该模型的解析形式为：$\eta_{max} = 1.337 \times 10^3 \times (T_0)^{-1.6457} (S)^{0.0254}$。

4）本章随后在上述无量纲模型的基础上，进一步扩展到整个耦合系统，建立了光伏与空气源热泵耦合系统的热力学模型（包括㶲耗模型、㶲耗经济模型以及 CO_2 排放模型）；并利用实验系统的相关实验数据，对此模型进行了验证分析，得到了中南地区该模型的适用性结论，即在长沙地区对光伏与空气源热泵耦合系统进行优化设计时，耦合系统最为合理的生命周期应当设计为 26 年以上，这样耦合系统相比传统市电驱动的空气源热泵系统具有更好的热力学性能指标；相比传统的市电驱动的空气源热泵系统，耦合系统用于制冷时单位成本消耗高品质能源数量减少 41.16%，用于采暖时减少 35.02%；相比传统的市电驱动的空气源热泵系统，在全生命周期内（以 26 年计算）耦合系统可以减少运行成本 7542.60 元人民币，减少 CO_2 排放 11.10t（此数据均基于最大光伏转换效率为 13%左右的光伏与空气源热泵耦合实验系统，新工艺的采用将提高光伏电池最大转换效率，此数据也将有所变化）。同时，提出了光伏与空气源热泵耦合系统的设计准则，即在设计光伏与空气源热泵耦合系统时，其中光伏发电组件的装机容量应当根据建筑实际所需要的冷负荷来确定。

5）最后，本章利用所建立的无量纲热力学模型以及光伏发电系统装机容量根据建筑最大冷负荷确定的设计准则，建立了单体建筑和整体城镇最优热力学条件下所需要的光伏发电量计算方法。以最优热力学条件下所需要的光伏发电量计算方法为基础，提出了单体建筑和整体城镇光伏可用能力评价指标并建立了计算该指标的具体方法。最后，给出了韶山地区不同建筑类型不同建筑层数的光伏可用能力评价系数对照曲线。利用该曲线可以方便地对采用了光伏耦合热泵系统的建筑进行三级节能评价或绿色建筑评估。还给出了韶山整个城区的光伏可用能力评价方法，利用该方法可以对不同的城市城区进行测算和评估，从而优化选择合适的应用地区。由此，形成了一套针对单体建筑和整体城镇的绿色节能建筑评价方法。

根据前面的分析，将分布式光伏空调耦合系统应用于中南地区可按以下原则设计：

1）在设计单户住宅时，光伏发电组件的装机容量应根据建筑实际所需要的空调冷负荷来确定。即光伏发电组件的装机容量为建筑空调系统实际功率的 1.0~1.1 倍。

2）在设计单体建筑时，首先依据建筑类型和层数进行光伏可用能力评价系数评估，判断其潜在的节能性；光伏系统的设计容量以该建筑光伏可用能力评价系数的计算值为设计依据。

3）在设计整体城镇时，光伏系统发电可用量约为满足其建筑空调总冷负荷所需电量的20%。而韶山市的光伏发电总装机容量约为 8.2MW 且正在扩建中，尚未达到韶山市总建筑空调负荷的 20%。

4）分布式光伏空调耦合系统优先考虑建筑空调系统消纳光伏发电的能力，其光伏容量设计以空调负荷为设计指标，形成了一套完整的满足耦合系统的热力学性能最优条件下的单户住宅、单体建筑和整体城镇的光伏系统容量设计方法（此时，系统碳排放量也相对最小），为光伏系统初期规划提供合理的设计指标，对光伏系统的设计具有指导性的意义。

以初期最高成本发展阶段的成本数据为基础（可视为可再生能源发展的一种最不利工况条件，这种最不利工况条件可理解为光伏资源相对较差，光伏转换效率相对较低以及初期生产成本相对较高等），借助热力学优化手段所获得的投入产出比值并不高，但从中可以发现两点：一是发展光伏应用技术，即便是初期高成本，其收益仍是正向性的，这表明光伏应用技术是值得发展并推广的。另一则表明，一个像光伏这样的新技术，在其发展之初就突发或高速膨胀式的扩张，则隐含了高成本及高资源消耗的风险，对整个社会经济的发展并不一定有利。应当采取一种合理的循序渐进的方式来推进。同时，文中模型实际上考虑到了使用侧（末端拓扑级）的用能结构性特征，即所有建筑（室内）用能设备中季节性耗能最大设备（拓扑级）与光伏耦合在热力学、热经济学等方面均相对最为合理，所以，分布式光伏系统设计时考虑用能结构特点非常重要，这一点对分布式能源站的建设也有一定的借鉴或参考作用。即在建分布式能源站时，其用户侧用能结构特征与光伏驱动空调会有不同，但用户侧同样存在其他类型的用能结构问题，例如建水源分布式能源站时，小区或开发区会存在部分建筑住宅较长时间不会使用的情况，其用能容量呈现显著的时间分布特性，这一点在建分布式能源站时应予以考虑。

7.7 本章小结

本章介绍了韶山地区的基本信息，提出了研究该地区光伏耦合热泵系统适用性的目标。本章主要内容包括提出一种分布式光伏发电系统与建筑冷热源系统（热泵）耦合运行即光伏驱动建筑冷热源的概念和方案；研究建立基于数据分析方法的太阳能光伏电池直接预测模型；建立太阳能光伏电池的热力学模型（包括理论热力学模型以及无量纲热力学模型），并研究分析其热力学性能；基于已建立的太阳能光伏电池的热力学模型，建立太阳能光伏与空气源热泵耦合系统的热力学模型并分析研究系统间的热力学行为特征；利用上述热力学模型对光伏与空气源热泵耦合系统的应用进行模拟评价。

为了达到此目标，本章对该地区的建筑分布、数量和类型等进行了区域性的调研，并对调查结果进行了分类和统计。随后结合该地区的气候信息以及调研得到的建筑信息，以光伏最大转换效率无量纲模型和光伏发电系统装机容量根据建筑最大冷负荷确定的结论为基础，提出了建筑物在最优热力学条件下所需要光伏发电量的计算方法。随后，在上述计算方法的基础上，提出了一个新的可以全面综合评价韶山市主城区光伏可用能力评价以及韶山市建筑节能指标的参数——光伏可用能力评价系数。最后，本章给出了光伏可用能力评价系数的计算方法和计算结果，并做了相应的敏感性分析，给出了韶山地区不同建筑类型不同建筑层数的光伏可用能力评价系数对照曲线。利用该曲线可以方便地对采用了光伏耦合热泵系统的建筑进行节能评价或绿色建筑评估。这里不仅提供了可供参考的用于评价光伏可用能力评价系数的对照曲线，重点是为光伏耦合热泵系统的应用提供了一种切实可行的评价方法，将为以后此类耦合系统的应用以及低碳绿色建筑的综合评价提供指导和参考。同时，还给出了区域性地光伏可用能力评价指标的计算方法和用法，从而形成了针对单元套房、单体建筑和整体城镇的绿色建筑节能评价方法。

参 考 文 献

［1］ 沈辉，曾祖勤. 太阳能光伏发电技术［M］. 北京：化学工业出版社，2005.

［2］ Green MA . Third generation photovoltaics：Solar cells for 2020 and beyond［J］. Physica E Low-dimensional Systems and Nanostructures, 2002, 14（1）：65-70.

［3］ Zhao J H, Wang A, Martin A Green. High-efficiency PERL and PERT silicon solar cells on FZ and MCZ substrates［J］. Solar Energy Materials and Solar Cells, 2001, 65（1）：429-435.

［4］ Szweda R. Third generation solar cells［J］. Ⅲ-Vs Review, 2003, 16（6）：53-55.

［5］ 成志秀，王晓丽. 太阳能光伏电池综述［J］. 信息记录材料，2007（2）：41-47.

［6］ 耿新华，李洪波，王宗畔，等. 400cm² a-Si/a-Si 叠层太阳电池的研究［J］. 太阳能学报，1998，19（4）.

［7］ Staebler D L . Reversible conductivity changes in discharge-produced amorphous Si［J］. Appl. Phys. Lett. 1977, 31（4）：292-294.

［8］ 方亮，韩大星，王万录. 非晶硅合金太阳电池的最新进展［J］. 太阳能，1999（1）：10-11.

［9］ 刘世友. 铜铟硒太阳电池的生产与发展［J］. 太阳能，1999（2）：16-17.

［10］ 张剑，杨秀程，冯晓东. 有机太阳能电池结构研究进展［J］. 电子元件与材料，2012，31（11）：79-82.

［11］ 吕笑梅，方靖淮，陆祖宏. 敏化 TiO₂ 纳米晶光伏电池［J］. 功能材料，1998，29（6）：574-577.

［12］ 何杰，苏忠集，向丽，等. 聚合物太阳能电池研究进展［J］. 高分子通报，2007，4（4）：53-65.

［13］ 王保民，李昌进，张建中，等. 高压微型砷化镓太阳电池的研究［J］. 微纳电子技术，2004，41（6）：35-37.

［14］ 张籍权，张伏生，刘爱民，等. 绒面 ZnO/Si 异质结太阳能电池的初步研究［J］. 人工晶体学报，2009，38（6）：1344-1348.

［15］ 贾树明，魏大鹏，焦天鹏，等. 石墨烯/CdTe 肖特基结柔性薄膜太阳能电池研究［J］. 电子元件与材料，2015，34（6）：19-27.

［16］ 章诗，王小平，王丽军，等. 薄膜太阳能电池的研究进展［J］. 材料导报，2010，24（5）：126-131.

［17］ Seung Y M, Sriprapha K, Yashiki Y, et al. Silicon -based thinfilm solar cells fabricated near the phase boundary by VH FPECVD technique［J］. Solar Energy M ater Solar Cells, 2008, 92（6）：639.

［18］ Mai Y, Klein S, et al. Microcrystalline silicon solar cells deposited at high rates［J］. Journal of Applied Physics, 2005, 97（11）.

[19] 苏孙庆. 多晶硅薄膜太阳能电池的研究进展 [J]. 技术物理教学, 2007, 15 (2): 45-47.

[20] 张利. 光伏电池特性研究 [D]. 保定: 华北电力大学, 2008.

[21] 蒋亚娟. 光伏电池建模及其在光伏发电预测中的应用 [D]. 武汉: 华中科技大学, 2011.

[22] 布罗章斯基. 㶲方法及其应用 [M]. 王加璇译. 北京: 中国电力出版社, 1997.

[23] 朱明善. 能量系统的㶲分析 [M]. 北京: 清华大学出版社, 1988.

[24] 王成山, 杨占刚, 武震. 一个实际小型光伏微网系统的设计与实现 [J]. 电力自动化设备, 2011 (6): 6-10.

[25] 钱军, 李欣然, 惠金花, 等. 分布式发电和微电网的研究综述 [C]. 全国博士生学术论坛, 2008.

[26] 杨金焕, 于化丛, 葛亮. 太阳能光伏发电应用技术 [M]. 北京: 电子工业出版社, 2009.

[27] 贺琳, 李英姿. 改进 GM(1, 1) 残差修正模型在光伏发电量短期预测中的应用 [J]. 北京建筑工程学院学报, 2008, 24 (4): 61-65.

[28] 李光明, 刘祖明, 何京鸿, 等. 基于多元线性回归模型的并网光伏发电系统发电量预测研究 [J]. 现代电力, 2011, 28 (2): 43-48.

[29] 栗然, 李广敏. 基于支持向量机回归的光伏发电出力预测 [J]. 中国电力, 2008, 41 (2).

[30] 陈昌松, 段善旭, 殷进军. 基于神经网络的光伏阵列发电预测模型的设计 [J]. 电工技术学报, 2009, 24 (9): 153-158.

[31] 丁明, 王磊, 毕锐. 基于改进 BP 神经网络的光伏发电系统输出功率短期预测模型 [J]. 电力系统保护与控制, 2012, 40 (11): 93-99.

[32] Li Y Z, Niu J C. Forecast of Power Generation for Grid-Connected Photovoltaic System Based on Markov Chain [C] // IEEE Conference on Industrial Electronics & Applications. IEEE, 2009.

[33] 丁明, 徐宁舟. 基于马尔可夫链的光伏发电系统输出功率短期预测方法 [J]. 电网技术, 2011 (1): 152-157.

[34] Caputo D, Grimaccia F, Mussetta M, et al. Photovoltaic plants predictive model by means of ANN trained by a hybrid evolutionary algorithm [C] // International Joint Conference on Neural Networks. IEEE, 2010.

[35] Green M A. Solar cells: Operating principles, technology, and system applications [J]. Solar Energy, 1982.

[36] Araujo G L, Sánchez E, Martí M. Determination of the two-exponential solar cell equation parameters from empirical data [J]. Solar Cells, 1982, 5 (2): 199-204.

[37] Rahman Md H, Yamashiro S. Noveldistributed power generating system of PV-ECaSS using solar energy estimation [J]. IEEE Transactions on Energy Conversion, 2007, 22 (2): 358-367.

[38] Tao C, Shanxu D, Changsong C. Forecasting power output for grid-connected photovoltaic power system without using solar radiation measurement [C] // Power Electronics for Distributed Generation Systems (PEDG), 2010 2nd IEEE International Symposium on. IEEE, 2010.

[39] Yona A, Senjyu T, Saber A Y, et al. Application of Neural Network to One-Day-Ahead 24 hours Generating Power Forecasting for Photovoltaic System [C] // Intelligent Systems Applications to Power Systems, 2007. ISAP 2007. International Conference on. IEEE, 2007.

[40] 邓聚龙. 灰色系统理论教程 [M]. 武汉: 华中理工大学出版社, 1990.

[41] 刘思峰, 党耀国, 方志耕. 灰色系统理论及其应用 [M]3 版. 北京: 科学出版社, 2004.

[42] 包凤达, 翁心真. 多元回归分析的软件求解和案例分析 [J]. 数理统计与管理, 2000, 9: 20-25.

[43] 孙振宇. 多元回归分析与 Logistic 回归分析的应用研究 [D]. 南京: 南京信息工程大学, 2008.

[44] 杨德平, 刘喜华, 孙海涛. 经济预测方法及 MATLAB 实现 [M]. 北京: 机械工业出版社, 2012.

[45] 翟载腾. 任意条件下光伏阵列的输出性能预测 [D]. 合肥: 中国科学技术大学, 2008.

[46] Mcculloch W S, Pitts W. A logical calculus of the ideas immanent in nervous activity [J]. The bulletin of mathematical biophysics, 1943, 5 (4): 115-133.

［47］ Sözen A，Arcakhoglu E，Özalp M，et al. Forecasting based on neural network approach of solar potential in Turkey ［J］. Renewable Energy，2005，30（7）：1075-1090.

［48］ 廖宁放，高稚允. BP 神经网络用于函数逼近的最佳隐层结构 ［J］. 北京理工大学学报，1998，18（4）：476-480.

［49］ Hecht N R. Neurocomputing ［M］. Addison Wesley，1990.

［50］ 张德丰. MATLAB 神经网络仿真与应用 ［M］. 北京：电子工业出版社，2009.

［51］ 袁曾任. 人工神经元网络及应用 ［M］. 北京：清华大学出版社，2000.

［52］ 刘长青. 单晶硅太阳能电池的光伏特性及传热过程的研究 ［D］. 南宁：广西大学，2008.

［53］ Hegazy A A. Comparative study of the performances of four photovoltaic/thermal solar air collectors ［J］. Energy Conversion & Management，2000，41（8）：861-881.

［54］ Jones A D，Underwood C. A thermal model for photovoltaic systems ［J］. Solar Energy，2001，70（4）：349-359.

［55］ Yu C F. Environmental health perspectives in Central China ［J］. Indoor Built Environ，2014，23（2）：191-193.

［56］ Coal Industry Advisory Board，International Energy Agency. Coal in the energy supply in China. Report of the CIAB Asia Committee ［EB/OL］，http：//www. iea. org/ciab/papers/coalchina99. pdf（accessed 23 March 2014）.

［57］ 王仲颖，任东明. 中国可再生能源产业发展报告. 2009（中英文版）.［M］. 北京：化学工业出版社，2010.

［58］ Li B，Yu W，Li M，et al. Climatic Strategies of Indoor Thermal Environment for residential buildings in Yangtze River Region，China ［J］. Indoor and Built Environment，2011，20（1）：101-111.

［59］ Knapp K E，Jester T L. An Empirical Perspective on the Energy Payback Time for Photovoltaic Modules ［C］. In：Solar 2000 Conference. Madison，Wisconsin：2000.

［60］ Ould-Amrouche S，Rekioua D，Hamidat A. Modelling photovoltaic water pumping systems and evaluation of their CO_2 emissions mitigation potential ［J］. Applied Energy，2010，87（11）：3451-3459.

［61］ Yang JH. Analysis of potential for CO_2 mitigation and study on photovoltaic systems ［C］. In：Proceedings of 10th China Solar Photovoltaic Conference. Changzhou：2008，845-849.

［62］ Adeli M M，Sobhnamayan F，Farahat S，et al. Experimental Performance Evaluation of a Photovoltaic Thermal（PV/T）Air Collector and Its Optimization ［J］. Journal of Mechanical Engineering，2012，58（5）：309-318.

第 8 章

展 望

本书涉及小城镇建设与发展的诸多方面，就热环境分析而言，目前国内关注较少，同时在相关规划和条例中也并未体现；就可再生能源应用方面而言，目前在政策及规划中涉及不少，但对于优化的理论与方法，针对性并不突出。本书以韶山为例，开展相关探索性工作。本章根据前面几章的内容，分别就热环境与可再生能源优化方面进行总结。

1. 韶山市微热气候主要特征

联合国政府间气候变化专门委员会[1]（IPCC）发表的第四次评估报告就指出，近百年来全球变暖趋势很大程度上与城市化发展有关。目前，我国正处于城市化进程高速发展的阶段，为了科学调控我国城市热环境特别是占比例最大的小型城市热环境，本书选取由自然农村转型而来的小型城市——韶山市作为研究对象，调查了韶山市气温、相对湿度、室外PM2.5浓度、城市地表热流密度以及社会经济等方面的信息和数据，采用线性倾向估计法和累计距平法分析了不同时间尺度下韶山市气温和相对湿度的变化规律特征，同时对韶山市气温进行了气候突变检验，推断出韶山市开始受城市化显著影响的时间点，并以此时间点作为分界年份分析了韶山市气温的阶段性变化特征。然后，本书分别采用两种方法衡量了城市化对韶山市热环境的影响程度即城市热岛强度，一种是将40cm深度地温作为不受城市化影响的气温变化序列，一种是将之前热环境阶段性变化分析所得的开始受城市化显著影响的时间点作为分界年份，将分界年份之前的气温变化序列作为自然变化气温序列。最后，本书分析了城市热环境的影响因素，提出热环境因子和综合城市化热环境指数的概念，将城市热环境影响因素分为自然热环境因子和城市化热环境因子，并基于城市化发展的角度选取了总人口、非农业人口/总人口、人均GDP、第三产业增加值/国内生产总值、第三产业增加值六项反映城市化发展水平的指标作为城市化热环境因子，分别采用主成分分析法和灰色关联分析法与加权综合评价法的方法构建综合城市化热环境指数，并构建综合城市化热环境指数与城市气温之间的回归模型，比较两种方法所构建的回归模型，选出最优模型作为韶山市热环境分析模型，同时对比与韶山市有相似气候特征但却不同产业结构的萍乡市的热环境分析模型，以寻求不同城市热环境（微热气候）分析模型的共性和差异。此外，本书基于所调查的数据和笔者之前对结露时热环境的研究成果探讨了CFD模拟时回潮和不回潮条件下城市地表热流密度的确定方法，为韶山市热环境的CFD模拟提供一定的依据。主要得出以下研究结论：

1) 得出了CFD建模时在回潮和不回潮条件下城市地表热流密度的确定方法，并获得了拟城市地表表面传热系数值[4.2W/(m² · ℃)]。

2) 近57年来韶山市气温总体呈上升趋势，年平均气温的线性变化倾向率为0.12℃/

10a。从 20 世纪 60 年代到 21 世纪初，除 20 世纪 60 年代的年平均气温呈显著的下降趋势（0.842℃/10a）外，其他年代均呈现不同程度的上升趋势，其中以 20 世纪 70 年代气温上升程度最大，达到 1.273℃/10a。四季中，除夏季气温无明显变化趋势外，其他季节的气温均呈现不同程度的增温趋势，其中以冬季和春季增温趋势最大。12 个月份中 2 月、4 月、5 月增温趋势最为显著。韶山市 1981—2010 年间的相对湿度总体呈下降趋势，但普遍较高，达到 81%。

3）1997 年开始城市化对韶山市气温产生显著性影响，1997—2014 年间城市化增温率至少为 0.26℃/10a，四季中夏季、秋季的气温受城市化影响程度最大。

4）提出了城市化热环境因子、综合城市化热环境指数的概念，建立了韶山市热环境分析模型。由模型可以看出，韶山市气温与城市化发展水平之间存在一种非线性关系。随着城市化水平的提高，城市气温并非无限上升，反而上升加速度越来越慢甚至有变为负数的趋势。笔者认为这说明城市化发展与城市热环境之间可能存在某种制约关系，而这种制约关系会随着城市人工环境和自然环境的改变而改变。不同城市之间的城市热环境分析模型不同，但是城市气温均表现为随城市化的发展而增加，且各城市化热环境因子对于城市气温的影响程度相近。通过所建立的模型对各个城市化热环境因子进行敏感性分析发现，各城市化热环境因子对城市气温的影响程度相近。

本书研究了韶山市城市热环境（微热气候）变化特征，分析了城市化对韶山市气温的影响程度，并探讨了城市化发展水平与城市气温之间的关系，取得了一定的成果，丰富了我国关于城市特别是小型城市热环境的研究，并为城市热环境 CFD 模拟的边界条件确定等奠定了一定的理论基础。由于信息、数据的不足，本书所获得的研究成果有待进一步的深化细化。为了更进一步地探讨城市化发展水平与城市气温之间的关系，掌握城市热环境以及城市热岛效应的形成机制，今后的工作还应注重以下几点：

1）由于所获得的数据资料有限，本书仅运用 1991—2013 年的气象数据和社会经济数据探讨城市化发展水平与城市气温之间的关系，若需进一步验证结论的可靠性需要选取更长序列的气象及社会经济数据。

2）由于韶山市社会经济统计数据有限，本书在建立综合城市化热环境指数时仅选取了总人口、非农业人口/总人口、人均 GDP、第三产业增加值/国内生产总值、第三产业增加值六个城市化热环境因子构建综合城市热环境指数，这六个热环境因子没有体现城市的下垫面、空气品质等状况，并不能系统反映对热环境产生影响的城市化因素。因此，若要获得更为准确的韶山市热环境分析模型，需要将城市建成区面积、建筑容积率、绿化率、室内热舒适性、室外 PM2.5 浓度等城市化热环境因子纳入综合城市热环境指数中。

3）由于所能获取的数据资料有限，本书仅以萍乡市作为代表用同样的方法建立了城市热环境分析模型与韶山市城市热环境分析模型进行对比，以寻求不同城市的热环境分析模型之间的共性与差异。若要进一步验证模型所得出来的模型共性，需要对更多其他城市热环境进行研究来验证。

4）本书的研究结果只能反映在各个城市化热环境因子作用下城市气温的变化趋势，并不能得出城市气温具体变化大小。若要得出城市化热环境因子变化引起的具体城市气温变化值，需要运用 CFD 进行韶山市热环境模拟。

2. 韶山市城区热湿环境分布特征

为了解韶山市城区热环境分布特征，本书借助现有 CFD 工具，提出了分区嵌套计算方法，引入了环境信息关联模型方法等，借助这些计算方法先后对韶山、北京等地开展了热环境及 PM2.5、PM10 等空气质量（品质）参数的分析研究，还建立了植被等下垫面作为面热源与体热源的计算方法，得到一些有价值的结果，除本书外，有兴趣的读者可以参看作者发表的相关文献。但本部分主要针对韶山市城区的热环境分布予以总结。

人为释放废热对大气环境的影响日益增强[2]，而针对不同人为热源对具体建筑区群域热环境影响的研究并不多，本书首先以多孔连续流体传热学理论为基础，通过 AUTOCAD 和 Gambit 建立起韶山市城区火车站社区的物理模型，然后结合对韶山市的人口、车流量及典型时段的用电量的调查统计，根据大量的经验理论计算方法进行合理计算，得出该区域的不同人为热源强度。然后利用 Fluent 软件对城区冬夏季节不同人为热源的存在对区域大气热环境产生的影响及其影响程度的不同，研究结果可为缓解城市热效应提供参考。通过本书的模拟研究得出如下结论：

1）建筑群区域热环境的模拟研究引用多孔介质模型。通过对多孔介质基础理论进行研究，得出适用于本书需要研究的建筑群区域的方法；若对具体单个建筑物进行逐个建模必须要做大量的前期建模工作，所以考虑将建筑群区域简化，即将多孔介质理论基础应用到建筑群区域模型的建立中，将城市区域作为多孔介质连续流体来进行研究，那么边界条件的设置也结合多孔介质理论来确定，如渗透率和孔隙率等。

2）通过模拟研究得出不同人为热因素对室外热环境的不同程度影响，为对其所致的冷热效应的合理缓解提供参考。考虑将人为热源分为人类新陈代谢热、生活热（空调热）、工业热、交通热，并通过 Fluent 模拟软件对韶山市城区的冬夏季节在不同人类热源存在情况下的热环境进行模拟研究；结果显示，不同人为热源对该区域的热环境有不同程度的影响。在该模型条件下，夏季情况下，无空调热源时、无新陈代谢热时、无工业热源时、无交通热源时的城区平均温度分别较全人为热源时的平均温度低 1.16℃、0.34℃、0.28℃、0.27℃，故可得出对贴地大气温度影响程度大小的人为热源依次是空调热、新陈代谢热、工业热、交通热；冬季情况下，无空调热源时、无新陈代谢热时、无工业热源时、无交通热源时的城区平均温度、分别较全人为热源时的平均温度低 - 0.6243℃、0.0002℃、0.0002℃、0.00004℃，并结合不同情况下城区不同温度分布区域的不同，可得出对贴地大气温度影响程度大小的人为热源依次是空调热、新陈代谢热、工业热、交通热，并且空调导致的是冷热效应，而其他人为热导致热效应。

3）车量排热主要对路面周围环境产生影响。在没有交通热源时，远离城市区域的枣园路与全人为热源时的平均温度基本是一致的，而市府路、迎宾路和韶山中路与全人为热源时的平均温度也基本一致，可见交通热主要对道路周围环境造成影响，交通排热效应远小于其他人为热源对城市区域的交通道路路面热环境的影响，影响程度大小与其他人为热源强度和道路所处位置都有关系。因此，为缓解由于人类生产生活所产生大量废热对周围环境造成的热效应时，应该考虑改变居民的降温或取暖方式，提高能源利用效率。

4）农田类植被在冬夏季对空气有不同的加热和冷却效应。在夏季，城市区域的温度分布是从内部向外部逐渐降低，且在迎风处的建筑群区域温度明显高于背风区域的温度，这说明农田会对周围大气环境有降温效应，人为释放热也会顺着风向向下游扩散，所以城区温度分布受到风向、风速及建筑物的阻挡情况的影响；在冬季，城区的温度分布状况从内部向外部逐渐升高，且在迎风处的建筑群区域温度明显低于背风区域的温度，这说明农田对周围大气环境有加热作用，人为释放热也会顺着风向向下游扩散，所以城区温度分布同样受到风向、风速及建筑物阻挡情况的影响。

本书的主要创新点为：利用 Fluent 模拟软件得出不同人为热对室外热环境的不同影响程度；交通热对其他远距离的热环境影响不大，主要对路面附近环境影响；农田类植被冬季对环境有加热作用，夏季对环境有冷却作用。

在上述研究中虽然取得一些成果，但仍存在一些问题，有待进一步完善，主要表现在以下几方面：

由于本书所研究的对象较为庞大，目前验证模拟结果的合理实验方法还需要探索，使得该方法更具有应用价值。

由于受人力及时间等条件限制，无法对书中所涉及的因素、需要的计算数据等进行实际详细的测量和调查。如交通热源强度的计算中所需要的车流量涉及多条具体交通道路的不同时期的车流量，生活热源的计算需要统计空调期的具体住户或小区的用电量等，这些都需要大量的统计数据。

对建筑群区域的渗透率的精确性和孔隙率还有待进一步研究。受到计算机条件的限制，本书研究的较为庞大对象设为各向同性的多孔介质模型，而实际上随着空气在建筑群区域的前后流动状态的改变，渗透率也相应变化，即该区域实质是各向异性介质，所以主方向的渗透率也有待于深入探讨研究；孔隙率是根据卫星图得出的一个平均值，还需要进一步分析实际模拟中如何处理不同的建筑间距才能得到最优解，这样的多孔模型在建筑环境模拟领域的应用也才更具潜力。

本书针对植被树木对于太阳辐射的消解作用建立了一个初步的分析方法，这可以使人们更加充分地理解种树的价值及树木对健康舒适的作用；本书所建立的植被等下垫面作为面热源与体热源的方法也可以为相关研究工作提供一定参照。在未来的城镇规划中，热环境与空气质量指标 PM2.5、PM10 等一样可以作为规划工作的重要参考，对人体健康环境的控制与改善有重要意义。

3. 地表水地源热泵系统应用评价

近年来，作为一种新型的热泵系统[3]，由于地表水源热泵具有节能、环保、高效等优点，在我国得到快速发展和推广应用。但是，尽管我国地大物博，但地理环境区域化，应用地表水源热泵时，需要考虑地表水体的地理分布、水文以及气象条件等，这样一来，对某地区进行可行性研究时需要考虑的指标因素较多并且复杂，同时由于水源热泵作为近年来新兴的空调系统，工程应用存在盲目性，在一定程度上使其推广应用受到一定的限制。随着我国节能减排政策的实施，对于地表水源热泵的应用，在地区水系进行系统研究规划是十分必要的。本书就是针对湖南省水系资源分布情况（并部分分析了邻近省份水源特点作为参照之一），进行湖南省水源热泵适用性研究与评价，韶山市在推广应用时可直接作为参考。本部分的主要成果有以下几点：

1）通过水源热泵机组对水源水的工艺要求以及运行特点，利用模糊数学理论建立了湖南省水源热泵适用性评价体系。

2）在对评价体系中各个指标确定隶属评价、定量分析评价时，结合模糊数学中经验公式和实际规律建立了对应的隶属函数，以确定隶属评价值。

3）通过前往怀化、湘潭，在相关部门的帮助下在水文局、自来水公司以及气象局收集相关水文、气象资料，同时在该地区典型水域进行测试得到相关评价指标参数数据。经过分析总结，得出湖南省冬季不同水域的水文分布特点和共同点。

4）通过怀化、湘潭及黄石地区水文、气象资料和现场测试数据分析，可以得出湖南省等南方地区冬季水体水温垂直方向上分层明显，温差相对较小这一结论，在地表水源热泵推广应用上，取水深度应根据夏季水温特点来确定。

5）由于目前气象资料获取容易，水温数据不完善，本书建立了气温与水温的函数关系式，可以根据该关系式由气温求得水温，解决了目前获取水温资料不全以及工程上只依据几天数据进行可行性分析带来的不可靠等问题。

6）根据南方地区气候分区特点，猜想其他南方省域地区水系冬季水温是否具有同样特点，并在湖北黄石地区磁湖水域实测水温进行验证猜想，为今后南方地区水系冬季水温应用分析提供了数据与理论基础。因此，在地表水源热泵应用推广上具有积极意义。

实际上，地源热泵系统应用优化本质上是一个系统在基于生态链与全寿命期之上的热力学性能方面的综合评价，本部分主要从环境适宜性、节能性、经济性即适用性等方面开展评价，但这种环境适宜性、节能性、经济性等适用性方面的评价其背后的本质是一个系统热力学性能的评价。

4. 光伏系统应用评价

光伏在未来城镇化过程发挥越来越重要的作用，但如何确定城市光伏发电的总容量是规划的关键（风电作为可再生能源之一也存在同样问题），本部分以湖南长株潭地区为例，选定以一种光伏与空气源热泵耦合的系统为对象，从热力学角度对该系统进行了研究分析和应用评价，解决了目前相关研究中仍然存在的几个问题，具体如下。

1）综合国内外相关的研究文献，对目前学者所做的有关光伏理论和应用研究、热泵理论和应用研究以及二者耦合系统的理论和应用研究工作进行了全面阐述，找到了目前研究中仍然存在的问题。

2）在找到目前研究中仍然存在的问题后，提出了分布式光伏辅助驱动空气源热泵系统的概念方案，并在此概念方案的基础上建立了一套合适的实验示范系统。

3）本书在前期首先对光伏电池的发电性能（最大光电转换效率）采用了三种基于数据分析的直接方法进行建模，包括灰色模型、线性回归模型以及 BP 神经网络模型。利用已有学者的数据和实验示范系统的实验数据，对这三种模型进行了研究对比。结果显示，灰色模型相对误差最大，并且由于模型自身限制，不能应用于任意状态参数条件下光伏最大转换效率预测；线性回归模型具有解析表达式的形式，应用起来较为方便，但相对误差波动较大；BP 神经网络模型相对误差波动小，精度最高，但是应用时必须利用计算机和专业计算软件，应用不方便。由于基于数据分析的直接方法都存在一些问题，本书随后又采用了一种基于光伏电池热力学模型的间接建模方法，并运用了无量纲分析理论，从而建立了精准的光伏电池最大转换效率无量纲模型。该模型具有解析表达式的形式，可以方便准确地用于计算预估任意环境条件参数下光伏电池的最大转换效率。

4）本书随后在上述无量纲模型的基础上，进一步扩展到整个耦合系统，建立了光伏与空气源热泵耦合系统的热力学模型（包括㶲耗模型、㶲耗经济模型以及 CO_2 排放模型）；并利用实验系统的相关实验数据，对此模型进行了验证分析，得到了中南地区该模型的适用性结论，即在长沙地区对光伏与空气源热泵耦合系统进行优化设计时，耦合系统最为合理的生命周期应当设计为 26 年以上，这样耦合系统相比较传统市电驱动的空气源热泵系统具有更好的热力学性能指标；相比较传统的市电驱动的空气源热泵系统，耦合系统用于制冷时单位成本消耗高品质能源数量减少 41.16%，用于供暖时减少 35.02%；相比较传统的市电驱动的空气源热泵系统，在全生命周期内（以 26 年计算）耦合系统可以减少运行成本 7542.60 元人民币，减少 CO_2 排放 11.10t（此数据均基于最大光伏转换效率为 13% 左右的光伏与空气源热泵耦合实验系统，新工艺的采用将提高光伏转换效率，此数据也将有所变化）。同时，提出了光伏与空气源热泵耦合系统的设计准则，即在设计光伏与空气源热泵耦合系统时，其中光伏发电组件的装机容量应当根据建筑实际所需要的冷负荷来确定。

5）本书利用所建立的无量纲热力学模型以及光伏发电系统装机容量，根据建筑最大冷负荷确定的设计准则，建立了单体建筑和整体城镇最优热力学条件下所需要的光伏发电量计算方法。以最优热力学条件下所需要的光伏发电量计算方法为基础，提出了单体建筑和整体城镇光伏可用能力评价指标，并建立了计算该指标的具体方法。最后，给出了韶山地区不同建筑类型、不同建筑层数的光伏可用能力评价系数对照曲线。利用该曲线可以方便地对采用了光伏耦合热泵系统的建筑进行三级节能评价或绿色建筑评估。还给出了韶山整个城区的光伏可用能力评价方法，利用该方法可以对不同的城市城区进行测算和评估，从而优化选择合适的应用地区。由此，形成了一套针对单体建筑和整体城镇的绿色节能建筑评价方法。

光伏与空气源热泵耦合系统的研究是一个涉及面广、受影响因素很多的复杂问题，由于笔者研究时间和学识能力限制，以及信息、数据的不足，本书所做的工作仅是初步的探索研究，有待进一步深入细化。由于数据有限，本书中的无量纲模型中只考虑了两个变量，其适用性受到了一定限制。未来可以考虑引入更多变量，对无量纲模型进一步优化，从而提高该模型在不同场合的适用性。光伏与空气源热泵耦合系统的热力学模型是基于上述无量纲模型建立的，在无量纲模型得到了优化后，耦合系统的热力学模型也可以进一步优化。同时，本书中的模型是一种全局的静态模型，未来可以考虑建立动态的实时模型。本书在最后做光伏可用能力评价分析评估的时候，只针对韶山地区做了评价分析，未来在模型优化后，可以针对不同的地区进行评价分析，并给出不同地区的参考评价曲线方便使用。

作为最后的总结，笔者一直认为，率先或独立做出某种东西的能力是衡量一个国家或民族的关键标志；同时这种东西也必然是符合一定热力学或科学法则的。就像我们常说的"道"一样，尽管自从这个概念诞生以后，人们有各种不同的解读，且绝大部分时候绝大部分人都愿意把它神秘化或神话（神化）；此外，道家的"1"往往实际上指的是一个系统或者一个单元（也可理解为一个组合或者一个集合），或者某个单元（基元）性事件；还有《幼学琼林》中说"天地与人，谓之三才"，此处的"才"当指系统。另外，物理化学中经常提到的"相"，其本质也是一个系统，即在某一边界内的具有某种均匀物理化学状态或性质的物质体系，不妨称其为状态物系（matter system），可简称为状态系统或状态系。对于复杂或巨系统而言，一个元素或单元一般会同时具备几个层级子系统或组元、组群或阶级的身份，这一点在热力学分析中是常见的。另外，在笔者看来，"道"就是自然界或宇宙间一切已知或未知规律（包括自然特性本身）与法则的总和。"求道"就是一个去发现未知，探索真理的过程；同时，"求解"或"求道"，必然是一个用已知表达未知的过程。迭代过程就是一个典型的用已知表达未知的过程。实际上，科学创新也往往是通过方程（含配方）的性质或者说是方程所表达的性质来体现的，求解或迭代过程亦然，这一点实际上也是科学认知的范畴；由于会出现不同层次、方位与维度的"解"，所以"解"会表现出某种"埃塞尔"版画的特点，笔者称之为"多维融合"；求解或迭代过程也具有这个特点，笔者称之为"多维融合迭代"求解或者"埃塞尔版画"式的迭代求解。作为一个例子，改进的欧拉迭代就可以理解为一种"多维融合"迭代，其中使用了一个过渡性的已知"解"作为表征并迭代得到一个更精美的"解"。热力学可以理解为是关于能量特性和能源（资源）利用成败得失及效率的科学（一个可以扩展或引申的理解），热力学或更一般的科学就是"道"，我们今天做环境或能源系统的热环境模拟或规划，做可再生能源应用规划，既是运用现代的流体力学、热力学、数学等规律去追求合理规划这个"道"，也会在运用这些现代规律、工具或手段的同时去发现这些现代规律、工具或手段自身的内在规律，目的是寻找符合当地特点的规划模式。这也是一种"迭代"过程，也是一种"道"而且是"真道"。只有本着认真求道的精神，才有可能做出真正有价值的、可持续的环境、生态与可再生能源规划或优化策略。

环境或能源系统的评价是合理规划与优化的关键支撑，评价是为了优化。无论是环境系统规划，还是能源系统规划，都是一个系统寻优的问题。对于任何一个系统，在一定时空环境条件下，一定会遵循下述原则或原理，笔者将其总结为如下三条：

Both of them, environment system planning and energy system planning, all are a kind of optimizing problem to the systems. Here summarizes that any system are accorded or complied with the following three principles under certain time-space conditions.

原理一：任何一个系统，一定是系统内各单元或组成有机协调（试图或尽可能）以面向某种功能特性最大（最长）或最小的目标（能耗、㶲耗最小，经济、环境与资源成本最低，效益最大、效率最高，最舒适、适宜、美好等皆属此类）。

First principle: The system through their own components or cell assembling organically and harmoniously should be geared to their own kind of the biggest (or most lasting) or small functional attributes of its goal.

原理二：任何一个系统在其演化发展过程中一定伴随着无序混乱程度的增加（热力学第二定律），也即朝着均衡（最大可能的多态化是其基本特征）的方向发展，因其系统中的每个单元或组成都在遵循原理一及原理二本身。

Second principle: The system is evolving with a kind of growth of disordered or chaos state simultaneously (Second Law of Thermodynamics), i. e., the state of the system is toward to a kind direction of balanced or equilibrium state which is a kind of the most probability of multi-state occurring within the system, since their own components or cells are according or complying with the first and second principles itself.

原理三：任何一个系统内都有某种力量寻求一种能量（具有某种负熵的性质，或最小熵产以求获得最大可能的有序）以确保系统有序或正好与之相反（即引入某种破坏性负熵或强化其系统内部正熵），这实际上是原理一与原理二的综合推论。

Third principle: There is a kind of power seeking for a kind of energy with a kind of qualities of negative entropy to insure their own order of the system or strengthen disordered the state of the system conversely (through introducing a kind of destructiveness negative entropy or strengthening internal or their own entropy within the system). Here actually is a kind of comprehensive inference in terms of the first and second principles.

以上原则实际上也是热力学规律的某种一般性描述,实际上,自然选择的过程就是一个系统热力学优化的过程。在进行环境或能源规划时,合理利用以上几点将有助于实现更合理的与生态、环境更协调一致的规划模式。

The three principles mentioned above are some kind of universal attributes of thermodynamics law, and actually, natural choice process is typically systematically a kind of thermodynamics optimizing process. These principles can help us to acquire a kind of more harmonizing and reasoning modes of environment or energy system.

这里所说的三个原则,实际上体现了一个系统寻优演化的过程。对一个系统而言,具有"目标寻优,均衡有序"的特点。本书所介绍光伏系统按照热力学最优原则实际上即是上述原则的直接体现。此外,人们常说的耐久性或长寿命特性,实际上也可视为一种热力学行为,即一种低烟产或低烟耗的热力学过程,这个性质对于城市系统设计是有重要意义的。例如城市设计应当考虑建筑(或围护结构)及街区的持久性或寿命,长寿命的建筑或街区可以节省资源与能源消耗,降低 SO_2 及 CO_2 等污染物的排放,通过合理围护增加建筑(围护结构)及街区的寿命,还可能会导致 GDP 的增加。当然,这需要合理的系统性的规划与设计。例如合理地面向人体热舒适的城市热环境设计及相应的建筑围护结构与街区设计,可能产生长寿命的建筑与街区,这对持久性的资源与能源节省以及污染排放的降低有十分重要的意义。

总体上各国都面临资源能源方面的严重问题,对此我国也同样存在[4],资源、能源与城市生态面临多方面的挑战。仅以能耗为例,建筑能耗占总能耗的一半左右,而建筑中所采用的空调卫生热水等建筑设备的能耗又占据了整个建筑能耗的 75% 以上,通过将可再生的绿色能源与此类建筑设备耦合在一起,再适当地进行优化设计可以达到降低建筑能耗、减少 CO_2 排放、保护生态环境的目的,意义十分重要。同时,城市建设(包括房建及街区建设、城市生态建设等)面临诸多问题,如何以人为本,以人的可持续工作、学习、生活、健康生存需要为导向的建筑及其街区、植被水体及资源生态整体协调的资源能源协同优化是城市发展的关键,本书所涉及的环境与热力学分析方法可以在城市资源能源协同优化工作中发挥其应有的作用。

参 考 文 献

[1] 黎航欣. 韶山市热环境及城市化热环境因子研究 [D]. 长沙:湖南大学,2015.

[2] 张翔翼. 韶山市清溪镇主城区人为影响下热环境的数值模拟研究 [D]. 长沙:湖南大学,2016.

[3] 陆凌. 湖南省地表水源热泵适用性评价方法研究 [D]. 长沙:湖南大学,2014.

[4] 王晨光. 光伏与热泵/空调耦合系统热力学行为及应用评价研究 [D]. 长沙:湖南大学,2016.